PLC——从零基础到工程应用

主　编　戴冬冰
副主编　肖宝兴　冯冬梅

U0234165

北京理工大学出版社
BEIJING INSTITUTE OF TECHNOLOGY PRESS

内 容 简 介

本书从基础课程实验出发，以德国西门子公司的 S7-200 PLC 为样机，重点介绍了 CPU226 型机的硬件结构、工作原理、指令系统、工程应用、程序编辑和程序调试等。大量的、有针对性的工程实例可让读者了解 PLC 系统的设计思路、工作步骤和指令运用等。以具体实例详尽介绍了 PLC 与其他智能设备间的通信方式、与触摸屏或组态王软件等可视化窗口间的组态配置。

本书可作为应用型本科院校电气类专业的教材，也可作为刚刚走出校门、初涉电气工程及工业自动化领域的应用型本科院校毕业生的自学用书，对于从事自动化专业的工程技术人员也是一本拓宽知识面和实践新技术应用的参考书。

图书在版编目（CIP）数据

PLC：从零基础到工程应用／戴冬冰主编. --北京：
北京理工大学出版社，2022.5

ISBN 978-7-5763-1336-9

Ⅰ．①P… Ⅱ．①戴… Ⅲ．①PLC 技术-高等学校-教
材 Ⅳ．①TM571.61

中国版本图书馆 CIP 数据核字（2022）第 083537 号

出版发行／北京理工大学出版社有限责任公司

社　　址／北京市海淀区中关村南大街 5 号

邮　　编／100081

电　　话／（010）68914775（总编室）
　　　　　（010）82562903（教材售后服务热线）
　　　　　（010）68944723（其他图书服务热线）

网　　址／http：//www.bitpress.com.cn

经　　销／全国各地新华书店

印　　刷／北京广达印刷有限公司

开　　本／787 毫米×1092 毫米　1/16

印　　张／24.75　　　　　　　　　　　　　责任编辑／江　立

字　　数／618 千字　　　　　　　　　　　　文案编辑／江　立

版　　次／2022 年 5 月第 1 版　2022 年 5 月第 1 次印刷　　　责任校对／刘亚男

定　　价／98.00 元　　　　　　　　　　　　责任印制／李志强

图书出现印装质量问题，请拨打售后服务热线，本社负责调换

前　言

在当今新工科和人工智能飞速发展的大环境下，可编程逻辑控制器（Programmable Logic Controller，PLC）作为较早的自动化领域的智能化设备具有引领与贯穿的作用。S7-200 PLC 是德国西门子公司生产的小型 PLC，但其许多功能已经达到大、中型 PLC 的水平，而价格却与小型 PLC 一样，因此，一经推出就受到了广泛关注。特别是 S7-200 CPU22X 系列 PLC，具有多种功能模块和人机界面（Human Machine Interface，HMI），系统集成非常方便，还可以很容易地组成 PLC 网络，同时它具有功能齐全的编程和工业控制组态软件，便于完成控制系统设计。

PLC 已是当今工业控制的主要手段，其功能在不断加强，已成为衡量生产设备自动化程度的标志。学习 PLC，必须通过具体实例，才能强化工程意识，提高应用能力。

本书的编写逻辑是从零基础到工程实际应用，由易到难，循序渐进，把一些工程上的典型应用作为学习内容。在理解 PLC 的工作原理、熟悉 PLC 的结构组成及掌握 PLC 的指令系统后，读者先接触一般基础实例，再学习实际工程实例。编程水平和应用能力都会有很大的帮助。

全书包含 6 章和 1 个附录。第 1、2、3、4 章为基础篇，第 1 章主要介绍现代工业从继电器控制发展到 PLC 控制的过程，以及 PLC 硬件结构和工作原理；第 2 章以 S7-200 PLC 为背景介绍了 PLC 系统组成、性能特点、基本功能、内部资源、寻址方式、编程语言、程序结构等；第 3 章介绍了 S7-200 PLC 的基本指令与应用指令，为掌握基本指令和应用指令打下了基础；第 4 章介绍了 STEP 7-Micro/WIN 编程软件及程序的运行、监控和调试方法，这是 S7-200 PLC 专用编程软件。第 5、6 章为实例篇，第 5 章是列举了 20 个应用实例；第 6 章的系统程序设计实例相对来说难度大一些，程序更复杂，所涉及的指令功能更强，应用领域更广泛。附录是电气控制线路中常用的图形符号和文字符号。

本书由戴冬冰担任主编，肖宝兴、冯冬梅担任副主编；全书由戴冬冰统稿。书中部分内容的编写参照了有关文献，恕不一一列举，在此谨对书后所有参考文献的作者表示感谢。

由于时间仓促，加之编者水平有限，书中难免存在不妥之处，恳请各位读者批评指正。

编　者

目　录

基础篇

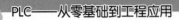

实例篇

基础篇

第 1 章

可编程逻辑控制器

可编程逻辑控制器（Programmable Logic Controller，PLC），是以微处理器为核心的通用工业控制装置，是在继电器和接触器控制基础上发展起来的。随着现代社会生产的发展和技术的进步、现代工业生产自动化水平的日益提高及微电子技术的迅猛发展，当今的PLC 已将通信技术、计算机技术和控制技术（Communication、Computer、Control，3C），在控制系统中又能起到对"3 电"控制作用，即电控、电仪、电信，是当代工业生产自动化的重要支柱。

1.1 基本概述

1.1.1 PLC 的产生

在 PLC 产生以前，以各种继电器为主要元件的电气控制线路承担着生产过程自动控制的艰巨任务。这些器件组成的控制系统需要大量的导线和控制柜，占据大量的空间，而这些继电器运行时又会产生大量的噪声，消耗大量的电能。为保证控制系统正常运行，需要安排大量的电气技术人员进行维护，有时某个继电器的损坏，甚至某个继电器的触点接触不良都会影响整个系统的正常运行。检查和排除故障又是非常困难的，现场电气技术人员的技术水平也直接影响设备恢复运行的速度。尤其是在生产工艺发生变化时，可能需要增加很多继电器或继电器控制柜，重新接线或改线的工作量巨大，甚至可能需要重新设计控制系统。面对这种局面，人们迫切需要一种新的工业控制装置来取代传统的继电器控制系统，使电气控制系统工作更可靠、更容易维修、更能适应经常变化的生产工艺的要求。

20 世纪 60 年代，由于小型计算机的出现及多机群控的发展，人们曾试图用小型计算机来实现工业控制的要求，但由于其价格高、输入/输出电路不匹配和编程技术复杂等原因，一直未能得到推广应用。

20 世纪 60 年代末期，美国的汽车制造业竞争激烈。各生产厂家的汽车型号不断更新，它必然要求生产线随之改变，甚至整个控制系统重新配置。因此，要寻求一种比继电器更可靠、响应速度更快、功能更强大的通用工业控制器。通用汽车公司（General Motors，

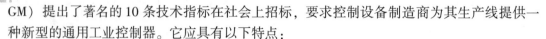

GM）提出了著名的 10 条技术指标在社会上招标，要求控制设备制造商为其生产线提供一种新型的通用工业控制器。它应具有以下特点：

①编程简单，可在现场修改程序；

②维修方便，采用插件式结构；

③可靠性高于继电器控制装置；

④体积小于继电器控制柜；

⑤数据可直接进入管理计算机；

⑥成本可与继电器控制柜相竞争；

⑦输入可以是交流 115 V（美国电压标准）；

⑧输出为交流 115 V 且 2 A 以上；

⑨扩展时原系统改变最小；

⑩用户存储器至少能扩展到 4 KB。

1969 年，美国数据设备公司（Digital Equipment Corporation，DEC）根据上述要求，研制开发出世界上第一台 PLC，并在 GM 汽车生产线上首次应用成功，取得了显著的经济效益。

PLC 的出现，受到国内外工程技术界的极大关注。第一个把 PLC 商品化的是美国的哥德公司（GOULD），时间也是 1969 年。1971 年，日本从美国引进了这项新技术，研制出日本第一台 PLC。1973—1974 年，德国和法国也相继研制出自己的 PLC，德国西门子公司（SIEMENS）于 1973 年研制出欧洲第一台 PLC。我国从 1974 年开始研制 PLC，1977 年实现工业应用。

20 世纪 70 年代后期，随着微电子技术和计算机技术的发展，PLC 具备更多的计算机功能，不仅用逻辑编程取代硬接线逻辑，还增加了运算、数据传送和处理等功能，真正成为一种电子计算机工业控制装置，而且做到了小型化和超小型化。这种采用微电子技术的工业控制装置的功能远远超出逻辑控制、顺序控制的范围，故称为可编程控制器（Programmable Controller，PC）。但由于 PC 容易和个人计算机（Personal Computer）混淆，故人们仍习惯地用 PLC 作为可编程控制器的缩写。

进入 20 世纪 80 年代，随着大规模和超大规模集成电路等微电子技术的迅猛发展，以 16 位和 32 位微处理器构成的微机化 PLC 得到了惊人的发展。PLC 在概念、设计、性价比及应用等方面都有了新的突破，不仅控制功能增强，功耗、体积减小，成本下降，可靠性提高，编程和故障检测更为灵活方便，而且远程 I/O、通信网络、数据处理和图像显示也有了长足的发展。PLC 已经应用于连续生产的过程控制系统，也成为现代工业生产自动化的四大支柱之一。

1.1.2　PLC 的定义

PLC 一直在飞速发展中，其定义也在不断更新。

1980 年，美国电气制造商协会（National Electrical Manufacturers Association，NEMA）将 PLC 定义："PLC 是一种带有指令存储器、数字的或模拟的 I/O 接口，以位运算为主，能完成逻辑、顺序控制、定时、计数和算术运算等操作，用于控制机器或生产过程的自动控制装置。"

1982 年 11 月国际电工委员会（International Electrotechnical Commission，IEC）曾颁布了 PLC 标准草案第一稿，1985 年 1 月发表了第二稿，1987 年 2 月颁布了第三稿。该草案中对 PLC 的定义："PLC 是一种数字运算操作的电子系统，专为在工业环境中应用而设计。它采用了可编程序的存储器，用来在其内部存储执行逻辑运算、顺序控制、定时、计数和算术运算等操作的指令，并通过数字式或模拟式的输入和输出，控制各种类型机械的生产过程。而有关的外围设备（简称外设），都应按易于与工业系统连成一个整体、易于扩充其功能的原则设计。"

NEMA 的定义强调了 PLC 应直接应用于工业环境，它必须具有很强的抗干扰能力、广泛的适应能力和应用范围。这也是区别于一般微机控制系统的一个重要特征。

IEC 颁布草案的定义强调了 PLC 是"数字运算操作的电子系统"，也是一种计算机。它是"专为工业环境下应用而设计"的工业计算机。这种工业计算机采用"面向用户"的指令，因此编程方便，能完成逻辑运算、顺序控制、定时、计数和算术运算等操作，它还具有数字量和模拟量输入和输出的能力，并且非常容易与工业控制器连成一体，易于扩充。

综上所述，PLC 与以往所讲的鼓式、机械式的顺序控制器在"可编程"方面有质的区别。由于 PLC 引入了微处理器及半导体存储器等新一代电子器件，并用规定的指令进行编程，故可以灵活地修改程序，即用软件方式来达到"可编程序"的目的。

1.1.3 PLC 的分类

PLC 发展到今天，已经有多种形式，且功能也不尽相同，分类时，一般按以下原则来考虑。

1. 根据控制规模分类

PLC 的控制规模是以所配置的 I/O 点数来衡量的。PLC 的 I/O 点数表明了 PLC 可从外部接收多少个输入信号和向外部发出多少个输出信号，实际上也就是 PLC 的输入、输出端子数。根据 I/O 点数的多少可将 PLC 分为小型 PLC、中型 PLC 和大型 PLC。一般来说，I/O 点数多的 PLC，功能也相应较强。

1）小型 PLC

小型 PLC 的功能一般以开关量控制为主，小型 PLC 的 I/O 总点数一般在 256 点以下，用户程序存储器容量在 4 KB 左右。现在的高性能小型 PLC 还具有一定的通信能力和少量的模拟量处理能力，这类 PLC 的特点是价格低、体积小，适用于控制单台设备和开发机电一体化产品。

典型的小型 PLC 有欧姆龙公司的 C 系列，三菱公司的 F1 系列，西门子公司的 S5-100U、S7-200 系列等。

2）中型 PLC

I/O 总点数在 256～1 024 的称为中型 PLC。它除了具备逻辑运算功能，还增加了模拟量 I/O、算术运算、数据传送、数据通信等功能，可完成既有开关量又有模拟量的复杂控制。用户程序存储器容量达到 8KB。中型 PLC 的软件比小型 PLC 丰富，在已固化的程序内，一般还有比例-积分-微分调节（Proportion Integration Differentiation regulation，PID regulation）、整数/浮点运算等功能模板。

中型 PLC 的特点是功能强，配置灵活，适用于具有如温度、压力、流量、速度、角度、位置等模拟量控制和大量开关量控制的复杂机械，以及连续生产过程控制场合。

3）大型 PLC

I/O 总点数在 1 024 点以上的称为大型 PLC，用户程序存储器容量达到 16KB，大型 PLC 的功能更加完善，具有数据运算、模拟调节、联网通信、监视记录、打印等功能。大型 PLC 的内存容量超过 640 KB，监控系统采用阴极射线显像管显示，能够表示生产过程的工艺流程，记录各种曲线、PID 调节参数选择图等，能进行中断控制、智能控制、远程控制等。

大型 PLC 的特点是 I/O 点数特别多，控制规模宏大，组网能力强，适用于大规模的过程控制，构成分布式控制系统，或者整个工厂的集散控制系统。

典型的大型 PLC 有西门子公司的 S7-400 系列，欧姆龙公司的 CVM1 和 CS1 系列，AB（Allen-Bradley）公司的 SLC5/05 系列产品。以上划分没有十分严格的界限，随着 PLC 技术的飞速发展，某些小型 PLC 也具有中型或大型 PLC 的功能，这也是 PLC 的发展趋势。

2. 根据结构形式分类

PLC 根据结构形式的不同，可分为整体式、模板式及分散式 3 种形式。

1）整体式

整体式的特点是将 PLC 的基本部件，如 CPU 板、输入板、输出板、电源板等都集中配置在一个箱体中，安装在一个标准机壳内，构成一个整体，有的甚至全部装在一块印制电路板上，组成 PLC 的一个基本单元（主机）或扩展单元。基本单元上设有扩展端口，通过扩展电缆与扩展单元相连，配有许多专用的特殊功能模块，如模拟量 I/O 模块、热电偶模块、热电阻模块、通信模块等，以构成 PLC 不同的配置。

整体式 PLC 结构紧凑、体积小、质量轻、价格低、容易装配在工业控制设备的内部，比较适用于生产机械的单机控制。

整体式的缺点是主机的 I/O 点数固定，使用不够灵活，维修也较麻烦。

小型 PLC 一般为整体式结构，如西门子的 S7-200 系列。

2）模板式

模板式的 PLC 各部分以单独的模板分开设置，如电源模板、CPU 模板、I/O 模板、各种功能模板及通信模板等。这种 PLC 一般设有机架底板（也有的 PLC 为串行连接，没有底板），在底板上有若干插座，使用时，各种模板直接插入机架底板即可。各模块功能是独立的，外形尺寸是统一的，可根据需要灵活配置，装备方便、维修简单、易于扩展，一般中型 PLC、大型 PLC 多采用这种结构形式，如西门子的 S7-300 和 S7-400 系列。

模板式的缺点是结构较复杂，各种插件多，价格高。

3）分散式

分散式的特点就是将 PLC 的电源、CPU、存储器集中放置在控制室，而将各 I/O 模板分散放置在各个工作站，由通信接口进行通信连接，由 CPU 集中指挥。

以上 3 种形式的 PLC 的结构如表 1-1 所示。

表 1-1 PLC 的结构

类别	结构
整体式	电源 / CPU / 存储器 / I/O单元
模板式	电源 / CPU / 存储器 / … / I/O I/O I/O I/O I/O I/O
分散式	电源 / 通信接口 / CPU / 存储器 — I/O I/O I/O I/O

3. 根据用途分类

根据 PLC 的用途的不同，可分为用于顺序逻辑控制、用于闭环过程控制、用于多级分布式和集散控制系统。

1）用于顺序逻辑控制

顺序逻辑控制是可编程序控制器的最基本的控制功能，也是 PLC 应用最多的场合，比较典型的应用如自动电梯的控制、自动仓库的自动存取、各种管道上的电磁阀的自动开启和关闭、带式运输机的顺序启动，或者自动化生产线的多机控制等，这些都是顺序逻辑控制。要完成这类控制，不要求 PLC 有太多的功能，只要有足够数量的 I/O 点数即可，因此可选低档的 PLC。

2）用于闭环过程控制

对于闭环控制系统，除了要用开关量 I/O 实现顺序逻辑控制外，还要有模拟量的 I/O 点数，以供采样输入和调节输出，实现过程控制中的 PID 调节，形成闭环过程控制系统，而中期的 PLC 由于具有数值运算和处理模拟量信号的功能，故可以设计出各种 PID 控制器。随着 PLC 控制规模的增大，可控制的回路数已从几条增加到几十条甚至几百条，因此可实现比较复杂的闭环控制系统，实现对温度、压力、速度等物理量的连续调节。比较典型的应用如加热炉的温度、锅炉的自动给水控制等，这些都是闭环控制。要完成这类控制，不仅要求 PLC 有足够的 I/O 点数，还要有对模拟量的处理能力，因此对 PLC 的功能要求高，至少应选用中档的 PLC。

3）用于多级分布式和集散控制系统

对于这种档次的控制要求，除了要求所选用的 PLC 具有上述功能外，还要求具有较强的通信功能，以实现各工作站之间的通信、上位机与下位机的通信，最终实现全厂的自动化，形成通信网络。由于近期推出的 PLC 都具有很强的通信和联网功能，故建立一个自动化工厂已成为可能。显然，应选用高档的 PLC。

4. 根据生产厂家分类

PLC 的生产厂家众多，各厂家 PLC 的 I/O 点数、容量、功能各有差异，但都自成系列，指令及外设向上兼容。因此在选择 PLC 时，若选择同一系列的产品，则更容易构成系统，操作人员使用更加方便，备品配件的通用性及兼容性好。比较有代表性的有欧姆龙公司的 C 系列，三菱公司的 F 系列，AB 公司的 PLC-5 系列，西门子公司的 S5 系列、S7 系列等。

1.2 基本特点与性能

1.2.1 PLC 的特点

现代工业生产过程多种多样，不同的生产过程对控制的要求也各不相同，为了能够在各种工业环境中使用 PLC，市面上的 PLC 都有许多共同点，具体如下。

1. 抗干扰能力强，可靠性极高

工业生产对电气控制设备的可靠性的要求非常高，电气控制设备应具有很强的抗干扰能力，能在很恶劣的环境下（如温度高、湿度大、金属粉尘多、距离高压设备近、有较强的高频电磁干扰等）长期连续可靠地工作，平均无故障时间长，故障修复时间短。而 PLC 是专为工业环境设计的，它在电子线路、机械结构及软件结构上都吸取了生产厂家长期积累的生产控制经验，主要模块均采用大规模与超大规模集成电路，I/O 系统设计有完善的通道保护与信号调理电路，在结构上对耐热、防潮、防尘、抗震等都有周到的考虑；在硬件上采用隔离、屏蔽、滤波、接地等抗干扰措施；在软件上采用数字滤波等抗干扰和故障诊断措施。这些措施使 PLC 具有较强的抗干扰能力。PLC 的平均无故障时间通常在几万小时甚至几十万小时以上，这是其他电气控制设备根本做不到的。

另外，PLC 特有的循环扫描的工作方式，有效地屏蔽了绝大多数的干扰信号。这些有效的措施保证了 PLC 的高可靠性。

2. 编程方便

PLC 是面向工业企业中一般电气工程技术人员设计的，设计者充分考虑到现场工作人员的技能和习惯，采用易于理解和掌握的梯形图语言，以及面向工业控制的简单指令。这种梯形图语言既继承了传统继电器控制电路的表达形式（如线圈、触点、动合、动断），又考虑到工业、企业中的电气工程技术人员的看图习惯和微机应用水平。因此，梯形图语言对于企业中熟悉继电器控制电路的电气工程技术人员来说是非常亲切的。它形象、直观、简单、易学，尤其是对于小型 PLC 而言，几乎不需要专门的计算机知识，只要进行简短的培训，就能基本掌握编程方法。也正是这样简单、易学，它真正受到了广大电气工程技术人员的欢迎。

3. 使用方便

PLC 及其扩展模块品种繁多，所构成的产品已经系列化和模块化，并且配有品种齐全

的各种软件，用户可灵活组合成各种大小和不同要求的控制系统。在由 PLC 组成的控制系统中，我们只需要在 PLC 的 I/O 端子上接入相应的导线即可。而导线的另一端可以接按钮、限位开关、继电器线圈、接触器线圈等，大量而又繁杂的中间环节的硬接线不见了。在生产工艺流程改变或生产线设备更新或系统控制要求改变，需要变更控制系统的功能时，除了 I/O 通道上的外部接线需做很小的调整外，只要把用户程序做相应的修改就可以了。同一个 PLC 装置用于不同的控制对象，只是输入/输出的组件和应用软件不同。PLC 的输入/输出可直接与交流 220 V 或直流 24 V 等强电相连，并具有较强的带负载能力。

4. 维护方便

用户所编写的控制程序可通过编程器输入 PLC 的存储器中。当 PLC 工作时编程器还可随时监控，使 PLC 的操作及维护都很方便。PLC 还具有很强的自诊断能力，能随时检查自身故障，并显示给操作人员，如 I/O 通道的状态、RAM 的后备电池的状态、数据通信的异常、PLC 内部电路的异常等信息。正是通过 PLC 的这种完善的诊断和显示能力，当 PLC 主机或外部的输入装置及执行机构发生故障时，操作人员能迅速检查、判断故障原因，确定故障位置，以便迅速采取有效措施。如果是 PLC 本身故障，则在维修时只需要更换插入式模板或其他易损件即可，能将影响降到最低。

5. 设计、施工、调试的周期短

在用继电器完成一项控制工程时，必须首先按工艺要求画出电气原理图，然后画出继电器屏（柜）的布置和安装接线图等，最后进行安装调试，这样会使以后修改起来非常不便。而采用 PLC 控制，由于其硬件、软件齐全，故设计和施工可同时进行。用软件编程取代了继电器硬接线，使控制柜的设计及安装接线工作量大为减少，具体的程序编制工作也可在 PLC 到货之前进行，因而缩短了设计周期。因为 PLC 是通过程序完成控制任务的，采用了方便用户的工业编程语言，用户程序大都可以在实验室模拟调试，模拟调试好后再进行生产现场联机统调，使调试方便、快速、安全，因此大大缩短了设计和投运周期。

1.2.2 PLC 的主要功能

PLC 是采用微电子技术来完成各种控制功能的自动化设备，可以在现场输入信号的作用下，按照预先输入的程序，控制现场的执行机构按照一定规律进行动作。其主要功能如下。

1. 顺序逻辑控制

顺序逻辑控制是 PLC 最基本、最广泛的应用领域，用来取代继电器控制系统，实现逻辑控制和顺序控制。它既可用于单机或多机控制，又可用于自动化生产线的控制。PLC 根据控制要求准确无误地处理输入信号、输出信号的各种逻辑关系。

2. 运动控制

在机械加工行业，PLC 与计算机数控（Computerized Numerical Control，CNC）集成在一起，用以完成机床的运动控制。PLC 制造商已提供了拖动步进电动机或伺服电动机的单轴或多轴的位置控制模板，在多数情况下，PLC 把描述目标位置的数据传送给模板，模板移动一轴或数轴到目标位置。当每个轴移动时，位置控制模板保持适当的速度和加速度，确保运动平滑。

3. 定时控制

PLC 为用户提供了一定数量的定时器，并设置了定时器指令。为了保证定时精度，定时器的时基单位又分为 0.1 s 级、0.01 s 级、0.001 s 级，也可以按照一定方式进行定时时间的扩展。PLC 定时精度高，定时设定方便、灵活。

4. 计数控制

PLC 为用户提供的计数器分为普通计数器、可逆计数器（增减计数器）、高速计数器等，用来完成不同用途的计数控制。当计数器的当前计数值等于计数器的给定值，或在某一数值范围时，发出控制命令。计数器的计数值可在运行中被读出，也可以在运行中进行修改。

5. 步进控制

PLC 为用户提供了一定数量的移位寄存器。用移位寄存器可方便地完成步进控制功能，在一道工序完成之后，自动进行下一道工序；一个工作周期结束以后，自动进行下一个周期。有些 PLC 还专门设有步进控制指令，使步进控制更为方便。

6. 数据处理

大部分 PLC 都具有不同程度的数据处理功能，主要可以完成的数据运算有加、减、乘、除、乘方、开方等，逻辑运算有字与、字或、字异或、字非、移位、数据比较和传送及数值的转换等。

7. 模/数和数/模转换

在过程控制或闭环控制系统中，存在温度、压力、速度、电流、电压等连续变化的物理量（或称模拟量）。过去，由于 PLC 主要完成逻辑运算控制，对于这些模拟量的控制主要靠仪表控制或分布式控制系统（Distributed Control System，DCS）。目前，不仅大、中型 PLC 都具有模拟量处理功能，甚至很多小型 PLC 也具有模拟量处理功能，而且编程和使用都很方便。

8. 通信及联网

目前，绝大多数 PLC 都具备了通信能力，能够实现 PLC 与计算机、PLC 与 PLC 之间的通信。通过这些通信技术使 PLC 更容易构成工厂自动化（Factory Automation，FA）系统。PLC 也可与打印机、监视器等外设相连，记录和监视有关数据。

1.2.3 PLC 的性能指标

性能指标是用户评价和选购机型的依据。目前，市场上销售的 PLC 和我国工业企业中使用的 PLC 绝大多数是国外生产的产品。各种 PLC 机型种类繁多，各个厂家在说明其性能指标时，侧重点也不完全相同。PLC 的档次、规模、使用场景，至今还没有统一的判断标准。但是，当用户在进行 PLC 的选型时，可以参照生产厂商提供的技术指标，从以下 5 个方面考虑。

1. CPU 技术指标

CPU 技术指标是 PLC 各项性能指标中最重要的。在这部分技术指标中，应反映出 CPU 的类型、用户程序存储器容量、可连接的 I/O 总点数（开关量多少点，模拟量多少路）、指令长度、指令条数、扫描速度（ms/千字）。

2. I/O 模板技术指标

对于开关量输入模板，要反映出输入点数/块、电源类型、工作电压等级、COM 端、输入电路等情况。

对于开关量输出模板，要反映出输出点数/块、电源类型、工作电压等级、COM 端、输出电路等情况。一般 PLC 的输出形式有 3 种：继电器输出、晶体管输出、双向晶闸管输出，要根据不同的负载性质选择合适的 PLC 输出形式。

3. 编程器及编程软件

反映这部分性能的指标有编程器的形式（简易编程器、图形编程器、通用计算机）、运行环境（DOS 或 Windows）、编程软件及是否支持高级语言等。

4. 通信功能

随着 PLC 控制功能的不断增强和控制规模的不断增大，使通信和联网的能力成为衡量现代 PLC 的重要指标。与之有关的是通信接口、通信模块、通信协议及通信指令等。PLC 的通信可分为两类：一类是通过专用的通信设备和通信协议，在同一生产厂家的各个 PLC 之间进行的通信；另一类是通过通用的通信接口和通信协议，在 PLC 与上位计算机或其他智能设备之间进行的通信。

5. 扩展性

PLC 的扩展性是指 PLC 的主机配置扩展模板的能力。它体现在两个方面：一方面是 I/O（数字量 I/O 或模拟量 I/O）的扩展能力，用于扩展系统的 I/O 点数；另一方面是 CPU 模板的扩展能力，用于扩展各种智能模板，如温度控制模板、高速计数器模板、闭环控制模板等，实现多个 CPU 的协调和信息交换。

1.3 编程语言

PLC 为用户提供了完整的编程语言，以满足程序用户编制的需要。PLC 提供的编程语言通常有梯形图、语句表、顺序功能图、功能块图和高级语言。

1. 梯形图

梯形图是一种图形编程语言，是从继电器控制原理图的基础上演变而来的。PLC 的梯形图与继电器控制原理图的基本思想是一致的，它沿用继电器的触点（触点在梯形图中又常称为接点）、线圈、串/并联等术语和图形符号，同时还增加了继电器-接触器控制系统中没有的特殊功能符号。对于熟悉继电器控制电路的电气技术人员来说，很容易被接受，且不需要学习专门的计算机知识。因此，在 PLC 应用中，梯形图是最基本的、最普遍的编程语言。需要说明的是，这种编程方式只能用编程软件通过计算机下载到 PLC 中。如果使用编程器编程，则还需要将梯形图转变为语句表用助记符将程序输入 PLC 中。

PLC 的梯形图虽然是从继电器控制电路图发展而来的，但与其又有一些本质的区别。

①PLC 的梯形图中的某些元件沿用了"继电器"这一名称，如输入继电器、输出继电

器、中间继电器等。但是，这些继电器并不是实际存在的物理继电器，而是"软继电器"，也可以说是存储器。它们当中的每一个都与 PLC 的用户程序存储器中的数据存储区中的元件映像寄存器的一个具体存储单元相对应。如果某个存储单元为"1"状态，则表示与这个存储单元相对应的那个继电器的"线圈得电"。反之，如果某个存储单元为"0"状态，则表示与这个存储单元相对应的那个继电器的"线圈失电"。这样，我们就能根据数据存储区中某个存储单元的状态是"1"还是"0"判断与之相对应的那个继电器的线圈是否"得电"。

②PLC 梯形图中仍然保留了动合触点和动断触点的名称，这些触点的接通或断开，取决于其线圈是否得电（这是继电器、接触器的最基本的工作原理）。在梯形图中，当程序扫描到某个继电器的触点时，就去检查其线圈是否"得电"，即去检查与之相对应的那个存储单元的状态是"1"还是"0"。如果该触点是动合触点，则取它的原状态；如果该触点是动断触点，则取它的反状态。

③PLC 梯形图中的各种继电器触点的串/并联连接，实质上是将这些基本单元的状态依次取出来，进行"逻辑与""逻辑或"等逻辑运算。而计算机对进行这些逻辑运算的次数是没有限制的，因此，可在编制程序时无限次使用这些触点。就像马路上路灯的状态可以被无数双眼睛看到那样。特别需要注意的是，在梯形图程序中同一个继电器的线圈一般只能使用一次，其触点形式及使用次数是随意的。

④图 1-1 为典型的梯形图，图中左、右两条垂直的线称为母线，母线之间是触点的逻辑连线和线圈的输出，不过多数 PLC 现在只保留左母线了。

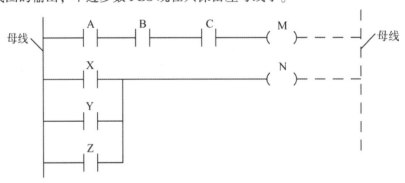

图 1-1　典型的梯形图

梯形图的一个关键概念是"能流"，这只是概念上的"能流"。图 1-1 中，把左边的母线假想为电源中的"零线"。如果有"能流"从左至右流向线圈，则线圈被激励。"能流"可以通过被激励（ON）的动合触点和未被激励（OFF）的动断触点自左向右流。图 1-1 中，当 A、B、C 触点都接通后，线圈 M 才能接通（被激励），只要其中有一个触点不接通，线圈就不会接通；而 X、Y、Z 触点中任何一个接通，线圈 N 都会接通。

要强调的是，引入"能流"的概念，仅仅是为了和继电器-接触器控制系统相比较，使我们对梯形图有一个深入的认识，其实"能流"在梯形图中是不存在的。

在梯形图中，触点代表逻辑"输入"条件，如开关、按钮和内部条件等；线圈通常代表逻辑"输出"结果，它可驱动像接触器线圈、电磁阀、灯及警铃等直流或单相交流负载。

⑤在继电器控制电路中，各个并联电路是同时加电压，并行工作的，由于实际元件动作的机械惯性可能会发生触点竞争现象。故在梯形图中，各个编程元件的动作顺序是按扫

描顺序依次执行的，或者说是按串行的方式工作的。在执行梯形图程序时，是自上而下，从左到右，串行扫描，不会发生触点竞争现象。

下面举两个例子说明，表面上看起来完全一样的继电器控制电路图与梯形图，它们产生的效果可能不完全一样，甚至某些作用完全相反。图 1-2 及图 1-3 给出了两组结构上完全一样的继电器控制电路图与梯形图，但最后的控制结果却不相同，我们先来看图 1-2 的情况。图 1-2（a）是继电器控制电路图，图 1-2（b）是梯形图。

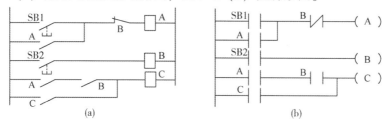

图1-2　继电器控制电路图不可能实现但梯形图能实现的情况
（a）继电器控制电路图；（b）梯形图

在图 1-2（a）中，当 SB1 工作后，A 得电并自锁，且为 C 得电创造条件。接着 SB2 动作，使 B 得电。B 的动断触点先切断 A，A 的动合触点随之断开，此时虽然 B 的动合触点闭合，但 A 已断开，使 C 总不能得电，更不用说自锁了。我们再来看看图 1-2（b），当 SB1 动作后，A "得电" 并自锁，在 SB2 动作后，B "得电"，本扫描周期内不会再改变 A，当程序扫描到下面的 A、B 动合触点时，因其线圈此时均已 "得电"，故它们均处于接通状态。这样，C 能 "得电" 且自锁。待到下个扫描周期时，虽然 A 被复位，其动合触点断开，但因 C 已自锁，所以 C 不会受到影响，始终处在闭合状态，达到了控制目的。

下面我们再来看图 1-3 的情况，这是一个继电器控制电路图能实现但控制梯形图不能实现的例子（电动机单向连续与点动运行的控制线路），我们先看图 1-3（a），当按下 SB1 时，KM 线圈得电，它的动合触点随之闭合自锁，实现电动机连续运行；当按下 SB2 时，它的动断触点使 KM 的自锁线路断开，实现电动机点动运行。再来看图 1-3（b），当按下 SB1 时，同样能形成电动机连续运行状态；当按下 SB2 时，就形成不了电动机点动运行状态。具体分析一下，当按下 SB2 时，它的动合触点使 KM 线圈 "得电"，动断触点断开了 KM 的自锁线路，当松开 SB2 时，由于 PLC 的周期性逐行扫描的特点，就会使 SB2 的动合触点断开，但其动断触点闭合，而此时的 KM 动合触点取上一个周期 KM 线圈的状态，即闭合状态。这样一来仍能形成 KM 线圈 "得电"，使 KM 不能随着 SB2 的断开而断开，从而也就不具有点动的功能。

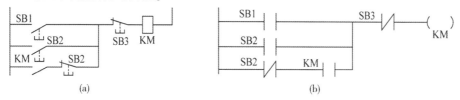

图1-3　继电器控制电路图能实现但控制梯形图不能实现的情况
（a）继电器控制电路图；（b）梯形图

综上，梯形图语言简单明了，易于理解，是所有编程语言的首选。

2. 语句表

语句表就是用助记符来表达 PLC 的各种功能，类似于计算机的汇编语言，但比汇编语言通俗易懂，是 PLC 最基础的编程语言。所谓语句表编程，是用一个或几个容易记忆的字符来代表 PLC 的某种操作功能。这种编程语言可使用简易编程器编程，尤其是在未开发计算机软件时，就只能将已编好的梯形图程序转换成语句表的形式，再通过简易编程器将用户程序逐条输入到 PLC 的存储器中进行编程。通常指令由地址、操作码（指令）和操作数（数据或器件编号）3 部分组成。语句表编程设备简单，逻辑紧凑，系统化，连接范围不受限制，但比较抽象，一般与梯形图语言配合使用，互为补充。目前，大多数 PLC 都有语句表编程功能。

3. 顺序功能图

顺序功能图编程方式采用画工艺流程图的方法编程，亦称功能图，只要在每一个工艺方框的输入和输出端标上特定的符号即可。对于在工厂中从事工艺设计的人来说，用这种方法编程，不需要很多的电气知识，非常方便。

不少 PLC 的新产品采用了顺序功能图，提供了用于顺序功能图编程的指令，有的公司已生产出系列的、可供不同的 PLC 使用的顺序功能图编程器，原来十几页的梯形图程序，顺序功能图只用一页就可以完成。另外，由于这种编程语言最适合从事工艺设计的工程技术人员，因此，它是一种效果显著、深受欢迎、前途光明的编程语言。目前 IEC 也正在实施并发展这种语言的编程标准。

4. 功能块图

功能块图是一种由逻辑功能符号组成的用来表达命令的编程语言，这种编程语言基本上沿用半导体逻辑电路的逻辑框图。对每一种功能都使用一个运算方块，其运算功能由方块内的符号确定。常用"与""或""非"等逻辑功能表达控制逻辑。和运算方块有关的输入画在方块的左边，输出画在方块的右边。利用 FBD 可以查到像普通逻辑门图形的逻辑盒指令。它没有梯形图编程器中的触点和线圈，但有与之等价的指令，这些指令是作为盒指令出现的，程序逻辑由这些盒指令之间的连接决定。采用这种编程语言，不仅能简单明确地表达逻辑功能，还能通过对各种功能块的组合，实现加法、乘法、比较等高级功能，所以，它也是一种功能较强的图形编程语言。对于熟悉逻辑电路和具有逻辑代数基础的人来说，使用起来是非常方便的。图 1-4 为 3 种编程语言举例。

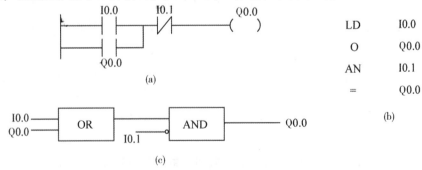

图 1-4 3 种编程语言举例

（a）梯形图；（b）语句表；（c）功能块图

5. 高级语言

在一些大型 PLC 中，为了完成一些较为复杂的控制，采用功能很强的微处理器和大容量存储器，将逻辑控制、模拟控制、数值计算与通信功能结合在一起，配备 BASIC、Pascal、C 等计算机语言，从而可像使用通用计算机那样进行结构化编程，使 PLC 具有更强的功能。

目前，各种类型的 PLC 基本上都同时具备 2 种以上的编程语言。其中，以同时使用梯形图和语句表的占大多数。而梯形图与语句表在表达方式上，不同厂家、不同型号的 PLC 都还有些差异，使用符号也不尽相同，配置的功能也各有千秋。因此，各个厂家不同系列、不同型号的 PLC 是互不兼容的，但基本的逻辑思想与编程原理是一致的。

1.4 硬件结构及工作原理

1.4.1 PLC 的硬件结构

从 PLC 的定义我们可知，PLC 也是一种计算机，有着与通用计算机相类似的结构，即 PLC 也是由中央处理器（CPU）、存储器（MEMORY），输入/输出（I/O）接口及电源组成的，现以小型 PLC 为例，来说明 PLC 的硬件组成。

PLC 的基本结构如图 1-5 所示，由图可知，由 PLC 作为控制器的自动控制系统，就是工业计算机控制系统。PLC 的中央处理器是由微处理器、单片机或位片式计算机组成，且具有各种功能的 I/O 接口及存储器。下面结合图 1-5 说明 PLC 各个组成部分的功能。

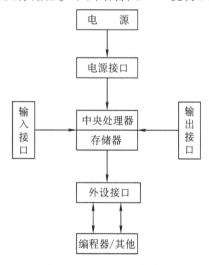

图 1-5 PLC 的基本结构

1）中央处理器

众所周知，CPU 是计算机的核心，因此它也是 PLC 的核心。它按照系统程序（操作系统）赋予的功能完成的主要任务如下：

①接收与存储用户由编程器键入的用户程序和数据；

②检查编程过程中的语法错误，诊断电源及 PLC 内部的工作故障；

③用扫描方式工作，接收来自现场的输入信号，并输入到输入映像寄存器和数据存储器中；

④进入运行方式后，从存储器中逐条读取并执行用户程序，完成用户程序所规定的逻辑运算、算术运算及数据处理等操作；

⑤根据运算结果更新有关标志位的状态，刷新输出映像寄存器的内容，再经输出部件实现输出控制、打印制表或数据通信等功能。

随着大规模集成电路的发展，PLC 采用单片机作 CPU 的越来越多，它以高集成度、高可靠性、高功能、高速度及低价格的优势，正在占领小型 PLC 的市场。

目前，小型 PLC 均为单 CPU 系统，而大、中型 PLC 通常是双 CPU 或多 CPU 系统。所谓双 CPU，是在 CPU 模板上装有两块 CPU 芯片，一块作为字处理器，一块作为位处理器。字处理器是主处理器，执行所有的编程器接口的功能，监视内部定时器及扫描时间，完成字节指令的处理，并对系统总线和微处理器进行控制。位处理器是从处理器，主要完成对位指令的处理，以减轻字处理器的负担，并将面向控制过程的编程语言（如梯形图）转换成机器语言。

2）存储器

PLC 的存储器中配有两种存储系统，即用于存放系统程序的系统程序存储器和存放用户程序的用户程序存储器。

系统程序存储器主要用来存储 PLC 内部的各种信息。一般系统程序是由 PLC 生产厂家编写的系统监控程序，不能由用户直接存取。系统监控程序主要由有关系统管理解释指令、标准程序及系统调用等程序组成。系统程序存储器一般用 PROM 或 EPROM 构成。

用户程序是由用户编写的程序，也称为应用程序。用户程序存放在用户程序存储器中，用户程序存储器的容量不大，主要存储 PLC 内部的 I/O 信息，以及内部继电器、移位寄存器、累加寄存器、数据寄存器、定时器和计数器的动作状态。小型 PLC 的存储容量一般只有几千字节的容量（不超过 8 KB）。我们一般所说的 PLC 的内存大小，是指用户程序存储器的容量，用户程序存储器常用 RAM 构成。

用户程序存储器一般分为两个区，即程序存储区和数据存储区。程序存储区用来存储由用户编写的、通过编程器输入的程序。而数据存储区用来存储通过输入端子读取的输入信号的状态、准备通过输出端子输出的输出信号的状态、PLC 中各个内部器件的状态，以及特殊功能要求的有关数据。PLC 存储器的存储结构如表 1-2 所示。

表 1-2　PLC 存储器的存储结构

存储器	存储内容	
系统程序存储器	系统监控程序	
用户程序存储器	程序存储区	用户程序（如梯形图、语句表等）
	数据存储区	I/O 信息及内部器件的状态

3）输入部件及接口（数字量）

来自现场的主令元件、检测元件的信号经输入接口进入 PLC。主令元件的信号多数是指控制按钮，这种信号的特点基本上都是人为操作的。检测元件的信号主要来自各种传感器、限位开关、继电器等的触点。也可以说是过程控制当中某些位置变化或参数值变化所产生的信号。这些信号有的是数字量（开关量），有的是模拟量（连续变化的量），有的是直流信号，有的是交流信号，要根据输入信号的类型选择合适的输入接口。

为提高系统的抗干扰能力，各种输入接口均采取了抗干扰措施，如在输入接口内带有光耦合电路，使 PLC 与外部输入信号进行隔离。为消除信号噪声，在输入接口内还设置了多种滤波电路。为便于 PLC 的信号处理，输入接口内有电平转换及信号锁存电路。为便于现场信号的连接，在输入接口的外部设有接线端子排。

4）输出部件及接口（数字量）

由 PLC 产生的各种输出控制信号经输出接口来控制和驱动负载（如接触器和继电器线圈、电磁阀、指示灯、报警器等）。

因为 PLC 的直接输出带负载能力有限，最高电压为交流 220 V，最高电流为 2 A，所以 PLC 输出接口所带的负载通常就是上面这些。

同输入接口一样，输出接口的负载有交流的，也有直流的，要根据负载性质选择合适的输出接口。

输出接口的输出方式分为晶体管输出型、双向晶闸管输出型及继电器输出型。晶体管输出型适用直流负载或晶体管-晶体管逻辑电路（Transister-Transister-Logic，TTL）；双向晶闸管输出型适用交流负载；而继电器输出型，既可用于直流负载，又可用于交流负载。使用时，只要外接一个与负载相符的电源即可。因而采用继电器输出型，对用户显得方便和灵活，但由于它有触点输出，所以它的工作频率不能很高，工作寿命不如无触点的半导体器件长。

晶体管输出型每个输出点的最大带负载能力约为 0.75 A，其接口响应速度较快，特别适合控制步进电动机之类的直流脉冲型负载。

双向晶闸管输出型每个输出点的最大带负载能力范围为 0.5～1 A，其接口响应速度较快，适合控制要求频繁动作的交流负载。

继电器输出型每个输出点的最大带负载能力约为 2 A，作为数字量输出选择继电器型则更为自由和方便，且适用场合普遍。因此，在对动作时间和动作频率要求不高的情况下，常常采用此方式。

PLC 的控制信号经输出接口送出来，那么输出接口与外部用户设备该如何接线呢？这里可分为两种方式，即汇点式输出接线和隔离式输出接线。

①汇点式输出接线方式就是把所有的输出点分成几个组，一组一个公共端（COM），这样做的目的就是满足用户设备不同电压等级的要求。同级别电压的设备可放在同一组，通过本组的 COM 点形成电压回路，如图 1-6（a）所示；还可以将全部输出点作为一组，所有输出点共用一个 COM 点，如图 1-6（b）所示。可以明显看出图 1-6（b）的接线方式就不如图 1-6（a）的接线方式灵活方便，图 1-6（a）可以当作图 1-6（b）使用，而图 1-6（b）是不能当作图 1-6（a）来使用的。

②隔离式输出接线方式如图 1-7 所示。在这种方式中，每个输出点都有自己的 COM

点，更加灵活方便，适合多级别电压的控制系统，每个 COM 点都是相对独立、相互隔离的。若用户设备电压等级并不多，则可将它们任意组合，做起来也很方便，只要把它们的 COM 点相应地接在一起就可以组成同一电压等级回路。

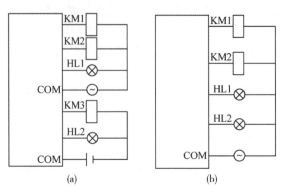

图 1-6　汇点式输出接线方式　　　　　**图 1-7　隔离式输出接线方式**

（a）同级别电压的设备可放在同一组；（b）将全部输出作为一组

5）模拟量 I/O 接口模块

小型 PLC 的主机上一般没有模拟量 I/O 接口，如果有的话，通道数也是有限的，只有通过连接专用的扩展模块，才能增加模拟量的通道数量。而大、中型 PLC 模拟量的通道数可以达到成百上千个。

PLC 发展到今天，不仅仅只是处理数字量信号（开关量信号、断续量信号），也能够处理模拟量信号（连续变化的信号）。像温度、压力、速度、位移、电流、电压等信号，它们在生产设备上都是连续变化的。以往这种信号都是通过仪表来控制，现在用 PLC 就完全可以实现控制。模拟量输入信号或模拟量输出信号可以是电压；也可以是电流；可以是单极性的，如 0～5 V，0～10 V，1～5 V，4～20 mA；也可以是双极性的，如 ±50 mV，±5 V，±10 V，±20 mA。

一个模拟 I/O 接口模块的通道数，可能有 2、4、8、16 个。有的模块既有输入通道，也有输出通道。

模拟量输入接口模块的任务是把现场中被测的模拟量信号转变成 PLC 可以处理的数字量信号。通常在生产现场中可能有多路模拟量信号需要采集，各模拟量的类型和参数都可能不同，这就需要在进入模块前，对模拟量信号进行转换和预处理，把它们转变成输入模块能统一处理的电信号，经多路转换开关进行多中选一，再将已选中的那路信号进行 A/D（模/数）转换，转换结束进行必要处理后，送入数据总线供 CPU 存取，或存入中间寄存器备用。

模拟量输出接口模块的任务是将 CPU 送来的数字量转换成模拟量，用以驱动执行机构，实现对生产过程或装置的闭环控制。

6）扩展接口与通信接口

PLC 主机上除了输入接口与输出接口外，还有扩展接口与通信接口。

①扩展接口现在有两个含义：一个是 CPU 的扩充，它是在原系统中当只有一块 CPU 而无法满足系统工作要求时使用的，这个接口的功能是实现扩充 CPU，以及扩充 CPU 模

块之间（多个 CPU 模块扩充）的相互控制和信息交换；另一个是单纯的 I/O（数字量 I/O 或模拟量 I/O）扩展接口，它是为弥补主机上 I/O 点数有限而设置的，用于扩展 I/O 点数，当用户的 PLC 控制系统所需的 I/O 点数超过主机本身的 I/O 点数时，就要通过 I/O 扩展接口将主机与 I/O 扩展单元连接起来，以满足用户的需求。

②通信接口是专门用于数据通信的，主要实现"人-机"对话或"机-人"对话。PLC 通过通信接口可与打印机监视器相连，也可与其他的 PLC 或上位计算机相连，构成多机局部网络系统或多级分布式控制系统，还有可实现管理与控制相结合的综合系统。用户应根据不同的设备要求遵循已规范好的通信协议，选择相应的通信方式并配置适合的通信接口。通信接口有串行接口和并行接口两种。

7）编程器

编程器是人们以往最常用的编程设备，又分为简易编程器和智能编程器，用它可以进行用户程序的输入、编辑、调试和监视，还可以通过其键盘去调用和显示 PLC 的一些内部继电器状态和系统参数。它使用 PLC 上专用接口与 CPU 联系，完成人机对话。通过简易编程器输入程序时还必须把编好的梯形图程序转变成编程器认可的助记符，用于逐条将程序输入进去，还需要很长的时间。编程器一般由 PLC 生产厂家提供，同一厂家的不同规格的 PLC 所使用的编程器是不一样的。

由 PLC 生产厂家生产的专用编程器使用范围有限，价格一般也较高，在个人计算机不断更新换代的今天，出现了使用以个人计算机为基础的编程系统，即由生产厂家向用户提供编程软件，而编程软件装在哪台计算机则由用户自己选择。只要能支持此软件运行就可以了，用户在计算机上直接编写梯形图，然后下载到 PLC 中进行调试，还可以通过计算机监视程序运行。这种方法的主要优点是利用个人计算机，用几秒钟的时间就可以将程序输入到 PLC 中，能节省很多劳动和时间，监视运行方便、快捷、直观。对于不同厂家和型号的 PLC，只需要更换编程软件就可以了。

8）其他

我们在进行 PLC 控制系统设计时还可以根据需要配置一些外设。

①人机接口装置。

人机接口装置又称操作员接口，用于实现操作员与 PLC 控制系统的对话和相互作用。人机接口最简单、最基本和最普遍的形式是由安装在控制台上的按钮、转换开关、拨码开关、指示灯、LED 数字显示器和声光报警等元件组成。它们用来指示 PLC 的 I/O 系统状态及各种信息。通过合理的程序设计，PLC 控制系统可以接收并执行操作员的指令，小型 PLC 一般采用这种人-机接口。

②外存储器。

PLC 的 CPU 内的半导体存储器称为内存，可用来存放系统程序和用户程序。有时将用户程序存储在盒式磁带机的磁带或磁盘驱动器的磁盘中，作为程序备份或改变生产工艺流程时调用。磁带和磁盘称为外存，如果 PLC 内存中的用户程序丢失或被破坏，则可将存储在外存中的程序重新装入。

③打印机。

打印机在用户程序编写阶段用来打印带注解的梯形图程序或语句表程序，这些程序对用户的维修及系统的改造或扩展是非常有价值的。在系统的实时运行过程中，打印机用来提供运行过程中发生事件的硬记录，如用于记录系统运行过程中报警的时间和类型。这对于分析事故原因和系统改进是非常重要的。在日常管理中，打印机可以定时或非定时打印各种生产报表。

1.4.2 PLC 的工作原理

众所周知，继电器控制系统是一种"硬件逻辑系统"，它所采用的是并行工作方式，也就是说，条件一旦形成，多条支路可以同时动作。PLC 是在继电器控制系统逻辑关系基础上发展演变的。而 PLC 是一种专用的工业控制计算机，其工作原理是建立在计算机工作原理基础上的。为了可靠地应用在工业环境下，便于现场电气技术人员的使用和维护，它有着大量的接口器件、特定的监控软件、专用的编程器件。这样一来，不但其外观不像计算机，它的操作使用方法、编程语言及工作过程与计算机控制系统也是有区别的。

实现它的工作原理是通过执行反映控制要求的用户程序。PLC 的 CPU 是以分时操作方式来处理各项任务的，在每一瞬间只能做一件事，程序的执行是按程序顺序依次完成相应位置上的动作，所以它属于串行工作方式。

1. PLC 控制系统的等效工作电路

PLC 控制系统的等效工作电路可以分为 3 部分，即输入部分、内部控制电路和输出部分。输入部分就是采集输入信号，输出部分就是系统的执行部件。这两部分与继电器控制线路相同，内部控制电路就是用户所编写的程序，可以实现控制逻辑，用软件编程代替继电器控制电路的功能。其等效工作电路如图 1-8 所示，图中的梯形图是为输出侧负载编写的对应程序，因 Q0.1、Q0.3、Q0.4 端子上没有接负载，所以也就不用给它们编写程序了。

1）输入部分

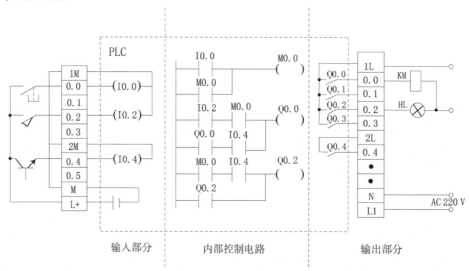

图 1-8 PLC 的等效工作电路

输入部分由外部输入电路、PLC 输入接线端子和输入继电器组成。外部输入信号经PLC 输入接线端子来驱动输入继电器线圈。每个输入接线端子与其相同编号的输入继电器有着唯一确定的对应关系。当外部的输入元件处于接通状态时，对应的输入继电器线圈

"得电"。这个输入继电器是 PLC 内部的软继电器，这样描述是便于读者理解，实际上这里不存在真正的物理上的继电器，只是存储器中的某一位，它可以提供任意多个动合触点或动断触点。这里所说的"触点"实际上也是不存在的，还是为了向早期的继电器控制线路图靠拢，便于用户理解。那么"触点"实际上就是这个存储器位的状态，这样一来就可以任意取用了。

为使输入继电器的线圈"得电"，即让外部输入元件的接通状态写入其对应的存储单元中，输入回路要有电源，这个电源可以用 PLC 自己提供的 24 V 直流电源，也可以由 PLC 外部的独立的交流或直流电源供电。

2）内部控制电路

内部控制电路是由用户程序形成的用"软继电器"来替代硬继电器的控制逻辑。它的作用是按照用户编写的程序所规定的逻辑关系，处理输入信号和输出信号。一般用户程序是用梯形图语言编写的，它看上去很像继电器控制电路图，这也是 PLC 设计者所追求的。在前面我们已经提到过，即使 PLC 的梯形图与继电器控制电路图完全相同，最后的输出结果却不一定相同，这是因为它们处理信号的过程是不一样的。继电器控制电路图中的继电器线圈都是并联关系，机会相等，只要条件允许就可以同时动作，而 PLC 的梯形图程序的工作特点是周期性逐行扫描，这样一来最后的输出结果就难免不同。

除了输入信号和输出信号，在 PLC 中还提供了计时器、计数器、辅助继电器（相当于继电器控制电路图中的中间继电器）及某些特殊功能的继电器。为了实现我们的控制要求，在编程时可根据需要选用，但这些器件只能在 PLC 的内部控制电路中使用。在 PLC 的 I/O 点处是看不到它们的。

3）输出部分（以数字量继电器输出型 PLC 为例）

输出部分是由在 PLC 内部且与内部控制电路隔离的输出继电器的动合触点、输出接线端子和外部驱动电路组成，用来驱动外部负载。

每个输出继电器除了有为内部控制程序提供编程用的任意多个动合、动断触点外，还为外部输出电路提供了一个实际的动合触点与输出接线端子相连。需要特别指出的是，输出继电器是 PLC 中唯一存在的实际物理器件，打开 PLC 我们会发现在输出侧放置的那些微型继电器。

2. PLC 的工作原理

PLC 虽然具有许多微型计算机的特点，但它的工作原理却与微型计算机有很多不同（这主要是由各自的操作系统和系统软件的不同造成的）。

PLC 的工作原理有两个显著特点：一个是周期性顺序扫描，一个是信号集中批处理。

PLC 通电后，需要对软件、硬件都做一些初始化工作。为了使 PLC 的输出及时地响应各种输入信号，初始化后反复不停地分步处理各种不同的任务，这种周而复始的循环工作方式称为周期性顺序扫描工作方式。

PLC 在运行过程中，总是处在不断循环的顺序扫描过程中，每次扫描所用的时间称为扫描时间，又称为扫描周期或工作周期。

由于 PLC 的 I/O 点数较多，采用集中批处理的方法可简化操作过程，便于控制，提高系统可靠性。因此 PLC 的另一个主要特点就是对输入采样、执行用户程序、输出刷新实施集中批处理。

上面提到过在 PLC 通电后，首先要进行的就是初始化工作，这一过程包括对工作内存的初始化，即复位所有的定时器，将输入、输出继电器清零，检查 I/O 单元是否完好，如有异常则发出报警信号。初始化之后，就进入周期性扫描过程。小型 PLC 的工作流程图如图 1-9 所示。

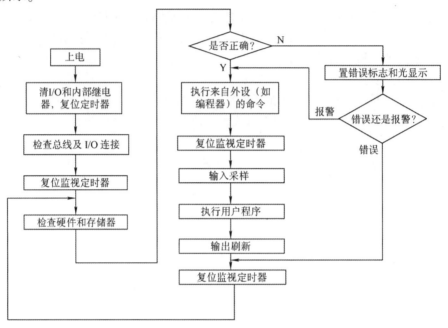

图 1-9　小型 PLC 的工作流程图

作为用户来讲，我们所关心的是怎样使用 PLC，以及 PLC 怎样完成我们的控制要求，至于它内部的工作过程我们兴趣不大，所以在这里暂不分析初始化过程，那么扫描过程就只剩下"输入采样""执行用户程序"和"输出刷新"3 个阶段。这 3 个阶段是 PLC 工作过程的中心内容，如图 1-10 所示。理解透 PLC 工作过程的这 3 个阶段是学习好 PLC 的基础，下面就详细分析这 3 个阶段。

1）输入采样阶段

在 PLC 的存储器中，设置了一片区域来存放输入信号和输出信号的状态，它们分别称为输入映像寄存器和输出映像寄存器，CPU 以字节（8 位）为单位来读写 I/O 映像寄存器。

这是第一个集中批处理过程，在这个阶段中，PLC 首先按顺序扫描所有输入端子，并将各输入状态存入相对应的输入映像寄存器中。此时，输入映像存储器被刷新，在当前的扫描周期内，用户程序依据的输入信号的状态（ON 或 OFF）均从输入映像寄存器中读取，而不管此时外部输入信号的状态是否变化。在此程序执行阶段和接下来的输出刷新阶段，输入映像寄存器与外界隔离，即使此时外部输入信号的状态发生变化，也只能在下一个扫描周期的输入采样阶段读取。一般来说，输入信号的宽度要大于一个扫描周期，否则很可能造成信号的丢失。

2）执行用户程序阶段

PLC 的用户程序由若干条指令组成，指令在存储器中按照顺序排列。在 RUN 工作模式的程序执行阶段，当没有跳转指令时，CPU 从第一条指令开始，逐条顺序地执行用户程序。

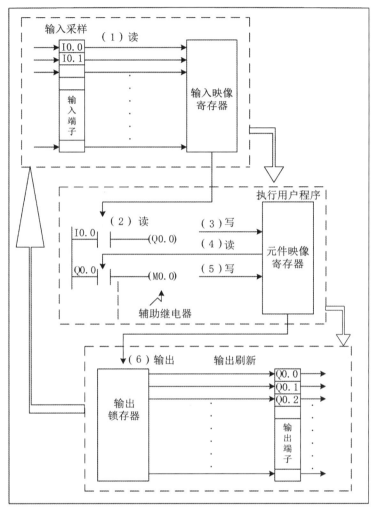

图 1-10　小型 PLC 的 3 个集中批处理过程

在执行指令时，从 I/O 映像寄存器或别的位元件的映像寄存器读取其 ON/OFF 状态，并根据指令的要求执行相应的逻辑运算，运算的结果写入相应的映像寄存器中。因此，除了输入映像寄存器属于只读之外，其他映像寄存器的内容都随着程序的执行而变化。

这是第二个集中批处理过程，具体地说，在此阶段，PLC 的工作过程如下：CPU 对用户程序按顺序进行扫描，如果程序用梯形图表示，则总是按先上再下，从左至右的顺序进行扫描，每扫描到一条指令，所需要的输入信息的状态就要从输入映像寄存器中去读取，而不是直接使用现场的即时输入信息。因为第一个集中批处理过程（取输入信号状态）已经结束，"大门"已经关闭，现场即时信号此刻是进不来的。对于其他信息，则是从 PLC

的元件映像寄存器中读取，在这个顺序扫描过程中，每一次运算的中间结果都立即写入元件映像寄存器中，这样该元素的状态马上可以被后面将要扫描到的指令所利用，所以在编程时指令的先后位置将决定最后的输出结果。对输出继电器的扫描结果，也不是马上去驱动外部负载，而是将结果写入元件映像寄存器中的输出映像寄存器中，同样该元素的状态也马上被后面将要扫描到的指令所利用，待整个执行用户程序阶段结束后，进入输出刷新阶段时，成批地将输出信号状态送出去。

3）输出刷新阶段

CPU 执行完用户程序后，将输出映像寄存器的 ON/OFF 状态传送到输出模块并锁存起来。当梯形图中某一输出位的线圈"得电"时，对应的输出映像寄存器为"1"状态。信号经输出模块隔离和功率放大后，继电器型输出模块中对应的硬件继电器（确实存在的物理器件）的线圈得电，它的动合触点闭合，使外部负载通电工作。到此，一个周期扫描过程中的 3 个主要过程就结束了，CPU 又进入了下一个扫描周期。

这是第三个集中批处理过程，用时极短。在本周期内，用户程序全部扫描后，就已经定好了某一输出位的状态，在进入这段的第一步时，信号状态已送到输出映像寄存器中。也就是说，输出映像寄存器的数据取决于输出指令的执行结果。然后再把此数据推到锁存器中锁存，最后一步就是把锁存器的数据再送到输出端子上去。在一个周期中锁存器中的数据是不会变的。

PLC 的扫描工作过程如图 1-11 所示。

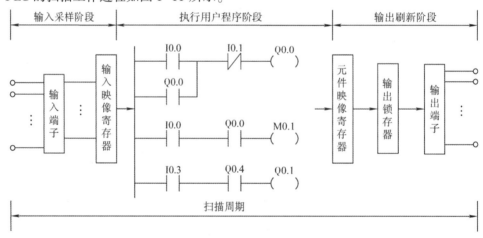

图 1-11　PLC 的扫描工作过程

1.5　程序设计及发展方向

1.5.1　PLC 的程序设计

PLC 控制系统是以程序形式来体现其控制功能的，大量的工作时间将用在软件设计，即程序设计上。当我们接到控制要求后，首先要进行地址分配，画 I/O 分配图，但是这两项工作只需要很短的时间就可以完成，然后就要进行程序设计了。程序设计对于初学者来说通常采用的是继电器系统设计方法中的逐渐探索法，以步为核心，一步一步设计下去，一步一步修改调试，直到完成整个程序的设计。PLC内部继电器很多，其触点在内存允许的情况下可重复使用，尽管初学者也许把程序设计得冗长，欠精练，但是由于整个程序扫描时间不过几十毫秒，只要能够准确地实现控制要求，达到控制目的，也就算完成了设计任务。归纳起来，PLC程序设计可遵循以下6步：

①确定被控制系统必须完成的动作及完成这些动作的顺序；

②分配I/O设备，即I/O分配，将信号与PLC的I/O口对应到位；

③设计PLC程序，通常是画梯形图；

④使用计算机编程软件，上机编写梯形图；

⑤将程序下载至PLC，进行调试（模拟或现场）；

⑥正常运行后保存已完成的程序。

显然，在建立一个PLC控制系统时，必须首先把系统需要的输入、输出数量确定下来，然后按照需要确定各种控制动作的顺序和各个控制装置彼此之间的相互关系。确定控制装置之间的相互关系后，就可以进行编程的第二步——分配I/O设备，在分配了PLC的I/O点、内部辅助继电器、定时器、计数器及特定功能块之后，就可以设计PLC程序画出梯形图。在画梯形图时要注意每个从左边母线开始的逻辑行必须终止于一个继电器线圈或定时器、计数器、功能块等，与实际的电路图是有区别的。梯形图画好后，使用编程软件直接把梯形图输入计算机并下载到PLC进行模拟调试，直至符合控制要求。这便是程序设计的整个过程。

1.5.2 PLC的发展方向

PLC诞生不久即显示了其在工业控制中的重要地位，如日本、德国、法国等国家相继研制成功各自的PLC，受到工业界的欢迎。20世纪70年代末和80年代初，PLC已成为工业控制领域中占主导地位的基础自动化设备。由最初的1位机发展为8位机，随着微处理器和微型计算机技术在PLC中的应用，形成了现代意义上的PLC。现在的PLC产品已使用16位、32位高性能微处理器，不仅控制功能增强，功耗、体积减小，可靠性提高，而且远程I/O和通信网络、数据处理及人机界面也有了长足的发展。如今，PLC技术已非常成熟。

目前，世界上有200多个厂家生产PLC产品，比较有名的厂家有美国的AB、通用、莫迪康，日本的三菱、欧姆龙、富士电机、松下电工，德国的西门子，法国的TE、施耐德，韩国的三星、LG等（其中莫迪康和TE已归到施耐德旗下）。

PLC总的发展趋势是向高集成度、小体积、大容量、高速度、易使用、高性能方向发展。具体表现在以下6个方面。

1. 向小型化、专业化、低成本方向发展

20世纪80年代初，小型PLC在价格上还高于小系统用的继电器控制装置。随着微电子技术的发展，新型器件大幅度地提高功能和降低价格，使PLC结构更为紧凑，操作使用十分简便，功能不断增加。将原来大、中型PLC才有的功能部分地移植到小型PLC上，

如模拟量处理、数据通信和复杂的功能指令等，且价格不断下降，真正成为现代电气控制系统中不可替代的控制装置。

2. 向大容量，高速度方向发展

随着自动化水平的不断提高，对大型、中型 PLC 处理数据的速度要求也越来越高，在三菱公司的 32 位微处理器 M887788 中，在一块芯片上实现了 PLC 的全部功能，它将每条基本指令的扫描时间缩短为 0.15 μs。欧姆龙公司的 CV 系列，每条基本指令的扫描时间为 0.125 μs。西门子公司的 TI555 采用了多微处理器，每条基本指令的扫描时间为 0.068 μs。大型 PLC 采用多微处理器系统，可同时进行多任务操作，处理速度提高，特别是增强了过程控制和数据处理的功能。另外，存储容量大大增加。

3. 智能型 I/O 模块的发展

智能型 I/O 模块是以微处理器和存储器为基础的功能部件，它们的 CPU 与 PLC 的主CPU 并行工作，占用主 CPU 的时间很少，有利于提高 PLC 的扫描速度。它们本身就是一个小的微型计算机系统。智能型 I/O 模块主要有模拟量 I/O、高速计数输入、中断输入、机械运动输入、热电偶输入、热电阻输入、条形码阅读器、多路 BCD 码 I/O、模糊控制器、PID 回路控制和各种通信模块等。

4. 基于 PC 的编程软件取代编程器

随着计算机的日益普及，越来越多的用户使用基于个人计算机的编程软件。编程软件可以对 PLC 控制系统的硬件进行组态，即设置硬件的结构和参数，如设置各框架、各个插槽上模块的型号、模块的参数、各串行通信接口的参数等。在屏幕上可以直接生成和编辑梯形图、语句表、功能块图和顺序功能图程序，并可以实现不同编程语言的相互转换。程序被编译下载到 PLC 中，也可以将用户程序上传到计算机。程序可以存盘或打印，通过网络或调制解调器（Modem），还可以实现远程操作。

编程软件的调试和监控功能远远超过手持式编程器，如在调试时可以设置执行用户程序的扫描次数，有的编程软件可以在调试程序时设置断点，有的具有跟踪功能，用户可以周期性地选择保存若干编程元件的历史数据，还可以将数据上传后存为文件。

在 PC 上用编程软件编完程序后，要用专用电缆把 PC 与 PLC 连接起来。第一项需要做的工作就是建立通信，也就是相互认识一下。在 PLC 运行过程中可以在梯形图中显示触点的通断和线圈的状态，查找复杂电路的故障非常方便。

5. PLC 编程语言的标准化与通信的易用化

与 PC 相比，PLC 硬件、软件的体系结构都是封闭的而不是开放的。在硬件方面，各厂家的 CPU 模块和 I/O 模块互不通用。PLC 的编程语言和指令系统的功能和表达方式也不一致，因此各厂家的 PLC 互不兼容。为了解决这一问题，IEC 制订了 PLC 的编程语言标准。标准中除了提供几种编程语言供用户选择外，还允许编程者在同一程序中使用多种编程语言，这使编程者能够选择不同的语言来适应特殊的工作。目前已有越来越多的工控产品厂商推出了符合标准的 PLC 指令系统或在 PC 上运行的软件包（软件 PLC）。

PLC 的通信联网功能使它能与 PC 和其他智能控制设备交换数字信息，使系统形成一个统一的整体，实现分散控制和集中管理。通过双绞线、同轴电缆或光纤联网，信息可以传送到几十千米远的地方，通过 Modem 和互联网可以与世界上其他地方的计算机装置通信。

为了尽量减少用户在通信编程方面的负担，PLC 厂商做了大量的工作，使设备之间的通信能自动地、周期性地进行，不需要用户为通信编程，用户的工作只是在组成系统时进行一些硬件或软件上的初始化设置。

6. PLC 与现场总线相结合

IEC 对现场总线（Field Bus，FA）的定义：安装在制造和过程区域的现场装置与控制室内的自动控制装置之间的数字式、串行、多点通信的数据总线称为现场总线。它是当前工业自动化的热点之一。现场总线以开放的、独立的、全数字化的双向多变量通信代替 0 ~ 10 mA 或 4 ~ 20 mA 的现场电动仪表信号。现场总线 I/O 集检测、数据处理、通信于一体，可以代替变送器、调节器、记录仪等模拟仪表，不需要框架、机柜，可以直接安装在现场导轨槽上。现场总线 I/O 的接线极为简单，只需一根电缆，从主机开始，沿数据链从一个现场总线 I/O 连接到下一个现场总线 I/O。使用现场总线后，自动控制系统的配线、安装、调试和维护等方面的费用可以节约2/3 左右，现场总线 I/O 与 PLC 可以组成功能强大的、廉价的 DCS。

使用现场总线后，操作员可以在中央控制室实现远程监控，对现场设备进行参数调整，还可以通过现场设备的自诊断功能预测故障和寻找故障点。

第 2 章

西门子 S7-200 PLC 概述

  S7-200 PLC 是德国西门子公司生产的一种小型 PLC，但其许多功能已经达到大、中型 PLC 的水平，而价格却与小型 PLC 一样，因此，它一经推出，就受到了广泛关注。特别是 S7-200 CPU 22X 系列 PLC，由于它具有多种功能模块和人机界面可供选择，所以系统的集成非常方便，还可以很容易地组成 PLC 网络，同时它具有功能齐全的编程和工业控制组态软件，使在完成控制系统的设计时更加简单，几乎可以完成任何功能的控制任务。

  德国的西门子公司是世界著名的、也是欧洲最大的电气设备制造商，是世界上研制、开发 PLC 较早的少数几个公司之一，欧洲第一台 PLC 就是西门子公司于 1973 年研制成功的，到 20 世纪末推出了 SIMATIC S7 系列 PLC，也可以说是它的第三代产品。

  西门子公司的 PLC 在我国应用得十分普遍，尤其是大、中型 PLC，由于其可靠性高，在自动化控制领域中久负盛名。目前较先进的有 S7、M7 及 C7 三个系列的 PLC 产品，S7 系列的 PLC 根据控制系统规模的不同，分成 3 个系列：S7-200，S7-300，S7-400，分别对应小型、中型、大型 PLC。而基于 SIMATIC 系列 PLC 的各种功能模块、人机界面、工业网络、工业软件及控制方案的迅速发展，使 PLC 控制系统的功能更加强大，系统的设计和操作越来越简便。

  S7 系列 PLC 编程均使用 STEP 7 编程软件，该软件的 4.0 版已经完全汉化，编程非常方便、容易。考虑到西门子公司的产品在我国应用非常广泛，其功能比较全面和典型，具有一定的代表性，因此本章以 S7-200 CPU 22X 系列 PLC 为例，主要介绍以下内容：

  ①S7-200 PLC 的系统组成；

  ②S7-200 PLC 的性能特点及基本功能；

  ③S7-200 PLC 的内部资源及寻址方式；

  ④S7-200 PLC 的编程语言及程序结构。

2.1　S7-200 PLC 的系统组成

2.1.1　系统基本构成

S7-200 PLC（以下简称 S7-200）是西门子公司前几年投入市场的小型可编程序控制

器，可以单机控制，也可以进行输入/输出和功能模块的扩展。S7-200 属于整体式结构，它价格低廉、结构小巧、可靠性高、运行速度快，具有极丰富的指令集、强大的多种集成功能和实时特性，且性价比很高。根据控制规模的大小（即 I/O 点数的多少），可以选择相应的 CPU 主机。除了 CPU 221 以外，其他 CPU 主机均可进行系统扩展，在规模不太大的控制领域是较为理想的控制设备。

同其他的 PLC 一样，S7-200 的系统基本组成也是由主机单元加编程器构成的。在需要进行系统扩展时，系统基本组成中还可包括：数字量扩展模块、模拟量扩展模块、通信模块、网络设备、人机界面等。S7-200 的基本组成如图 2-1 所示。

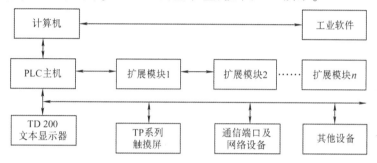

图 2-1　S7-200 的基本组成

2.1.2　主机单元

S7-200 的主机单元的 CPU 共有两个系列：CPU 21X 及 CPU 22X。CPU 21X 系列包括 CPU 212、CPU 214、CPU 215、CPU 216，CPU 22X 系列包括 CPU 221、CPU 222、CPU 224、CPU 226、CPU 226XM。由于 CPU 21X 系列属于 S7-200 的第一代产品，故不再作具体介绍。

1. CPU 221

CPU 221 的特点如下：

①具有 6 输入/4 输出共 10 个数字量 I/O 点；

②无 I/O 扩展能力；

③具有 6 KB 的程序和数据存储区空间；

④具有 4 个独立的 30 kHz 的高速计数器，2 路独立的 20 kHz 的高速脉冲输出；

⑤具有 1 个 RS-485 通信/编程口；

⑥具有多点接口（MPI）通信协议；

⑦具有点对点接口（PPI）通信协议；

⑧具有自由通信口。

2. CPU 222

CPU 222 的特点如下：

①具有 8 输入/6 输出共 14 个数字量 I/O 点；

②可连接 2 个扩展模块单元，最大可扩展至 78 个数字量 I/O 点或 10 路模拟量 I/O；

③具有 6 KB 的程序和数据存储区空间；

④具有 4 个独立的 30 kHz 的高速计数器，2 路独立的 20 kHz 的高速脉冲输出；

⑤具有 PID 控制器；

⑥具有 1 个 RS-485 通信/编程口；

⑦具有多点接口通信协议；

⑧具有点对点接口通信协议；

⑨具有自由通信口。

3. CPU 224

CPU 224 的特点如下：

①具有 14 输入/10 输出共 24 个数字量 I/O 点；

②可连接 7 个扩展模块单元，最大可扩展至 168 个数字量 I/O 点或 35 路模拟量 I/O；

③具有 13 KB 的程序和数据存储区空间；

④具有 6 个独立的 30 kHz 的高速计数器，2 路独立的 20 kHz 的高速脉冲输出；

⑤具有 PID 控制器；

⑥具有 1 个 RS-485 通信/编程口；

⑦具有多点接口通信协议；

⑧具有点对点接口通信协议；

⑨具有自由通信口；

⑩I/O 端子排可以很容易地整体拆卸。

4. CPU 226

CPU 226 的特点如下：

①具有 24 输入/16 输出共 40 个数字量 I/O 点；

②可连接 7 个扩展模板单元，最大可扩展至 248 个数字量 I/O 点或 35 路模拟量 I/O；

③具有 13 KB 的程序和数据存储区空间；

④具有 6 个独立的 30 kHz 的高速计数器，2 路独立的 20 kHz 的高速脉冲输出；

⑤具有 PID 控制器；

⑥具有 2 个 RS-485 通信/编程口；

⑦具有多点接口通信协议；

⑧具有点对点接口通信协议；

⑨具有自由通信口；

⑩I/O 端子排可以很容易地整体拆卸。

5. CPU 226XM

与 CPU 226 相比，CPU 226XM 除了程序和数据存储区空间由 13 KB 增加到 26 KB 外，其余功能不变。

▶▶ 2.1.3 数字量扩展模块

S7-200 系列目前可以提供三大类共 9 种数字量 I/O 扩展模块。

1）EM221

EM221 是数字量输入（DI）扩展模块，具有 8 点 DC 输入，光耦合器隔离。

2）EM222

EM222 是数字量输出（DO）扩展模块，有 2 种输出类型：

①8 点 DC 24 V 输出型；

②8 点继电器输出型。

3）EM223

EM223 是数字量混合输入/输出（DI/DO）扩展模块，有 6 种输出类型：

①DC 24 V 输入 4 点/输出 4 点；

②DC 24 V 输入 4 点/继电器输出 4 点；

③DC 24 V 输入 8 点/输出 8 点；

④DC 24 V 输入 8 点/继电器输出 8 点；

⑤DC 24 V 输入 16 点/输出 16 点；

⑥DC 24 V 输入 16 点/继电器输出 16 点。

2.1.4 模拟量扩展模块

1）EM231

EM231 是 4 路 12 位模拟量输入（AI）模块，其特点如下。

①差分输入，电压：$0 \sim 10$ V、$0 \sim 5$ V、± 2.5 V、± 5 V；电流：$0 \sim 20$ mA。

②转换时间小于 250 μs。

③最大输入电压为 DC 30 V，最大输入电流 32 mA。

2）EM232

EM232 是 2 路 12 位模拟量输出（AO）模块，其特点如下。

①输出范围：电压 ± 10 V，电流 $0 \sim 20$ mA。

②数据字格式：电压 $-32\,000 \sim +32\,000$，电流 $0 \sim +32\,000$。

③分辨率：电压 12 位，电流 11 位。

3）EM235

EM235 是模拟量混合输入/输出（AI/AO）模块，其特点如下。

①模拟量输入 4 路，模拟量输出 1 路。

②差分输入，电压：$0 \sim 10$ V、$0 \sim 5$ V、$0 \sim 1$ V、$0 \sim 500$ mV、$0 \sim 100$ mV、$0 \sim 50$ mV、± 10 V、± 5 V、± 2.5 V、± 1 V、± 500 mV、± 250 mV、± 100 mV、± 50 mV、± 25 mV；电流：$0 \sim 20$ mA。

③转换时间小于 250 μs；

④稳定时间：电压 100 μs，电流 2 ms。

2.1.5 智能模块

1. EM277 通信处理器

EM277 是连接 SIMATIC 现场总线 PROFIBUS-DP 从站的通信模块，使用 EM277 可

以将 S7-200 的 CPU 作为现场总线 PROFIBUS-DP 的从站接到网络中。在 EM277 中，有一个 RS-485 接口，传输速率为 9.6 Kbit/s、19.2 Kbit/s、45.45 Kbit/s、93.75 Kbit/s、187.5 Kbit/s、500 Kbit/s~1 Mbit/s、1.5 Mbit/s、3 Mbit/s、6 Mbit/s、12 Mbit/s，可自动设置。

2. CPU 243-2 通信处理器

CPU 243-2 通信处理器是 S7-200（CPU 22X）的 AS-i 主站，通过连接 AS-i 可显著地增加 S7-200 的数字量 I/O 点数。每个主站最多可连接 31 个 AS-i 从站。S7-200 同时可以处理最多 2 个 CPU 243-2，每个 CPU 243-2 的 AS-i 上最大有 124DI/124DO。

2.1.6 其他设备

1. 编程设备（PG）

编程设备是任何一台 PLC 不可缺少的设备，一般是由制造商专门提供的。S7-200 的编程设备可以是简易的手持编程器 PG702，也可以是昂贵的图形编程器，如 PG740 II、PG760 II 等。为降低编程设备的成本，目前广泛采用个人计算机作为编程设备，但需配置制造商提供的专用编程软件。S7-200 的编程软件为 STEP 7-Micro/WIN32 V4.0，通过一条 PC/PPI 电缆将用户程序送入 PLC 中。

2. 人机操作界面

1）文本显示器 TD 200

TD 200 是 S7-200 的操作员界面，其功能如下：

①显示文本信息，通过选择项确认的方法可显示最多 80 条信息，每条信息最多可包含 4 个变量，可显示中文；

②设定实时时钟；

③提供强制 I/O 点诊断功能；

④可显示过程参数，并可通过输入键进行设定或修改；

⑤具有可编程的 8 个功能键，可以替代普通的控制按钮，从而可以节省 8 个输入点；

⑥具有密码保护功能。

TD 200 不需要单独的电源，只需要将它的连接电缆接到 CPU 22X 的 PPI 接口上，用 STEP 7-Micro/WIN 软件进行编程。

2）触摸屏 TP 070、TP 170A、TP 170B 及 TP 7、TP 27

TP 070、TP 170A、TP 170B 为具有较强功能且价格适中的触摸屏，其特点如下：

①在 Windows 环境下工作；

②可通过 MPI 及 PROFIBUS-DP 与 S7-200 连接；

③背光管寿命达 50 000 h，可连续工作 6 年；

④利用 STEP 7-Micro/WIN（Pro）SIMATIC ProTool/Lite V5.2 进行组态。

TP 7 及 TP 27 触摸屏主要用于进行机床操作和监控。

2.2 S7-200 PLC 的性能特点及基本功能

2.2.1 主要技术性能指标

PLC 的技术性能指标是衡量其功能的直接反映，是设备选型的重要依据。S7-200 PLC 的 CPU 22X 系列的主要技术性能指标如表 2-1 所示。

表 2-1 S7-200 PLC 的 CPU 22X 系列的主要技术性能指标

指标	CPU 221	CPU 222	CPU 224	CPU 226
外形尺寸/mm	90×80×62	90×80×62	120.5×80×62	190×80×62
用户程序/字	2 048	2 048	4 096	4 096
用户数据/字	1 024	1 024	2 560	2 560
数据后备（电容）/h	50	50	50	50
本机 I/O	6 入/4 出	8 入/6 出	14 入/10 出	24 入/16 出
扩展模块数量	无	2 个	7 个	7 个
数字量 I/O 映像区	256	256	256	256
模拟量 I/O 映像区	无	16 入/16 出	32 入/32 出	32 入/32 出
布尔指令执行速度	0.37 μs/指令	0.37 μs/指令	0.37 μs/指令	0.37 μs/指令
FOR/NEXT 循环	有	有	有	有
整数指令	有	有	有	有
实数指令	有	有	有	有
I/O 映像寄存器	128I/128Q	128I/128Q	128I/128Q	128I/128Q
内部通用继电器	256	256	256	256
定时器/计数器	256/256	256/256	256/256	256/256
字入/字出	无	16/16	32/32	32/32
顺序控制继电器	256	256	256	256
内置高速计数器	4H/W（20 kHz）	4H/W（20 kHz）	6H/W（20 kHz）	6H/W（20 kHz）
模拟电位器	1	1	2	2
直流脉冲输出	2（20 kHz）	2（20 kHz）	2（20 kHz）	2（20 kHz）
通信中断	1 发送/2 接收	1 发送/2 接收	1 发送/2 接收	2 发送/4 接收
硬件输入中断	4 输入滤波器	4 输入滤波器	4 输入滤波器	4 输入滤波器
定时中断	2（1~255 ms）	2（1~255 ms）	2（1~255 ms）	2（1~255 ms）
实时时钟	有（时钟卡）	有（时钟卡）	有（内置）	有（内置）

续表

指标	CPU 221	CPU 222	CPU 224	CPU 226
口令保护	有	有	有	有
通信口数量	1（RS-485）	1（RS-485）	1（RS-485）	2（RS-485）
支持协议 0 号口 1 号口	PPI，DP/T 自由口 无	PPI，DP/T 自由口 无	PPI，DP/T 自由口 无	PPI，DP/T 自由口 同 0 号口
PROFIBUS 点对点	NETR/NETW	NETR/NETW	NETR/NETW	NETR/NETW

S7-200 PLC 的电源电压有 DC 20.4~28.8 V 和 AC 85~264 V 两种，主机上还集成了 24 V 直流电源，可以直接用于连接传感器等输入信号及小负荷执行机构。它的输出类型有专用于直流回路的晶体管型以及直流、交流都可以使用的继电器型两种输出方式。利用高速计数器专用指令及相对应的输入端可以捕捉比 CPU 扫描周期更快的脉冲信号，实现高速计数。两路最大可达 20 kHz 的高频脉冲输出，可驱动步进电动机和伺服电动机以完成准确定位任务。可以用模块上的电位器来改变它对应的特殊寄存器中的数值，可以实时更改程序运行中的一些参数，如定时器/计数器的给定值，过程量的控制参数等。实时时钟可用于对信息加注时间标记，记录机器运行时间或对过程进行时间控制。

2.2.2 I/O 系统

PLC 通过 I/O 点与现场设备构成一个完整的 PLC 控制系统，因此要综合考虑现场设备的性质及 PLC 的 I/O 特性，这样才能更好地利用 PLC 的功能。

1. 输出特性

在 S7-200 PLC 中，输出信号有两种类型：继电器输出型和晶体管输出（DC 输出）型。S7-200 PLC 的 CPU 22X 系列的输出特性如表 2-2 所示。

表 2-2　S7-200 PLC 的 CPU 22X 系列的输出特性

CPU	类型	电源电压/V	输出电压/V	输出点数	每组点数	输出电流/A
CPU 221	晶体管	DC 24	DC 24	4	4	0.75
	继电器	AC 85~264	DC 24，AC 24~230	4	1/3	2
CPU 222	晶体管	DC 24	DC 24	6	6	0.75
	继电器	AC 85~264	DC 24，AC 24~230	6	3/3	2
CPU 224	晶体管	DC 24	DC 24	10	5/5	0.75
	继电器	AC 85~264	DC 24，AC 24~230	10	4/3/3	2
CPU 226	晶体管	DC 24	DC 24	16	8/8	0.75
	继电器	AC 85~264	DC 24，AC 24~230	16	4/5/7	2

在表 2-2 中，电源电压是 PLC 的工作电压；输出电压是由用户提供的负载工作电压；每组点数是指全部输出端子可以分成几个隔离组，每个隔离组中有几个输出端子。例如：CPU 226 中，4/5/7 表示共有 16 个输出端子分成 3 个隔离组，每个隔离组的输出

端子数分别为4、5、7，由于每个隔离组中有一个公共端，所以每个隔离组可以单独施加不同的负载工作电压。如果所有的负载工作电压相同，则可将这些公共端连接起来。

2. 输入特性

在S7-200 PLC中，对数字量输入信号的电压要求均为DC 24 V，"1"信号为15~35 V，"0"信号为0~5 V，经过光耦合器隔离后进入PLC中。S7-200 PLC的CPU 22X系列的输入特性如表2-3所示。

表2-3 S7-200 PLC的CPU 22X系列的输入特性

CPU	输入滤波	中断输入	高速计数器输入	每组点数	电缆长度
CPU 221	0.2~12.8 ms	I0.0~I0.3	I0.0~I0.5	2, 4	非屏蔽输入300 m，屏蔽输入500 m，屏蔽中断输入及高速计数器50 m
CPU 222				4, 4	
CPU 224				8, 6	
CPU 226				13, 11	

3. I/O扩展能力

当主机单元模块上的I/O点数不够时，除了CPU 221外，可以通过增加扩展模块的方法，对I/O点数进行扩展或增加模拟量控制。

在进行I/O扩展时，要考虑以下3个因素：
①CPU主机模块所能连接的扩展模块数；
②CPU主机模块的映像寄存器的数量；
③CPU主机模块在DC 5 V下所能提供的最大扩展电流。

S7-200 PLC的CPU 22X系列的扩展能力如表2-4所示。

表2-4 S7-200 PLC的CPU 22X系列的扩展能力

CPU	最多扩展模块数	映像寄存器的数量	最大扩展电流/mA
CPU 221	无	数字量：256，模拟量：无	0
CPU 222	2	数字量：256，模拟量：16入/16出	340
CPU 224	7	数字量：256，模拟量：32入/32出	660
CPU 226	7	数字量：256，模拟量：32入/32出	100

S7-200 PLC的CPU 22X系列的扩展模块在DC 5 V下所消耗的电流如表2-5所示。

表2-5 S7-200 PLC的CPU 22X系列的扩展模块在DC 5 V下所消耗的电流

序列	型号	功能	消耗电流/mA
1	EM221	数字量输入：8点，晶体管输出	30
2	EM222	数字量输出：8点，晶体管输出	50
3	EM222	数字量输出：8点，继电器输出	40
4	EM223	数字量输入：4点、输出：4点，晶体管输出	40
5	EM223	数字量输入：4点、输出：4点，继电器输出	40

序列	型号	功能	消耗电流/mA
6	EM223	数字量输入：8 点、输出：8 点，晶体管输出	80
7	EM223	数字量输入：8 点、输出：8 点，继电器输出	80
8	EM223	数字量输入：16 点、输出：16 点，晶体管输出	160
9	EM223	数字量输入：16 点、输出：16 点，继电器输出	150
10	EM231	模拟量输入：4 路，12 位	20
11	EM231	模拟量输入：热电偶，4 路	60
12	EM231	模拟量输入：热电阻，4 路	60
13	EM232	模拟量输出：2 路，12 位	20
14	EM235	模拟量输入：4 路、输出 1 路，12 位	30
15	EM277	连接 PROFIBUS-DP	150

例如：CPU 224 提供的扩展电流为 660 mA，可以有以下 3 种扩展方案：

①4 个 EM223（DI16/DO16 继电器输出模块）和 2 个 EM221（DI8 晶体管模块），消耗的电流为（4×150+2×30）mA＝660 mA；

②4 个 EM223（DI16/DO16 继电器输出模块）和 1 个 EM222（DO8 继电器模块），消耗的电流为（4×150+1×40）mA＝640 mA；

③4 个 EM223（DI16/DO16 晶体管输出模块），消耗的电流为 4×160 mA＝640 mA。

4. 快速响应功能

S7-200 PLC 的快速响应功能如下。

1）脉冲捕捉

利用脉冲捕捉功能，使 PLC 可以使用普通端子捕捉到小于一个 CPU 扫描周期的短脉冲信号。

2）中断输入

利用中断输入功能，使 PLC 可以极快的速度对信号的上升沿作出响应。

3）高速计数器

S7-200 PLC 中有 4 ~ 6 个可编程的 30 kHz 高速计数器，多个独立的输入端允许进行加减计数，可以连接相位差为 90°的 A/B 相增量的编码器。

4）高速脉冲输出

可利用 S7-200 PLC 的高速脉冲输出功能，驱动步进电动机或伺服电动机，实现准确定位。

5）模拟电位器

模拟电位器的功能可用来改变某些特殊寄存器中的数值，这些特殊寄存器中的参数可以是定时器/计数器的给定值，或是某些过程变量的控制参数。在程序运行时利用模拟电位器，可随时更改这些参数，且不占用 PLC 的输入点。

5. 实时时钟

S7-200 PLC 的实时时钟用于记录机器的运行时间，或者对过程进行时间控制，以及对信息加注时间标记。

6. 功能扩展模块

当需要完成某些特殊功能的控制任务时，CPU 主机可以扩展特殊功能模块。例如，要求进行 PROFIBUS-DP 现场总线连接时，就需要 EM277 PROFIBUS-DP 模块。

7. I/O 点数扩展和编址

CPU 22X 系列的每种主机所提供的本机 I/O 点的 I/O 地址是固定的，进行扩展时，可以在 CPU 右边连接多个扩展模块，每个扩展模块的组态地址编号取决于各模块的类型和该模块在 I/O 链中所处的位置。编址方法是"按类分别排序"，即同类型模块是同组，在本组内编址排序，其他类型模块的有无以及所处的位置不影响本类型模块的编号。

例如，某一控制系统选用 CPU 224，系统所需的 I/O 点数为数字量输入 24 点、数字量输出 20 点、模拟量输入 6 点和模拟量输出 2 点。

本系统可有多种不同模块的选取组合，并且各模块在 I/O 链中的位置排列方式也可能有多种，如图 2-2 所示为其中的一种模块连接方式。表 2-6 所列为其对应的各模块编址情况。

图 2-2 模块连接方式

由此可见，S7-200 PLC 系统扩展对 I/O 的组态规则如下：

①同类型输入或输出点的模块进行顺序编址；

②对于数字量，I/O 映像寄存器的单位长度为 8 位（1 个字节），本模块高位实际位数未满 8 位的，未用位不能分配给 I/O 链的后续模块；

③对于模拟量，I/O 以 2 个字节（1 个字）的递增方式来分配空间。

表 2-6 图 2-2 对应的各模块编址情况

主机 I/O	模块 1 I/O	模块 2 I/O	模块 3 I/O	模块 4 I/O	模块 5 I/O
I0.0 Q0.0	I2.0	Q2.0	AIW0 AQW0	I3.0 Q3.0	AIW8 AQW2
I0.1 Q0.1	I2.1	Q2.1	AIW2	I3.1 Q3.1	AIW10
I0.2 Q0.2	I2.2	Q2.2	AIW4	I3.2 Q3.2	AIW12
I0.3 Q0.3	I2.3	Q2.3	AIW6	I3.3 Q3.3	AIW14
I0.4 Q0.4	I2.4	Q2.4			
I0.5 Q0.5	I2.5	Q2.5			
I0.6 Q0.6	I2.6	Q2.6			
I0.7 Q0.7	I2.7	Q2.7			

主机 I/O	模块 1 I/O	模块 2 I/O	模块 3 I/O	模块 4 I/O	模块 5 I/O
I1.0　Q1.0					
I1.1　Q1.1					
I1.2					
I1.3					
I1.4					
I1.5					

2.2.3　存储系统

S7 系列 PLC 中 CPU 的存储区组成如图 2-3 所示。

各个存储区的功能如下。

1. 系统存储区

系统存储区（CPU 中的 RAM）用来存放操作数据，这些操作数据包括输入映像寄存器存储区的数据、输出映像寄存器存储区的数据、辅助继电器存储区的数据、定时器存储区的数据和计数器存储区的数据。

| 系统存储区 |
| 工作存储区 |
| 暂时局部存储区 |
| 程序存储区 |
| 累加器 |
| 地址寄存器 |

① 输入映像寄存器存储区用来存放输入状态值；

② 输出映像寄存器存储区用来存放经过程序处理的输出数据；

③ 辅助继电器存储区用来存放程序运行的中间结果；

④ 定时器存储区用来存放计时单元；

⑤ 计数器存储区用来存放计数单元。

图 2-3　S7 系列 PLC 中 CPU 的存储区组成

2. 工作存储区

工作存储区（CPU 中的 RAM）用来存放 CPU 所执行的程序单元的复制件（逻辑块和数据块），还有为执行块调用指令而安排的暂时局部存储区，该局部变量寄存器在块工作时一直保持，将块中的数据写入 L 堆栈中，数据只在块工作时有效，当调用新块时，L 堆栈重新分配。

3. 程序存储区

程序存储区可分成动态程序存储区（CPU 中的 RAM）和可选的固定程序存储区（CPU 中的 EEPROM），用来存放用户程序。

4. 累加器

有 4 个 32 位的累加器（AC0～AC3），用来执行装载、传送、移位、算术运算等操作。

5. 地址寄存器

地址寄存器用来存放寄存器间接寻址的指针。

S7-200 PLC 的存储系统是由 RAM 和 EEPROM 组成的。在 CPU 模块内，配置了一定容量的 RAM 和 EEPROM，S7-200 PLC 的 CPU 22X 系列的存储容量如表 2-7 所示。

表 2-7　S7-200 PLC 的 CPU 22X 系列的存储容量

CPU	用户程序存储区容量/字	用户数据存储区容量/字	用户存储器类型
CPU 221	2 048	1 024	EEPROM
CPU 222	2 048	1 024	EEPROM
CPU 224	4 096	2 560	EEPROM
CPU 226	4 096	2 560	EEPROM

当 CPU 主机单元模块的存储器容量不够时，可通过增加 EEPROM 存储器卡的方法扩展系统的存储容量。S7-200 PLC 的存储系统如图 2-4 所示。

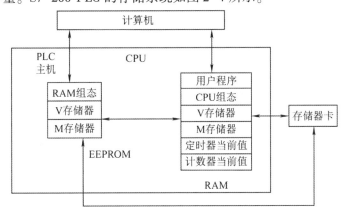

图 2-4　S7-200 PLC 的存储系统

S7-200 PLC 的程序结构一般由用户程序、数据块和参数块组成。用户程序是必不可少的，它是程序的主体；数据块是用户程序在执行过程中所用到的和生成的数据；参数块是指 CPU 的组态数据。数据块和参数块是程序的可选部分。

存储系统的使用，主要有以下 3 个方面。

1）设置保持数据的存储区

为了防止系统运行时突然掉电而导致一些重要数据丢失，可以在设置 CPU 组态参数时定义要保持数据的存储区。这些存储区包括变量寄存器、通用辅助继电器、计数器和 TONR 型定时器。

2）永久保存数据

通过对 S7-200 PLC 中的特殊标志存储器字节 SMB31 和存储器字 SMW32 的设置，可以实现将存储在 RAM 中变量寄存器区任意位置的字节、字、双字数据备份到 EEPROM 中。

3）存储器卡的使用

存储器卡的作用类似于计算机的软磁盘，可以将 PLC 中的 CPU 的组态参数、用户程序和存储在 EEPROM 中的变量寄存器永久区的数据进行备份。

2.2.4　工作方式及扫描周期

1. 工作方式

S7-200 PLC 有 3 种工作方式：RUN（运行）、STOP（停止）、TERM（Terminal 终端）。

可通过安装在 PLC 上的方式选择开关进行切换。

①RUN 方式：在 RUN 方式下，CPU 执行用户程序。

②STOP 方式：在 STOP 方式下，不能运行用户程序，可以向 CPU 装载用户程序或进行 CPU 的设置。

③TERM 方式：在 TERM 方式下，允许使用工业编程软件 STEP 7-Micro/WIN32 来控制 CPU 的工作方式。

当电源掉电又恢复后，如果方式选择开关在 TERM 或 STOP 状态下，则 CPU 自动进入 STOP 方式。如果方式选择开关在 RUN 状态下，则 CPU 自动进入 RUN 方式。

2. 扫描周期

在 RUN 方式下，系统周期性地循环执行用户程序。在每个扫描周期内，主要完成的任务如图 2-5 所示。

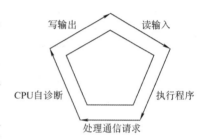

图 2-5　S7-200 的扫描周期

1）读输入阶段（输入采样阶段）

在读输入阶段，根据输入量的不同，所做的工作也不同。如果输入量是数字量，则在每个扫描周期的开始，先进行输入采样，将数字量输入点的当前值，写到输入映像寄存器中。如果输入量是模拟量，对于输入信号变化较慢的模拟量，则采用数字滤波，CPU 从模拟量输入模块读取滤波值；对于高速信号，一般不用数字滤波，CPU 直接读取模拟值。

对于需要利用模拟量控制字传递报警信息的模块，则不能使用模拟量的数字滤波功能，对于 RTD、热电偶及 AS-i 主站模块，禁止进行数字滤波。

2）执行程序阶段

在执行程序阶段，对于普通的数字量输入和输出，CPU 以循环扫描的工作方式，从用户程序的第一条指令开始，执行到结束指令，完成一个扫描周期，又进入下一个扫描周期，与图 2-5 所描述的扫描过程是一致的。而对于立即 I/O 指令、模拟量 I/O 指令和中断指令，则与图 2-5 所描述的扫描过程有所不同。

①立即 I/O 指令：这是在程序中安排的对输入点的信息立即读取，或对输出点的状态立即刷新的指令，执行该指令时，不受扫描周期的约束。

②模拟量 I/O 指令：对于不设数字滤波的直接模拟量的 I/O，其执行方式与立即 I/O 指令基本相同。

③中断指令：如果在程序中使用了中断指令，则在处理中断事件时，中断子程序与主程序一起被存入存储器，进入 CPU 的扫描周期。中断程序的执行，延长了 CPU 的扫描周期，且使扫描周期变得不固定。在编写用户程序时，必须考虑到这一点。

3）处理通信请求阶段

在处理通信请求阶段，CPU 自动检测来自各个通信端口的通信信息，并对这些信息进行自动处理。

4）CPU 自诊断阶段

在 CPU 自诊断阶段，CPU 检测主机硬件，同时检查所有 I/O 模块的状态。

5）写输出阶段（输出刷新阶段）

在写输出阶段，CPU 用输出映像寄存器中的数据对输出点进行刷新。

2.3 S7-200 PLC 的内部资源及寻址方式

2.3.1 基本数据类型

在 S7-200 PLC 的编程语言中，大多数指令要同具有一定大小的数据对象一起进行操作。不同的数据对象具有不同的数据类型，不同的数据类型具有不同的数制和格式选择。程序中所用的数据可指定一种数据类型。在指定数据类型时，要确定数据大小和数据位结构。S7-200 PLC 的基本数据类型及范围如表 2-8 所示。

在编程中经常会使用常数。常数数据长度可分为字节、字和双字。在机器内部的数据都以二进制存储，但常数的书写可以用二进制、十进制、十六进制、ASCII 或浮点数（实数）等多种形式。几种常数表示方法如表 2-9 所示。

表 2-8 S7-200 PLC 的基本数据类型及范围

基本数据类型	位数	说明
布尔型 BOOL	1	位范围：0，1
字节型 BYTE	8	字节范围：0~255
字型 WORD	16	字范围：0~65 535
双字型 DWORD	32	双字范围：0~$(2^{31}-1)$
整型 INT	16	整数范围：-32 768~+32 767
双整型 DINT	32	双字整数范围：-2^{31}~$(2^{31}-1)$
实数型 REAL	32	IEEE 浮点数

表 2-9 常数表示方法

进制	书写格式	举例	
十进制	十进制数值	1052	
十六进制	16#十六进制值	16#8AC6	
二进制	2#二进制值	2#1010_0011_1101_0001	
ASCII	'ASCII 码文本'	'Show terminals'	
浮点数	ANSI/IEEE 754—2008 标准	（正数）+1.175 495E-38~+3.402 823E+38	
		（负数）-1.175 495E-38~-3.402 823E+38	

注：表中的#为常数的进制格式说明符，如果常数无任何格式说明符，则系统默认为十进制数。

2.3.2 软元件（编程元件）

1. 软元件（软继电器）

用户使用的 PLC 中的每一个 I/O、内部存储单元、定时器和计数器都称为软元件。各元件具有不同的功能，有固定的地址。软元件的数量决定了 PLC 的规模和数据处理能力，每一种 PLC 的软元件是有限的。

软元件是 PLC 内部具有一定功能的器件，这些器件实际上是由电子电路、寄存器及存储器单元等组成。例如，输入继电器由输入电路和输入映像寄存器构成；输出继电器由输出电路和输出映像寄存器构成；定时器和计数器也都由特定功能的寄存器构成。它们都具有继电器特性，但没有机械性的触点。为了把这种元器件与传统电气控制电路中的继电器区别开来，我们把它们称为软元件或软继电器。这些软继电器的最大特点是其触点（包括动合触点和动断触点）可以无限次使用，并且它们的寿命长。

编程时，用户只需要记住软元件的地址即可。每一个软元件都有一个地址与之相对应，软元件的地址编排采用区域号加区域内编号的方式，即 PLC 内部根据软元件功能的不同，分成了许多区域，如输入继电器区、输出继电器区、定时器区、计数器区、特殊继电器区等，分别用 I、Q、T、C、SM 等来表示。

PLC 在其系统软件的管理下，将用户程序存储器（即装载存储区）划分出若干个区，并将这些区赋予不同的功能，由此组成了各种内部器件，这些内部器件就是 PLC 的编程元件。PLC 的编程元件的种类和数量因不同厂家、不同系列、不同规格而异，编程元件的种类及数量越多，其功能就越强。这些编程元件沿用了传统继电器控制电路中继电器的名称，并根据其功能，分别称为输入继电器、输出继电器、辅助继电器、变量寄存器、定时器、计数器等。

需要说明的是，在 PLC 内部，并不真正存在这些物理器件，与其对应的只是存储器中的某些存储单元。1 个继电器对应 1 个基本单元（即 1 位，1 bit），多个继电器将占用多个基本单元；8 个基本单元形成 1 个 8 位二进制数，通常称为 1 字节（1 B），它正好占用普通存储器的 1 个存储单元，连续 2 个存储单元构成 1 个 16 位二进制数，通常又称为 1 个字（Word），或 1 个通道。连续的 2 个通道还能构成所谓的双字（Double Words）。各种编程元件，各自占有一定数量的存储单元。使用这些编程元件，实质上就是对相应的存储内容以位、字节、字（或通道）或双字的形式进行存取。

2. 软元件介绍

1）输入继电器（I）

输入继电器就是 PLC 的存储系统中的输入映像寄存器。它的作用是接收来自现场的控制按钮、行程开关及各种传感器等的输入信号。通过输入继电器，将 PLC 的存储系统与外部输入端子（输入点）建立起明确对应的连接关系，它的每 1 位对应 1 个数字量输入点。输入继电器的状态是在每个扫描周期的输入采样阶段接收到的由现场送来的输入信号的状态（"1" 或 "0"）。由于 S7-200 PLC 的输入映像寄存器是以字节为单位的寄存器，故 CPU 一般按 "字节. 位" 的编址方式来读取一个继电器的状态，也可以按字节（8 bit）或者按字（2 B、16 bit）来读取相邻一组继电器的状态。前面在介绍 PLC 的等效工作电路时已强调过，不能通过编程的方式改变输入继电器的状态，但可以在编程时，通过使用输入继电器的触点，无限制地使用输入继电器的状态。如果我们没在输入端子上接器件，那么这个输入继电器只能空着，不能挪作他用。

2）输出继电器（Q）

输出继电器就是 PLC 存储系统中的输出映像寄存器。通过输出继电器，将 PLC 的存储系统与外部输出端子（输出点）建立起明确对应的连接关系。S7-200 PLC 的输出继电器也是以字节为单位的寄存器，它的每 1 位对应 1 个数字量输出点，一般采用"字节. 位"的编址方法。输出继电器的状态可以由输入继电器的触点、其他内部器件的触点，以及它自己的触点来驱动，即它完全是由编程的方式决定其状态。我们也可以像使用输入继电器触点那样，通过使用输出继电器的触点，无限制地使用输出继电器的状态。输出继电器与其他内部器件的一个显著不同在于它有且仅有一个实实在在的物理动合触点，用来接通负载。这个动合触点可以是有触点的（继电器输出型），或者是无触点的（晶体管输出型或双向晶闸管输出型）。没有使用的输出继电器，可以作为内部继电器使用，但一般不推荐这种用法，这种用法可能引起不必要的误解。

输出继电器的线圈一般不能直接与梯形图的逻辑母线连接，如果某个线圈确实不需要经过任何编程元件触点的控制，则可借助于特殊继电器 SM0.0 的动合触点。

3）变量寄存器（V）

S7-200 PLC 中有大量的变量寄存器，用于模拟量控制、数据运算、参数设置及存放程序执行过程中控制逻辑操作的中间结果。变量寄存器以位为单位使用，也可以字节、字、双字为单位使用。变量寄存器的数量与 CPU 的型号有关，CPU 222 为 V0.0 ~ V2047.7，CPU 224 为 V0.0 ~ V5119.7，CPU 226 为 V0.0 ~ V5119.7。

4）辅助继电器（M）

在逻辑运算中，经常需要一些辅助继电器，它的功能与传统的继电器控制电路中的中间继电器相同。辅助继电器与外部没有任何联系，不可能直接驱动任何负载。每个辅助继电器对应着数据存储区的一个基本单元，它可以由所有的编程元件的触点（当然包括它自己的触点）来驱动。它的状态同样可以被无限制使用。借助于辅助继电器的编程，可使输入、输出之间建立复杂的逻辑关系和联锁关系，以满足不同的控制要求。在 S7-200 PLC 中，有时也称辅助继电器为位存储区的内部标志位（Marker），所以辅助继电器一般以位为单位使用，采用"字节. 位"的编址方式，每 1 位相当于 1 个中间继电器。S7-200 PLC 的 CPU 22X 系列的辅助继电器的数量为 256 个（32 B，256 bit）。辅助继电器也可以字节、字、双字为单位，作存储数据用。建议用户存储数据时使用变量寄存器（V）。

5）特殊继电器（SM）

特殊继电器用来存储系统的状态变量及有关的控制参数和信息，它是用户程序与系统程序之间的界面。用户可以通过特殊寄存器来沟通 PLC 与被控对象之间的信息，PLC 通过特殊继电器为用户提供一些特殊的控制功能和系统信息，用户也可以将对操作的特殊要求通过特殊继电器通知 PLC。例如，可以读取程序运行过程中的设备状态和运算结果信息，利用这些信息实现一定的控制动作。用户也可以通过对某些特殊继电器的直接设置，使设备实现某种功能。

S7-200 PLC 的 CPU 22X 系列的特殊继电器是 SM0.0 ~ SM299.7。

对 SMB0：有 8 个状态位。在每个扫描周期的末尾，由 S7-200 PLC 的 CPU 更新这 8 个状态位。因此这 8 个 SM 为只读型 SM，这些特殊继电器的功能和状态是由系统软件决定的，与输入继电器一样，不能通过编程的方式改变其状态，只能利用这些特殊继电器的功能和状态。

6）计数器（C）

计数器也是广泛应用的重要编程元件，用来对输入脉冲的个数进行累计，实现计数操作。使用计数器时要事先在程序中给出计数的给定值（也称预置值，即要进行计数的脉冲数）。当满足计数器的触发输入条件时，计数器开始累计计数输入端的脉冲前沿的次数，当达到给定值时，计数器动作。S7-200 PLC 的 CPU 22X 系列共有 256 个计数器，其编号为 C0 ~ C255。每个计数器都有 1 个 16 位的定时器当前寄存器及 1 个定时器状态位 C-bit。

计数器包含两方面的信息，即计数器状态位和计数器当前值。

计数器状态位：当计数器的当前值达到给定值时，C-bit 为"ON"。

计数器当前值：在计数器当前值寄存器中存储的当前所累计的脉冲个数，用 16 位符号整数表示。

计数器指令中所存取的是计数器状态位还是计数器当前值，取决于所用的指令，带位操作的指令存取计数器状态位，带字操作的指令存取计数器当前值。

计数器的计数方式有 3 种，即递增计数、递减计数和增/减计数。递增计数是从 0 开始，累加到给定值，计数器动作。递减计数是从给定值开始，累减到 0，计数器动作。

PLC 的计数器的给定值和定时器的给定值，一般不仅可以用程序设定，也可以通过 PLC 内部的模拟电位器或 PLC 外界的拨码开关，方便、直观地随时修改。

7）定时器（T）

定时器是 PLC 的重要编程元件，它的作用与继电器控制电路中的时间继电器基本相似。定时器的给定值通过程序预先输入，当满足定时器的工作条件时，定时器开始计时，定时器的当前值从 0 开始按照一定的时间单位（即定时精度）增加。例如，对于 10 ms 定时器，定时器的当前值间隔 10 ms 加 1。当定时器的当前值达到它的给定值时，定时器动作。

S7-200 PLC 的 CPU 22X 系列的定时器数量为 256 个：T0 ~ T255。定时器的定时精度分别为 1 ms、10 ms 和 100 ms，1 ms 的定时器有 4 个，10 ms 的定时器有 16 个，100 ms 的定时器有 236 个。这些定时器的类型可分为 3 种：接通延时型定时器 TON、断开延时型定时器 TOF、保持型接通延时定时器 TONR。S7-200 PLC 的 CPU 22X 系列定时器的定时精度及定时器号如表 2-10 所示。

表 2-10　S7-200 PLC 的 CPU 22X 系列定时器的定时精度及定时器号

定时器类型	定时精度/ms	最大当前值/s	定时器号
TON TOF	1	32.767	T32，T96
	10	327.67	T33 ~ T36，T97 ~ T100
	100	3 276.7	T37 ~ T63，T101 ~ T255
TONR	1	32.767	T0，T64
	10	327.67	T1 ~ T4，T65 ~ T68
	100	3 276.7	T5 ~ T31，T69 ~ T95

在使用定时器时要注意，不能把一个定时器号同时用作 TON 和 TOF。例如：在一个程序中既有 TON T32，又有 TOF T32。

定时器号包含两方面的信息，定时器状态位和定时器当前值，每个定时器都有一个 16 位的定时器当前值寄存器，以及 1 个定时器状态位 T-bit，如图 2-6 所示。

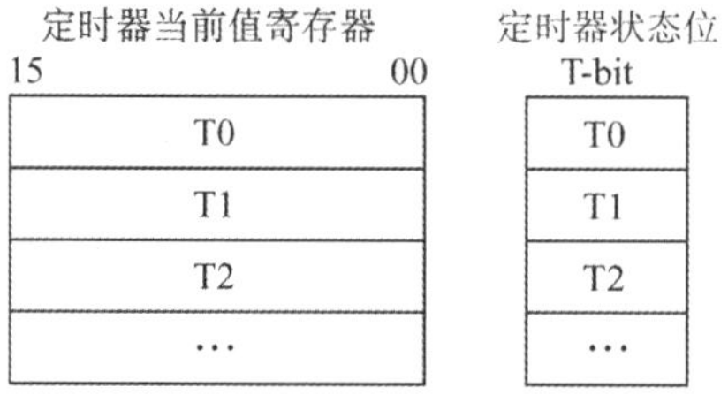

图2-6 PLC中的定时器

定时器状态位:当定时器的当前值达到给定值时,T-bit为"ON"。

定时器当前值:在定时器当前值寄存器中存储的是当前所累计的时间,用16位符号整数表示。定时器指令中所存取的是定时器状态位还是定时器当前值,取决于所用的指令,带位操作的指令存取定时器状态位,带字操作的指令存取定时器当前值。

8)高速计数器(HSC)

普通计数器的计数频率受扫描周期的制约,在需要高频计数的情况下,可使用高速计数器。与高速计数器对应的数据,只有一个高速计数器的当前值,是一个带符号的32位的双字型数据。

9)累加器(AC)

累加器是可像存储器那样使用的读/写设备,是用来暂存数据的寄存器。它可以向子程序传递参数,或从子程序返回参数,也可以用来存放运算数据、中间数据及结果数据。S7-200 PLC共有4个32位的累加器:AC0 ~ AC3。使用时只表示出累加器的地址编号(如AC0)即可。累加器存取数据的长度取决于所用的指令,它支持字节、字、双字的存取,以字节或字为单位存取累加器时,访问累加器的低8位和低16位。其格式如下:

			MSB　　　　　　　LSB
未　用	未　用	未　用	有效字节

字节存取 AC0

		MSB	LSB
未　用	未　用	最高有效字节	最低有效字节

字存取 AC0

MSB			LSB
最高有效字节			最低有效字节

双字存取 AC0

10)状态继电器(S,也称为顺序控制继电器)

状态继电器是使用步进控制指令编程时的重要编程元件。用状态继电器和相应的步进控制指令,可以在小型PLC上编写较复杂的控制程序。

11)局部变量存储器(L)

局部变量存储器用于存储局部变量。S7-200 PLC中有64个局部变量存储器,其中60个可以用作暂时存储器或者给子程序传递参数。如果用梯形图或功能块图编程,则STEP 7-Micro/WIN32保留这些局部变量存储器的最后4 B。如果用语句表编程,则可以寻址到全部64 B,但不要使用最后4 B。

局部变量存储器与存储全局变量的变量寄存器很相似，主要区别是变量寄存器是全局有效的，而局部变量存储器是局部有效的。全局是指同一个存储器可以被任何一个程序（主程序、子程序、中断程序）读取，局部是指存储器区和特定的程序相关联。S7-200 PLC 给主程序分配 64 个局部变量存储器。给每级嵌套子程序分配 64 B 局部变量存储器，给中断程序分配 64 个局部变量存储器。子程序不能访问分配给主程序、中断程序和其他子程序的局部变量存储器，子程序和中断程序不能访问主程序的局部变量存储器，中断程序也不能访问主程序和子程序的局部变量存储器。

S7-200 PLC 根据需要自动分配局部变量存储器。当执行主程序时，不给子程序和中断程序分配局部变量存储器，只有当中断或调用子程序时，才给子程序和中断程序分配局部变量存储器。新的局部变量存储器在分配时可以重新使用，分配给不同子程序或中断程序相同编号的局部变量存储器。

可以按位、字节、字、双字访问局部变量存储器，也可以把局部变量存储器作为间接寻址的指针，但是不能作为间接寻址的存储器区。

12）模拟量输入寄存器（AIW)/模拟量输出寄存器（AQW)

PLC 处理模拟量的过程是，模拟量信号经 A/D 转换后变成数字量存储在模拟量输入寄存器中，通过 PLC 处理后将要转换成模拟量的数字量写入模拟量输出寄存器，再经 D/A 转换成模拟量输出。即 PLC 对这两种寄存器的处理方式不同，对模拟量输入寄存器只能做读取操作，而对模拟量输出寄存器只能做写入操作。

由于 PLC 处理的是数字量，其数据长度是 16 bit，因此要以偶数号字节进行编址，从而存取这些数据。

2.3.3 CPU 存储区域（软元件）的直接寻址

1. 直接寻址

S7-200 PLC 的存储单元按字节进行编址，无论所寻址的是何种数据类型，通常应指出它所在存储区域内的字节地址。每个单元都有唯一的字节地址，这种直接指出元件名称的寻址方式称为直接寻址。S7-200 PLC 软元件的直接寻址的符号如表 2-11 所示。

表 2-11　S7-200 PLC 软元件的直接寻址的符号

元件符号（名称）	所在数据区域	位寻址格式	其他寻址格式
I（输入继电器）	数字量输入映像区	Ax. y	ATx
Q（输出继电器）	数字量输出映像区	Ax. y	ATx
M（辅助继电器）	内部存储器区	Ax. y	ATx
SM（特殊继电器）	特殊存储器区	Ax. y	ATx
S（状态继电器）	状态继电器存储器区	Ax. y	ATx
V（变量寄存器）	变量寄存器区	Ax. y	ATx
L（局部变量存储器）	局部存储器区	Ax. y	ATx
T（定时器）	定时器存储器区	Ax	Ax（仅字）

元件符号（名称）	所在数据区域	位寻址格式	其他寻址格式
C（计数器）	计数器存储器区	Ax	Ax（仅字）
AIW（模拟量输入寄存器）	模拟量输入存储器区	无	Ax（仅字）
AQW（模拟量输出寄存器）	模拟量输出存储器区	无	Ax（仅字）
AC（累加器）	累加器区	无	Ax（任意）
HSC（高速计数器）	高速计数器区	无	Ax（仅双字）

表 2-11 中寻址格式参数说明如下。

①A：元件名称，即该数据在数据存储器中的区域地址，可以是表 2-11 中的元件符号。

②T：数据类型，若为位寻址，则无该项；若为字节、字或双字寻址，则 T 的取值应分别为 B、W 和 D。

③x：字节地址。

④y：字节内的位地址，只有位寻址才有该项。

2. 位寻址格式

按位寻址时的格式为 Ax.y，使用时必须指定元件名称、字节地址和位号，如图 2-7 所示为输入继电器（I）的位寻址格式举例。

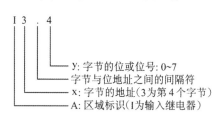

- y: 字节的位或位号: 0~7
- 字节与位地址之间的间隔符
- x: 字节的地址（3为第4个字节）
- A: 区域标识（I为输入继电器）

MSB=最高有效位
LSB=最低有效位

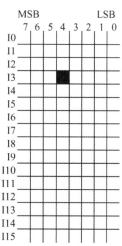

图 2-7　输入继电器（I）的位寻址格式举例

可以进行这种位寻址方式的编程元件有：输入继电器（I）、输出继电器（Q）、辅助继电器（M）、特殊继电器（SM）、局部变量存储器（L）、变量寄存器（V）和状态继电器（S）。

3. 特殊器件的寻址格式

存储区内另有一些元件是具有一定功能的器件，不用指出它们的字节，而是直接写出其编号。这类元件包括定时器（T）、计数器（C）、高速计数器（HSC）和累加器（AC）。其中 T 和 C 的地址编号中均包含两个含义，如 T10，既表示 T10 的定时器位状态信息，又表示该定时器的当前值。

累加器（AC）的数据长度可以是字节、字或双字。使用时只表示出累加器的地址编号，如 AC0，数据长度取决于进出 AC0 的数据类型。

4. 字节、字和双字的寻址格式

对字节、字和双字数据，直接寻址时需指明元件名称、数据类型和存储区域内的首字节地址。如图 2-8 所示为以变量寄存器（V）为例分别存取 3 种长度数据的比较。可以用此方式进行寻址的元件有输入继电器（I）、输出继电器（Q）、辅助继电器（M）、特殊继电器（SM）、局部变量存储器（L）、变量寄存器（V）、状态继电器（S）、模拟量输入寄存器（AIW）和模拟量输出寄存器（AQW）。

2.3.4 CPU 存储区域（软元件）的间接寻址

在直接寻址方式中，直接使用存储器或寄存器的元件名称和地址编号，根据这个地址可以立即找到该数据。如图 2-8 所示为存取 3 种长度数据的比较。

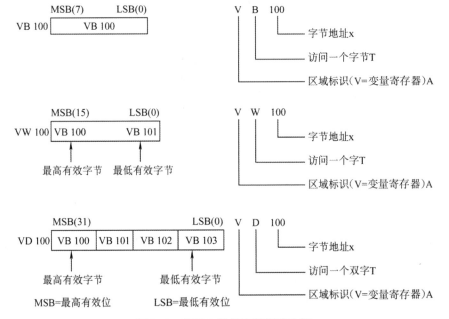

图 2-8 存取 3 种长度数据的比较

间接寻址方式是指数据存放在存储器或寄存器中，在指令中只出现所需数据所在单元的内存地址的地址。存储单元地址的地址又称为地址指针。这种间接寻址方式与计算机的间接寻址方式相同。间接寻址在处理内存连续地址中的数据时非常方便，而且可以缩短程序所生成的代码长度，使编程更加灵活。

可以用指针进行间接寻址的存储区有输入继电器（I）、输出继电器（Q）、辅助继电器（M）、变量寄存器（V）、状态继电器（S）、定时器（T）和计数器（C）。其中 T 和 C 仅仅是当前值可以进行间接寻址，而对独立的位值和模拟量值不能进行间接寻址。

使用间接寻址方式存取数据的方法与 C 语言中的指针应用基本相同，其过程如下。

1. 建立指针

使用间接寻址对某个存储器单元读、写时，首先要建立地址指针。指针为双字长，是所要访问的存储单元的 32 位的物理地址，可作为指针的存储区有变量寄存器（V）、局部变量存储器（L）和累加器（AC1、AC2、AC3）。必须用双字传送指令（MOVD），将所要访问的存储器单元的地址装入用来作为指针的存储器单元或寄存器，要注意的是装入的是地址而不是数据本身。格式如下：

MOVD　&VB100，VD204

MOVD　&VB10，AC2

MOVD　&C2，LD16

其中，& 为地址符号，它与单元编号结合使用表示所对应单元的 32 位物理地址；VB100只是一个直接地址编号，并不是它的物理地址。指令中的第二个地址的数据长度必须是双字长，如 VD、LD 和 AC 等。

2. 用指针来存取数据

在操作数的前面加 "∗" 表示该操作数为一个指针，如图 2-9 所示，AC1 为指针，用来存放所要访问的操作数的地址。在图 2-9 中，存于 VB200、VB201 中的数据被传送到AC0 中去。

3. 修改指针

连续存储数据时，可以通过修改指针很容易地存取其紧接的数据。简单的数学运算指令，如加法、减法、自增和自减等可以用来修改指针。在修改指针时，要记住访问数据的长度：存取字节时，指针加1；存取字时，指针加2；存取双字时，指针加4。图 2-9 中说明了如何建立指针，如何存取数据及修改指针。

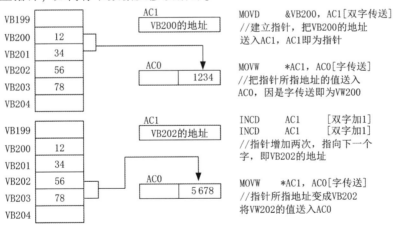

图 2-9　指针的建立、数据的存取及指针的修改

2.3.5　软元件及操作数的寻址范围

S7-200 PLC 的 CPU 22X 系列的编程元件的寻址范围如表 2-12 所示。

S7-200 PLC 的 CPU 22X 系列指令操作数的有效寻址范围如表 2-13 所示。

表 2-12 S7-200 PLC 的 CPU 22X 系列的编程元件的寻址范围

编程元件	CPU 221	CPU 222	CPU 224	CPU 226
用户程序	2 KB		4 KB	
用户数据	1 KB		2.5 KB	
输入继电器（I）	I0.0 ~ I15.7			
输出继电器（Q）	Q0.0 ~ Q15.7			
模拟量输入寄存器（AIW）	AIW0 ~ AIW30			
模拟量输出寄存器（AQW）	AQW0 ~ AQW30			
变量寄存器（V）	VB0.0 ~ VB2047.7		VB0.0 ~ VB5119.7	
局部变量存储器（L）	LB0.0 ~ LB63.7			
辅助继电器（M）	M0.0 ~ M31.7			
特殊继电器（SM） 只读特殊继电器（SM）	SM0.0 ~ SM299.7 SM0.0 ~ SM29.7			
定时器（T）	T0 ~ T255			
计数器（C）	C0 ~ C255			
高速计数器（HSC）	HC0，HC3，HC4，HC5		HC0 ~ HC5	
状态继电器（S）	S0.0 ~ S31.7			
累加器（AC）	AC0 ~ AC3			
跳转标号	0 ~ 255			
调用子程序	0 ~ 63			
中断程序	0 ~ 127			
PID 回路	0 ~ 7			
通信口	0	0	0	0，1

表 2-13 S7-200 PLC 的 CPU 22X 系列指令操作数的有效寻址范围

操作数 类型	CPU 221	CPU 222	CPU 224，CPU 226
位	I0.0 ~ I15.7，Q0.0 ~ Q15.7 M0.0 ~ M31.7，S0.0 ~ S31.7 SM0.0 ~ SM179.7，T0 ~ T255 V0.0 ~ V2047.7，C0 ~ C255 L0.0 ~ L63.7	I0.0 ~ I15.7，Q0.0 ~ Q15.7 M0.0 ~ M31.7，S0.0 ~ S31.7 SM0.0 ~ SM179.7，T0 ~ T255 V0.0 ~ V2047.7，C0 ~ C255 L0.0 ~ L63.7	I0.0 ~ I15.7，Q0.0 ~ Q15.7 M0.0 ~ M31.7，S0.0 ~ S31.7 SM0.0 ~ SM179.7，T0 ~ T255 V0.0 ~ V5119.7，C0 ~ C255 L0.0 ~ L63.7
字节	IB0 ~ IB15，QB0 ~ QB15 MB0 ~ MB31，SM0 ~ SM179 SB0 ~ SB31，VB0 ~ VB2047 LB0 ~ LB63，AC0 ~ AC3 常数	IB0 ~ IB15，QB0 ~ QB15 MB0 ~ MB31，SMB0 ~ SMB179 SB0 ~ SB31，VB0 ~ VB2047 LB0 ~ LB63，AC0 ~ AC3 常数	IB0 ~ IB15，QB0 ~ QB15 MB0 ~ MB31，SMB0 ~ SMB179 SB0 ~ SB31，VB0 ~ VB5119 LB0 ~ LB63，AC0 ~ AC3 常数

续表

操作数 类型	CPU 221	CPU 222	CPU 224，CPU 226
字	IW0～IW14，QW0～QW14 MW0～MW30，SMW0～SMW178 SW0～SW30，VW0～VW2046 LW0～LW62，AC0～AC3 T0～T255，C0～C255 常数	IW0～IW14，QW0～QW14 MW0～NW30，SMW0～SMW178 SW0～SW30，VW0～VW2046 LW0～LW62，AC0～AC3 T0～T255，C0～C255 AIW0～AIW30，AQW0～AQW30 常数	IW0～IW14，QW0～QW14 MW0～MW30，SMW0～SMW178 SW0～SW30，VW0～VW5118 LW0～LW62，AC0～AC3 T0～T255，C0～C255 AIW0～AIW25，AQW0～AQW30
双字	ID0～ID12，QD0～QD12 MD0～MD28，SMD0～SMD176 SD0～SD28，VD0～VD2044 LD0～LD60，AC0～AC3 HC0，HC3～HC5，常数	ID0～ID12，QD0～QD12 MD0～MD28，SMD0～SMD176 SD0～SD28，VD0～VD2044 LD0～LD60，AC0～AC3 HC0，HC3～HC5，常数	ID0～ID12，QD0～QD12 MD0～MD28，SMD0～SMD176 SD0～SD28，VD0～VD5116 LD0～LD60，AC0～AC3 HC0～HC5，常数

2.4 S7-200 PLC 的编程语言和程序结构

2.4.1 编程语言

与个人计算机相比，PLC 的硬件、软件的体系结构都是封闭的而不是开放的。各厂家的 PLC 编程语言和指令系统的功能和表达方式也不一致，有的甚至有相当大的差异，因此各厂家的 PLC 互不兼容。IEC 是为电子技术的所有领域制定全球标准的世界性组织，其于1994 年 5 月公布了 PLC 标准（IEC 61131），该标准鼓励不同的 PLC 制造商提供在外观和操作上相似的指令。它由以下 5 部分组成：通用信息、设备与测试要求、编程语言、用户指南和通信。其中第三部分（IEC 61131-3）是 PLC 的编程语言标准。IEC 61131-3 标准使用户在使用新的 PLC 时，可以减少重新培训的时间；对于厂家，使用该标准将减少产品开发的时间，从而可以投入更多的精力去满足用户的特殊要求。

目前，已有越来越多的生产 PLC 的厂家提供符合 IEC 61131-3 标准的产品，有的厂家推出的在个人计算机上运行的"软件 PLC"软件包也是按 IEC 61131-3 标准设计的。

IEC 61131-3 详细地说明了句法、语义和图 2-10 所示的 5 种编程语言的表达方式。PLC 的 5 种编程语言具体如下：

①顺序功能图；
②梯形图；
③功能块图；
④指令表；
⑤结构文本。

图 2-10　PLC 的编程语言

标准中有两种图形语言——梯形图和功能块图，还有两种文字语言——指令表和结构文本。可以认为，顺序功能图是一种结构块控制程序流程图。

1. 顺序功能图

顺序功能图是一种位于其他编程语言之上的图形语言，用来编写顺序控制程序。顺序功能图提供了一种组织程序的图形方法，在顺序功能图中可以用别的语言嵌套编程。步、转换和动作是顺序功能图中的 3 种主要元件。可以用顺序功能图来描述系统的功能，根据它可以很容易地画出梯形图。

2. 梯形图

梯形图是使用得最多的 PLC 图形编程语言。梯形图与继电器控制系统的电路图很相似，具有直观、易懂的优点，很容易被熟悉继电器控制相关的电气技术人员掌握，特别适用于数字量逻辑控制。有时把梯形图称为电路或程序。

梯形图由触点、线圈和用方框表示的功能块组成。触点代表逻辑输入条件，如外部的开关、按钮和内部条件等。线圈通常代表逻辑输出结果，用来控制外部的指示灯、交流接触器和内部的输出条件等。功能块用来表示定时器、计数器或者数学运算等附加指令。

在分析梯形图中的逻辑关系时，为了借用继电器控制电路图的分析方法，可以想象左、右两侧垂直"电源线"之间有一个左正右负的直流电源电压（S7-200 PLC 的梯形图中省略了右侧的垂直电源线），当图 2-11（a）中的 I0.1 与 I0.2 的触点接通，或 M0.3 与 I0.2 的触点接通时，有一个假想的"能流"流过 Q1.1 的线圈。利用能流这一概念，可以帮助我们更好地理解和分析梯形图，能流只能从左向右流动。

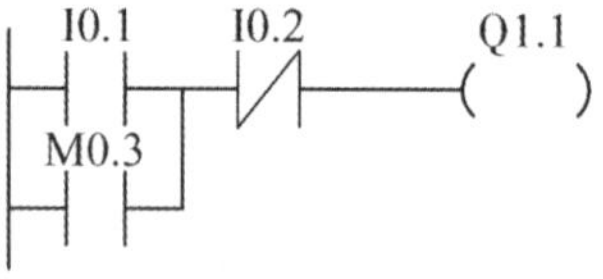

```
I0.1   I0.2        Q1.1
─┤├────┤/├────────(   )      LD   I0.1
                            O    M0.3
─┤├─                        AN   I0.2
 M0.3                       =    Q1.1
     （a）                      （b）
```

图 2-11　梯形图与语句表
（a）梯形图；（b）语句表

触点和线圈等组成的独立电路称为网络，用编程软件生成的梯形图和语句表程序中有网络编号，允许以网络为单位，给梯形图加注释。本书为节约篇幅，一般没有标注网络编号。在网络中，程序的逻辑运算按从左到右的方向执行，与能流的方向一致。各网络按从上到下的顺序执行，执行完所有的网络后，返回最上面的网络重新执行。

使用编程软件可以直接生成和编辑梯形图，并将它下载到 PLC。

3. 功能块图

功能块图是一种类似于数字逻辑门电路的编程语言，对于有数字电路基础的人很容易掌握。该编程语言用类似与门、或门的方框来表示逻辑关系，方框的左侧为逻辑运算的输入变量，右侧为输出变量，输入、输出端的小圆圈表示"非"运算，方框被"导线"连接在一起，信号从左向右流动。图 2-12 中的控制逻辑与图 2-11 中相同。西门子公司的"LOGO！"系列的微型 PLC 使用功能块图语言，除此之外，国内很少有人使用功能块图语言。

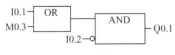

图2-12　功能块图

4. 语句表

S7 系列 PLC 将指令表称为语句表，如图 2-11（b）所示。PLC 的指令表是一种与微机的汇编语言中的指令相似的助记符表达式，由指令组成的程序称为指令表程序或语句表程序。

语句表比较适合熟悉 PLC 和逻辑程序设计的经验丰富的程序员使用。

5. 结构文本

结构文本是为 IEC 61131-3 标准创建的一种专用的高级编程语言。与梯形图相比，它能实现复杂的数学运算，编写的程序非常简洁和紧凑。

6. 编程语言的相互转换和选用

在 S7-200 PLC 的编程软件中，用户可以选用梯形图、功能块图和语句表这 3 种编程语言。语句表不使用网络，但是可以用 Network（网络）这个关键词对程序分段，这样的程序可以转换为梯形图。

语句表程序较难阅读，其中的逻辑关系很难一眼看出，所以在设计复杂的数字量控制程序时一般使用梯形图语言。语句表可以处理某些不能用梯形图处理的问题，用梯形图编写的程序一定能转换为语句表。

梯形图程序中输入信号与输出信号之间的逻辑关系一目了然，易于理解，与继电器控制电路图的表达方式极为相似，设计数字量控制程序时建议选用梯形图语言。语句表输入方便快捷，梯形图中功能块对应的语句只占一行的位置，还可以为每一条语句加上注释，便于复杂程序的阅读。在设计通信、数学运算等高级应用程序时建议使用语句表语言。

7. SIMATIC 指令集与 IEC 61131-3 指令集

供 S7-200 PLC 使用的 STEP 7-Micro/WIN 编程软件提供两种指令集：SIMATIC 指令集与 IEC 61131-3 指令集。前者由西门子公司提供，它的某些指令不是 IEC 61131-3 中的标准指令。通常 SIMATIC 指令的执行时间短，可以使用梯形图、功能块图和语句表语言，而 IEC 61131-3 指令集只提供前两种语言。

IEC 61131-3 指令集的指令较少，其中的某些"块"指令可以接受多种数据格式。例如，SIMATIC 指令集的加法指令被分为 ADD_I（整数加）、ADD_DI（双字整数加）与 ADD_R（实数加）等；IEC 61131-3 指令集的加法指令 ADD 则没有区分，而是通过检验数据格式，由 CPU 自动选择正确的指令。IEC 61131-3 指令通过检查参数中的数据格式的错误还可以减少程序设计中的错误。

在 IEC 61131-3 指令编辑器中，有些是 SIMATIC 指令集中的指令，它们作为 IEC 61131-3 指令集的非标准扩展，在编程软件的指令树内用红色的"+"号标记。

2.4.2　程序结构

一个系统的控制功能是由用户程序决定的。为完成特定的控制任务，需要编写用户程序，使 PLC 能以循环扫描的工作方式执行用户程序。在 SIMATIC S7 系列中，为适应用户程序的不同需求，STEP 7 为用户提供了 3 种程序设计方法，其程序结构分别为线性化编程、分部式编程和结构化编程。

1. 程序结构

1）线性化编程

所谓线性化编程就是将用户程序连续放置在一个指令块内，这个指令块在 SIMATIC 的 PLC 中，通常称为组织块（OB1）。CPU 周期性地扫描 OB1，使用户程序在 OB1 内顺序执行每条指令。

由于线性化编程将全部指令都放在一个指令块中，它的程序结构具有简单、直接的特点，故适合由一个人编写用户程序。S7-200 PLC 就是采用线性化编程方法。

2）分部式编程

所谓分部式编程就是将一项控制任务分成若干个指令块，每个指令块用于控制一套设备或者完成一部分工作。每个指令块的工作内容与其他指令块的工作内容无关，一般没有子程序的调用，这些指令块的运行通过组织块（OB1）内的指令来调用。例如，一个分部式程序可能包含以下指令块：

①用于控制设备每一部分的功能块 FC（如 FC10）；
②用于控制设备每一个工作状态的功能块 FC（如 FC20）；
③用于控制操作员接口的功能块 FC（如 FC30）；
④用于处理诊断逻辑的功能块 FC（如 FC40）。

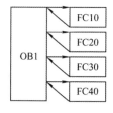

图 2-13　分部式编程的程序调用结构

在分部式程序中，既无数据交换也无重复利用的代码，因此分部式编程允许多个设计人员同时编写用户程序，而不会发生内容冲突。分部式编程的程序调用结构如图 2-13 所示。

3）结构化编程

所谓结构化编程是将整个用户程序分成一些具有独立功能的指令块，其中有若干个子程序块，然后再按照要求调用各个独立的指令块，从而构成一个完整的用户程序。结构化编程的特点：编程简单，结构清晰，可以采用子程序技术使部分程序标准化，调试方便。一般比较大型的控制程序均采用结构化编程。结构化编程的程序调用结构如图 2-14 所示。

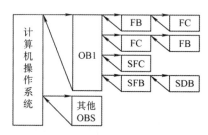

图 2-14　结构化编程的程序调用结构

2. S7-200 PLC 的程序结构

S7-200 PLC 的程序结构属于线性化编程，其用户程序一般由 3 部分构成：用户程序、数据块和参数块。

1）用户程序

一个完整的用户程序一般是由一个主程序、若干子程序和若干中断处理子程序（通常称为中断程序）组成的。对线性化编程，主程序应安排在程序的最前面，其次为子程序和中断程序，如图 2-15 所示。

（1）主程序

主程序是程序的主体，每一个项目都有且仅有一个主程序。在主程序中可以调用子程序和中断程序。

主程序通过指令控制整个应用程序的执行，每次 CPU 扫描都要执行一次主程序。STEP 7-Micro/WIN 的程序编辑器窗口下部的标签用来选择不同的程序。因为各个程序已被分开，故各程序结束时不需要加入无条件结束指令或无条件返回指令。

（2）子程序

子程序是一个可选的指令的集合，仅在被其他程序调用时执行。同一子程序可以在不同的地方被多次调用，使用子程序可以简化程序代码和减少扫描时间。设计得好的子程序容易移植到别的项目中去。

图 2-15　S7-200 PLC
的程序结构

（3）中断程序

中断程序是指令的一个可选集合。中断程序不被主程序调用，它们在中断事件发生时由 PLC 的操作系统调用。中断程序用来处理预先规定的中断事件，因为不能预知何时会出现中断事件，所以不允许中断程序改写可能在其他程序中使用的存储器。

如果用工业编程软件 STEP 7-Micro/WIN 在计算机上编程，则可以用两种方法组织程序结构，一种方法是利用编程软件的程序结构窗口，分别双击主程序、子程序和中断程序的图标，即可进入各个程序块的编程窗口，编译时编程软件自动对各个程序段进行连接。另一种方法是只进入主程序窗口，将主程序、子程序和中断程序按顺序依次安排在主程序窗口。

2）数据块

S7-200 PLC 中的数据块一般为 DB1，主要用来存放用户程序运行时所需的数据。在数据块中允许存放的数据类型为布尔型、十进制、二进制、十六进制、字母、数字和字符型。

3）参数块

在 S7-200 PLC 中，参数块中存放的是 CPU 组态数据，如果在编程软件或其他编程工具上未进行 CPU 的组态，则系统以默认值进行自动配置。

第3章

S7-200 PLC 基本指令与应用指令

在 S7-200 PLC 的指令系统中，可分为基本指令与应用指令。最初把能够取代传统的继电器控制系统的那些指令称为基本指令，而应用指令是指为满足用户不断提出的一些特殊控制要求开发出的那些指令，应用指令又称为功能指令。由于 PLC 的功能越来越强，涉及的指令也越来越多，对基本指令所包含的内容也在不断扩充，所以，基本指令与应用指令目前还没有严格的界限与区分。在本章中，我们将由简到繁地介绍一些在实际工程中经常用到的 S7-200 PLC 的指令。

3.1 位操作指令

PLC 的位操作指令主要实现逻辑控制和顺序控制，完全可以用 S7-200 PLC 的位操作指令代替传统的继电器/接触器控制系统。

3.1.1 基本逻辑指令

1. 触点指令

触点及线圈指令是 PLC 中应用最多的指令。触点首先分为动合触点及动断触点，又以其在梯形图中的位置分为和母线相连的动合触点或动断触点、与前边触点串联的动合触点或动断触点、并联的动合触点或动断触点。一些型号的 PLC 还有边沿脉冲触点指令及取反触点指令。边沿脉冲触点指令是在满足工作条件时，接通一个扫描周期；取反触点指令是将送入的能流取反后送出。表 3-1 为 S7-200 PLC 的部分触点指令。

表 3-1　S7-200 PLC 的部分触点指令

指令与助记符			梯形图符号	数据类型	操作数	指令功能
标准触点	动合	LD	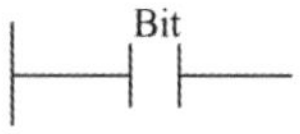 ⊢ Bit ⊣	位	I、Q、V、M、SM、S、T、C	将动合触点接在母线上
		A	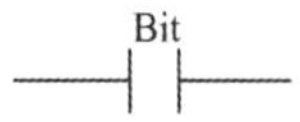 ⊣ Bit ⊢			动合触点与其他程序段相串联

续表

指令与助记符			梯形图符号	数据类型	操作数	指令功能
标准触点	动合	O	Bit	位	I、Q、V、M、SM、S、T、C	动合触点与其他程序段相并联
	动断	LDN	Bit			将动断触点接在母线上
		AN	Bit		—	动断触点与其他程序段相串联
		ON	Bit		—	动断触点与其他程序段相并联
取反		NOT	—|NOT|—		—	改变能流输入状态
正、负跳变	正	EU	—|P|—			检测到一次正跳变，能流接通一个扫描周期
	负	ED	—|N|—			检测到一次负跳变，能流接通一个扫描周期

2. 线圈指令

线圈指令用来表达一段程序的运算结果。线圈指令含普通线圈指令、置位及复位线圈指令、立即线圈指令等类型。普通线圈指令在工作条件满足时，将该线圈相关的存储器置1，在工作条件失去后复零。置位线圈指令在相关工作条件满足时将有关线圈置1，工作条件失去后，这些线圈仍保持置1，复位需用复位线圈指令。立即线圈指令采用中断方式工作，可以不受扫描周期的影响，将程序运算的结果立即送到输出口。表3-2为S7-200 PLC的线圈指令。

表3-2　S7-200 PLC 的线圈指令

指令与助记符		梯形图符号	数据类型	操作数	指令功能
输出	=	Bit —( )	位	Q、V、M、SM、S、T、C	将运算结果输出到某个继电器
立即输出	=I	Bit —(I)	位	Q	立即将运算结果输出到某个继电器
置位与复位	S	Bit —(S) N	位 N：BYTE 或常数	位：Q、V、M、SM、S、T、C N：IB、QB、VB、SMB、SB、LB、AC、MB、常数等	将从指定地址开始N个位置位
	R	Bit —(R) N	位 N：BYTE 或常数	位：Q、V、M、SM、S、T、C N：IB、QB、VB、SMB、SB、LB、AC、MB、常数等	将从指定地址开始N个位复位

指令与助记符		梯形图符号	数据类型	操作数	指令功能
立即置位与立即复位	SI	—(SI) Bit N	位 N：BYTE 或常数	位：Q N：IB、QB、VB、SMB、SB、LB、AC、MB、常数等	立即将从指定地址开始 N 个位置位
	RI	—(RI) Bit N	位 N：BYTE 或常数	位：Q N：IB、QB、VB、SMB、SB、LB、AC、MB、常数等	立即将从指定地址开始 N 个位复位
SR 触发器	SR	Bit SI OUT SR R	位	Q、V、M、I、S	置位与复位同时为 1 时置位优先
RS 触发器	RS	Bit SI OUT RS RI	位	Q、V、M、I、S、	置位与复位同时为 1 时复位优先

3. 触点及线圈指令梯形图实例

过去接触过的继电器/接触器控制系统中，控制电动机的启/停往往需要两个按钮，在这里我们利用 PLC 逐行扫描的特点使用一个按钮控制电动机的启/停，实现这个控制目的的方案有很多，下面是其中的 3 个方案。1 个例子用了 3 个方案目的：一方面再熟悉一下周期性扫描的特点，另一方面是说明编程的灵活性。

将启动/停止的输入信号接按钮的动合触点并连接到输入点 I0.0，并通过输出点 Q1.0 连接接触器线圈来控制电动机。操作方法是，按一下该按钮，输入的是启动信号，再按一下该按钮，输入的则是停止信号，以此形成单数次时为启动，双数次时为停止，方案 1 如图 3-1 所示。

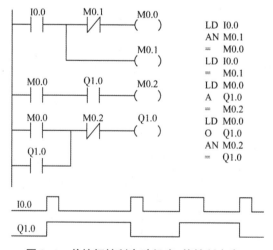

图 3-1　单按钮控制电动机启/停控制方案 1

当第一次按下按钮时，在当前扫描周期内，I0.0 使辅助继电器 M0.0、M0.1 为 ON 状态，使 Q1.0 为 ON 状态；到第二个扫描周期，辅助继电器 M0.1 的动断触点为 OFF 状态，使 M0.0 为 OFF 状态，辅助继电器 M0.2 仍为 OFF 状态，M0.2 的动断触点仍为 ON 状态，Q1.0 的自锁触点已起作用，Q1.0 仍为 ON 状态，从此不管经过多少个扫描周期，这种状态也不会改变。第一次松开按钮至第二次按下按钮前，在输入采样阶段读入 I0.0 的状态为 OFF，辅助继电器 M0.0、M0.1、M0.2 均为 OFF 状态，Q1.0 也继续保持 ON 状态。当第二次按下按钮时，在当前扫描周期内，辅助继电器 M0.0、M0.1、M0.2 均为 ON 状态，M0.2 的动断触点为 OFF 状态，使 Q1.0 由 ON 变为 OFF；到下一个扫描周期（假定未松开按钮），M0.1 的动断触点使 M0.0 为 OFF 状态，使 M0.2 为 OFF 状态，Q1.0 不具备吸合条件仍然为 OFF 状态。第二次松开按钮至第三次按下按钮前，M0.0、M0.1、M0.2 及 Q1.0 均为 OFF 状态，控制程序恢复为原始状态。所以，当第三次按下按钮时，又开始了启动操作，由此进行启/停电动机。

方案 2 如图 3-2 所示。相对于方案 1 去掉了一个中间环节，增加了一个正跳变指令，这个指令的特点就是当处在其前面的触点信号从 OFF 变为 ON 时，它只 ON 1 个扫描周期。当按一下按钮时，I0.0 由 OFF 变为 ON，这时上升沿（正跳变）触发 EU 指令使 M0.0 只 ON 1 个扫描周期，在本周期内接下来的扫描行是定 M0.1 的状态，因 M0.0 是 ON 状态，而 Q1.0 是 OFF 状态，所以 M0.1 是 OFF 状态。最后是定 Q1.0 的状态，因 M0.0 是 ON 状态，而 M0.1 是 OFF 状态，所以 M0.1 的动断触点是 ON 状态，这样使 Q1.0 "得电吸合" 成为 ON 状态，接在这一点上的控制电动机的接触器线圈便得电吸合，电动机就可转动起来。在接下来的第二个扫描周期，即使按钮还没有松开，I0.0 还处于 ON 状态，由于 P 指令的作用，M0.0 变成了 OFF 状态，也就是说从第二个周期开始 M0.0 总是 OFF 状态了，下面的 M0.1 也不具备 "得电吸合" 的条件，始终处于 OFF 状态，Q1.0 仍然是 ON 状态。接下来就是松开按钮，3 个线圈的状态仍然与第二个扫描周期的相同，电动机也始终在转动着。当我们第二次按下按钮时，M0.0 与 M0.1 都是 ON 状态，而 Q1.0 成为 OFF 状态，电动机便停止转动了。从第二次按下按钮的第二个扫描周期开始，3 个线圈的状态都变成 OFF 状态了，恢复为原始状态。在这以后，当第三次按下按钮时，又开始了启动操作，由此进行启/停电动机。

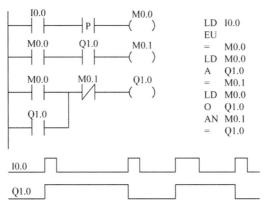

图 3-2　单按钮控制电动机启/停控制方案 2

方案 3 如图 3-3 所示。在这里使用了 RS 触发器及上升沿（正跳变）触发 EU（P）指令，利用 P 指令只 ON 1 个扫描周期的特点以及 RS 触发器在置位与复位同时为 1 时复位信号优先的特点，实现单按钮控制电动机启/停的目的。当第一次按下按钮时，在当前扫描周期内，I0.0 变为 ON 状态，RS 触发器的置位端为 1，而复位端由于 Q1.0 此时处于 OFF 状态变为 0，所以在第一次按下按钮的第一个扫描周期内，Q1.0 就会成为 ON 状态，电动机启动运行。从第二个扫描周期开始，由于 P 指令的作用，RS 触发器的置位端与复位端都为 0，Q1.0 继续保持 ON 状态，无论继续按着还是松开按钮，这样的状态也不会改变。当我们第二次按下按钮时，由于 Q1.0 已经是 ON 状态了，所以就会形成 RS 触发器的置位端与复位端都为 1 的情况，这样由于 RS 触发器是复位优先，就会使 Q1.0 复位，变成 OFF 状态，电动机就停止运行了。同样这种方案也能使单数次按下按钮时为启动，双数次按下按钮时为停止。

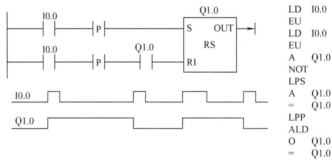

图 3-3　单按钮控制电动机启/停控制方案 3

3.1.2　定时器指令

1. 指令

定时器是 PLC 中最常用器件之一，准确用好定时器对于 PLC 程序设计非常重要。S7-200 PLC 的 CPU 22X 系列的定时器有 3 种类型：接通延时型定时器 TON；保持型（有记忆的）接通延时定时器 TONR；断开延时型定时器 TOF。

定时器指令用来规定定时器的功能，表 3-3 为 S7-200 PLC 定时器指令类别表，3 条指令规定了 3 种不同功能的定时器。

S7-200 PLC 定时器使用的基本要素如下。

1）编号、类型及精度

S7-200 PLC 配置了 256 个定时器，编号为 T0 ~ T255。定时器有 1 ms、10 ms、100 ms 3 种精度，1 ms 的定时器有 4 个，10 ms 的定时器有 16 个，100 ms 的定时器有 236 个。编号和类型与精度有关，如编号是 T2 的定时器的精度是 10 ms，类型为有记忆的接通延时。选用定时器前应先查表 3-4 以确定合适的编号。从表中可知，有记忆的定时器均是接通延时型，无记忆的定时器可通过指令指定为接通延时型或断开延时型，使用时还须注意，在一个程序中不能把一个定时器同时用作不同类型，如既有 TON37 又有 TOF37。

表3-3 S7-200 PLC 定时器指令类别表

定时器类别	接通延时型	保持型接通延时	断开延时型
指令的表达形式	T×× —IN TON —PT ××ms	T×× —IN TONR —PT ××ms	T×× —IN TOF —PT ××ms
操作数的 范围及类型	T××：字型；常数 T0 ~ T255，指定定时器号 IN：位型；I、Q、V、M、SM、S、T、C、L、能流，启动定时器 PT：整数型；IW、QW、VW、MW、SMW、T、C、LW、AC、AIW、＊VD、 ＊LD、＊AC、常数，给定值输入端		

注：带"＊"的存储单元具有变址功能。

表3-4 定时器的精度及编号

定时器类型	定时精度/ms	最大当前值/s	定时器编号
TONR （有记忆）	1	32.767	T0，T64
	10	327.67	T1 ~ T4，T65 ~ T68
	100	3 276.7	T5 ~ T31，T69 ~ T95
TON，TOF （无记忆）	1	32.767	T32，T96
	10	327.67	T33 ~ T36，T97 ~ T100
	100	3 276.7	T37 ~ T63，T101 ~ T255

2）给定值（也称为预置值）

给定值即编程时设定的延时时间的长短。PLC 定时器采用时基计数及与预置值比较的方式确定延时时间是否达到，时基计数值称为当前值，存储在当前值寄存器中，给定值在使用梯形图编程时，标在定时器功能框的"PT"端。

3）工作条件

工作条件也称为使能输入，从梯形图的角度看，定时器功能框中"IN"端连接的是定时器的工作条件。对于接通延时型定时器来说，有能流流到"IN"端时开始计时；对于断开延时型定时器来说，能流从有变到无时开始计时；对于无记忆的定时器来说，工作条件失去，如接通延时型定时器能流从有变到无时，无论定时器计时是否达到给定值，定时器均复位，前边的计时值清零；对于有记忆的定时器来说，可累计分段的计时时间，这种定时器的复位就得靠复位指令了。

4）工作对象

工作对象指的是定时时间到时，利用定时器的触点控制的元器件或工作过程。S7-200 PLC 定时器的工作过程可以描述如下。

接通延时型定时器和有记忆的接通延时型定时器在 IN 端接通，定时器的当前值大于或等于 PT 端的预置值时，该定时器位被置位。当达到预设时间后，接通延时型定时器和有记忆的接通延时型定时器继续计时，后者的当前值可以分段累加，一直到最大值 32 767。

断开延时型定时器在使能输入 IN 端接通时，定时器位立即接通，并把当前值设为0。

当 IN 端断开时启动计时，达到预设值 PT 时，定时器位断开，并且停止当前值计数。当 IN 端断开的时间短于预置值时，定时器位保持接通。

5）S7-200 PLC 的定时器的刷新方式

S7-200 PLC 的定时器有 3 种不同的定时精度，即每种定时精度对应不同的时基脉冲。定时器计时的过程就是数时基脉冲的过程。然而，这 3 种不同定时精度的定时器的刷新方式是不同的，要正确使用定时器，首先要知道定时器的刷新方式，保证定时器在每个扫描周期都能刷新 1 次，并能执行 1 次定时器指令。

（1）1 ms 定时器的刷新方式

1 ms 定时器采用中断刷新的方式，系统每隔 1 ms 刷新 1 次，与扫描周期即程序处理无关。当扫描周期较长时，1 ms 定时器在 1 个扫描周期内将多次被刷新，其当前值在每个扫描周期内可能不一致。

（2）10 ms 定时器的刷新方式

10 ms 定时器由系统在每个扫描周期开始时自动刷新，在每次程序处理阶段，定时器位和当前值在整个扫描过程中不变。在每个扫描周期开始时将 1 个扫描周期累计的时间加到定时器当前值上，例如：扫描周期是 30 ms 的程序，这个定时器在 IN 端接通有效到本周期结束用时 18 ms，下个周期整个扫描过程中的当前值都是 18 ms，再下个周期就是 48 ms，再下个周期就是 78 ms，假设我们的定时器的预置值是 70 ms，那么在这个周期，定时器的位就可起作用了，实际计时超过 70 ms。

（3）100 ms 定时器的刷新方式

100 ms 定时器是在该定时器指令执行时被刷新。为了使定时器能正确地定时，要确保每个扫描周期都能执行 1 次 100 ms 定时器指令，程序的长短会影响定时的准确性。

（4）正确使用定时器

在 PLC 的应用中，经常使用具有自复位功能的定时器，即利用定时器自己的动断触点去控制自己的线圈。在 S7-200 PLC 中，要使用具有自复位功能的定时器，必须考虑定时器的刷新方式。

图 3-4(a) 中，T96 是 1 ms 定时器，只有正好在程序扫描到 T96 的动断触点到 T96 的动合触点之间当前值等于给定值时才被刷新，进行状态位的转换，使 T96 的动合触点为 ON 状态，从而使 M0.0 能 ON 1 个扫描周期，否则 M0.0 将总是 OFF 状态。正确解决这个问题的方法是采用图 3-4(b) 的编程方式。

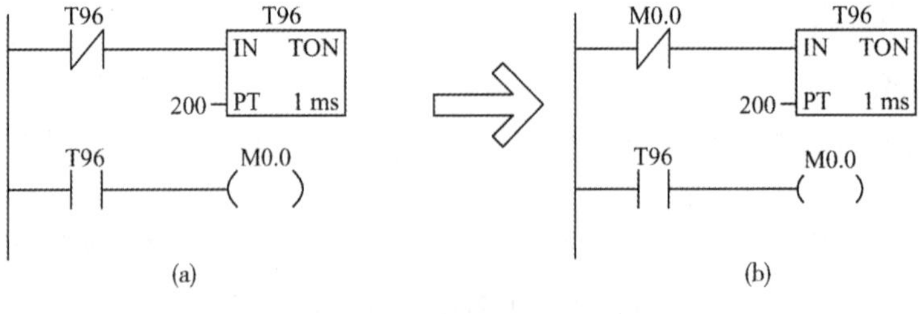

图 3-4　1 ms 定时器的正确使用

图 3-5(a) 中，T33 是 10 ms 定时器，而 10 ms 定时器是在扫描周期开始时被刷新的，由于 T33 的动断触点和动合触点是相互矛盾的状态，因此 M0.0 永远为 OFF 状态。正确解

决这个问题的方法是采用图 3-5(b) 的编程方式。

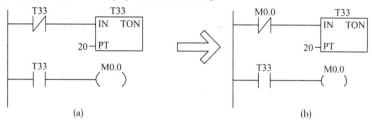

图 3-5　10 ms 定时器的正确使用

对于 100 ms 定时器，推荐采用图 3-6(b) 的编程方式。

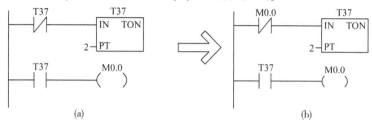

图 3-6　100 ms 定时器的正确使用

2. 定时器应用举例

用定时器可以设计输出脉冲的周期和占空比可调的振荡电路（即闪烁电路）。

在图 3-7 中，当 I0.0 处于 OFF 状态时，T37 与
T38 也都处于 OFF 状态。当 I0.0 处于 ON 状态后，
T37 的 IN 输入端为 1 状态，T37 开始定时。3 s 后定时
时间到，T37 的动合触点接通，使 Q1.0 变为 ON 状
态，同时 T38 开始定时。5 s 后定时时间到，它的动断
触点断开，使 T37 的 IN 输入端变为 0 状态，T37 的动
合触点断开，使 Q1.0 变为 OFF 状态，同时 T38 因为
IN 输入端变为 0 状态，故它被复位。复位后其动断触
点又接通，T37 又开始计时，往后 Q1.0 的线圈就这样
周期性地 "通电" 与 "断电"，直到 I0.0 变为 OFF 状
态，Q1.0 线圈 "通电" 与 "断电" 的时间分别等于
T38 与 T37 的给定值。闪烁电路实际上是一个具有正

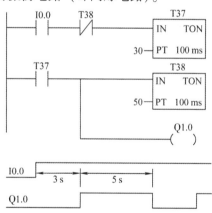

图 3-7　振荡电路的梯形图及时序图

反馈的振荡电路，T37 与 T38 的输出信号通过它们的触点分别控制对方的线圈，形成了正
反馈。另外，特殊继电器 SM0.5 是以触点形式供我们使用的，它可提供周期为 1 s、占空
比为 0.5 的脉冲信号，此脉冲信号是不可调的，利用它也可以驱动需要闪烁的指示灯。

3.1.3　计数器指令

S7-200 PLC 的普通计数器有 3 种类型：递增计数器 CTU、递减计数器 CTD 和增减计
数器 CTUD，共计 256 个，编号为 C0 ~ C255。可根据实际编程需要，对某个计数器的类型

进行定义。不能重复使用同一个计数器的线圈编号，即每个计数器的线圈编号只能使用 1 次。每个计数器有一个 16 位的当前值寄存器和一个状态位，最大计数值为 32 767。计数器给定值 PV 的数据类型为整数型 INT，寻址范围为 VW、IW、QW、MW、SW、SMW、LW、AIW、T、C、AC、* VD、* AC、*LD 及常数。

计数器用来累计输入脉冲的次数，在实际应用中用来对产品进行计数或完成复杂的逻辑控制任务。计数器的使用和定时器基本相似，编程时各输入端都应有位控制信号，计数器累计它的脉冲输入端信号上升沿的个数。依据给定值及计数器类型决定动作时刻，以便完成计数控制任务。

计数器指令的 LAD 和 STL 格式如表 3-5 所示。

1. 递增计数器 CTU

在梯形图中，递增计数器以功能框的形式编程，指令名称为 CTU，如表 3-5 所示，它有 3 个输入端：CU、R 和 PV。当复位输入端（R）电路断开时，如图 3-8 所示，加计数脉冲输入端（CU）电路由断开变为接通（即 CU 信号的上升沿），计数器计数 1 次，当前值增加 1 个单位，PV 为给定值输入端，当前值达到给定值时，计数器动作，计数器位为 ON 状态，当前值可继续计到 32 767 后停止计数。当复位输入端（R）为 ON 状态或对计数器执行复位指令时，计数器自动复位，计数器位为 OFF 状态，当前值为 0。

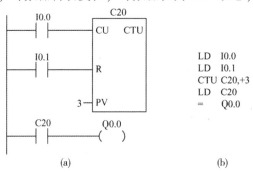

图 3-8　递增计数器的梯形图及语句表

（a）梯形图；（b）语句表

2. 增减计数器 CTUD

在梯形图中，增减计数器以功能框的形式编程，指令名称为 CTUD，如表 3-5 所示。CTUD 有 4 个输入端：CU 输入端用于递增计数，CD 输入端用于递减计数，R 输入端用于复位，PV 为给定值输入端。CU 信号的每个上升沿，都使计数器当前值加 1；CD 信号的每个上升沿，都使计数器当前值减 1，当前值达到给定值时，计数器动作，其状态位为 ON。若复位输入端 R 为 ON 状态，或使用复位指令 R，都可使计数器复位，状态位变为 OFF，并使当前值清零。

增减计数器当前值计数到 32 767（最大值）后，下一个 CU 信号的上升沿将使当前值跳变为最小值（-32 767）；当前值达到最小值-32 767 后，下一个 CD 信号的上升沿将使当前值跳变为最大值 32 767。如图 3-9 所示为增减计数器的梯形图、语句表及时序图。

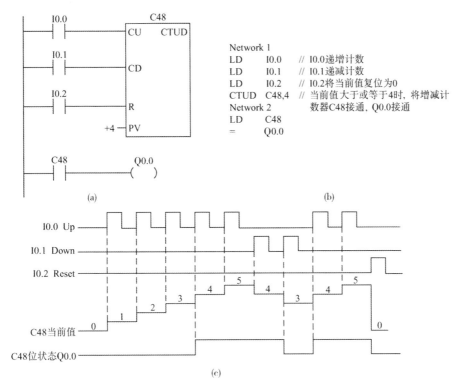

图3-9 增减计数器的梯形图、语句表及时序图

(a) 梯形图; (b) 语句表; (c) 时序图

3. 递减计数器 CTD

在梯形图中，递减计数器以功能框的形式编程，指令名称为 CTD，如表3-5所示，它有3个输入端：CD、LD 和 PV。当复位输入端（LD）电路断开时，如图3-10所示，减计数脉冲输入端（CD）电路由断开变为接通（即 CD 信号的上升沿），计数器计数1次，当前值减去1个单位，PV 为给定值输入端，当前值减到0时，计数器动作，计数器位为 ON 状态，计数器的当前值保持为0。当复位输入端（LD）为 ON 状态或对计数器执行复位指令时，计数器自动复位，即计数器位为 OFF 状态，当前值为给定值。

表3-5 计数器的指令格式

格式	名称		
	递增计数	增减计数	递减计数
LAD	CTU CU CTU R PV	CTUD CU CTUD CD R PV	CTD CD CTD LD PV
STL	CTU C＊＊＊, PV	CTUD C＊＊＊, PV	CTD C＊＊＊, PV

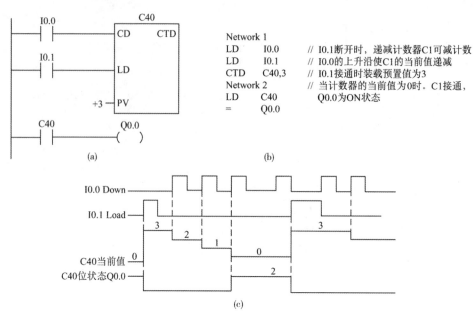

图 3-10　递减计数器的梯形图、语句表及时序图

（a）梯形图；（b）语句表；（c）时序图

4. 计数器计数次数的串级组合

PLC 的单个计数器的计数次数是一定的，或者说是有限的。在 S7-200 PLC 中，单个计数器的最大计数范围是-32 767～+32 767，当所需计数的次数超过这个最大值时，可通过计数器串级组合的方法来扩大计数器的计数范围。

例如，当某产品的生产个数达到 50 万个时，将有一个输出动作，假设 I0.0 为计数开关，I0.1 为清零开关，Q0.0 为 50 万个时的输出位，梯形图程序如图 3-11 所示，50 万个数用一个计数器是实现不了的，这里使用了两个，C1 的给定值是 25 000，C2 的给定值是 20，当达到 C2 的给定值时，对 I0.0 的计数次数已达到 25 000×20＝500 000。

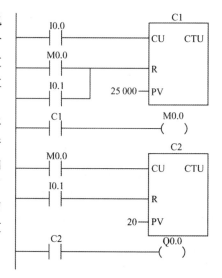

图 3-11　2 个计数器串级组合的梯形图

3.1.4　比较指令

比较指令用于两个相同数据类型的有符号数或无符号数 IN1 和 IN2 的比较判断操作。

比较运算符有等于（＝）、大于或等于（>＝）、小于或等于（<＝）、大于（>）、小于（<）、不等于（<>），共 6 种比较形式。

在梯形图中，比较指令是以动合触点的形式编程的，在动合触点的中间注明比较参数和比较运算符。触点中间的参数 B、I、D、R 分别表示字节、整数、双字、实数，当比较的结果满足比较关系式给出的条件时，该动合触点闭合。梯形图及语句表中比较指令的基本格式如图3-12所示。图3-12(b) 中第一段程序行中有两条比较指令，第一条是计数器C5与整数3比较，如果C5中的计数值与3相等，则该动合触点将闭合为ON状态。指令中的C5即操作数IN1，3即操作数IN2，触点中间的参数I表示与整数比较，运算符是“=”号，说明IN1与IN2如果相等，则此触点就为ON状态。后面的第二条是MB10与整数6相比较，这条的比较参数是B，也就是说这是一条字节比较指令，意思是当字节MB10中的数据大于或等于6时条件满足，此触点为ON状态，那么当两条指令的条件都满足时线圈Q0.0也就为ON状态了。第二段程序行中是一条双字比较指令，这里的操作数IN1是0号高速计数器HC0，操作数IN2是HC0的给定值存放地址SMD42，当两者相等时线圈Q0.1为ON状态。从这里我们可看出，操作数IN1、IN2与比较参数都是统一对应的，不可错用。表3-6列出了操作数IN1与IN2的寻址范围。

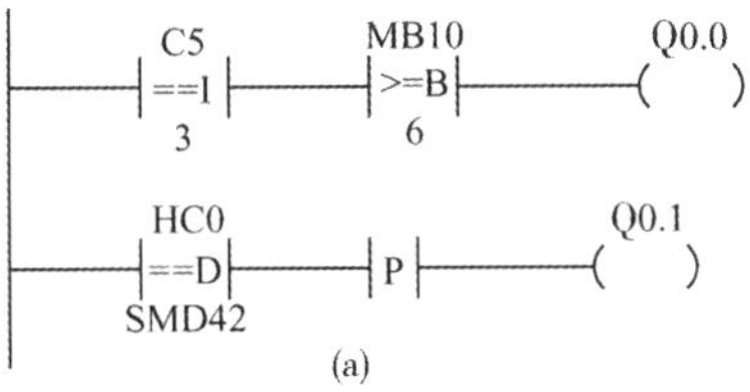


```
LDW=  C5, 3
AB>=  MB10, 6
=     Q0.0
LDD=  HC0, SMD42
EU
=     Q0.1
```
(b)

图3-12 比较指令的基本格式

(a) 梯形图；(b) 语句表

表3-6 比较指令的操作数IN1和IN2的寻址范围

操作数	类型	寻址范围
IN1 IN2	字节	VB，IB，QB，MB，SB，SMB，LB，AC，*VD，*AC，*LD和常数
	整数	VW，IW，QW，MW，SW，SMW，LW，AIW，T，C，AC，*VD，*AC，*LD和常数
	双字	VD，ID，QD，MD，SD，SMD，LD，HC，AC，*VD，*AC，*LD和常数
	实数	VD，ID，QD，MD，SD，SMD，LD，AC，*VD，*AC，*LD和常数

字节比较指令用于两个无符号的整数字节IN1和IN2的比较；整数比较指令用于两个有符号的一个字长的整数IN1和IN2的比较，整数范围为十六进制的8000～7FFF，在S7-200 PLC中，用16#8000～16#7FFF表示；双字整数比较指令用于两个有符号的双字长整数IN1和IN2的比较，双字整数的范围为16#80000000～16#7FFFFFFF；实数比较指令用于两个有符号的双字长实数IN1和IN2的比较，正实数的范围为+1.175 495E-38～+3.402 823E+38，负实数的范围为-1.175 495E -38～-3.402 823E+38。

图3-13是一个比较指令使用较多的程序段，从中可以看出：计数器C10中的当前值大于或等于20时，Q0.0为ON状态；VD100中的实数小于36.8且I0.0为ON状态时，Q0.1为ON状态；MB1中的值不等于MB2中的值或者高速计数器HC1的计数值大于或等于4 000时，Q0.2为ON状态。

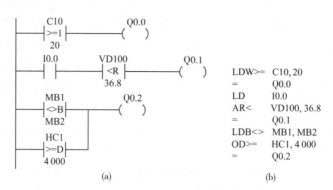

图 3-13　比较指令使用举例

（a）梯形图；（b）语句表

3.2　数据处理指令

3.2.1　传送类指令

传送类指令用于在各个编程元件之间进行数据传送。根据每次传送数据的数量，可分为单个传送指令和块传送指令。

1. 单个传送指令 MOVB，MOVW，MOVD，MOVR

单个传送指令每次传送 1 个数据，传送数据的类型分为字节传送、字传送、双字传送和实数传送。表 3-7 列出了单个传送指令的类别。单个传送指令中 IN 和 OUT 的寻址范围如表 3-8 所示。

表 3-7　单个传送指令的类别

指令名称	梯形图符号	助记符	指令功能
字节传送 MOV_B	MOV_B EN　ENO IN　OUT	MOVB IN, OUT	以功能框的形式编程，当允许输入 EN 有效时，将 1 个无符号的单字节数据 IN 传送到 OUT 中
字传送 MOV_W	MOV_W EN　ENO IN　OUT	MOVW IN, OUT	以功能框的形式编程，当允许输入 EN 有效时，将 1 个无符号的单字长数据 IN 传送到 OUT 中
双字传送 MOV_DW	MOV_DW EN　ENO IN　OUT	MOVD IN, OUT	以功能框的形式编程，当允许输入 EN 有效时，将 1 个有符号的双字长数据 IN 传送到 OUT 中
实数传送 MOV_R	MOV_R EN　ENO IN　OUT	MOVR IN, OUT	以功能框的形式编程，当允许输入 EN 有效时，将 1 个有符号的双字长实数数据 IN 传送到 OUT 中

表 3-8   单个传送指令中 IN 和 OUT 的寻址范围

指令	操作数	类型	寻址范围
MOVB	IN	BYTE	VB, IB, QB, MB, SMB, LB, SB, AC, *AC, *LD, *VD 和常数
	OUT	BYTE	VB, IB, QB, MB, SMB, LB, SB, AC, *AC, *LD, *VD
MOVW	IN	WORD	VW, IW, QW, MW, SMW, LW, SW, AC, *AC, *LD, *VD, T, C 和常数
	OUT	WORD	VW, IW, QW, MW, SMW, LW, SW, AC, *AC, *LD, *VD, T, C
MOVD	IN	DWORD	VD, ID, QD, MD, SMD, LD, AC, HC, *AC, *LD, *VD 和常数
	OUT	DWORD	VD, ID, QD, MD, SMD, LD, AC, *AC, *LD, *VD
MOVR	IN	REAL	VD, ID, QD, MD, SMD, LD, AC, HC, *AC, *LD, *VD 和常数
	OUT	REAL	VD, ID, QD, MD, SMD, LD, AC, *AC, *LD, *VD

2. 块传送指令 BMB，BMW，BMD

块传送指令用来进行一次传送多个数据，将最多可达 255 个的数据组成 1 个数据块，数据块的类型可以是字节块、字块和双字块。表 3-9 列出了块传送指令的类别。块传送指令中 IN、N、OUT 的寻址范围如表 3-10 所示。

表 3-9   块传送指令的类别

指令名称	梯形图符号	助记符	指令功能
字节块传送 BLKMOV_B	BLKMOV_B EN ENO IN OUT N	BMB IN, OUT, N	以功能框的形式编程，当允许输入 EN 有效时，将从输入字节 IN 开始的 N 个字节型数据传送到从 OUT 开始的 N 个字节存储单元
字块传送 BLKMOV_W	BLKMOV_W EN ENO IN OUT N	BMW IN, OUT, N	以功能框的形式编程，当允许输入 EN 有效时，将从输入字 IN 开始的 N 个字型数据传送到从 OUT 开始的 N 个字存储单元
双字块传送 BLKMOV_D	BLKMOV_D EN ENO IN OUT N	BMD IN, OUT, N	以功能框的形式编程，当允许输入 EN 有效时，将从输入双字 IN 开始的 N 个双字型数据传送到从 OUT 开始的 N 个双字存储单元

表 3-10   块传送指令中 IN、N、OUT 的寻址范围

指令	操作数	类型	寻址范围
BMB	IN、OUT	BYTE	VB, IB, QB, MB, SMB, LB, HC, AC, *AC, *LD, *VD
	N	BYTE	VB, IB, QB, MB, SMB, LB, AC, *AC, *LD, *VD

指令	操作数	类型	寻址范围
BMW	IN、OUT	WORD	VW, IW, QW, MW, SMW, LW, AIW, AC, AQW, HC, C, T, ＊AC, ＊LD, ＊VD
	N	BYTE	VB, IB, QB, MB, SMB, LB, AC, ＊AC, ＊LD, ＊VD
BMD	IN、OUT	DWORD	VD, ID, QD, MD, SMD, LD, SD, AC, HC, ＊AC, ＊LD, ＊VD
	N	BYTE	VB, IB, QB, MB, SMB, LB, AC, ＊AC, ＊LD, ＊VD 和常数

3.2.2 移位指令

移位指令在 PLC 控制中是比较常用的，根据移位的数据长度可分为字节型移位、字型移位和双字型移位；根据移位的方向可分为左移和右移，还可进行循环移位。移位指令分为左移指令、右移指令、循环左移指令、循环右移指令。

1. 左移和右移指令

左移和右移指令的类别如表 3-11 所示。

表 3-11 左移和右移指令的类别

指令名称	梯形图符号	助记符	指令功能
字节左移 SHL_B	SHL_B EN ENO IN OUT N	SLB OUT, N	以功能框的形式编程，当允许输入 EN 有效时，将字节型输入数据 IN 左移 N 位（$N \leqslant 8$）后，送到 OUT 指定的字节存储单元
字节右移 SHR_B	SHR_B EN ENO IN OUT N	SRB OUT, N	以功能框的形式编程，当允许输入 EN 有效时，将字节型输入数据 IN 右移 N 位（$N \leqslant 8$）后，送到 OUT 指定的字节存储单元
字左移 SHL_W	SHL_W EN ENO IN OUT N	SLW OUT, N	以功能框的形式编程，当允许输入 EN 有效时，将字型输入数据 IN 左移 N 位（$N \leqslant 16$）后，送到 OUT 指定的字存储单元
字右移 SHR_W	SHR_W EN ENO IN OUT N	SRW OUT, N	以功能框的形式编程，当允许输入 EN 有效时，将字型输入数据 IN 右移 N 位（$N \leqslant 16$）后，送到 OUT 指定的字存储单元
双字左移 SHL_DW	SHL_DW EN ENO IN OUT N	SLD OUT, N	以功能框的形式编程，当允许输入 EN 有效时，将双字型输入数据 IN 左移 N 位（$N \leqslant 32$）后，送到 OUT 指定的双字存储单元
双字右移 SHR_DW	SHR_DW EN ENO IN OUT N	SRD OUT, N	以功能框的形式编程，当允许输入 EN 有效时，将双字型输入数据 IN 右移 N 位（$N \leqslant 32$）后，送到 OUT 指定的双字存储单元

左移和右移指令的特点如下：

①被移位的数据是无符号的；

②在移位时，存放被移位数据的编程元件的移出端与特殊继电器SM1.1连接，移出位进入SM1.1（溢出），另一端自动补0；

③移位次数 N 与移位数据的长度有关，如果 N 小于实际的数据长度，则执行 N 次移位。如果 N 大于实际的数据长度，则执行移位的次数等于实际数据长度的位数；

④移位次数 N 为字节型数据。

2. 循环左移和循环右移指令

循环左移和循环右移指令的特点如下：

①被移位的数据是无符号的；

②在移位时，存放被移位数据的编程元件的移出端既与另一端连接，又与特殊继电器SM1.1连接，移出位在被移到另一端的同时，也进入SM1.1（溢出）；

③移位次数 N 与移位数据的长度有关，如果 N 小于实际的数据长度，则执行 N 次移位；如果 N 大于实际的数据长度，则执行移位的次数为 N 除以实际数据长度的余数；

④移位次数 N 为字节型数据。

如果执行循环移位操作，则移出的最后一位的数值存放在溢出位SM1.1。如果实际移位次数为0，则零标志位SM1.0被置为1。字节操作是无符号的，如果对有符号的字或双字操作，则符号位也一起移动。循环移位指令的类别如表3-12所示。

表3-12　循环移位指令的类别

指令名称	梯形图符号	助记符	指令功能
字节循环左移 ROL_B	ROL_B EN ENO IN OUT N	RLB OUT, N	以功能框的形式编程，当允许输入 EN 有效时，将字节型输入数据 IN 循环左移 N 位后，送到 OUT 指定的字节存储单元
字节循环右移 ROR_B	ROR_B EN ENO IN OUT N	RRB OUT, N	以功能框的形式编程，当允许输入 EN 有效时，将字节型输入数据 IN 循环右移 N 位后，送到 OUT 指定的字节存储单元
字循环左移 ROL_W	ROL_W EN ENO IN OUT N	RLW OUT, N	以功能框的形式编程，当允许输入 EN 有效时，将字型输入数据 IN 循环左移 N 位后，送到 OUT 指定的字存储单元
字循环右移 ROR_W	ROR_W EN ENO IN OUT N	RRW OUT, N	以功能框的形式编程，当允许输入 EN 有效时，将字型输入数据 IN 循环右移 N 位后，送到 OUT 指定的字存储单元
双字循环左移 ROL_DW	ROL_DW EN ENO IN OUT N	RLD OUT, N	以功能框的形式编程，当允许输入 EN 有效时，将双字型输入数据 IN 循环左移 N 位后，送到 OUT 指定的双字存储单元

指令名称	梯形图符号	助记符	指令功能
双字循环右移 ROR_DW	ROR_DW EN ENO IN OUT N	RRD OUT, N	以功能框的形式编程，当允许输入 EN 有效时，将双字型输入数据 IN 循环右移 N 位后，送到 OUT 指定的双字存储单元

3. 传送类指令与循环指令应用实例

控制要求：用 1 个按钮控制彩灯循环，方法是第一次按下按钮为启动循环，第二次按下为停止循环，以此为奇数次启动、偶数次停止。用另一个按钮控制循环方向，第一次按下为左循环，第二次按下为右循环，由此交替。假设彩灯初始状态为 00000101，循环移动周期为 1 s。

I/O 分配：I0.0——启动/停止按钮，I0.1——左/右循环按钮，Q0.0～Q0.7 彩灯对应位（一个字节）。

程序注释：参见图 3-14，程序中 SM0.1 是一个特殊继电器，利用它从 STOP 转为 RUN 只 ON 一个扫描周期的特点为彩灯设置初始值 00000101（16#05），在此处用了字节传送指令 MOV_B 将 16#05 送到 QB0 中，按启动按钮使 I0.0 为 ON 状态，M0.0 置位，时间继电器 T37 开始计时，时间为 1 s，到时候是左循环还是右循环要看 M0.1 是否吸合，若吸合则为左循环，所用指令为 ROL_B，若没吸合则为右循环，所用指令为 ROR_B，而 M0.1 是否吸合由 I0.1 决定，I0.1 单数次 ON 时为左循环，I0.1 双数次 ON 时为右循环，每隔 1 s 循环移动 1 位。

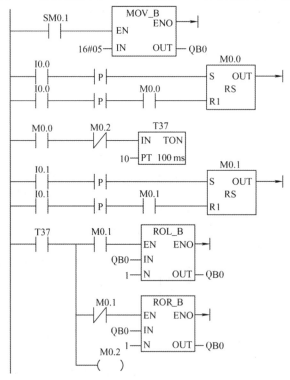

图 3-14　单按钮控制彩灯循环梯形图程序

4. 移位寄存器指令 SHRB

在顺序控制或步进控制中，应用移位寄存器编程是很方便的。

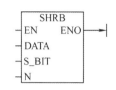

在梯形图中，移位寄存器以功能框的形式编程，指令名称为 SHRB，如图 3-15 所示。它有 3 个数据输入端：DATA 为移位寄存器的数据输入端；S_BIT 为组成移位寄存器的最低位；N 为移位寄存器的长度。

图 3-15 SHRB 梯形图符号

移位寄存器的特点如下。

①移位寄存器的数据类型为无字节型、字型、双字型，移位寄存器的长度 N（$N \leqslant 64$）由程序指定。

②移位寄存器的组成如下。

最低位为 S_BIT；

最高位的计算方法为 MSB = $[|N| - 1 + ($S_BIT 的位号$)] / 8$；

最高位的字节号：MSB 的商（不包括余数）+S_BIT 的字节号；

最高位的位号：MSB 的余数。

例如：S_BIT 为 V21.2，$N = 14$，则 MSB = $(14-1+2)/8 = 15/8 = 1 \cdots 7$。

最高位的字节号：1+21=22，最高位的位号：7，最高位：V22.7。

移位寄存器的组成：V21.2 ～ V21.7，V22.0 ～ V22.7，共 14 位。

③$N > 0$ 时，为正向移位，即从最低位向最高位移位。

④$N < 0$ 时，为反向移位，即从最高位向最低位移位。

⑤移位寄存器指令的功能：当允许输入端 EN 有效时，如果 $N > 0$，则在每个 EN 的前沿，将数据输入 DATA 的状态移入移位寄存器的最低位 S_BIT；如果 $N < 0$，则在每个 EN 的前沿，将数据输入 DATA 的状态移入移位寄存器的最高位，移位寄存器的其他位按照 N 指定的方向（正向或反向），依次串行移位。

⑥移位寄存器的移出端与 SM1.1（溢出）连接。

移位寄存器指令影响的特殊继电器：SM1.0（零），当移位操作结果为 0 时，SM1.0 自动置位；SM1.1（溢出）的状态由每次移出位的状态决定。

影响允许输出 ENO 正常工作的出错条件：SM4.3（运行时间），0006（间接寻址），0091（操作数超界），0092（计数区错误）。

在语句表中，移位寄存器的指令格式：SHRB DATA，S_BIT，N。

移位寄存器指令的应用如图 3-16 所示。

从图 3-16 中我们可看出，S_BIT 为 V10.0，$N = 4 > 0$，最高位为 V10.3。每当我们按下 I0.0 时，I1.0 的状态将从 V10.0 开始移入移位寄存器中，在这里假设移位之前 V10.0 已处于 ON 状态，当第二次按下 I0.0 时，V10.0 的状态已移动到 V10.2，使 V10.2 变为 ON 状态，从而使 Q0.0 也变为 ON 状态。

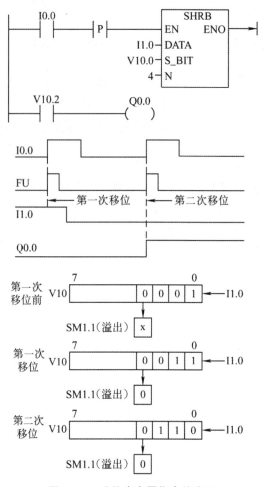

图 3-16　移位寄存器指令的应用

5. 填充指令 FILL

填充指令 FILL 用于处理字型数据，指令功能是将字型输入数据 IN 填充到从 OUT 开始的 N 个字存储单元，N 为字节型数据。

在梯形图中，FILL 指令以功能框的形式编程，指令名称为 FILL_N，如图 3-17 所示。当允许输入 EN 有效时，开始填充操作。

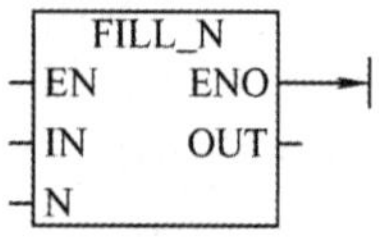

例如，将 VW100 ~ VW108 这 5 个字都清零，那除了有效端 EN，0 应放在 IN 端、10 应放在 N 端、VW100 应放在 OUT 端。这样当 EN 端有效时，这 10 个字就都清零了。

图 3-17　FILL 梯形图符号

影响允许输出 ENO 正常工作的出错条件：SM4. 3（运行时间），0006（间接寻址），0091（操作数超界）。

在语句表中，FILL 指令的指令格式：FILLIN, OUT, N。

3.3 运算指令

随着计算机技术的发展，今天的 PLC 具备了越来越强的运算功能，扩宽了 PLC 的应用领域。运算指令包括算术运算指令与逻辑运算指令，算术运算包括加法、减法、乘法、除法及一些常用的数学函数；逻辑运算包括逻辑与、逻辑或、逻辑非、逻辑异或。

3.3.1 算术运算指令

在算术运算中，数据类型为整数 INT、双整数 DINT、实数 REAL，对应的运算结果分别为整数、双整数和实数，除法不保留余数。运算结果如果超出允许范围，则溢出位被置 1。

表 3-13 为常用的加法运算指令，表 3-14 为算术运算指令中 IN1、IN2 和 OUT 的寻址范围。

表 3-13　常用的加法运算指令

指令名称	梯形图符号	助记符	指令功能
整数加法 ADD_I	ADD_I EN　ENO IN1　OUT IN2	+I IN1，OUT	以功能框的形式编程，当允许输入 EN 有效时，将 2 个字型有符号整数 IN1 和 IN2 相加，产生 1 个字型整数和 OUT（字存储单元）。这里 IN2 与 OUT 是同一存储单元
双整数加法 ADD_DI	ADD_DI EN　ENO IN1　OUT IN2	+D IN1，OUT	以功能框的形式编程，当允许输入 EN 有效时，将 2 个双字型有符号整数 IN1 和 IN2 相加，产生 1 个双字型整数和 OUT（双字存储单元）。这里 IN2 与 OUT 是同一存储单元
实数加法 ADD_R	ADD_R EN　ENO IN1　OUT IN2	+R IN1，OUT	以功能框的形式编程，当允许输入 EN 有效时，将 2 个双字长实数 IN1 和 IN2 相加，产生 1 个双字长实数和 OUT（双字存储单元）。这里 IN2 与 OUT 是同一存储单元

表 3-14　算术运算指令中 IN1、IN2 和 OUT 的寻址范围

指令	操作数	类型	寻址范围
整数	IN1、IN2	INT	VW，IW，QW，MW，SMW，LW，SW，AC，＊AC，＊LD，＊VD，T，C，AIW 和常数
	OUT	INT	VW，IW，QW，MW，SMW，LW，SW，T，C，AC，＊AC，＊LD，＊VD
双整数	IN1、IN2	DINT	VD，ID，QD，MD，SMD，LD，SD，AC，＊AC，＊LD，＊VD，HC 和常数
	OUT	DINT	VD，ID，QD，MD，SMD，LD，SD，AC，＊AC，＊LD，＊VD

指令	操作数	类型	寻址范围
实数	IN1、IN2	REAL	VD, ID, QD, MD, SMD, LD, AC, SD, ＊AC, ＊LD, ＊VD 和常数
	OUT	REAL	VD, ID, QD, MD, SMD, LD, AC, ＊AC, ＊LD, ＊VD, SD
完全整数	IN1、IN2	INT	VW, IW, QW, MW, SMW, LW, SW, AC, ＊AC, ＊LD, ＊VD, T, C, AIW 和常数
	OUT	DINT	VD, ID, QD, MD, SMD, LD, SD, AC, ＊AC, ＊LD, ＊VD

加法指令是对 2 个有符号数进行相加操作，减法指令是对 2 个有符号数进行相减操作。表 3-15 为常用的减法运算指令，与加法指令一样，也可分为整数减法指令、双整数减法指令及实数减法指令。运算指令中操作数的寻址范围如表 3-14 所示。

表 3-15　常用的减法运算指令

指令名称	梯形图符号	助记符	指令功能
整数减法 SUB_I	SUB_I EN ENO IN1 OUT IN2	-I IN2, OUT	以功能框的形式编程，当允许输入 EN 有效时，将 2 个字型有符号整数 IN1 和 IN2 相减，产生 1 个字型整数差 OUT（字存储单元）。这里 IN1 与 OUT 是同一存储单元
双整数减法 SUB_DI	SUB_DI EN ENO IN1 OUT IN2	-D IN2, OUT	以功能框的形式编程，当允许输入 EN 有效时，将 2 个双字型有符号整数 IN1 和 IN2 相减，产生 1 个双字型整数差 OUT（双字存储单元）。这里 IN1 与 OUT 是同一存储单元
实数减法 SUB_R	SUB_R EN ENO IN1 OUT IN2	-R IN2, OUT	以功能框的形式编程，当允许输入 EN 有效时，将 2 个双字长实数 IN1 和 IN2 相减，产生 1 个双字长实数差 OUT（双字存储单元）。这里 IN1 与 OUT 是同一存储单元

表 3-16 为常用的乘（除）法运算指令。乘（除）法指令是对 2 个有符号数进行相乘（除）运算，可分为整数乘（除）法指令、完全整数乘（除）法指令、双整数乘（除）法指令及实数乘（除）法指令。乘法指令中 IN2 与 OUT 为同一存储单元，而除法指令中 IN1 与 OUT 为同一存储单元。运算指令中操作数的寻址范围如表 3-14 所示。

表 3-16　常用的乘（除）法运算指令

指令名称	梯形图符号	助记符	指令功能
整数乘法 MUL_I	MUL_I EN ENO IN1 OUT IN2	×I IN1, OUT	以功能框的形式编程，当允许输入 EN 有效时，将 2 个字型有符号整数 IN1 和 IN2 相乘，产生 1 个字型整数积 OUT（字存储单元）。这里 IN2 与 OUT 是同一存储单元

续表

指令名称	梯形图符号	助记符	指令功能
完全整数乘法 MUL	MUL EN ENO IN1 OUT IN2	MUL IN1，OUT	以功能框的形式编程，当允许输入 EN 有效时，将 2 个字型有符号整数 IN1 和 IN2 相乘，产生 1 个双字型整数积 OUT（双字存储单元）。这里 IN2 与 OUT 的低 16 位是同一存储单元
双整数乘法 MUL_DI	MUL_DI EN ENO IN1 OUT IN2	×D IN1，OUT	以功能框的形式编程，当允许输入 EN 有效时，将 2 个双字长有符号整数 IN1 和 IN2 相乘，产生 1 个双字型整数积 OUT（双字存储单元）。这里 IN2 与 OUT 是同一存储单元
实数乘法 MUL_R	MUL_R EN ENO IN1 OUT IN2	×R IN1，OUT	以功能框的形式编程，当允许输入 EN 有效时，将 2 个双字长实数 IN1 和 IN2 相乘，产生 1 个实数积 OUT（双字存储单元）。这里 IN2 与 OUT 是同一存储单元
整数除法 DIV_I	DIV_I EN ENO IN1 OUT IN2	/ I IN2，OUT	以功能框的形式编程，当允许输入 EN 有效时，用字型有符号整数 IN1 除以 IN2，产生 1 个字型整数商 OUT（字存储单元，不保留余数）。这里 IN1 与 OUT 是同一存储单元
完全整数除法 DIV	DIV EN ENO IN1 OUT IN2	DIV IN2，OUT	以功能框的形式编程，当允许输入 EN 有效时，用字型有符号整数 IN1 除以 IN2，产生 1 个双字型结果 OUT，低 16 位存商，高 16 位存余数。低 16 位运算前存放被除数，这里 IN1 与 OUT 的低 16 位是同一存储单元
双整数除法 DIV_DI	DIV_DI EN ENO IN1 OUT IN2	/ D IN2，OUT	以功能框的形式编程，当允许输入 EN 有效时，将双字长有符号整数 IN1 除以 IN2，产生 1 个整数商 OUT（双字存储单元，不保留余数）。这里 IN1 与 OUT 是同一存储单元
实数除法 DIV_R	DIV_R EN ENO IN1 OUT IN2	/ R IN1，OUT	以功能框的形式编程，当允许输入 EN 有效时，用双字长实数 IN1 除以 IN2，产生 1 个实数商 OUT（双字存储单元）。这里 IN1 与 OUT 是同一存储单元

3.3.2 增减指令

增减指令又称为自动加 1 或自动减 1 指令。数据长度可以是字节、字、双字。表 3-17 列出了这几种不同数据长度的增减指令，表 3-18 为指令中 IN 及 OUT 的寻址范围。

表 3-17 增减指令

指令名称	梯形图符号	助记符	指令功能
字节加 1 INC_B	INC_B EN ENO IN OUT	INCB OUT	以功能框的形式编程，当允许输入 EN 有效时，将 1 个字节长的无符号数 IN 自动加 1，输出结果 OUT 为 1 个字节长的无符号数。指令执行结果：IN+1=OUT
字节减 1 DEC_B	DEC_B EN ENO IN OUT	DECB OUT	以功能框的形式编程，当允许输入 EN 有效时，将 1 个字节长的无符号数 IN 自动减 1，输出结果 OUT 为 1 个字节长的无符号数。指令执行结果：IN-1=OUT
字加 1 INC_W	INC_W EN ENO IN OUT	INCW OUT	以功能框的形式编程，当允许输入 EN 有效时，将 1 个字长的有符号数 IN 自动加 1，输出结果 OUT 为 1 个字长的有符号数。指令执行结果：IN+1 = OUT
字减 1 DEC_W	DEC_W EN ENO IN OUT	DECW OUT	以功能框的形式编程，当允许输入 EN 有效时，将 1 个字长的有符号数 IN 自动减 1，输出结果 OUT 为 1 个字长的有符号数。指令执行结果：IN-1 = OUT
双字加 1 INC_D	INC_D EN ENO IN OUT	INCD OUT	以功能框的形式编程，当允许输入 EN 有效时，将 1 个双字长（32 位）的有符号数 IN 自动加 1，输出结果 OUT 为 1 个双字长的有符号数。指令执行结果：IN+1=OUT
双字减 1 DEC_D	DEC_D EN ENO IN OUT	DECD OUT	以功能框的形式编程，当允许输入 EN 有效时，将 1 个双字长（32 位）的有符号数 IN 自动减 1，输出结果 OUT 为 1 个双字长的有符号数。指令执行结果：IN-1=OUT

表 3-18 增减指令中 IN 和 OUT 的寻址范围

指令	操作数	类型	寻址范围
字节增减	IN	BYTE	VB、IB、MB、QB、LB、SB、SMB、＊LD、＊VD、AC、＊AC 和常数
	OUT	BYTE	VB、IB、MB、QB、LB、SB、SMB、＊LD、＊VD、AC、＊AC
字增减	IN	WORD	VW、IW、QW、MW、SMW、LW、SW、AC、＊AC、＊LD、＊VD 和常数
	OUT	WORD	VW、IW、QW、MW、SMW、LW、SW、AC、＊AC、＊LD、＊VD
双字增减	IN	DWORD	VD、ID、QD、MD、SMD、LD、AC、SD、＊AC、＊LD、＊VD 和常数
	OUT	DWORD	VD、ID、QD、MD、SMD、LD、AC、＊AC、＊LD、＊VD、SD

3.3.3 逻辑运算指令

逻辑运算指令是对逻辑数（无符号数）进行处理，包括逻辑与、逻辑或、逻辑异或、逻辑非等逻辑操作，数据长度为字节、字、双字。逻辑运算指令如表 3-19 所示。

表3-19 逻辑运算指令

指令名称	梯形图符号	助记符	指令功能
字节与 WAND_B	WAND_B EN ENO IN1 OUT IN2	ANDB IN1，OUT	以功能框的形式编程，当允许输入 EN 有效时，将2个1字节长的逻辑数 IN1 和 IN2 按位相与，产生1个字节长的运算结果存入 OUT。这里 IN2 和 OUT 是同一存储单元
字节或 WOR_B	WOR_B EN ENO IN1 OUT IN2	ORB IN1，OUT	以功能框的形式编程，当允许输入 EN 有效时，将2个1字节长的逻辑数 IN1 和 IN2 按位相或，产生1个字节长的运算结果存入 OUT。这里 IN2 和 OUT 是同一存储单元
字节异或 WXOR_B	WXOR_B EN ENO IN1 OUT IN2	XORB IN1，OUT	以功能框的形式编程，当允许输入 EN 有效时，将2个1字节长的逻辑数 IN1 和 IN2 按位异或，产生1个字节长的运算结果存入 OUT。这里 IN2 和 OUT 是同一存储单元
字节非 INV_B	INV_B EN ENO IN OUT	INVB OUT	以功能框的形式编程，当允许输入 EN 有效时，将1个字节长的逻辑数 IN 按位取反，产生1个字节长的运算结果存入 OUT。这里 IN 和 OUT 是同一存储单元
字与 WAND_W	WAND_W EN ENO IN1 OUT IN2	ANDW IN1，OUT	以功能框的形式编程，当允许输入 EN 有效时，将2个1字长的逻辑数 IN1 和 IN2 按位相与，产生1个字长的运算结果存入 OUT。这里 IN2 和 OUT 是同一存储单元
字或 WOR_W	WOR_W EN ENO IN1 OUT IN2	ORW IN1，OUT	以功能框的形式编程，当允许输入 EN 有效时，将2个1字长的逻辑数 IN1 和 IN2 按位相或，产生1个字长的运算结果存入 OUT。这里 IN2 和 OUT 是同一存储单元
字异或 WXOR_W	WXOR_W EN ENO IN1 OUT IN2	XORW IN1，OUT	以功能框的形式编程，当允许输入 EN 有效时，将2个1字长的逻辑数 IN1 和 IN2 按位异或，产生1个字长的运算结果存入 OUT。这里 IN2 和 OUT 是同一存储单元
字非 INV_W	INV_W EN ENO IN OUT	INVW OUT	以功能框的形式编程，当允许输入 EN 有效时，将1个字长的逻辑数 IN 按位取反，产生1个字长的运算结果存入 OUT。这里 IN 和 OUT 是同一存储单元
双字与 WAND_D	WAND_D EN ENO IN1 OUT IN2	ANDD IN1，OUT	以功能框的形式编程，当允许输入 EN 有效时，将2个双字长的逻辑数 IN1 和 IN2 按位相与，产生1个双字长的运算结果存入 OUT。这里 IN2 和 OUT 是同一存储单元

指令名称	梯形图符号	助记符	指令功能
双字或 WOR_D	WOR_D EN ENO IN1 OUT IN2	ORD IN1，OUT	以功能框的形式编程，当允许输入 EN 有效时，将 2 个双字长的逻辑数 IN1 和 IN2 按位相或，产生 1 个双字长的运算结果存入 OUT。这里 IN2 和 OUT 是同一存储单元
双字异或 WXOR_D	WXOR_D EN ENO IN1 OUT IN2	XORD IN1，OUT	以功能框的形式编程，当允许输入 EN 有效时，将 2 个双字长的逻辑数 IN1 和 IN2 按位异或，产生 1 个双字长的运算结果存入 OUT。这里 IN2 和 OUT 是同一存储单元
双字非 INV_D	INV_D EN ENO IN OUT	INVD OUT	以功能框的形式编程，当允许输入 EN 有效时，将 1 个双字长的逻辑数 IN 按位取反，产生 1 个双字长的运算结果存入 OUT。这里 IN 和 OUT 是同一存储单元

表 3-20 为逻辑运算指令中 IN、IN1、IN2 和 OUT 的寻址范围。

表 3-20　逻辑运算指令中 IN、IN1、IN2 和 OUT 的寻址范围

指令	操作数	类型	寻址范围
字节逻辑	IN1、IN2 IN	BYTE	VB，IB，MB，QB，LB，SB，SMB，*LD，*VD，AC，*AC 和常数
	OUT	BYTE	VB，IB，MB，QB，LB，SB，SMB，*LD，*VD，AC，*AC
字逻辑	IN1、IN2 IN	WORD	VW，IW，QW，MW，SMW，LW，SW，AC，*AC，*LD，*VD，T，C 和常数
	OUT	WORD	VW，IW，QW，MW，SMW，LW，SW，AC，*AC，*LD，*VD，T，C
双字逻辑	IN1、IN2 IN	DWORD	VD，ID，QD，MD，SMD，LD，AC，HC，*AC，*LD，*VD 和常数
	OUT	DWORD	VD，ID，QD，MD，SMD，LD，AC，*AC，*LD，*VD

3.4　转换指令

3.4.1　七段数码指令 SEG（Segment）

在 S7-200 PLC 中，有一条可直接驱动七段数码管的指令 SEG，如图 3-18 所示。如果在 PLC 的输出端用 1 个字节的前 7 个端口与数码管的 7 个段（a、b、c、d、e、f、g）对应接好，当 SEG 指令的允许输入 EN 有效时，将字节型输入数据 IN 的低 4 位对应的数据（0～F），输出到 OUT 指定的字节单元（只用前 7 个位），这时 IN 端的数据即可直接通过数码

图 3-18　SEG 的梯形图符号

管显示出来。在梯形图中，七段数码指令以功能框的形式编程，在语句表中的指令格式：
SEG IN，OUT。

3.4.2 数据类型转换指令

在进行数据处理时，不同性质的操作指令需要不同数据类型的操作数。数据类型转换指令的功能是将一个固定的数值，根据操作指令对数据类型的需要进行相应类型的转换。表3-21列出了几种常用的数据类型转换指令。

表3-21 常用的数据类型转换指令

指令名称	梯形图符号	助记符	指令功能
字节到整数 B_I	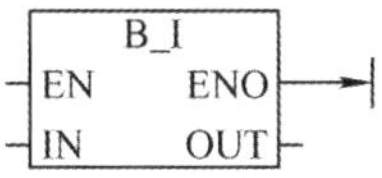 B_I EN ENO IN OUT	BTI IN，OUT	以功能框的形式编程，当允许输入 EN 有效时，将字节型输入数据 IN，转换成整数型数据送到 OUT
整数到字节 I_B	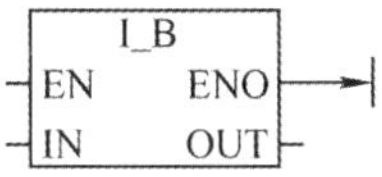 I_B EN ENO IN OUT	ITB IN，OUT	以功能框的形式编程，当允许输入 EN 有效时，将字节型整数输入数据 IN，转换成字节型数据送到 OUT
整数到双整数 I_D	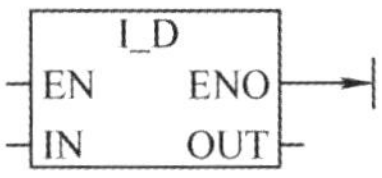 I_D EN ENO IN OUT	ITD IN，OUT	以功能框的形式编程，当允许输入 EN 有效时，将整数型输入数据 IN，转换成双整数型数据送到 OUT
双整数到整数 D_I	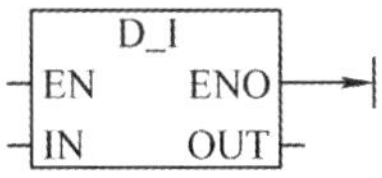 D_I EN ENO IN OUT	DTI IN，OUT	以功能框的形式编程，当允许输入 EN 有效时，将双整数型输入数据 IN，转换成整数型数据送到 OUT
实数到双整数 ROUND	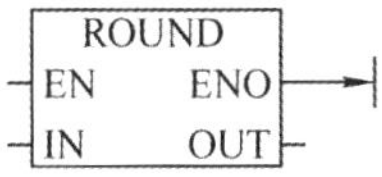 ROUND EN ENO IN OUT	ROUND IN，OUT	以功能框的形式编程，当允许输入 EN 有效时，将实数型输入数据 IN，转换成双整数型数据（对 IN 中的小数采取四舍五入），转换结果送到 OUT
实数到双整数 TRUNC	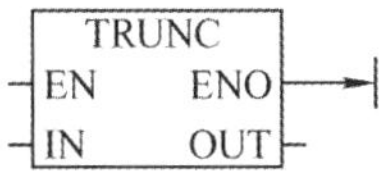 TRUNC EN ENO IN OUT	TRUNC IN，OUT	以功能框的形式编程，当允许输入 EN 有效时，将实数型输入数据 IN，转换成双整数型数据（舍去 IN 中的小数部分），转换结果送到 OUT
双整数到实数 DI_R	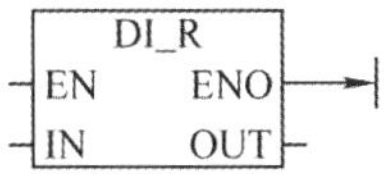 DI_R EN ENO IN OUT	DTR IN，OUT	以功能框的形式编程，当允许输入 EN 有效时，将双整数型输入数据 IN，转换成实数型数据送到 OUT
整数到 BCD 码 I_BCD	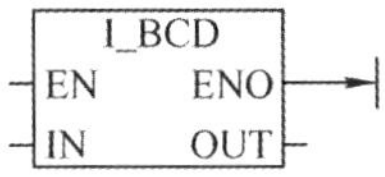 I_BCD EN ENO IN OUT	IBCD OUT	以功能框的形式编程，当允许输入 EN 有效时，将整数型输入数据 IN，转换成 BCD 码输入数据送到 OUT
BCD 码到整数 BCD_I	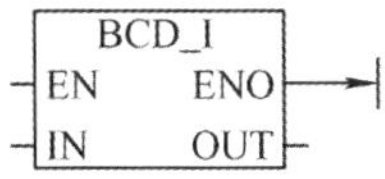 BCD_I EN ENO IN OUT	BCDI OUT	以功能框的形式编程，当允许输入 EN 有效时，将 BCD 码输入数据 IN，转换成整数型输入数据送到 OUT

3.5 程序控制指令

程序控制类指令包括跳转指令、子程序指令、循环指令、顺控继电器指令、结束及暂停指令、看门狗指令，主要用于程序执行流程的控制。对一个扫描周期而言，跳转指令可以使程序出现跨越以实现程序的选择；子程序指令可调用某段子程序，使主程序结构简单清晰，减少扫描时间；循环指令可多次重复执行指定的程序段；顺控继电器指令把程序分成若干段以实现步进控制；暂停指令可使 CPU 的工作方式发生变化。

以下仅介绍跳转指令、循环指令、子程序指令。

3.5.1 跳转指令

跳转指令的功能是根据不同的逻辑条件，有选择地执行不同的程序。利用跳转指令，可以使程序结构更加灵活，减少扫描时间，从而加快系统的响应速度。

执行跳转指令需要用两条指令配合使用，即跳转开始指令 JMPn 和跳转标号指令 LBLn，其中 n 是标号地址，其取值范围是 0~255 的字型类型。

使用跳转指令要注意以下 3 点。

①由于跳转指令具有选择程序段的功能，在同一程序且位于因跳转而不会被同时执行的两段程序中的同一线圈不被视为双线圈，双线圈指同一程序中，出现对同一线圈的不同逻辑处理现象，这在编程中是不允许的。

②跳转指令 JMP 和 LBL 必须配合应用在同一个程序块中，即 JMP 和 LBL 可同时出现在主程序中，或者同时出现在子程序中，或者同时出现在中断程序中。不允许从主程序中跳转到子程序或中断程序，也不允许从某个子程序或中断程序中跳转到主程序或其他的子程序或中断程序。

③在跳转条件中引入上升沿或下降沿脉冲指令时，跳转只执行一个扫描周期，但若用特殊辅助继电器 SM0.0 作为跳转指令的工作条件，跳转则成为无条件跳转。

在梯形图中，JMPn 以线圈形式编程，LBLn 以功能框形式编程。

例如，某食品罐头杀菌工序需要一个热水储备罐，如图 3-19 所示，在杀菌处理之前先要给储备罐加水，到达水位后停止加水，开始进蒸汽加热，到设定温度后关闭蒸汽阀，当处理信号来到时将热水放入处理罐开始杀菌，杀菌结束后再将热水送回储备罐等待下一次再用。如此循环使用不等的间隔时间，会造成水位与水温的不等，在此就要使用跳转指令。

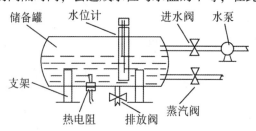

图 3-19　食品罐头杀菌工序热水储备罐结构示意

图 3-20 是食品罐头杀菌工序热水储备罐 PLC 控制的对外接线图，当储水开始时，按下启动按钮 SB1，水泵启动（KM1 线圈得电），进水阀（YV1 线圈得电）也同时打开。到达设定水位时，水位到达开关 SL 闭合使水泵停止，进水阀关闭，同时开启进汽阀（YV2）开始加热。到达设定温度时，温度到达开关 KW 闭合使进汽阀

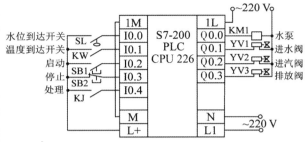

图 3-20　食品罐头杀菌工序热水储备罐 PLC 控制的对外接线图

（YV2）关闭。当处理信号来到时，KJ 闭合，说明处理罐内已放入罐头可以进行杀菌了，此刻开启排放阀（YV3），将热水放入处理罐。因此储备罐的水是循环再利用的，所以下一次使用时，水位与水温是否还在给定值上是不能确定的，这里就需要利用跳转指令进行选择，如图 3-21 所示为此工序的控制程序。

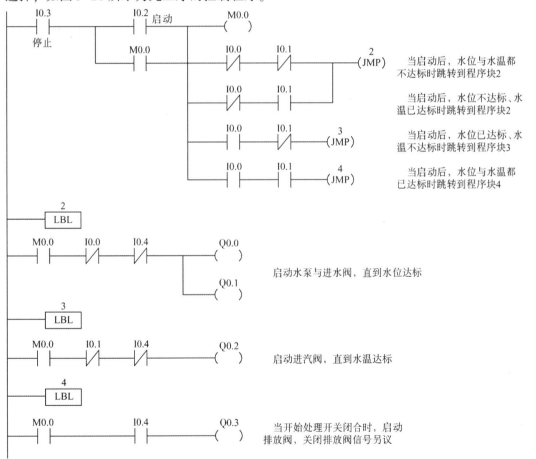

图 3-21　食品罐头杀菌工序热水储备罐控制程序

3.5.2 循环指令

在控制系统中经常遇到对某项任务需重复执行若干次的情况，这时可使用循环指令。循环指令由循环开始指令 FOR 和循环结束指令 NEXT 组成。当驱动 FOR 指令的逻辑条件满足时，反复执行 FOR 与 NEXT 之间的程序段。

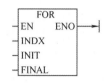

图 3-22　FOR 的梯形图符号

循环开始指令 FOR 的功能是标记循环体的开始，在梯形图中以功能框的形式编程，名称为 FOR，如图 3-22 所示。它有 3 个输入端，分别是 INDX（当前循环计数）、INIT（循环初值）、FINAL（循环终值），它们的数据类型均为整数。循环结束指令 NEXT 的功能是标记循环体的结束，在梯形图中以线圈的形式编程。

FOR 和 NEXT 必须成对使用，在 FOR 和 NEXT 之间构成循环体。当允许输入 EN 有效时，执行循环体，INDX 从 1 开始计数。每执行 1 次循环体，INDX 自动加 1，并且与循环终值相比较，如果 INDX 大于 FINAL，则循环结束。

假设 INIT 是 1，FINAL 是 5，每次执行 FOR 与 NEXT 之间的指令后，INDX 的值加 1，并进行 INDX 与 FINAL 的比较，如果 INDX 大于 5，则循环结束，FOR 和 NEXT 之间的指令被执行 5 次。

在语句表中，循环指令的指令格式：FOR INDX，INIT，FINAL NEXT。

3.5.3 子程序指令

S7-200 PLC 的 CPU 的控制程序由主程序、子程序和中断程序组成。在 STEP 7-Micro/ WIN 编程软件的程序编辑器窗口里这三者都有各自独立的页。

在 PLC 的程序设计中，对那些需要经常执行的程序段，可设计成子程序的形式，并为每个子程序赋以不同的编号，在程序执行的过程中，可随时调用某个编号的子程序。子程序的调用是有条件的，未调用它时不会执行子程序中的指令，因此使用子程序可以减少扫描时间。使用子程序可以将程序分成容易管理的小块，使程序结构简单清晰，易于查错和维护。

可以在主程序、其他子程序或中断程序中调用子程序。调用某个子程序时将执行该子程序的全部指令，直至子程序结束，然后返回调用它的程序中该子程序调用指令的下一条指令之处。

子程序调用指令 CALL 的功能是将程序执行转移到编号为 n（$n=0$，1，2，…）的子程序。子程序的入口用指令 SBR_n 表示，在子程序执行过程中，如果满足有条件返回指令 CRET 的条件，则结束该子程序，返回到主程序原调用处继续执行；否则，将继续执行该子程序到最后一条，也就是无条件返回指令 RET，结束该子程序的运行，返回到主程序。综上所述，进入子程序后，返回时有两种指令，一种是有条件返回指令 CRET，另一种是无条件返回指令 RET。用 STEP 7-Micro/WIN 软件编程时，编程人员不用手动输入 RET 指令，当执行子程序到最后一条时，软件会自动将程序返回到主程序原调用处继续执行。

程序控制类指令对合理安排程序的结构、提高程序功能以及实现某些技巧性运算，具有重要的意义。

3.6 特殊指令

3.6.1 中断指令

在 S7-200 PLC 中，中断服务程序的调用和处理由中断指令来完成。CPU 提供了中断处理功能，有很多的信息和事件能够引起中断，一般可分为系统内部中断和由用户引起的中断。系统内部中断是由系统来处理的，如编程器、数据处理器及某些智能单元等，都随时会向 CPU 发出中断请求，对于这种中断请求的处理，PLC 是自动完成的，用户不必为此编程。而由用户引起的中断包括通信中断、高速脉冲串输出中断、外部输入中断、高速计数器中断、定时中断、定时器中断，都是需要用户通过设计中断服务程序并设定对应的入口地址来完成的。以上各种中断的先后次序符合优先级排队。

能够用中断功能处理的特定事件称为中断事件。S7-200 PLC 为每个中断事件规定了一个中断事件号。响应中断事件而执行的程序称为中断服务程序，只有把中断事件号和中断服务程序关联起来才能执行中断功能。

中断程序不是由程序调用，而是在中断事件发生时由操作系统调用，这一点与子程序调用不同，一旦执行中断程序就会把主程序封存，中断主程序的正常扫描。中断事件处理完才返回主程序，所以中断程序应尽量短小，否则可能引起主程序控制的设备操作异常。

中断指令主要包括以下 5 种。

①ENI（全局允许中断）：功能是全局地开放所有被连接的中断事件，允许 CPU 接受所有中断事件的中断请求。在梯形图中，开中断指令以线圈的形式编程，无操作数。

②DISI（全局禁止中断）：功能是全局地关闭所有被连接的中断事件，禁止 CPU 接受所有中断事件的中断请求。在梯形图中，关中断指令以线圈的形式编程，无操作数。

③ATCH（中断连接）：功能是建立一个中断事件 EVNT 与一个标号为 INT 的中断服务程序的联系，并对该中断事件开放。

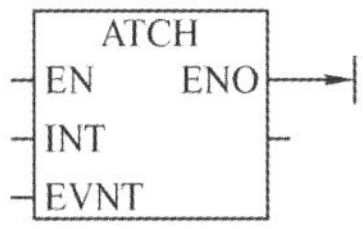

中断连接指令在梯形图中以功能框的形式编程，指令名称为 ATCH，如图 3-23 所示。它有两个数据输入端：INT 为中断服务程序的标号，用字节型常数输入；EVNT 为中断事件号，用字节型常数输入。当允许输入EN 有效时，连接与中断事件 EVNT 相关联的 INT 中断程序。

图 3-23　ATCH 的梯形图符号

④DTCH（中断分离）：功能是取消某个中断事件 EVNT 与所有中断程序的关联，并对该中断事件禁止。

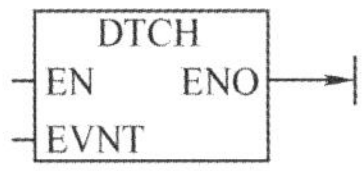

中断分离指令在梯形图中以功能框的形式编程，指令名称为DTCH，如图 3-24 所示，只有一个数据输入端：EVNT，用以指明要被分离的中断事件。当允许输入 EN 有效时，切断由 EVNT 指定的中断事件与所有中断程序的联系。

图 3-24　DTCH 的梯形图符号

⑤RETI（中断返回）和 CRETI（中断返回）：功能是当中断结束时，通过中断返回指令退出中断服务程序，返回到主程序。RETI 是无条件返回指令，CRETI 是有条件返回指令。

例如，利用"定时中断"给 8 位彩灯循环左移，控制要求：先设定 8 位彩灯在 QB0 处显示，并设初始值"7"，然后每隔 1 s 彩灯循环左移一位。控制按钮选 I0.1，按一次开始，再按一次停止，停止后彩灯全灭。

程序中包括了子程序的调用及中断程序的执行，在子程序中建立了初始化状态并建立与开通了中断事件。应特别注意的是，尽管主程序只调用一次子程序，但子程序中的定时中断指令却不停地计时工作，每隔 250 ms 产生一次中断，直到按下停止按钮。如图 3-25 所示为定时中断控制程序的梯形图及注释。

主程序 OB1：

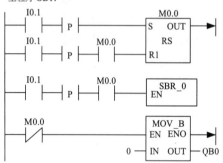

主程序的注释：

第一段程序行：用 I0.1 作为启、停按钮，即按单数次是启动，按双数次是停止。用了 RS 触发器指令，利用它 S 与 R 同为 1 时，R 信号状态优先的特点，实现 M0.0 的 ON 与 OFF 的转换。在这里上升沿触发指令的作用至关重要，利用它只给处在自己前面的信号 ON 一个扫描周期的特点，实现单按钮控制启、停。

第二段程序行：这是调用子程序指令，SBR_0 指的是调用 0 号子程序。在 I0.1 的后面也加了上升沿触发指令，说明这个子程序只需调用一次，对子程序中的程序起到初始化或者是激活的作用。

第三段程序行：程序停止时将 QB0 清零，也就是彩灯全灭。

子程序 SBR_0：

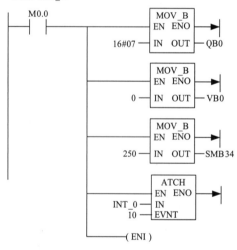

子程序的注释：

第一条指令：在 M0.0 闭合的前提下，将 16#07（00000111）数据送入 QB0 字节中用于彩灯显示，准备循环。

第二条指令：将变量存储器 VB0 整个字节清零，作为计数用。

第三条指令：这是一条能产生定时中断的指令，SMB34 是专用于 0 号中断程序的定时时间，最长时间为 255 ms，在这里 250 是因为本题的彩灯循环间隔是 1 s，与 250 ms 有整倍数关系，或者还可以是 50、100、125。这条指令能达到的目的是计时到 250 ms，就产生一次中断。

第四条指令：这是一条中断连接指令，它的功能是用 0 号中断程序执行第 10 号中断事件。查表可知第 10 号中断事件即是 SMB34 产生的定时中断。

第五条指令：允许或者是开通此中断事件，如果没有这条指令将无法进入中断程序。

中断程序 INT_0：

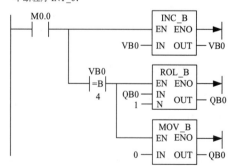

中断程序的注释：

第一条指令：在 M0.0 闭合的前提下，当子程序当中的 SMB34 计时到 250 ms 时，即刻进入中断程序。INC_B 指令是字节自动加 1 指令，这时 VB0 就会自动加 1。

第二条指令：首先是一条字节比较指令，只有当 VB0 中的数据为 4 时，才可执行后面的程序指令，而 VB0 为 4 就说明已执行了 4 次中断程序，次间隔是 250 ms，这样 4 次就是 1 s 了。这时就可以通过左循环指令让 QB0 左移一位，也就是彩灯左移一位。

第三条指令：给 VB0 清零，继续累加计数到下一个 1 s。

图 3-25　定时中断控制程序的梯形图及注释

S7-200 PLC 的 CPU 226 的中断系统中，按中断性质和轻重缓急分配不同的优先级，当多个中断事件同时发出中断请求时，要按表 3-22 所列的优先级顺序进行排队。

表 3-22 中断事件的优先级

事件号	中断事件描述	组优先级	组内类型	组内优先级
8	通信口 0：单字符接收完成	通信中断 最高级	通信口 0	0
9	通信口 0：发送字符完成			0
23	通信口 0：接收信息完成			0
24	通信口 1：接收信息完成		通信口 1	1
25	通信口 1：单字符接收完成			1
26	通信口 1：发送字符完成			1
19	PTO 0 脉冲串输出完成中断	I/O 中断	脉冲串输出	0
20	PTO 1 脉冲串输出完成中断			1
0	I0.0 上升沿中断		外部输入	2
2	I0.1 上升沿中断			3
4	I0.2 上升沿中断			4
6	I0.3 上升沿中断			5
1	I0.0 下降沿中断			6
3	I0.1 下降沿中断			7
5	I0.2 下降沿中断			8
7	I0.3 下降沿中断			9
12	高速计数器 0：CV＝PV（当前值＝给定值）			10
27	高速计数器 0：输入方向改变			11
28	高速计数器 0：外部复位			12
13	高速计数器 1：CV＝PV（当前值＝给定值）			13
14	高速计数器 1：输入方向改变			14
15	高速计数器 1：外部复位			15
16	高速计数器 2：CV＝PV		高速计数器	16
17	高速计数器 2：输入方向改变			17
18	高速计数器 2：外部复位			18
32	高速计数器 3：CV＝PV（当前值＝给定值）			19
29	高速计数器 4：CV＝PV（当前值＝给定值）			20
30	高速计数器 4：输入方向改变			21
31	高速计数器 4：外部复位			22
33	高速计数器 5：CV＝PV（当前值＝给定值）			23

事件号	中断事件描述	组优先级	组内类型	组内优先级
10	定时中断 0，SMB34	时基中断最低级	定时	0
11	定时中断 1，SMB35			1
21	定时器 T32：CT＝PT 中断	时基中断最低级	定时器	2
22	定时器 T96：CT＝PT 中断			3

在 S7-200 PLC 的 CPU 22X 中，可连接的中断事件数及中断事件号如表 3-23 所示。

表 3-23 可连接的中断事件数及中断事件号

CPU 型号	CPU 221	CPU 222	CPU 224	CPU 226
可连接的中断事件数	25		31	34
可连接的中断事件号	0～12，19～23，27～33		0～23，27～33	0～33

3.6.2 高速计数器指令

普通计数器是按照顺序扫描的方式进行工作的，在每个扫描周期中，对计数脉冲只能进行一次累加，计数频率一般仅有几十赫兹。然而，当输入脉冲信号的频率比 PLC 的扫描频率高时，如果仍然采用普通计数器进行累加，则必然会丢失很多输入脉冲信号。在 PLC 中，处理比扫描频率高的输入信号的任务是由高速计数器来完成的。

1. 输入端的连接

S7-200 PLC CPU 226 拥有 6 个高速计数器 HC0～HC5，用以响应快速的脉冲输入信号，可以设置多达 12 种不同的操作模式。用户程序中一旦采用了高速计数器功能，首先要定好高速计数器的号数，也就是在 6 个当中选取，然后就要定模式，因号数与模式相对于 PLC 的输入点都是固定的，故可参照表 3-24。接下来就要编程了，除软件（编程）方面要有相应的初始化设置外，PLC 的输入端也一定要与产生高速脉冲信号的设备，按照已定的号数与模式把导线接好。

在实际工程中，高速计数器大多连接增量型旋转编码器，用于检测位移量和速度等。

旋转编码器一般与被控电动机同轴，每旋转一周可发出一定数量的计数脉冲和一个复位脉冲，作为高速计数器的输入，这种方式的输入信号是不受扫描周期控制的，随来随进，只要用户程序中能利用上送进来的脉冲数就可以了，这就是高速计数器的特点。

每个高速计数器专用的输入点如表 3-24 所示。

表 3-24 高速计数器的输入点

高速计数器编号	输入点
HC0	I0.0，I0.1，I0.2
HC1	I0.6，I0.7，I1.0，I1.1
HC2	I1.2，I1.3，I1.4，I1.5
HC3	I0.1

续表

高速计数器编号	输入点
HC4	I0.3, I0.4, I0.5
HC5	I0.4

表3-24中所用到的输入点，如果不使用高速计数器，则可作为一般的数字量输入点。有些高速计数器的输入点相互间，或它们与边沿中断（I0.0~I0.3）的输入点有重叠，同一输入点不能同时用于两种不同的用途，但是高速计数器当前模式未使用的输入点可以用于其他功能。例如，HC0工作在模式1时只使用I0.0及I0.2，那么I0.1就可供他用了。在PLC的实际应用中，每个输入点的作用是唯一的，不能对某一个输入点分配多个用途，因此要合理分配每一个输入点的用途。

2. 高速计数器的工作模式

高速计数器的工作模式大致分为下面四大类。

①无外部方向输入信号（内部方向控制）的单相加/减计数器（模式0~2）：可以用高速计数器的控制字节的第三位来控制是加还是减。该位是1时为加计数，是0时为减计数。

②有外部方向输入信号的单相加/减计数器（模式3~5）：方向输入信号是1时为加计数，是0时为减计数。

③有加计数时钟脉冲和减计数时钟脉冲输入的双相计数器（模式6~8），也就是双相加/减计数器，双脉冲输入。

④A/B相正交计数器（模式9~11）：它的两路计数脉冲的相位互差90°，正转时A相在前，反转时B相在前。利用这一特点可以实现在正转时加计数，反转时减计数。

3. 高速计数器指令

高速计数器的指令有2条：定义高速计数器指令HDEF和执行高速计数器指令HSC。

①定义高速计数器指令HDEF，如图3-26所示。功能是为某个要使用的高速计数器选定一种工作模式。每个高速计数器在使用前，都要用HDEF指令来定义工作模式，并且只能定义1次。可以用只ON一个扫描周期的指令或SM0.1调用包含HDEF指令的子程序来定义高速计数器，即只激活或者初始化。在梯形图中，HDEF以功能框的形式编程，它有2个数据输入端：HSC为要使用的高速计数器编号，数据类型

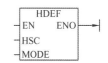

图3-26 HDEF 的梯形图符号

为字节型，数据范围为0~5的常数，分别对应HC0~HC5；MODE为高速计数器的工作模式，数据类型为字节型，数据范围为0~11的常数，分别对应12种工作模式。当允许输入EN有效时，为指定的高速计数器HSC定义工作模式MODE。

②执行高速计数器指令HSC，如图3-27所示。功能是根据与高速计数器相关的特殊继电器确定的控制方式和工作状态，使高速计数器的设置生效，按照指定的工作模式执行计数操作。

图3-27 HSC 的梯形图符号

在梯形图中，HSC以功能框的形式编程，它只有一个数据输入端N：N为高速计数器的编号，数据类型为字型，数据范围为0~5的常数，分别对应HC0~HC5。当允许输入EN有效时，启动N所对应的HC0~HC5之一。

4. 高速计数器的控制字节

在使用高速计数器时，用 HDEF 指令确定工作模式，用 HSC 指令确定开启哪个高速计数器，然后还要对高速计数器的动态参数进行编程。各高速计数器均有一个特殊继电器的控制字节 SMB，通过对控制字节指定位的编程，确定高速计数器的工作方式，各位参数的意义如表 3-25 所示。执行 HSC 指令时，CPU 检查控制字节及有关的当前值与给定值。执行 HDEF 指令之前必须将控制位设置成需要的状态，否则高速计数器将选用模式的默认设置。一旦执行了 HDEF 指令，设置的控制位就不能再改变，除非 CPU 进入停止模式。

5. 高速计数器的数值寻址

每个高速计数器都有一个初始值和一个给定值，它们都是 32 位有符号整数。初始值是高速计数器计数的起始值；给定值是高速计数器运行的目标值，当实际计数值（当前值）等于给定值（见表 3-22）时会发生一个内部中断事件。必须先设置控制字节（见表 3-25）以允许装入新的初始值和给定值，并且把初始值和给定值存入特殊存储器中，然后执行 HSC 指令使新的初始值和给定值有效。高速计数器各种数值存放处如表 3-26 所示。当前值也是一个 32 位的有符号整数。例如，表中的 HC0 的当前值，在程序里可从 HC0 中直接读出。

表 3-25　高速计数器的控制字节

高速计数器编号						描述
HC0	HC1	HC2	HC3	HC4	HC5	
SM37.0	SM47.0	SM57.0	—	SM147.0	—	0=复位信号高电平有效，1=低电平有效
—	SM47.1	SM57.1	—	—	—	0=启动信号高电平有效，1=低电平有效
SM37.2	SM47.2	SM57.2	—	SM147.2	—	0=4 倍频模式，1=1 倍频模式
SM37.3	SM47.3	SM57.3	SM137.3	SM147.3	SM157.3	0=减计数方向，1=增计数方向
SM37.4	SM47.4	SM57.4	SM137.4	SM147.4	SM157.4	0=不改变计数方向，1=可改变计数方向
SM37.5	SM47.5	SM57.5	SM137.5	SM147.5	SM157.5	0=不改变给定值，1=可改变给定值
SM37.6	SM47.6	SM57.6	SM137.6	SM147.6	SM157.6	0=不改变当前值，1=可改变当前值
SM37.7	SM47.7	SM57.7	SM137.7	SM147.7	SM157.7	0=禁止高速计数器，1=允许高速计数器

表 3-26　高速计数器的数值寻址

计数器号	HC0	HC1	HC2	HC3	HC4	HC5
初始值	SMD38	SMD48	SMD58	SMD138	SMD148	SMD158
给定值	SMD42	SMD52	SMD62	SMD142	SMD152	SMD162
当前值	HC0	HC1	HC2	HC3	HC4	HC5

3.6.3　通信指令

PLC 的通信包括 PLC 之间、PLC 与上位计算机之间以及 PLC 与其他智能设备之间的通信。PLC 与计算机可以直接或通过通信处理单元、通信转换器相连构成网络，以实现信息的交换。

1. S7-200 PLC 的网络通信协议

在进行网络通信时，通信双方必须遵守约定的规程，这些为交换信息而建立的规程称为通信协议。

S7-200 PLC 主要用于现场控制，在主站和从站之间的通信可以采用 3 个标准化协议和 1 个自由口协议。

①PPI 协议，也就是点对点接口协议。

②MPI 协议，也就是多点接口协议。

③PROFIBUS 协议，用于分布式 I/O 设备的高速通信。

④用户定义的协议，也就是自由口协议。

其中的 PPI 协议是西门子公司专为 S7-200 PLC 开发的通信协议，是主/从协议，利用 PC/PPI 电缆，将 S7-200 PLC 与装有 STEP 7-Micro/WIN 编程软件的计算机连接起来，组成 PC/PPI（单主站）的主/从网络连接。

本节中只介绍 PPI 协议。

网络中的 S7-200 PLC CPU 均为从站，其他 CPU、编程器或 HMI（如 TD 200 文本显示器）为主站。

如果在用户程序中指定某个 S7-200 PLC CPU 为 PPI 主站模式，则在 RUN 工作方式下，可以作为主站。它可以用相关的通信指令读写其他 PLC 中的数据；与此同时，它还可以作为从站响应来自其他主站的通信请求。

对于任何一个从站，PPI 不限制与其通信的主站的数量，但是在网络中最多只能有 32 个主站。

2. 通信设备

1) 通信端口

S7-200 PLC 中的 CPU 226 型机有 2 个 RS-485 端口，外形为 9 针 D 型，分别定义为端口 0 和端口 1，作为 CPU 的通信端口，通过专用电缆可与计算机或其他智能设备及 PLC 进行数据交换。

2) 网络连接器

网络连接器用于将多个设备连接到网络中。一种是连接器的两端只是个封闭的 D 型插头，可用来实现两台设备间的一对一通信；另一种是在连接器两端的插头上设有敞开的插孔，可用来连接第三者，实现多设备通信。

3) PC/PPI 电缆

用此电缆连接 PLC 主机与计算机及其他通信设备。PLC 主机侧是 RS-485 接口，计算机侧是 RS-232 接口。当数据从 RS-232 传送到 RS-485 时，PC/PPI 电缆是发送模式，反之是接收模式。

3. 通信指令

1) PPI 主站模式设定

在 S7-200 PLC 的特殊继电器 SM 中，SMB30（SMB130）是用于设定通信端口 0（通信端口 1）的通信方式。由 SMB30（SMB130）的低 2 位决定通信端口 0（通信端口 1）的通信协议。只要将 SMB30（SMB130）的低 2 位设置为 2#10，就允许该 PLC 主机为 PPI 主站模式，可以执行网络读写指令。

2）PPI 主站模式的通信指令

S7-200 PLC CPU 提供网络读写指令，用于 S7-200 PLC CPU 之间的联网通信。网络读写指令只能由在网络中充当主站的 CPU 执行，或者说只给主站编写读写指令，就可与其他从站通信了；从站 CPU 不必进行通信编程，只需准备通信数据，让主站读写（取送）有效即可。

在 S7-200 PLC 的 PPI 主站模式下，网络通信指令有两条：NETR 和 NETW。

①网络读指令 NETR（Net Read），如图 3-28 所示。网络读指令通过指定的通信口（主站上 0 口或 1 口）从其他 CPU 中指定地址的数据区读取最多 16 B 的信息，存入本 CPU 中指定地址的数据区。

图 3-28　NETR 的梯形图符号

在梯形图中，网络读指令以功能框形式编程，指令的名称为 NETR。当允许输入 EN 有效时，初始化通信操作，通过指定的端口 PORT，从远程设备接收数据，将数据表 TBL 所指定的远程设备区域中的数据读到本 CPU 中。TBL 和 PORT 均为字节型，PORT 为常数。

PORT 端的常数只能是 0 或 1，如果是 0，则要将 SMB30 的低 2 位设置为 2#10；如果是 1，则要将 SMB130 的低 2 位设置为 2#10，这里要与通信端口的设置保持一致。

TBL 端的字节是数据表的起始字节，可以由用户自己设定。但起始字节定好后，后面的字节就要接连使用，形成列表，每个字节都有自己的任务（见表 3-27）。NETR 指令最多可以从远程设备上接收 16 B 的信息。

表 3-27　数据表 TBL 格式

字节偏移地址	字节名称	描述
0	状态字节	反映网络通信指令的执行状态及错误码
1	远程设备地址	被访问的 PLC 从站地址
2	远程设备的数据指针	被访问数据的间接指针，指针可以指向 I，Q，M 和 V 数据区
3		
4		
5		
6	数据长度	远程设备被访问的数据长度
7	数据字节 0	执行 NETR 指令后，存放从远程设备接收的数据；执行 NETW 指令前，存放要向远程设备发送的数据
8	数据字节 1	
⋮	⋮	
22	数据字节 15	

在语句表中，NETR 指令的指令格式：NETR TBL，PORT。

②网络写指令 NETW（Net Write），如图 3-29 所示。网络写指令通过指定的通信口（主站上 0 口或 1 口），把本 CPU 中指定地址的数据区内容写到其他 CPU 中指定地址的数

据区内，最多可以写 16 B 的信息。

在梯形图中，网络写指令以功能框形式编程，指令的名称为 NETW。当允许输入 EN 有效时，初始化通信操作，通过指定的端口 PORT，将数据表 TBL 所指定的本 CPU 区域中的数据发送到远程设备中。TBL 和 PORT 均为字节型，PORT 为常数。数据表 TBL 格式可参照表 3-27。

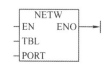

图 3-29 NETW 的
梯形图符号

NETW 指令最多可以从远程设备上接收 16 B 的信息。

在语句表中，NETW 指令的指令格式：NETW TBL, PORT。

在一个应用程序中，使用 NETR 和 NETW 指令的数量不受限制，但是不能同时激活 8 条以上的网络读写指令（例如：同时激活 6 条 NETR 和 3 条 NETW 指令）。

数据表 TBL 共有 23 个字节，表头（第一个字节）是状态字节，反映网络通信指令的执行状态及错误码，格式及各个位的意义如下：

MSB							LBS
D	A	E	O	E1	E2	E3	E4

D 位：操作完成位。0：未完成，1：已经完成。

A 位：操作排队有效位。0：无效，1：有效。

E 位：错误标志位。0：无错误，1：有错误。

E1，E2，E3，E4 为错误编码。如果执行指令后，E 位为 1，则由 E1E2E3E4 反映一个错误码，编码及说明如表 3-28 所示。

表 3-28　错误编码表

E1E2E3E4	错误码	说明
0000	0	无错误
0001	1	时间溢出错误：远程设备不响应
0010	2	接收错误：奇偶校验错，响应时帧或检查时出错
0011	3	离线错误：相同的站地址或无效的硬件引发冲突
0100	4	队列溢出错误：同时激活了 8 个以上的网络读写指令
0101	5	违反通信协议：没有在 SMB30 中设置允许 PPI 协议而使用网络指令
0110	6	非法参数：NETR 或 NETW 指令中包含有非法或无效的值
0111	7	没有资源：远程设备忙，如正在安装或下载程序
1000	8	第 7 层错误：违反应用协议
1001	9	信息错误：错误信息的数据地址或不正确的数据长度

3.6.4　PID 回路控制指令

在过程控制中，经常涉及模拟量的控制，如温度、压力和流量控制等。为了使控制系统稳定准确，要对模拟量进行采样检测，形成闭环控制系统。检测的对象是被控物理量的实际数值，也称为过程变量；用户设定的调节目标值，也称为给定值。控制系统对过程变量与给定值的差值进行 PID 运算，根据运算结果，形成对模拟量的控制作用。

在闭环系统中，PID 调节器的控制作用是使系统在稳定的前提下，偏差量最小，并自动消除各种因素对控制效果的扰动。

1. PID 回路表

在 S7-200 PLC 中，通过 PID 回路控制指令来处理模拟量是非常方便的，PID 功能的核心是 PID 指令。PID 指令需要为其指定一个以 V 变量存储区地址开始的 PID 回路表、PID 回路号。PID 回路表（简称回路表）提供了给定和反馈，以及 PID 参数等数据入口，PID 运算的结果也在回路表中输出，如表 3-29 所示。

表 3-29　PID 回路表

偏移地址	参数名	数据格式	类型	描述
0	PV_n		输入	过程变量当前值，应在 0.0~1.0 之间
4	SP_n		输入	给定值，应在 0.0~1.0 之间
8	M_n		输入/输出	输出值，应在 0.0~1.0 之间
12	K_c		输入	比例增益，常数，可正可负
16	T_s	双字，实数	输入	采样时间，单位为 s，应为正数
20	T_I		输入	积分时间常数，单位为 min，应为正数
24	T_D		输入	微分时间常数，单位为 min，应为正数
28	MX		输入/输出	积分项前值，应在 0.0~1.0 之间
32	PV_{n-1}		输入/输出	最近一次 PID 运算的过程变量值

PID 回路有两个输入量，即给定值（SP）与过程变量（PV）。给定值通常是固定的值，过程变量是经 A/D 转换和计算后得到的被控量的实测值。给定值与过程变量都是现实存在的值，对于不同的系统，它们的大小、范围与工程单位有很大的区别。在回路表中它们只能被 PID 指令读取，而不能改写。PID 指令对这些量进行运算之前，还要进行标准化转换。每次完成 PID 运算后，都要更新回路表内的输出值 M_n，它被限制在 0.0~1.0 之间。从手动控制切换到 PID 自动控制方式时，回路表中的输出值可以用来初始化输出值。

比例增益 K_c 为正时是正作用回路，反之是反作用回路。如果不想要比例作用，则应将回路比例增益 K_c 设为 0.0，对于比例增益为 0.0 的积分或微分控制，如果积分或微分时间为正，则是正作用回路，反之是反作用回路。

如果使用积分控制，则上一次的积分值 MX（积分和）要根据 PID 运算的结果来更新，更新后的数值作为下一次运算的输入。MX 也应限制在 0.0~1.0 之间，每次 PID 运算结束时，将 MX 写入回路表，供下一次 PID 运算使用。

2. PID 参数的整定方法

为执行 PID 指令，要对某些参数进行初始化设置，也可称为整定。参数整定对控制效果的影响非常大，PID 控制器有 4 个主要的参数 T_s、K_c、T_I 和 T_D 需要整定。

在 P、I、D 这 3 种控制作用中，比例（Proportional，P）部分与误差在时间上是一致的，只要误差一出现，比例部分就能及时地产生与误差成正比的调节作用，具有调节及时的特点。比例增益 K_c 越大，比例调节作用越强，但过大会使系统的输出量振荡加剧，稳定性降低。

积分（Integral，I）部分与误差的大小和误差的历史情况都有关系，只要误差不为 0，控制器的输出就会因积分作用而不断变化，一直要到误差消失，系统处于稳定状态时，积分部分才不再变化，因此积分部分可以消除稳态误差，提高控制精度。但是积分作用的动作缓慢，滞后性强，可能给系统的动态稳定性带来不良影响。积分时间常数 T_I 增大时，积分作用减弱，系统的动态稳定性可能有所改善，但是消除稳态误差的速度减慢。

微分（Derivative，D）部分反映了被控量变化的趋势，微分部分根据它提前给出较大的调节作用。它较比例调节更为及时，所以微分部分具有超前和预测的特点。微分时间常数 T_D 增大时，可能会使超调量减小，系统的动态性能得到改善，但是抑制高频干扰的能力下降。如果 T_D 过大，则系统输出量可能出现频率较高的振荡。

为使采样值能及时反映模拟量的变化，T_s 越小越好。但是 T_s 太小会增加 CPU 的运算工作量，而相邻两次采样的差值几乎没有什么变化，所以也不宜将 T_s 取得过小。表 3-30 给出过程控制中采样周期的经验数据。

表 3-30　过程控制中采样周期的经验数据

被控制量	流量	压力	温度	液位
采样周期/s	1～5	3～10	15～20	6～8

3. PID 回路控制指令

S7-200 PLC 的 PID 指令没有设置控制方式，执行 PID 指令时为自动方式；不执行 PID 指令时为手动方式。PID 指令的功能是进行 PID 运算。

当 PID 指令的允许输入 EN 有效时，即进行手动/自动控制切换，开始执行 PID 指令。为了保证在切换过程中无扰动、无冲击，在转换前必须把当前的手动控制输出值写入回路表的参数 M_n，并对回路表内的值进行下列操作：

①使 SP_n（给定值）= PV_n（过程变量当前值）；

②使 PV_{n-1}（前一次过程变量当前值）= PV_n（过程变量当前值）；

③使 MX（积分和）= M_n（输出值）。

在梯形图中，PID 指令以功能框的形式编程，指令名称为 PID，如图 3-30 所示。它有两个数据输入端：TBL 是回路表的起始地址，是由变量寄存器 VB 指定的字节型数据；LOOP 是回路的编号，是 0～7 的常数。当允许输入 EN 有效时，根据 PID 回路表中的输入信息和组态信息，进行 PID 运算。在一个应用程序中，最多可以使用 8 个 PID 控制回路，一个 PID 控制回路只能使用 1 条 PID 指令，不同的 PID 指令不能使用相同的回路编号。

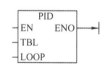

图 3-30　PID 的
梯形图符号

第 4 章

STEP 7-Micro/WIN 编程软件

4.1 软件安装和设置

4.1.1 简介与安装条件

S7-200 PLC 的编程软件是 STEP 7-Micro/WIN，在个人计算机 Windows 操作系统下运行。它的功能强大，使用方便，简单易学。PLC 通过 PC/PPI 电缆或插在个人计算机中的专用通信卡与其进行通信。此软件支持 3 种编程模式：STL（语句表）、LAD（梯形图）、FBD（功能块图），便于用户选用，3 种编程模式间可以相互转换。Micro/WIN 还提供程序在线编辑、调试、监控，以及 CPU 内部数据的监视、修改功能；支持符号表编辑和符号寻址，如指定符号"电动机正转"对应于地址 Q0.0，使程序便于理解与寻找；支持子程序、中断程序的编辑，提供集成库程序功能，以及用户定义的库程序。

PLC 之间的网络通信、模拟量控制、高速计数器和 TD 200 文本显示器的编程设计可以说是 S7-200 PLC 程序设计中的难点，STEP 7-Micro/WIN 为此设计了大量的向导，通过对话方式，用户只需要输入一些参数，就可以实现参数设置，自动生成用户程序。用户还可以通过系统块来完成大量的参数设置。

STEP 7-Micro/WIN 需要安装、运行在使用 Microsoft（微软）公司的 Windows 操作系统的计算机上。STEP 7-Micro/WIN V4.0 可以在 Microsoft 公司出品的如下操作系统环境下安装：

①Windows 2000，SP3 以上；

②Windows XP Home；

③Windows XP Professional。

其对计算机的硬件有如下要求：

①任何能够运行上述操作系统的 PC 或 PG（西门子编程器）；

②至少 350 MB 硬盘空间；

③Windows 操作系统支持的鼠标。

本章介绍 STEP 7-Micro/WIN V4.0 SP9 版，此软件需占用约 300 MB 空间。

4.1.2 安装

关闭所有应用程序，包括 Microsoft Office 快捷工具栏，此 STEP 7 软件可存放在光盘等外存储器中。安装前将外存连接到计算机上，安装时找到相应文件夹，打开文件夹中的"Setup. exe"文件即可进行安装，安装程序会自动运行。

①双击"Setup"后，安装过程会自动进行，只有几个需要我们手动配合的界面，如图 4-1 所示为选择安装程序界面语言的对话框，选中后单击"Next"按钮，安装继续进行。

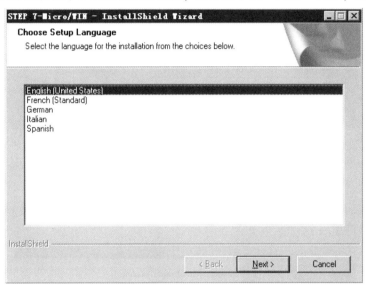

图 4-1　选择安装程序界面语言

②选择是否同意协议要求，单击"Yes"按钮，如图 4-2 所示。

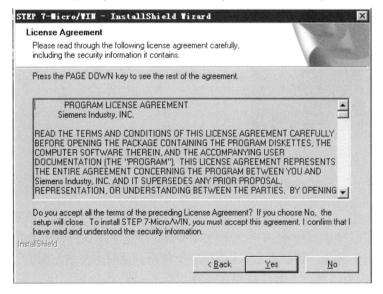

图 4-2　选择是否同意协议要求

③选择安装此软件的文件夹，如图4-3所示。

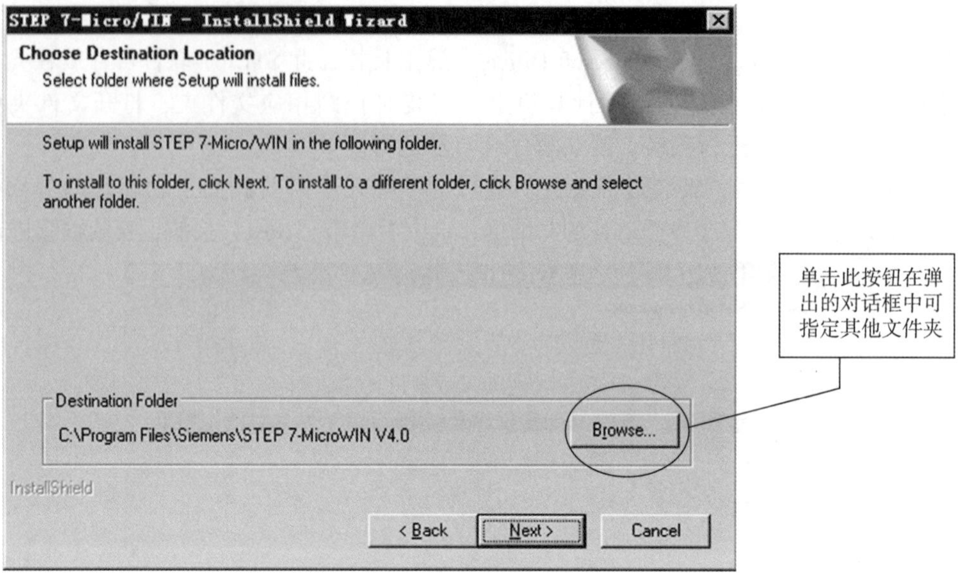

图4-3　选择安装文件夹

④安装完成后，弹出如图4-4所示的对话框，单击"Finish"（完成）按钮，就可以使用安装好的软件了。

图4-4　选择查看已安装好的文件

⑤安装结束后，双击桌面上的 STEP 7-Micro/WIN V4.0 SP9 图标，或者在 Windows 的"开始"菜单中找到相应的快捷方式，运行此编程软件。第一次打开后会发现编程界面是英文的，如图4-5所示。把它变成中文会更方便使用，这时可在最上面一行的菜单栏中找到"Tools"，单击后出现一个下拉菜单，选择"Options"选项后会出现如图4-6所示的界面。

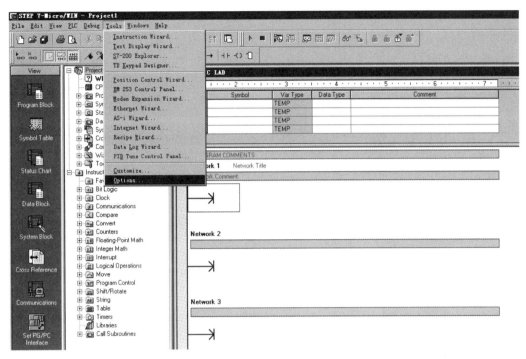

图4-5　第一次打开软件的英文编程界面

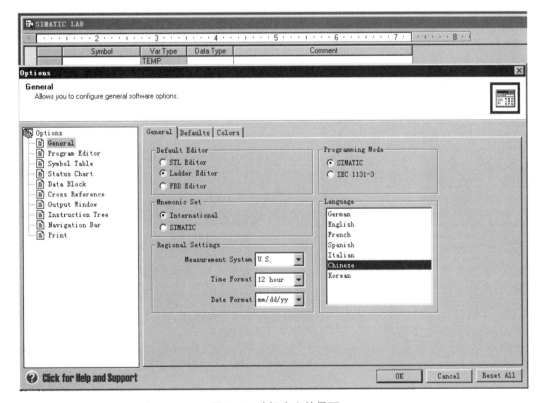

图4-6　选择中文的界面

⑥在图4-6所示的界面中，找到左侧的"Options"栏，单击第一位的"General"后会出现"Language"选项组，选择"Chinese"选项，单击"OK"按钮，关闭界面再打开后就变成中文的界面了，而且关机后再打开中文界面也不会改变，除非重新选择。

⑦打开编程软件界面，可以查看软件的版本信息，方法是单击"帮助"按钮，如图4-7所示，会出现下拉菜单，选择"关于（A）"选项就会出现如图4-8所示软件版本的信息。

图4-7　查看软件的版本信息

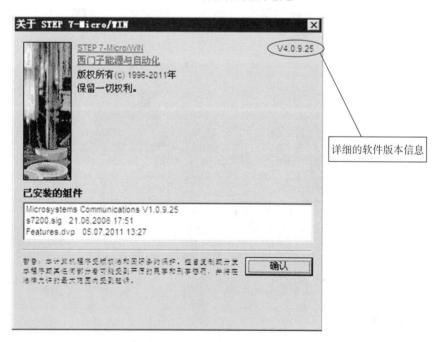

图4-8　详细的软件版本信息

如果计算机上已经安装了西门子公司提供的 STEP 7-Micro/WIN 32 指令库，则安装新版本的 STEP 7-Micro/WIN 会自动将库文件更新为最新版本；如果没有安装，则必须单独安装西门子公司的 Micro/WIN 32 指令库。安装指令库非常简单，只需要几秒钟就可以完成，在 4.7 节的 PLC 与变频器通信的例子中，就将使用 USS 通信协议指令，而相关 USS 指令就必须通过指令库来调用，调用方法也会详细介绍，此处不再赘述。

4.2　STEP 7-Micro/WIN 简介

4.2.1　STEP 7-Micro/WIN 窗口元素

STEP 7-Micro/WIN 的基本功能是协助用户完成应用软件的开发利用、创建用户程序、修改和编辑原有的用户程序。编程软件可设置 PLC 的工作模式和参数，编译、上载和下载用户程序，进行程序的运行监控等。它还具有简单语法的检查、对用户程序的文档管理和加密，以及提供在线帮助等功能。STEP 7-Micro/WIN 编程软件的主界面如图 4-9 所示。

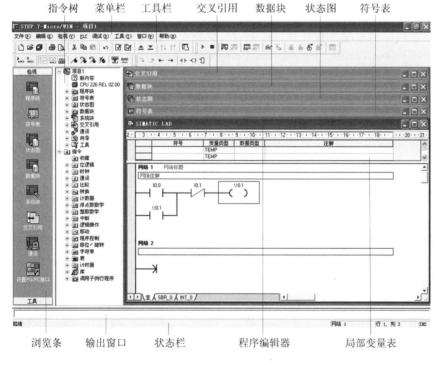

图 4-9　STEP 7-Micro/WIN 编程软件的主界面

主界面一般可分以下几个区：菜单栏、工具栏、浏览条、指令树、输出窗口、状态栏、程序编辑器、局部变量表（可同时或分别打开 5 个用户窗口）。除菜单栏外，用户可根据需要决定其他区的取舍和样式设置。

图 4-9 是 V4.0 版本编程软件的界面，程序编辑就在此处进行。项目（Project）的名称由用户自己来定。下面介绍各部分的作用。

①浏览条——显示常用编程按钮群组。浏览条包括两个组件框：检视和工具。

检视——显示程序块、符号表、状态图、数据块、系统块、交叉引用、通讯和设置 PG/PC 接口 8 个按钮。

工具——显示指令向导、TD 200 向导、位置控制向导、EM253 控制面板、扩展调制解调器向导、以太网向导、AS-i 向导、因特网向导、配方向导、数据记录向导和 PID 调节控制面板等十几个按钮。例如，进行通信端口的参数设置时，直接单击"系统块"按钮，然后在弹出的对话栏中进行设置就可以了。

②指令树——提供编程时用到的所有快捷操作命令和 PLC 指令。可以在项目分支里对所打开项目的所有包含对象进行操作，利用指令分支输入编程指令。可用"检视"菜单中的"指令树"按钮决定是否将其打开。

③交叉引用——查看程序的交叉引用和元件使用信息。

④数据块——显示和编辑数据块内容。

⑤状态图——允许将程序输入、输出或将变量置入图表中，监视其状态。可以建立多个状态图，以便分组查看不同的变量。

⑥符号表/全局变量表——允许分配和编辑全局符号。可以为一个项目建立多个符号表。

⑦输出窗口——在编译程序或指令库时提供消息。当输出窗口列出程序错误时，双击错误信息，会自动在程序编辑器窗口中显示相应的程序网络。编写好一段程序，如果需检查是否有错误，则可以直接单击"全部编译"按钮（它的图形符号就是两张白纸上面有一个蓝色的对钩），这时就会在输出窗口显示所编写的程序是否有错、有几条错误，然后再单击"编译"按钮（它的图形符号就是一张白纸上面有一个蓝色的对钩），就会在此处显示错误在哪行哪列，如无错就显示"错误为 0"。

⑧状态栏——提供在 STEP 7-Micro/WIN 中操作时的操作状态信息。

⑨程序编辑器——可用梯形图、语句表或功能块图编辑器编写用户程序，或在联机状态下从 PLC 上载用户程序，然后进行程序的编辑或修改。如果需要，则可以拖动分割条以扩充程序视图，并覆盖局部变量表。单击程序编辑器窗口底部的标签，可以在主程序、子程序和中断服务程序之间移动。

⑩局部变量表——每个程序块都对应一个局部变量表，在带参数的子程序调用中，参数的传递就是通过局部变量表进行的。

4.2.2 菜单栏

菜单栏包含 8 个主菜单项，如图 4-10 所示。可以定制"工具"菜单，在该菜单中增加自己的工具。

STEP 7-Micro/WIN - 项目1 - [SIMATIC LAD]

文件(F) 编辑(E) 检视(V) PLC 调试(D) 工具(T) 窗口(W) 帮助(H)

图 4-10 菜单栏

菜单栏中各菜单项功能如下。

①文件（File）：新建、打开、关闭、保存文件；.awl 文件的导入与导出；上载、下载程序和库操作；文件的页面设置、打印预览和操作等。

②编辑（Edit）：剪切、复制、粘贴、选择程序块或数据块，插入、删除，同时提供查找、替换、光标定位等功能。

③检视（View）：选择不同语言的编程器（包括 LAD、STL、FBD 3 种）；在组件中执行浏览条的任何命令；可以设置软件开发环境的风格，如决定其他辅助窗口（浏览条窗口、指令树窗口、工具栏按钮区）的打开与关闭。

④PLC：可建立与 PLC 联机时的相关操作，改变 PLC 的工作方式（运行或停止）；在线或离线编译；清除程序和上电复位；查看 PLC 的信息和存储器卡操作、建立数据块、实时时钟、程序比较；PLC 类型选择及通信设置等。

⑤调试（Debug）：主要用于联机调试，可进行扫描方式设置（首次或多次）；程序执行和状态监控选择；状态图的单次读取和全部写入；各种强制方式选择等。

⑥工具（Tools）：可以调用复杂指令向导（包括 PID 指令、NETR/NETW 指令和 HSC指令），使复杂指令的编程工作大大简化，安装 TD 200 本文显示向导等；自定义界面风格（如设置按钮及按钮样式，并可添加菜单项）；用"选项"子菜单也可以设置 3 种程序编辑器的风格，如语言模式、颜色、字体、指令盒的大小等。

⑦窗口（Windows）：可以打开一个或多个窗口，并可进行窗口之间的切换，可以设置窗口的排放形式，如层叠、水平、垂直等。

⑧帮助（Help）：通过目录和索引项可以查阅几乎所有相关的使用帮助信息；在软件编程操作过程中的任何一步或任何位置都可以按〈F1〉键来显示在线帮助，或利用"这是什么"按钮来打开相应的帮助，大大方便了用户的使用；还提供网上查询功能。

4.2.3 工具栏

工具栏提供常用命令或工具的快捷按钮，通过简便的鼠标单击操作，就可完成相应的工作。如图 4-11 所示，可用"检视"菜单中的"工具条"选项定义工具栏。其标准工具栏如图 4-12 所示；调试工具栏如图 4-13 所示；常用工具栏如图 4-14 所示；LAD 指令工具栏如图 4-15 所示。

标准工具栏中，前面几种按钮与一般 Word 软件中的图形相同，作用也相同，后面的几种就是该软件特有的了。其中常用的有局部编译、全编译、上载、下载。一个项目的程序编好后，单击"全编译"及"局部编译"按钮检查是否有错误；单击"下载"按钮，将程序传入 PLC 中；单击"上载"按钮，将程序从 PLC 中传入 STEP 7-Micro/WIN 中。

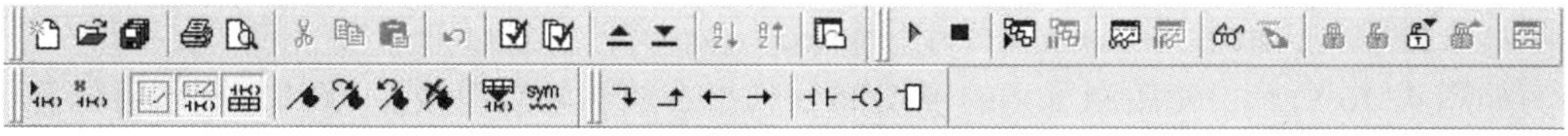

图4-11 工具栏

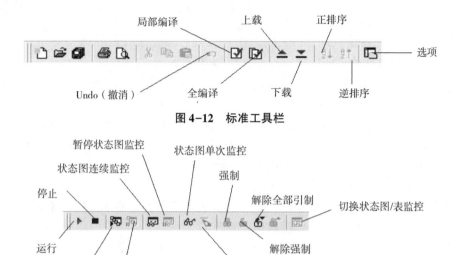

图 4-12　标准工具栏

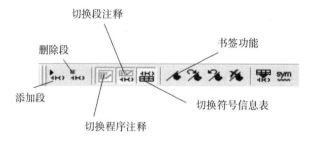

图 4-13　调试工具栏

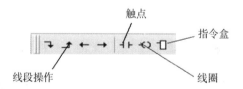

图 4-14　常用工具栏

图 4-15　LAD 指令工具栏

4.2.4　项目及其组件

STEP 7-Micro/WIN 把每个实际的 S7-200 PLC 系统的用户程序、系统设置等保存在一个项目文件中，扩展名为 . mwp。打开一个 xxx. mwp 文件，就打开了相应的工程项目。

如图 4-16 所示，使用浏览条的视图部分和指令树的项目分支，可以查看项目的各个组件，并且在它们之间切换。用鼠标单击浏览条中的按钮，或者双击指令树分支都可以快速达到相应的项目组件。

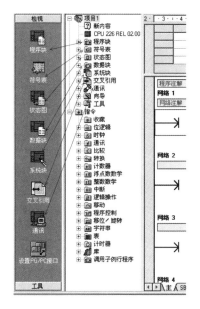

图4-16　浏览条的视图部分和指令树的项目分支

例如，单击"通讯"按钮可以寻找与编程计算机连接的S7-200 PLC CPU，建立编程通信；单击"设置PG/PC接口"按钮可以设置计算机与S7-200 PLC之间的通信硬件以及网络地址和速率等参数。

4.3 定制 STEP 7-Micro/WIN

4.3.1 显示和隐藏各种窗口组件

打开"检视"菜单并选择一个对象，将其选择标记（一个对钩）在有和无之间切换。带选择标记的对象是当前在STEP 7-Micro/WIN环境中打开的，如图4-17所示。

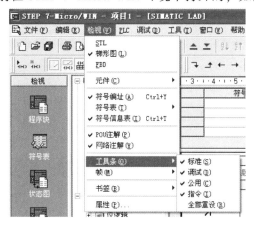

图4-17　当前 STEP 7-Micro/WIN 环境中打开的对象

4.3.2 选择窗口显示方式

打开"窗口"菜单，会出现如图4-18所示的选项，当打开多个窗口时，用来决定窗口的排列方式，也可在不同窗口间切换。例如选择了"垂直"选项，窗口间的排列方式如图4-19所示。

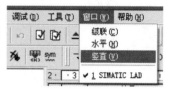

图4-18 选择窗口显示方式

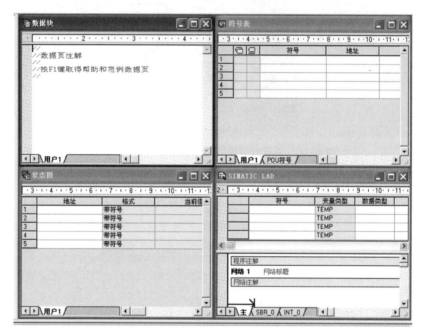

图4-19 窗口间的排列方式为垂直方式

4.3.3 程序编辑器的窗口选择

因为用户程序有主程序、子程序、中断程序之分，故 STEP 7-Micro/WIN 为此也可以进行选择。也就是说，各自都有自己的编程区域，如图4-20所示，只要用鼠标单击标签，即可在相应区域进行编程。

另外，用鼠标拖动分隔栏可以改变窗口区域的尺寸，如图4-21所示。

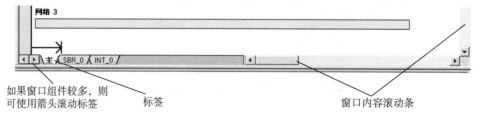

图4-20 使用标签切换窗口的不同组件

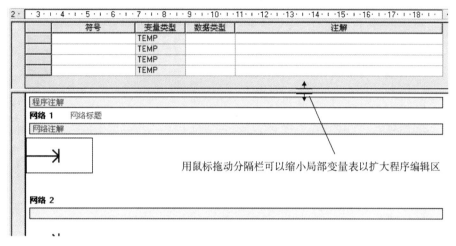

图4-21　改变窗口区域的尺寸

4.4　PC 与 CPU 通信

在计算机上装好 STEP 7-Micro/WIN 编程软件后，即可编写程序，程序编好后要下载到 PLC 中，在下载之前还有一项工作要做，就是计算机与 PLC 要相互认识一下，这个过程被称为"通信"。只有相互认识后，才可以进行程序的上载或下载。

最简单的通信配置如下：

①带串行通信端口（RS-232C 即 COM 端口，或 USB 端口）的个人计算机（PC），并已正确安装了 STEP 7-Micro/WIN 的有效版本；

②用 PC/PPI 电缆连接计算机的 COM 端口和 CPU 端口，或者用 USB/PPI 电缆连接计算机的 USB 端口和 CPU 端口。

4.4.1　设置通信

可以根据需要选择不同的通信波特率，9.6 Kbit/s 是 S7-200 PLC CPU 默认的通信速率。使用其他波特率需要在系统块内设置，并下载到 PLC 中才能生效。

用 PC/PPI 电缆连接 PC 和 PLC，将 PLC 前盖内的模式选择开关（黄色、3 挡）设置为 STOP，给 PLC 上电。

①单击浏览条中的"通讯"按钮，弹出"通讯"对话框，如图4-22 所示。

窗口左侧显示编程计算机将通过 PC/PPI 电缆尝试与 PLC 通信，右侧显示本地编程计算机的网络通信地址是 0，默认的远程（就是与计算机连接的单台 PLC 的 CPU 端口地址）为 2。

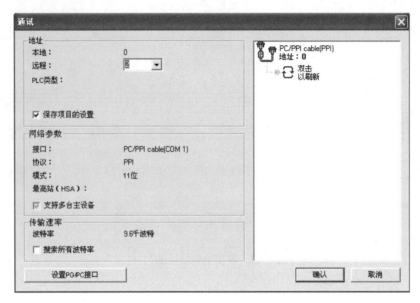

图 4-22 "通讯"对话框

②双击"通讯"对话框右上角处的"PC/PPI cable〔PPI〕"电缆的图标，或单击左下角处的"设置 PG/PC 接口"按钮，出现如图 4-23 所示的窗口。单击"Properties"（属性）按钮，查看或修改 PC/PPI 电缆连接参数及校准通信端口。

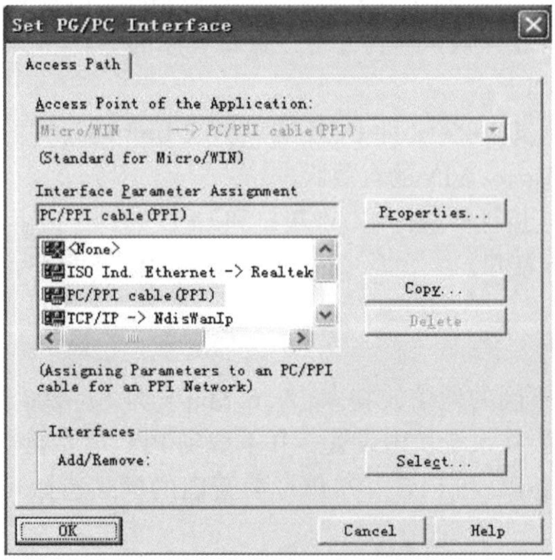

图 4-23 通信参数设置

③单击"Properties"（属性）按钮后，出现两个选项卡，如图 4-24 所示，在"PPI"选项卡中查看、设置网络相关参数，在"Local Connection"（本地连接）选项卡中，通过下拉列表框选择实际连接的编程计算机 COM 端口（如果是 RS-232/PPI 电缆）或 USB 端口（如果是 USB/PPI 电缆），如图 4-25 所示。这里选择的通信端口一定要与电缆实际连接的一致。

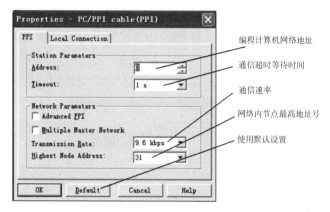

图4-24　设置PG/PC界面

④单击"OK"按钮，回到"通讯"对话框，参见图4-22，双击"双击以刷新"图标，开始进行编程计算机与PLC的通信（联络），也可以把它看成是编程计算机搜索PLC的CPU信息，这一过程是完全自动进行的，如图4-26所示。

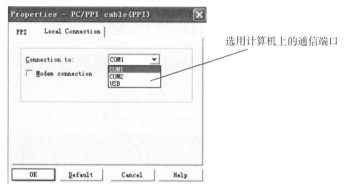

图4-25　选择编程计算机通信端口

图4-26　计算机正在与PLC通信

⑤在保证 COM 端口（USB 端口）设置准确、通信电缆完好无损的前提下，通信过程结束后，编程计算机肯定能搜索到与之连接的 PLC 的地址号、CPU 规格等，如图 4-27 所示。因为是单台 PLC，所以搜索到的默认地址应该是"2"。这时单击"确认"按钮，通信过程就结束了。在这以后，就可以在计算机与 PLC 之间进行程序的上载或下载了。

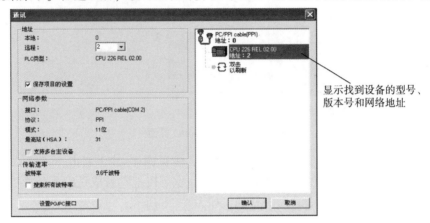

图 4-27 PLC 的信息搜索完毕

4.4.2 PLC 信息

双击找到的设备图标（这里是 CPU 226 REL 02.00 地址：2），将显示 CPU 的信息，或在在线状态下执行"PLC"→"信息"命令，将显示 PLC 的信息，如图 4-28 所示，包括操作模式、PLC 型号和 CPU 版本号、以 ms 为单位的扫描周期、I/O 模块配置、CPU 和 I/O 模块错误及历史事件日志等信息。

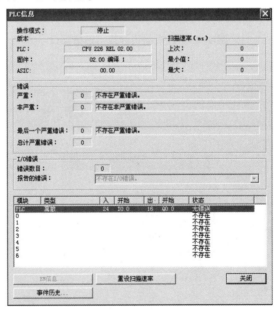

图 4-28 显示 PLC 信息

如果 PLC 类型支持历史事件日志，则单击"事件历史"按钮，可查看何时上电、模式转换及致命错误的历史记录。只有设置了实时时钟，才能得到时间记录中正确的时间标记。

4.4.3　读取远程 PLC 类型

双击指令树中 CPU 类型图标，或执行"PLC"→"类型"命令，弹出如图 4-29 所示的对话框；单击"读取 PLC"按钮，显示在线的 PLC 类型和 CPU 版本号；单击"确认"按钮关闭对话框后，发现指令树中的 PLC 类型处显示实际连接并通信成功的 CPU 型号和版本信息。也可在离线状态下，打开图 4-29 中的下拉列表框，选择 PLC 类型或 CPU 版本。

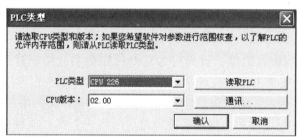

图 4-29　读取远程 PLC 类型

4.4.4　设置实时时钟

要查看或设置存储在 PLC 中的当前时间和日期，可执行"PLC"→"实时时钟"命令，即可设置"PLC 时钟操作"对话框中的时间和日期，如图 4-30 所示。PLC 型号 214、215、216、221、222、224 和 226 支持"实时时钟"及 TODR/TODW 程序指令。CPU 222、224、226（2.0 版或更高版本）支持夏时制时间的自动调整。

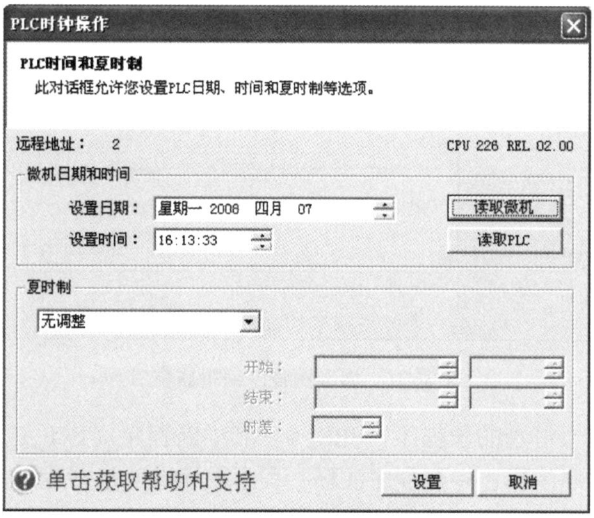

图 4-30　设置实时时钟

4.5　程序的编写与传送

利用 STEP 7-Micro/WIN 编程软件编辑和修改控制程序是用户要做的最基本的工作，本节将以梯形图编辑器为例介绍一些基本编辑操作。语句表和功能块图编辑器的操作可采用类似的方法。

4.5.1　项目文件管理

项目文件来源有 3 个：新建一个项目、打开已保存的项目以及从 PLC 上载已有项目等。所谓项目就是用户所编写的程序名称。

1. 新建项目

在为一个控制过程编程之前，首先应为这个程序命名，即创建一个项目。执行"文件"→"新建"命令或单击工具栏最左边的"新建项目"按钮，可以生成一个新的项目。执行"文件"→"另存为"命令可以修改项目的名称和项目文件所在的目录。

STEP 7-Micro/WIN 运行后，会在主窗口自动创建一个以"项目 1"命名的项目文件，主窗口会显示新建的项目文件主程序区。它是一组空的项目组件，包括程序编辑器、数据块、符号表、交叉引用、状态图 5 个用户窗口。STEP 7-Micro/WIN 支持梯形图、语句表和功能块图 3 种编程语言，图 4-31 为梯形图程序编辑器窗口，是系统默认的编程方式。

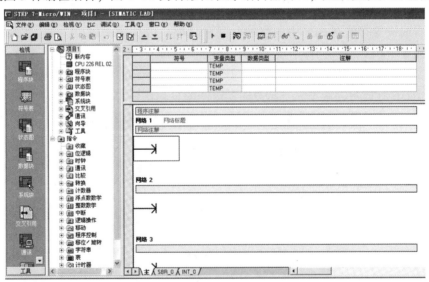

图 4-31　梯形图程序编辑器窗口

程序块由主程序、可选的子程序（SBR_0）和中断程序（INT_0）组成。各程序分别包括程序注释、子程序注释、中断程序注释；程序段编辑区包括程序段网络编号、网络标题、网络注释和母线，单击浏览条中的按钮，直接切换项目的不同组件，如在程序块窗口中单击底部的程序标签可以在主程序、子程序和中断程序之间切换。

2. 打开项目

选择"文件"菜单中的"打开"选项（参见图4-10）或单击标准工具栏中的"打开项目"按钮（位于图4-12的第二个），弹出"打开"对话框，选择项目路径及项目名称后，单击"确定"按钮，则可以打开现有项目。项目存放在扩展名为.mwp的文件中。

也可直接选择打开在"文件"菜单底部所列出最近出现过的项目，或者用Windows资源管理器找到要打开的项目，直接双击打开即可。

3. 上载项目

在确保计算机与PLC通信正常运行的前提下，如果要上载（PLC至编辑器）一个PLC存储器中的项目文件（包括程序块、系统块、数据块），则可选择"文件"菜单中的"上载"选项，也可单击工具栏中的"上载"按钮（参见图4-12中的 ▲ 按钮）来完成。上载时，选定要上载的块（程序块、数据块或系统块），如图4-32所示，计算机会从S7-200 PLC的RAM中上载系统块，从EEPROM中上载程序块和数据块。上载的程序一定要将名称选好后再保存，避免覆盖。

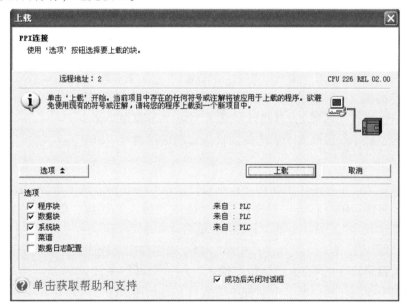

图4-32 "上载"对话框

4. 项目保存和更名

如果要在当前编辑操作状态下保存首次建立的项目文件，则选择"文件"菜单中的"保存"或"另存为"选项，或在工具栏中单击"保存项目"按钮（图4-12中第三个）或按组合键〈Ctrl+S〉进行保存都可以。项目文件在以.mwp为扩展名的单个文件中存储所有项目数据（程序、数据块、PLC配置、符号表、状态图和注释）的当前状态，STEP 7-Micro/WIN的默认文件名为"项目1"，目录的默认值是之前确定的安装路径，可以根据自己的需要指定具体位置。

可选择"文件"菜单中的"另存为"选项修改当前项目名称或目录位置；程序块中

的主程序名（任何项目文件的主程序只有一个）、子程序名和中断程序名均可更改，方法是在指令树窗口中，右击需要更名的子程序或中断程序标签名，选中后直接键入所希望的名称即可。

5. 复制项目

使用编辑菜单命令或标准微软键组合方式，可实现项目段的全选（〈Ctrl+A〉）、复制（〈Ctrl+C〉）、剪切（〈Ctrl+X〉）及粘贴（〈Ctrl+V〉）等操作。其使用方法与普通文字处理软件相同。

6. 确定程序结构

较简单的数字量控制程序一般只有主程序（OB1），系统较大、功能复杂的程序除了主程序外，可能还有子程序、中断程序和数据块。

主程序在每个扫描周期被顺序执行一次。子程序的指令存放在独立的程序块中，仅在被别的程序调用时才执行。中断程序的指令也存放在独立的程序块中，用来处理预先规定的中断事件，在中断事件发生时将主程序暂时封存，由操作系统调用中断程序。

7. 添加子程序

如果在项目文件中有多个子程序，则可以通过以下 3 种方法实现添加子程序。

①在指令树窗口中，右击"程序块"，再选择"插入"选项，随后又出现两个可选项，一个是"子程序"，另一个是"中断"，单击"子程序"即可。

②执行"编辑"→"插入"→"子程序"命令来添加子程序。

③右击编辑窗口（区域），再执行"插入"→"子程序"命令。

新生成的子程序根据已有子程序的数目，自动递增编号（SBR_n）。

8. 添加中断程序

如果在项目文件中有多个中断程序，则可以通过以下 3 种方法实现添加中断程序。

①在指令树窗口中，右击"程序块"，再选择"插入"选项，随后又出现两个可选项，一个是"子程序"，另一个是"中断"，单击"中断"即可。

②执行"编辑"→"插入"→"中断"命令来添加中断程序。

③右击编辑窗口（区域），再执行"插入"→"中断"命令。

新生成的中断程序根据已有中断程序的数目，自动递增编号（INT_n）。

4.5.2 项目文件编辑

用选择的编程语言编写用户程序。梯形图直观方便、容易理解，故一般都选择梯形图。梯形图程序被划分为若干个网络，一个网络中只能有一块独立电路，或者说一个网络中只允许一条支线与母线相连接。例如，图 3-7 需要 2 个网络，而图 3-11 需要 4 个网络。一个网络中最多可编写 32 行程序。如果一个网络中有两块或两块以上独立电路，则在编译时将会显示"无效网络或网络太复杂无法编译"，程序"下载"就更谈不上了。

输入梯形图程序可以通过指令树、工具栏按钮、快捷键方式进行。程序块由可执行的指令代码和注释组成。

1. 输入编程元件

梯形图的编程元件（编程指令，以下也简称指令）主要有线圈、触点、指令盒（功能块）、标号及连线。输入编程指令的方法有以下7种。

①在程序编辑区要放置编程指令的位置单击，此时会出现一个"选择方框"（矩形光标），然后在指令树所列的一系列指令中，双击要输入的指令符号，这个指令符号就自动落在矩形光标处，如图4-33中①所示。

②在指令树中单击所选择的指令并按住鼠标左键，将指令拖拽至程序编辑区需要放置指令的位置后释放鼠标左键，则相应指令就会落在该位置上，如图4-33中②所示。

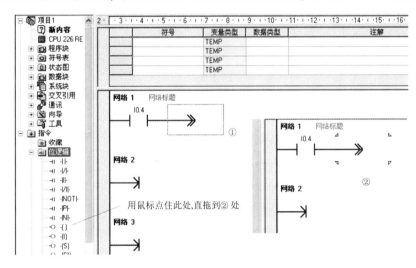

图4-33 用鼠标输入编程指令

③在程序编辑区要放置编程指令的位置单击，此时会出现一个"选择方框"（矩形光标），单击工具栏（参见图4-15）中的"触点""线圈"或"指令盒"（功能块）按钮，或按对应的快捷键（〈F4〉=触点、〈F6〉=线圈、〈F9〉=功能块），从弹出的窗口下拉列表框所列出的指令中选择要输入的指令（利用鼠标拖动或键盘上的上、下箭头键找到需要用到的指令），单击所需的指令或按〈Enter〉键插入该指令，如图4-34所示。

图4-34中的下拉列表框是单击触点指令而产生的，指令段的终点处应该是线圈或者是指令盒（功能块），在工具栏中单击"线圈"按钮（图4-15中第六个）或者"指令盒"按钮（图4-15中第七个），同样会出现它们各自的下拉列表框，也可以从指令树窗口中单击"指令"获取所需要的线圈或功能块，如图4-35所示。放置方法与触点放置方法相同。

④输入操作数。在用梯形图输入指令时，操作数最初是由红色问号代表，如图4-36中的"?? . ?"或"????"，表示参数未赋值。单击"?? . ?"或"????"处，或用方向键（〈上〉〈下〉〈左〉〈右〉）选择要键入操作数的指令后按〈Enter〉键，选择输入操作数的区域，选中后，此问号处就会被光标圈住，然后输入操作数即可。操作数输入完后按〈Enter〉键，就会自动转入下一条指令的编辑。

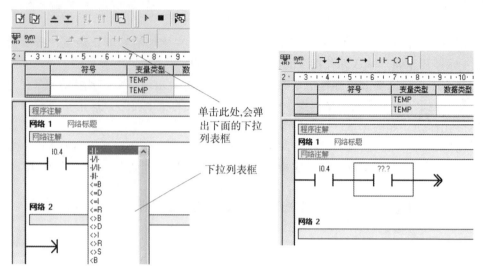

图 4-34　用快捷键输入编程元件

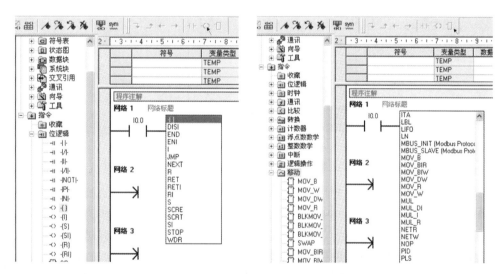

图 4-35　"线圈"和"功能块"下拉列表框

⑤顺序输入和并联分支。顺序输入是从网络的母线开始连续在一行上依次输入各编程元件。编程元件是在矩形光标处被输入的，编程元件以串联形式连接，输入和输出都无分叉。

并联分支是在同一网络块中第一行下方的编程区域单击，出现小矩形光标，然后输入编程元件生成新的一行，而且与上一行有连接关系。若输入与前边的程序无连接，出现同一网络有两条支线与母线连接，那就错了，则应在下一网络块中输入。

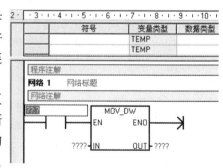

图 4-36　输入操作数

⑥连接梯形图线段。单击工具栏中的"水平线"和"垂直线"按钮（参见图 4-15），

或按住键盘上的〈Ctrl〉键，并按住鼠标左键从光标位置处开始画线，连接编程元件以构成网络程序。例如，如果要在一行的某个元件后向上分支，则可将光标移至要合并的触点处，如图4-37所示，单击"上连线"按钮即可。如果要在一行的某个元件后向下分支，则将光标移到该元件，单击"下连线"按钮或用键盘操作完成连接，然后进行其他编辑。

STEP 7-Micro/WIN 支持与常用文档编辑软件类似的两种编辑模式：插入和覆盖。可按〈Insert〉键切换插入和覆盖两种编辑方式，在视窗状态栏右下角显示当前的 INS 或 OVR 模式状态。插入方式下，在一条指令上放新指令后，现有指令右移，为新指令让出位置；覆盖方式下，在一条指令上放新指令后，新指令替换现有指令。当用具有相同类型的方框覆盖（替换）一条指令时，对旧参数所做的任何赋值都保留到新参数。也就是说，如果第二个指令与第一个指令有同样数目的能流位输入、输入地址参数、能流位输出和输出地址参数，则进行覆盖时参数赋值被保留。

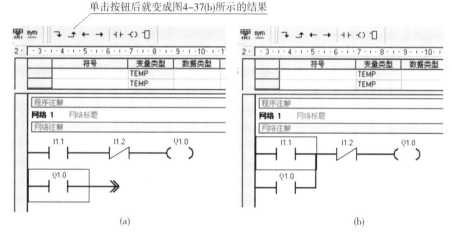

图 4-37　连线示意
（a）连线前示意；（b）连线后示意

⑦编程语言切换。应用实例的程序大多数是以语句表的形式给出的，这是为什么呢？原因很简单，是为了节省篇幅。梯形图被称为"电工图"，也就是说只要接触过继电器控制电路图的人，都能看得懂梯形图。梯形图直观明了，编写方便，特别适合编程调试阶段。在没有计算机软件编程之前，使用编程器给 PLC 输入程序，编程者既要用梯形图编写程序，又要会用语句表助记符输入程序，也就是说只有掌握梯形图与语句表之间的指令对应关系才能完成整个设计工作。工作难度与强度都比现在大。

在 STEP 7-Micro/WIN 编程软件中可以将编写好的梯形图程序与语句表程序方便地进行切换。梯形图（LAD）、语句表（STL）或功能块图（FBD）3 种编程语言表达模式用哪一种编写都可以，切换是通过菜单栏中的"检视"来完成的，如图4-17 所示，在"检视"的下拉菜单中的前 3 项就是 STL、LAD、FBD，需要使用哪一种单击它即可，只要在其前面出现"√"就代表选中了。应该注意的是，在某一种模式程序编好后，经编译不存在错误，方可进行切换，如有错误，则无法切换。

2. 输入注释

梯形图编辑器中共有 4 个注释级别，分别是项目组件注释、网络标题、网络注释和项目组件属性。

①项目组件注释：单击"网络1"上方的灰色文本框，键入 POU 注释，每条 POU 注释可允许使用的最大字符数为 4 096。POU 注释是供选用项目，反复单击工具栏中的"切换 POU 注释"按钮或执行"检视"→"POU 注释"选项，可在 POU 注释"打开"（可见）或"关闭"（隐藏）之间切换。可见时，项目组件注释始终位于 POU 顶端，并在第一个网络之前显示。

②网络标题：将光标放在网络标题行的任何位置，输入一个评价该逻辑网络功能的标题。网络标题中可允许使用的最大字符数为 127。

③网络注释：单击"网络 n"（表示每个网络块或程序段）下方的灰色文本框，输入有关网络内容的说明，网络注释中允许使用的最大字符为 4 096。反复单击工具栏中的"切换网络注释"按钮或执行"检视"→"网络注释"命令，可在网络注释"打开"（可见）和"关闭"（隐藏）之间切换。

④项目组件属性：右击程序编辑器窗口中的某一个 POU 标签，在弹出的快捷菜单中选择"属性"选项，打开"属性"对话框。"属性"对话框中有"一般"和"保护"两个选项卡，在"一般"选项卡中可依次设置名称、作者、程序编号等内容；在"保护"选项卡中可输入密码。

3. 编程元素的编辑

编程元素可以是单元、指令、地址及网络，编辑方法与普通的文字处理软件相似。在程序编辑器上选择要编辑的元素，通过工具栏按钮或"编辑"菜单，也可直接右击或使用快捷菜单选项，实现对选定对象的剪切、复制、粘贴、插入或删除等操作。

1）剪切、复制和粘贴

图 4-38 是在编程元件上右击时出现的结果，此时"剪切"和"复制"选项处于有效状态，可以对元件进行剪切或复制。

在梯形图母线上单击，可以选择该母线所对应的整个网络，如图 4-39 所示。在母线上按住鼠标左键拖动，可以选择多个网络段；也可先选择开始网络位置，然后在结束网络位置处按住〈Shift〉键并单击，确定多个网络段区域；可以在程序编辑器任意位置右击，在下拉菜单中选择"全选"选项（参见图 4-38）。选择后可进行剪切、复制和粘贴操作，粘贴操作只有在剪切、复制后才有效。

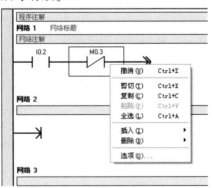

图 4-38　编程元件的编辑

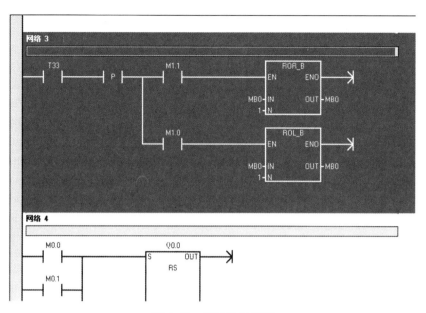

图4–39　网络选择编辑

2）插入和删除

①编程时经常用到插入一行、一列、竖线、一个网络、一个子程序或中断程序等操作。

一行、一列、竖线、一个网络的插入方式：在要插入处右击，弹出快捷菜单，选择"插入"选项，弹出子菜单，如图4–40所示；选择要插入的选项，然后进行编辑。也可用菜单栏的"编辑"菜单中相应的"插入"选项来完成相同的操作。插入"行"或"列"是指在光标当前位置的上面或左边插入新的位置，"竖线"用来插入垂直的并联线段，"网络"是在光标上方插入网络并为所有网络重新编号。

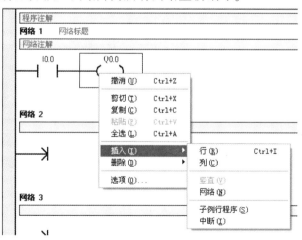

图4–40　插入操作的菜单

②编程时经常用到删除一条指令、竖线、水平线段、一行、一列、一个网络、一个子程序或中断程序等操作。

一条指令、竖线、水平线段的删除方式：单击要删除的指令、竖线的左侧位置、水平线段后按〈Delete〉键，删除相应的指令、竖线、水平线段。

一行、一列的删除方式：在要删除行上的任意位置或要删除的某一列处右击，弹出快捷菜单，选择"删除"下拉子菜单中的"行"或"列"选项，删除相应的行或列。

一个网络的删除方式：在网络标题或网络注释上右击，选择"删除"子菜单中的"网络"选项，删除相应的程序段。选择一个或多个程序段，按〈Delete〉键，或在被选择区域处右击，选择"删除"子菜单中的"选择"或"网络"选项，或单击"删除网络"按钮，删除程序中选择的整个网络。在子菜单出现后，按照快捷提示，用快捷键完成相应的操作。

一个子程序或中断程序的删除方式：右击待删除的子程序或中断程序标签，选择"删除"子菜单中的"POU"选项，弹出对话栏，问是否确定删除该项，点击"是"按钮，或打开"指令树"中与之对应的文件夹，然后右击待删除的图标并选择弹出菜单中的"删除"选项，相应的子程序或中断程序被删除。

3）编译与下载

在 STEP 7-Micro/WIN 中，编写的程序必须编译成 S7-200 PLC CPU 能识别的机器码，才能下载到 S7-200 PLC CPU 内运行。

程序编写完成后，可执行"PLC"→"编译"命令或者单击工具栏中的"全编译"按钮（参见图4-12），对当前编辑器中的程序进行离线编译。若执行"PLC"→"全编译"命令，则按照顺序编译程序块（主程序、全部子程序、全部中断程序）、数据块、系统块等全部块，"全编译"与哪一个窗口是否活动无关。

编译结束后在输出窗口显示编译结果。输出窗口会显示程序块和数据块的大小，也会显示编译中发现的语法错误的数量、各条错误的原因和错误在程序中的位置。双击输出窗口中的某一条错误信息，会在程序编辑器中相应出错位置出现矩形光标，如图4-41所示。必须改正程序中的所有错误，才能编译成功，从而进行"下载"操作。

图4-41　在输出窗口显示编译结果

上载和下载用户程序指的是用 STEP 7-Micro/WIN 编程软件进行编程时, PLC 主机和计算机之间的程序、数据和参数的传送。

下载之前, PLC 应处于 STOP 模式。单击工具栏中的"停止"按钮, 或选择"PLC"菜单中的"停止"选项, 进入 STOP 模式。如果不在 STOP 模式, 则可将 CPU 模块上的模式开关 (处在 PLC 主机正面中右侧小门里的黄色开关) 扳到 TERM 或 STOP 位置。

在计算机与 PLC 建立起通信连接后, 如果直接执行下载操作, 则 STEP 7-Micro/WIN 会自动进行编译。用户程序编译成功后, 可以将程序代码下载到 PLC 中去, 而程序注释被忽略。

单击工具栏中的"下载"按钮 (参见图 4-12), 或执行"文件"→"下载"命令, 将会出现"下载"对话框, 如图 4-42 所示。用户可以分别选择是否下载程序块、数据块和系统块。单击"下载"按钮, 开始下载信息, 如果 PLC 处于 RUN 模式, 则将弹出"将PLC 设置为 STOP 模式吗?"对话框, 单击"是"按钮, 使 PLC 转为 STOP 模式后, 开始下载程序, 同时输出窗口中显示"正在下载至 PLC…"信息, 下载完毕后, 显示"下载成功"字样。

如果 STEP 7-Micro/WIN 中设置的 CPU 型号与实际的型号不符, 则下载时会出现警告信息, 这时应重新进行"通讯"并成功后再下载。

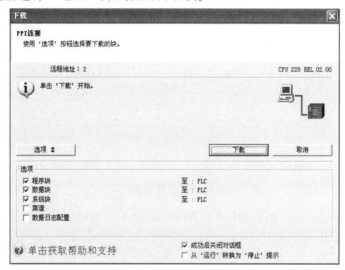

图 4-42　下载程序功能框

下载成功后, 以手动方式将模式开关拨到 RUN 位置, 或将模式开关设为 TERM, 通过单击工具栏中的"运行"按钮 (参见图 4-13 中的第一个按钮"▼"), 使 PLC 处于 RUN模式。RUN 模式下, PLC 上黄色"STOP"指示灯灭, 绿色"RUN"指示灯亮。

这时 PLC 就开始运行了, 不管是否有输入信号, 它都在周期性顺序扫描下载程序。如果进行程序调试, 则可以启动相应的输入信号。

4. 数据块编辑

数据块用来对变量寄存器进行数据初始化, 可以用字节、字或双字赋值。数据块中的典型行包括起始地址以及一个或多个数据值, 双斜线 (//) 之后的注释为可选项。键入一行后, 按〈Enter〉键, 数据块编辑器对输入行自动格式化 (对齐地址列、数据、注释;

大写 V 为存储区地址标志）并重新显示。数据块编辑器接收大小写字母，并允许使用逗号、制表符或空格作为地址和数据值之间的分隔符。数据块的第一行必须包含明确的地址，之后的行可以不包含明确的地址。在单地址值后面键入多个数据或键入只包含数据的行时，由编辑器进行地址赋值。编辑器根据前面的地址和数据的长度（字节、字或双字）进行赋值。

执行"检视"→"元件"→"数据块"命令，或者直接在浏览条中单击"数据块"图标，或者在指令树窗口中单击"数据块"按钮，均可打开数据块窗口进行操作。

5. 符号表

符号表是使用符号编址的一种工具表，可使程序逻辑更容易理解、便于记忆。使用符号表的方式有两种，一种是在编程时使用直接地址，然后打开符号表，编写与直接地址对应的符号名称，编译后由软件自动转换名称。另一种是在编程时直接使用符号名称，然后打开符号表，编写与符号名称对应的直接地址，编译后得到相同的结果。

要打开符号表，可单击"检视"菜单中的"符号表"按钮或浏览条中的"符号表"按钮，在"符号"列键入符号名，使用〈Tab〉〈Enter〉或〈Arrow〉键确认输入，同时移至下一个单元格。符号名最大允许长度为 23 个字符。在"地址"列和"注释"列分别键入地址和注释（注释为可选项，最多允许 79 个字符），符号表窗口如图 4-43 所示。右击单元格，可进行修改、删除、插入等操作。

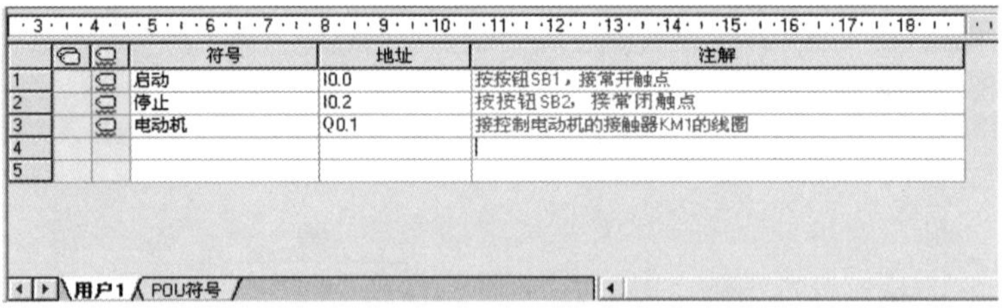

图 4-43　符号表窗口

一经编译，符号表就应用于程序中，图 4-44 显示了编译程序后梯形图中的变量已经改为符号寻址的结果。

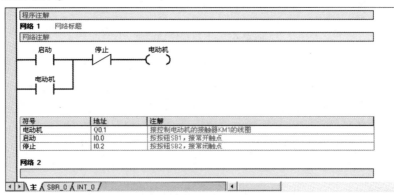

图 4-44　使用符号表编程

从图 4-44 中我们可以看出，在梯形图中用符号代替了地址，每个触点的作用比较明了，但还是觉得不太方便，希望能够同时看见符号和地址，这个要求也可以实现。

在"工具"菜单中单击"选项"按钮，在"选项"对话框中切换至"程序编辑器"选项卡，在此对话框的右中间位置有一个"符号编址"选项组，选择"显示符号和地址"选项并确认，之后在所打开的项目程序元件上会显示符号和地址，如图4-45所示。

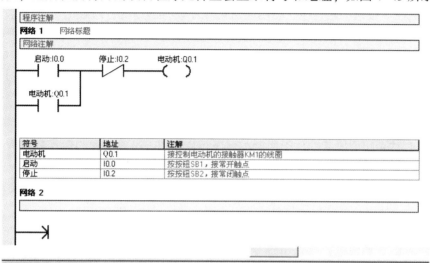

图4-45　同时查看符号和地址

4.6　程序的运行监控与调试

STEP 7–Micro/WIN编程软件提供了一系列工具来调试并监控正在执行的用户程序。

4.6.1　工作模式选择

S7-200 PLC的CPU具有停止（STOP）和运行（RUN）两种操作模式。在停止模式下，可以创建、编写程序，但不能执行程序；在运行模式下，PLC读取输入，执行程序，写输出，反应通信请求，更新智能模块，进行内部事务管理及恢复中断条件，不仅可以执行程序，也可以创建、编写及监控程序操作和数据。为调试提供帮助，加强了程序操作和确认编程的能力。

如果PLC上的模式开关处于RUN或TERM位置，则可通过STEP 7–Micro/ WIN软件执行"PLC"→"运行"或"PLC"→"停止"命令进入相应工作模式。也可单击工具栏中的"运行"按钮（图4-13中第一个）或"停止"按钮（图4-13中第二个），进入相应工作模式，还可以手动改变位于PLC正面上小门内的模式开关改变工作模式。在运行工作模式时，PLC上的黄色"STOP"指示灯灭，绿色"RUN"指示灯亮。

4.6.2　梯形图程序的状态监视

编程设备和PLC之间建立通信并向PLC下载程序后，STEP 7–Micro/WIN可对当前程序进行在线调试。利用菜单栏中的"调试"菜单或单击"调试"工具栏中的相关按钮，可以在梯形图程序编辑器窗口查看以图形形式表示的当前程序的运行状况，还可直接在程序指令上进行强制或取消强制数值等操作。

在运行模式下，执行"调试"→"开始程序状态监控"命令，或单击工具栏中的"程序状态监控"按钮，用程序状态功能监视程序运行的情况，PLC 的当前数据值会显示在引用该数据的梯形图旁边，梯形图以彩色显示活动能流分支。由于 PLC 与计算机之间有通信时间延迟，PLC 内所显示的操作数数值总在状态显示变化之前先发生变化。所以，用户在屏幕上观察到的程序监控状态并不是完全如实迅速变化的元件状态。屏幕刷新的速率取决于 PLC 与计算机的通信速率以及计算机的运行速度。

1. 执行状态的监控方式

使用执行状态功能使监控视图能显示程序扫描周期内每条指令的操作数数值和能流状态。或者说，所显示的 PLC 中间数据值都是从一个程序扫描周期中采集的。

在程序状态监控操作之前执行"调试"→"使用执行状态"命令（此命令行前面出现一个"√"即可），进入可监控状态。

在这种状态下，PLC 处于运行模式时，单击"程序监控"按钮（图 4-13 中第三个）启动程序状态监控，STEP 7-Micro/WIN 将用默认颜色（浅灰色）显示并更新梯形图中各元件的状态和变量数值，如图 4-46 所示。什么时候想退出监控，再单击此按钮即可。

启动程序状态监控功能后，梯形图中左边的垂直"母线"和有能流流过的"导线"变为蓝色；如果位操作数为逻辑"真"，则其触点和线圈也变成蓝色；有能流流入的指令盒的使能输入端变为蓝色；如果该指令被成功执行，则指令盒的方框也变为蓝色；定时器和计数器的方框为绿色时表示它们已处在工作状态；红色方框表示执行指令时出现了错误；灰色表示无能流、指令被跳过、未调用或 PLC 处于停止模式。

运行过程中单击"暂停程序监控"按钮（图 4-13 中第四个），或者右击正处于程序监控状态的显示区，在弹出的菜单中选择"暂停程序监控（M）"选项，将使这一时刻的状态信息静止地保持在屏幕上以提供仔细分析与观察，直到再单击一次"暂停程序监控"按钮，才可以取消该功能，继续维持动态监控。

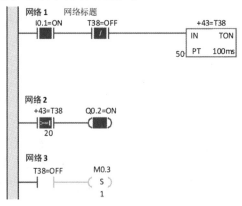

图 4-46 对 PLC 运行状态的监控

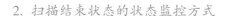

2. 扫描结束状态的状态监控方式

"扫描结束状态"显示在程序扫描周期结束时读取的状态结果。首先执行"调试"→"使用执行状态"命令，命令行前面的"√"消失，进入扫描结束状态。由于快速的 PLC 扫描循环和相对慢速的 PLC 状态数据通信采集之间存在的速度差别，故"扫描结束状态"显示的是多个扫描周期结束时采集的数据值。也就是说显示值并不是即时值。

在该状态下 STEP 7–Micro/WIN 经过多个扫描周期采集状态值，然后刷新梯形图中各值的状态并显示。但是不显示 L 存储器或累加器的状态。在"扫描结束状态"下，暂停程序监控功能不起作用。

在运行模式下启动程序状态监控功能，电源"母线"或逻辑"真"的触点和线圈显示为蓝色，梯形图中所显示的操作数的值都是 PLC 在扫描周期完成时的结果。

4.6.3　语句表程序的状态监视

语句表和梯形图的程序状态监视方法是完全相同的。执行"工具"→"选项"命令，在弹出的对话框中，切换至"STL 状态"选项卡，如图 4–47 所示，可以选择语句表程序状态监视的内容，每条指令最多可以监控 17 个操作数、逻辑堆栈中 4 个当前值和 11 个指令状态位。

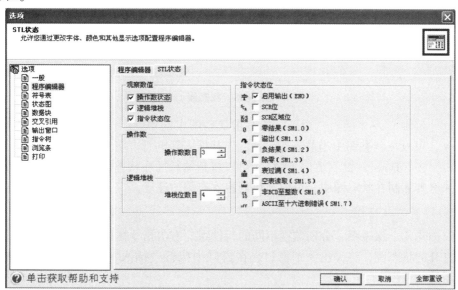

图 4-47　语句表程序状态监控选择

状态信息从位于程序编辑器窗口顶端的第一条 STL 语句开始显示。当向下滚动程序编辑器窗口时，将从 CPU 获取新的信息。如果需要暂停刷新，则还是单击"暂停程序监控"按钮，过程与梯形图的相同。

4.6.4　用状态图监视与调试程序

如果需要同时监视的变量不能在程序编辑器中同时显示，则可以使用状态图监视功能。虽然梯形图状态监视的方法很直观，但受到屏幕的限制，只能显示很小一部分程序。

利用 STEP 7-Micro/WIN 的状态图不仅能监视比较大的程序块或多个程序，而且可以编辑、读、写、强制和监视 PLC 的内部变量；还可使用如单次读取、全部写入、读取全部强制等功能，可以大大方便程序的调试。状态图始终显示"扫描结束状态"信息。

1. 打开和编辑状态图

在程序运行时，可以用状态图来读、写、强制和监视 PLC 的内部变量。单击浏览条中的"状态图"按钮，或右击指令树中的"状态图"按钮，在弹出的菜单中选择"打开"选项，或执行"检视"→"元件"→"状态图"按钮，均可以打开状态图，如图 4-48 所示。打开后可对它进行编辑。如果项目中有多个状态图，则可以用状态图底部的标签切换。

未启动状态图的监视功能时，可以在状态图中输入要监视的变量的地址和数据类型，定时器和计数器可以分别按位或按字监视。如果按位监视，则显示的是它们的输出位的 ON/OFF 状态。如果按字监视，则显示的是它们的当前值。

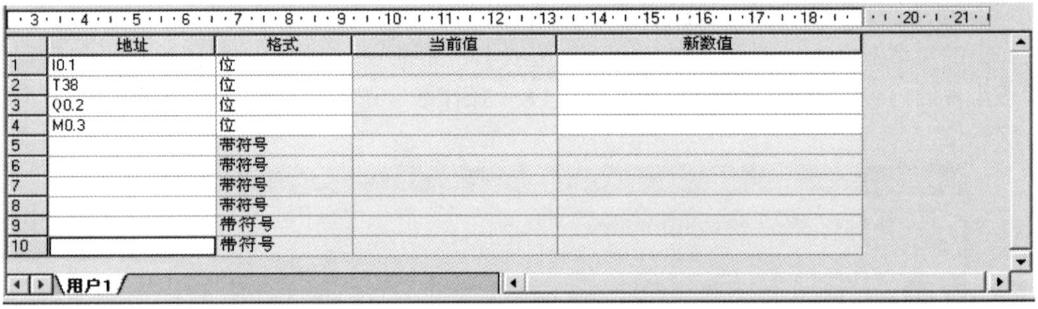

	地址	格式	当前值	新数值
1	I0.1	位		
2	T38	位		
3	Q0.2	位		
4	M0.3	位		
5		带符号		
6		带符号		
7		带符号		
8		带符号		
9		带符号		
10		带符号		

用户 1

图 4-48　状态图

执行"编辑"→"插入"命令，或右击状态图中的单元，执行弹出的菜单中的"插入"命令，可以在状态图中当前光标位置的上部插入新的行。将光标置于最后一行中的任意单元后，按〈Down〉键（方向下键），可以将新的行插在状态表的底部。在符号表中选择变量并将其复制在状态图中，可以加快创建状态图的速度。

2. 创建新的状态图

可以创建几个状态图，分别监视不同的元件组。右击指令树中的"状态图"按钮或单击已经打开的状态图，将弹出一个窗口，在窗口中执行"插入"→"状态表"命令，可以创建新的状态图。

3. 启动和关闭状态图的监视功能

与 PLC 的通信连接成功后，执行"调试"→"开始图状态"命令或双击指令树中的"状态图"按钮，可以启动状态图的监视功能，在状态图的"当前值"列将会出现从 PLC 中读取的动态数据，如图 4-49 所示。执行"调试"→"停止图状态"命令或单击"状态图"按钮，可以关闭状态图。状态图的监视功能被启动后，编程软件从 PLC 收集状态信息，并对状态图中的数据更新。这时还可以强制修改状态图中的变量，用二进制方式监视字节、字或双字，可以在一行中同时监视 8 点、16 点或 32 点位变量。

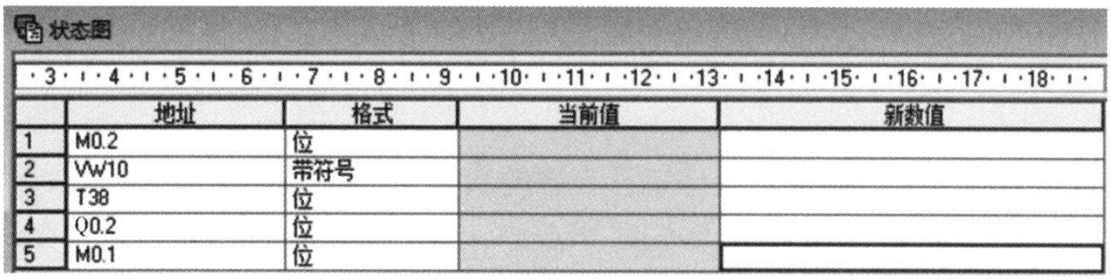

	地址	格式	当前值	新数值
1	M0.2	位		
2	VW10	带符号		
3	T38	位		
4	Q0.2	位		
5	M0.1	位		

图4-49　状态图监控状态

4.6.5　在运行模式下编辑用户程序

在运行模式下，不必转换到停止模式，便可以对程序做较小的改动，并将改动下载到PLC中。

建立好计算机与PLC之间的通信联系后，当PLC处于运行模式时，执行"调试"→"运行"命令，如果编程软件中打开的项目与PLC中的程序不同，将提示上载PLC中的程序。该功能只能编辑PLC中的已有程序。进入运行模式编辑状态后，将会出现一个跟随鼠标移动的PLC图标。再次执行"调试"→"运行"命令，将退出运行模式编辑。

编辑前应退出程序状态监视，修改程序后，需要将改动下载到PLC。下载之前一定要仔细考虑可能对设备或操作人员造成的各种影响。

在运行模式编辑状态下修改程序后，CPU对修改的处理方法可以查阅系统手册。

4.6.6　使用系统块设置PLC的参数

执行"检视"→"元件"→"系统块"命令或直接单击浏览条中的"系统块"按钮都可以打开系统块。单击指令树中"系统块"栏中的某一按钮，则可以直接进入系统块中对应的对话框。

系统块主要包括通信端口、断电数据保持、密码、输出表、输入滤波器、脉冲捕捉位和背景时间等，如图4-50所示。

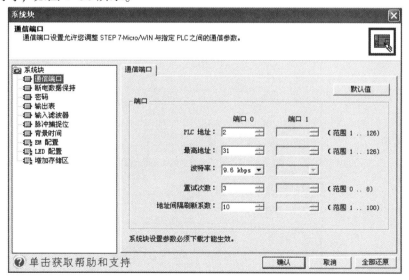

图4-50　"系统块"对话框

打开系统块后，单击感兴趣的按钮，进入对应的选项卡后，可以进行有关的参数设置。有的选项卡中有"默认"按钮，单击"默认"按钮可以自动设置编程软件推荐的设置值。

设置完成后，单击"确认"按钮确认设置的参数，并自动退出系统块窗口。设置完所有的参数后，需要立即将新的设置下载到PLC中，参数便存储在CPU模块的存储器中。

4.6.7　梯形图程序状态的强制功能

在PLC处于运行模式时执行强制状态。此时右击某元件地址位置，在弹出的菜单中可以对该元件执行写入、强制或取消强制的操作，如图4-51所示。强制和取消强制功能能不能用于V、M、AI和AQ的位。执行强制功能后，默认情况下PLC上的故障灯显示为黄色。

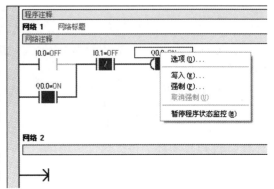

图4-51　执行强制状态

在PLC处于停止模式时也会显示强制状态。但只有在非"使用执行状态"和"程序状态监控"条件下，执行"调试"→"在停止模式中写入-强制输出"命令后，才能执行对输出Q和AQ的写入和强制操作。

4.6.8　程序的打印输出

打印的相关功能在菜单栏的"文件"菜单中，包括页面设置、打印预览和打印。

执行"文件"→"页面设置"命令，或单击工具栏中的"打印"按钮，在弹出的"打印"对话框中单击"页面设置"按钮，出现"页面设置"对话框，如图4-52所示。

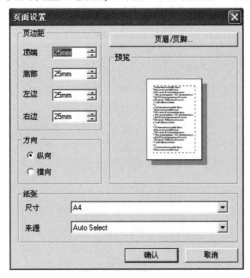

图4-52　打印前的页面设置

可在"页面设置"对话框中单击"页眉/页脚"按钮,弹出"页眉/脚注"对话框,可在该对话框中进行项目名、对象名称、日期、时间、页码、左对齐、居中、右对齐的设定。

执行"文件"→"打印预览"命令,或单击工具栏中的"打印预览"按钮,弹出"打印预览"对话框,可进行程序编辑器、符号表、状态表、数据块、系统块、交叉引用等的预览设置。若打印结果满意,则可选择打印功能。

执行"文件"→"打印"命令,或单击工具栏中的"打印"按钮,弹出如图4-53所示的"打印"对话框,在该对话框中可勾选需要打印的文件的组件的复选按钮,选择打印主程序网络1~网络20的梯形图程序,但如果还希望打印程序的附加组件,如还要打印符号表等,则所选打印范围无效,将打印全部LAD网络。

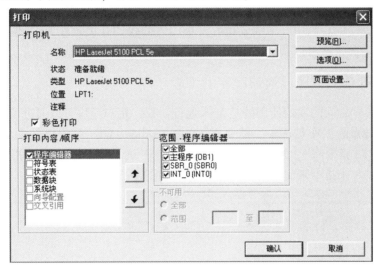

图4-53 "打印"对话框

单击"选项"按钮,在出现的"打印选项"对话框中选择是否打印程序属性、局部变量表和数据块属性。

4.7 通信程序下载与向导编程

4.7.1 主从式通信程序的下载

主从式通信方式接线很少,通过一根专用通信电缆将主站与从站通过指定的通信端口连接起来即可,通信端口在程序中应指定好,在这两例中都是用的"通信1口"。接下来是程序编写,编程有两种途径:一种是只在一台计算机上将主站程序编好后,下载到作为主站的PLC当中,然后编写从站程序,编好后下载到作为从站的PLC当中;另一种是用两台计算机分别给主站与从站编程下载,这一方法的优点是当两台PLC投入运行时,两台计算机可以分别监视主站与从站的工作状态。

计算机与PLC之间仍然用PC/PPI电缆进行通信，因"通信1口"已经被两台PLC之间的通信电缆占用，所以计算机与PLC之间只好用"通信0口"。STEP 7-Micro/WIN编程软件对单台PLC的默认站地址是2，就可以把主站地址设为2，这样，主站的程序不难下载，因为只要计算机与PLC通信过，地址肯定是2，编好程序直接下载就可以了。下载成功后将小门内的模式开关定在RUN位置，那么主站的编辑下载都结束了，就等待运行了。

将主站PLC的电源断开，然后拔下PC/PPI电缆插头，插到从站PLC的"通信0口"（如果是两台计算机分别编程下载就没有这一步），给从站PLC通上电源并开始编程。

从站地址应该从3开始，在这两个例子当中从站地址都选3。将PLC站地址由2设置为3，可单击"系统块"栏中的"通信端口"按钮（参见图4-50），将"PLC地址"设置为"3"后单击"确认"按钮退出。设置好的通信参数应立即下载到PLC主机，然后在进行通信时，会发现搜索出的站地址已经是3。完成这几步后，再将已编写好的从站程序下载到作为从站的PLC当中，下载成功后将小门内的模式开关定在RUN位置，这时给两台PLC都通上电源，就可以调试运行了。

4.7.2 PLC与变频器通信程序的下载

PLC与变频器之间的通信使用的是USS通信协议，用户程序可以通过子程序调用的方式进行编程，编程的工作量很小。需要在STEP 7-Micro/WIN编程软件中先安装"STEP 7-Micro/WIN V32指令库"，几秒钟即可安装好，USS通信协议指令在此指令库的文件夹中。指令库提供8条指令来支持USS通信协议，如图4-54所示。

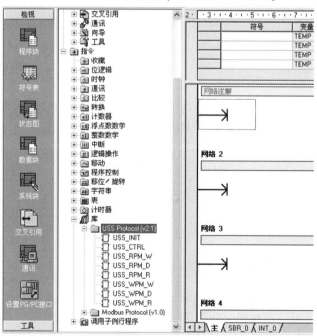

图4-54　USS通信协议通信指令库

调用一条USS指令时，将会自动增加一个或多个相关的子程序。调用方法是打开STEP 7-Micro/WIN编程软件，单击指令树中的"指令"→"库"→"USS Protocol〔v2.1〕"，将会出现用于 USS 通信协议的通信指令，用它们来控制变频器和读写变频器参数。用户不需要关注这些子程序的内部结构，只要将有关指令的外部参数设置好，直接在用户程序中调用它们即可，如图 4-55 所示。

①USS_INIT 指令用于初始化或改变 USS 执行的通信参数，只需在一个扫描周期调用一次就可以了，所以一般都使用 SM0.1 指令或在动合触点后加前沿微分指令达到只在一个扫描周期有效的目的。

②USS_CTRL（变频器控制）指令使用后，在用户程序中，每一个被激活的变频器只能有一条。

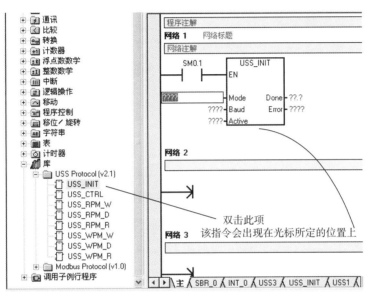

图 4-55　USS 通信协议的通信指令的输入方法

③USS_RPM_W（读变频器参数）和 USS_WPM_W（写变频器参数）指令可以任意使用，但是每次只能激活其中的一条。

在下载程序调试之前，还应确保 PLC 与变频器之间的通信电缆已经接好，屏蔽线也已经接好，变频器操作面板上所设置的波特率和站地址等应与程序中的相符合。

4.7.3　向导

一些特殊功能指令，如通信、高速计数器、PID、TD 200 等，可以通过"向导"进行编程、设置。在 STEP 7-Micro/WIN 编程软件中，"向导"的功能相当强大，除了编程、设置之外，还可以利用它进行配方、数据归档、组态等。在菜单栏中直接单击"工具"菜单或者在指令树中单击"向导"按钮，都会出现向导的选项菜单，如图 4-56 所示。

例如，需要编辑高速计数器指令的应用程序，这时就可以使用"向导"，让"向导"为我们编程。只要按照对话框正确输入相关参数，"向导"编辑组态后，梯形图程序就生成了。在图 4-56 中选择"工具"下拉菜单的"指令向导"选项，或在指令树的向导区域内双击"高速计数器"按钮，都会出现"向导"编辑高速计数器程序的第一个对话框，如图 4-57 所示。在对话窗口选定参数后，单击"下一步"按钮，继续进行后面的选择。

图 4-56　向导的选项菜单

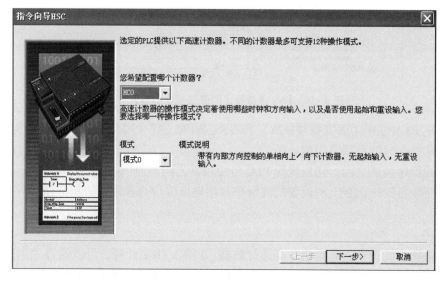

图 4-57　"向导"编辑高速计数器程序的第一个对话框

实例篇

实验室实例与简单应用

在学习了 PLC 的工作原理，熟悉了它的结构组成及指令系统之后，就要动手编写程序了。首先要熟悉编程软件，因本书是以 S7-200 PLC 系列 CPU 226 为样机的，专用编程软件就是 STEP 7-Micro/WIN，现用版本为 STEP 7-Micro/WIN V4.0 SP9。

最初编程时都是编写控制要求非常简单的程序，目的是熟悉编程环境，所用的编程语言是梯形图。梯形图直观易懂，它与电气控制系统的电路图相似，是目前大家愿意使用的编程语言。梯形图的设计过程称为编程，在梯形图中能反映信号间的逻辑关系。程序调试时能够从编程软件中直接看出某个信号的通/断状态。

编程步骤：①明确控制要求或称控制目的；②进行 I/O 分配，也就是数一数程序中应出现多少个 I/O 信号，然后为其分配一个 I/O 地址；③画出 PLC 的对外接线图；④接线、编程、下载、调试、运行。其中②和③可以合为一步。

我们学习 PLC 的最终目的是为生产服务，为工程服务，为自动控制系统服务。通过课程实验巩固基础知识，检验知识的掌握程度，构筑应用环境，强化工程意识，进一步提高编程水平和应用能力。

程序仅供参考，重要的是明确控制要求，了解指令的使用方法，由浅到深逐渐感悟 PLC 作为核心器件的控制系统的逻辑关系是如何实现的。

实例 1 运料小车延时正、反向控制

1. 控制要求

运料小车由三相交流异步电动机驱动。当按下正向启动按钮 SB1 时，如果小车处于停止状态，则立即正向运行，直至碰到正向限位开关 SQ1 后停止；如果小车处于反向运行状态，则先使反向停止，10 s 后小车正向运行，直至碰到正向限位开关 SQ1 后停止。当按下反向启动按钮 SB2 时，如果小车处于停止状态，则立即反向运行，直至碰到反向限位开关 SQ2 后停止。如果小车处于正向运行状态，则先使正向停止，10 s 后小车反向运行，直至碰到反向限位开关 SQ2 后停止。任何时候按下停止按钮 SB3，小车停止运行。

2. 程序设计

①根据控制要求，首先要确定 I/O 个数，进行 I/O 分配，进一步定出 PLC 对外接线，

如图 5-1 所示。小车运行示意如图 5-2 所示。

图 5-1　运料小车正、反向控制的 PLC 对外接线

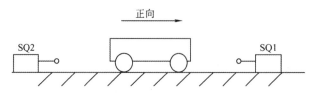

图 5-2　小车运行示意

②小车运行控制程序梯形图如图 5-3 所示。

③程序注释：当按下正向启动按钮 SB1 时，I0.0 处于 ON 状态，这时控制 Q0.0 线圈的第一程序行中的各点都是 ON 状态，Q0.0 即可进入 ON 状态，使外接 KM1 接触器线圈得电，KM1 的主触点闭合，电动机通电运转，拖动小车正向运行。松开 SB1 也不影响 Q0.0 的 ON 状态，因它的动合触点已闭合，可使 Q0.0 保持 ON 状态。正向运行到终点撞上正向限位开关 SQ1 时，它的动合触点会使 I0.3 处于 ON 状态，程序行中 I0.3 的动断触点（也就是取反状态点）就会断开变成 OFF 状态，从而使 Q0.0 变成 OFF 状态，停止正向运行。如果按下正向启动按钮 SB1 时，小车正处于反向运行，Q0.1 是 ON 状态，这时第四程序行的 M0.0 线圈将变成 ON 状态，它的动合触点会使第五程序行的定时器 T37 开始计时，第九程序行中的 M0.0 的动断触点断开，使 Q0.1 变成 OFF 状态，小车停止反向运行。10 s 后 T37 的动合触点闭合使 M0.1 线圈变成 ON 状态并保持，因为用的是置位指令。第三程序行中的 M0.1 的动合触点使 Q0.0 线圈变成 ON 状态，小车开始正向运行，同时，第八程序行 Q0.0 的动合触点闭合使 M0.1 线圈复位变成 OFF 状态，不影响小车继续正向运行，因为在第二程序行中有 Q0.0 的自锁触点。反向启动及运行过程就不用注释了，与正向是相同的，反向启动按钮是 SB2，反向限位开关是 SQ2，所用接触器是 KM2。

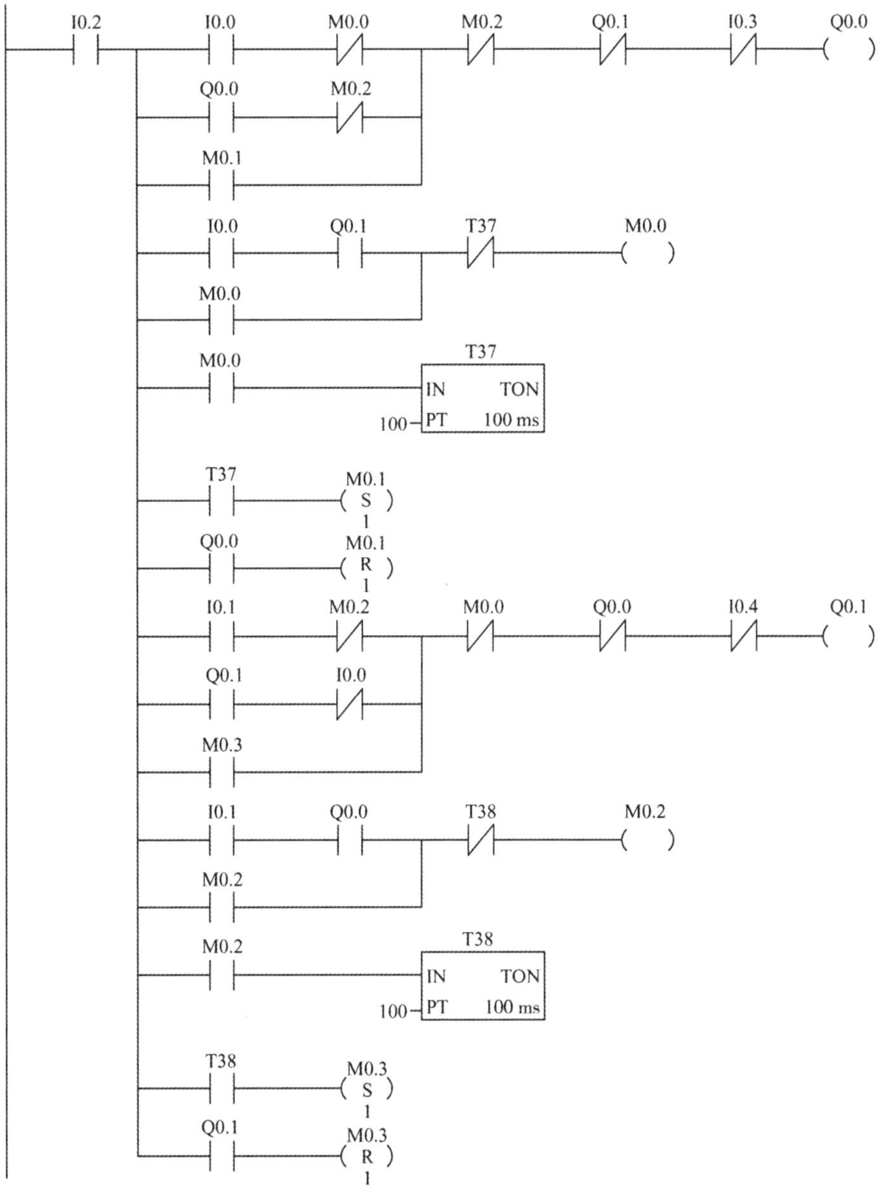

图5-3　小车运行控制程序梯形图

实例2　电动机星形-三角形降压启动控制

1. 控制要求

如图5-4所示为单台电动机星形（Y）-三角形（△）降压启动控制电路，将其用PLC改造，要求画出PLC对外接线图，并编写出PLC梯形图程序。

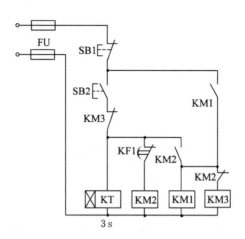

图 5-4　电动机丫-△降压启动控制电路

2. 程序设计

电动机丫-△降压启动是大家最熟悉的一种降压启动方式，体现为方法简单、安装维护方便、经济实惠。其控制电路也有很多种，不管是哪种控制结果都是一样的，其本质就是3 个接触器中先是第一个与第二个得电动作，形成电动机的丫启动，隔 3 s 变成第一个与第三个得电动作，形成电动机的△运行。

用 PLC 程序来实现这一控制过程，关键在于不要在一个周期内形成 3 个接触器都能得电动作的程序。

①根据控制要求，电动机丫-△降压启动控制 PLC 对外接线如图 5-5 所示。

②方案 1 的控制程序梯形图如图 5-6 所示。

③方案 2 的控制程序梯形图如图 5-7 所示。

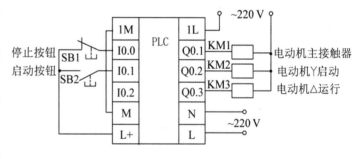

图 5-5　电动机丫-△降压启动控制 PLC 对外接线

图 5-6　电动机丫-△降压启动控制程序梯形图方案 1

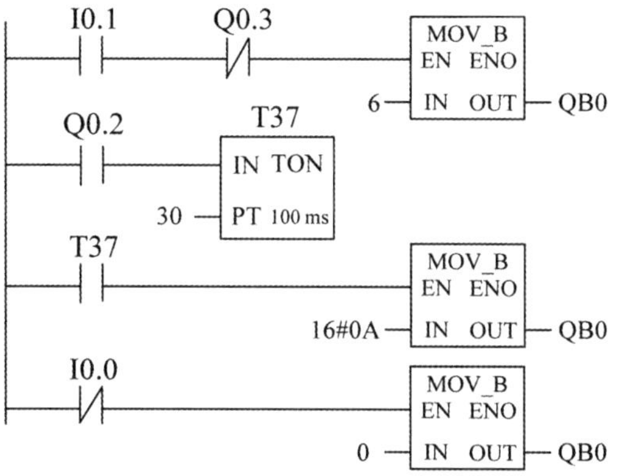

图5-7 电动机Ⅴ-△降压启动控制程序梯形图方案2

由方案1得知：①如果使所编的程序都放在一个网络里，便于查找监视，那么程序的整体结构就会出现头轻脚重，按要求是最不允许的一种结构形式，如图5-6所示。在一个网络中，将停止按钮放在最前面刚好能形成只有一个程序行与总母线相连的要求，这样给编程人员带来方便，但给PLC操作系统带来了负担，增加了扫描时间，所以若程序较长则尽量不要这样做。②利用PLC周期性逐行扫描的特点，使程序既简捷又能实现控制要求。

由方案2得知：传送指令的输入信号使能端（EN）所要求的信号类型是脉冲型的，即使所加信号是连续型的，若后面又有传送指令形成，则仍然要对其进行覆盖。

实例3 带式运输机可重复顺序启动、逆序停止控制

1. 控制要求

设计一种控制系统，能够实现多级带式运输机的可重复延时顺序启动、逆序停止控制，所有带式运输机均由三相交流异步电动机驱动。当按下启动按钮SB1时，1号带式运输机立即启动运行，延时5 s后，2号带式运输机启动运行，延时10 s后，3号带式运输机启动运行，延时15 s后，4号带式运输机启动运行。任何时候按下停止按钮SB2，带式运输机逆序启动、顺序停止，相隔延时时间均为8 s，直至所有带式运输机均停止运行。在电动机逆序停止过程中，如果按下启动按钮SB1，则停止过程立即中断，带式运输机按照上述启动规则又可顺序延时启动，延时时间从启动按钮按下时刻算起。

2. 程序设计

①根据控制要求，首先要确定I/O个数，进行I/O分配，带式运输机可重复顺序启动、逆序停止。

②方案1的控制程序梯形图如图5-8所示。

③方案2的控制程序梯形图如图5-9所示。

④带式运输机可重复顺序启动、逆序停止PLC对外接线如图5-10所示。

```
   I0.0        I0.1        M0.0
 ──┤ ├──┬──────┤/├────────(   )         电动机顺序工作的启/停控制
   M0.0  │
 ──┤ ├───┘

   Q0.0   M0.0        I0.0   I0.1   Q0.3                T37          启与停都使用这
 ──┤ ├───┤/├──┬──────┤/├───┤ ├───┤/├──────────┌─IN   TON─┐    个定时器，全部启
   M0.0        │                              350─┤PT  100 ms│    动后，停止计时
 ──┤ ├─────────┘                                  └──────────┘

   M0.0                        Q0.0
 ──┤ ├────────────────────────(S)              按下启动按钮，第一台即启动工作
                                1
               M0.2   T37          Q0.2   Q0.3
             ──┤/├───┤==I├────────┤ ├────(S)        正常启动过程，第四
                      300                  1        台要等30s才可启动
               M0.2   T37
             ──┤ ├───┤==I├                          重新启动过程，如果前3台并没停
                      150                            止，则M0.2闭合，15 s后启动第四台
               M0.3   T37
             ──┤ ├───┤==I├                          重新启动过程，如果前两台并没停
                      250                            止，则M0.3闭合，25 s后启动第四台
               M0.3   T37          Q0.1   Q0.2
             ──┤/├───┤==I├────────┤ ├────(S)        正常启动过程，第三
                      150                  1        台要等15 s才可启动
               M0.3   T37
             ──┤ ├───┤==I├                          重新启动过程，如果前两台并没停
                      100                            止，则M0.3闭合，10 s后启动第三台
               T37          Q0.1
             ──┤==I├────────(S)                     正常启动过程与重新启动过程，只要
                50          1                        第一台已启动，第二台都等5 s才可启动

   M0.0          Q0.2   Q0.3   M0.2
 ──┤ ├───┤P├──┬──┤ ├───┤/├────(S)       逆向停止过程，又想重新启
                │                  1     动，就应立即决定停止点，以
                │  Q0.1   Q0.2   M0.3    便重新顺序启动，如果前3台
                └──┤ ├───┤/├────(S)       没停，则M0.2线圈得电，如前
                                   1     两台没停，M0.3线圈得电

   M0.0          Q0.3   Q0.2   Q0.1   Q0.0   Q0.0
 ──┤/├───┤P├──┬──┤/├───┤ ├───┤/├───┤ ├────(R)
                │                                  1      一旦按下停止按钮，就要决
                │         Q0.1          Q0.1             定应该停止哪台，然后再顺序
                ├─────────┤ ├──────────(R)              停止其后的。本段程序的特点
                │                         1             是如果上、下位置调换，那么
                │  Q0.2          Q0.2                    最后程序运行的结果就完全不
                ├──┤ ├──────────(R)                    一样了
                │                  1
                │  Q0.3   Q0.3
                └──┤ ├───(R)
                          1

   M0.0   T37          Q0.1   Q0.0   Q0.0
 ──┤/├───┤==I├──┬──┤P├──┤/├───┤ ├────(R)        逆序停止，无论何时
           80   │                        1      都可按下停止按钮，保
           T37   │                              证依序延时停止
         ──┤==I├─┤
           160   │
           T37   │
         ──┤==I├─┘
           240
```

图5-8 带式运输机可重复顺序启动、逆序停止控制程序梯形图方案1

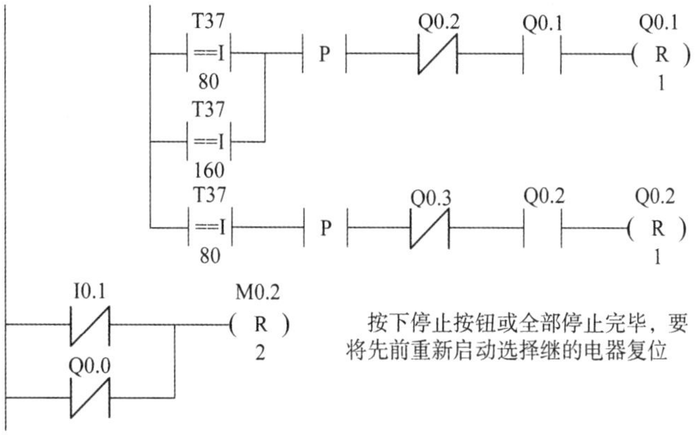

图 5-8 带式运输机可重复顺序启动、逆序停止控制程序梯形图方案 1（续）

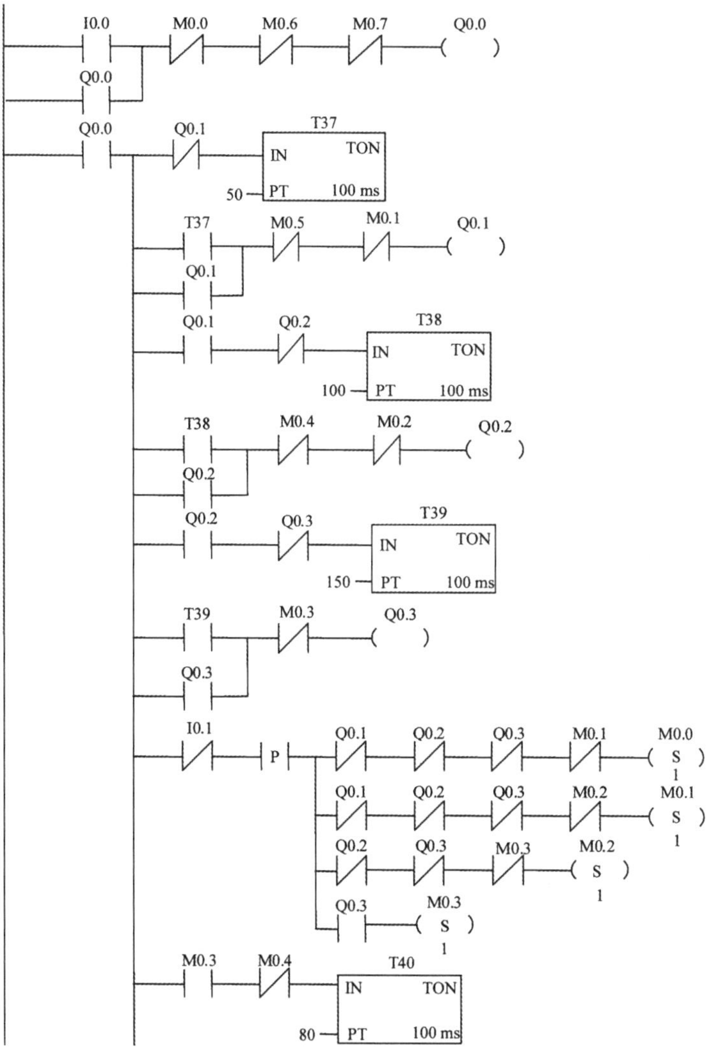

图 5-9 带式运输机可重复顺序启动、逆序停止控制程序梯形图方案 2

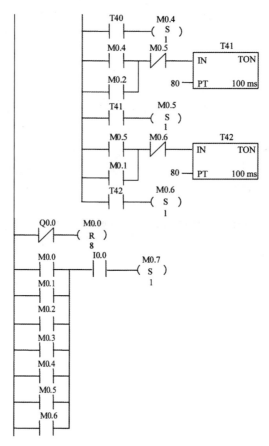

图 5-9　带式运输机可重复顺序启动、逆序停止控制程序梯形图方案 2（续）

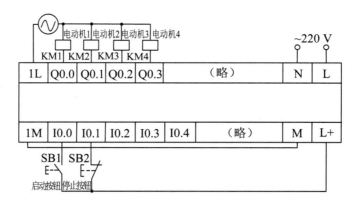

图 5-10　带式运输机可重复顺序启动、逆序停止 PLC 对外接线

　　编程难点在于可重复启、停，也就是说在启动过程中，按下停止按钮就会马上进入逆序停止；在停止过程中，按下启动按钮又会继续顺序启动，所有间隔时间是不能乱的。例如，逆序停止已将电动机 4、电动机 3 停止，再停就该是电动机 2 了，此时又按下启动按钮 SB1，控制过程马上由停止转为启动，所以接下来的动作就是延时 10 s，启动电动机 3，先后顺序、时刻、间隔都是不能乱的。

方案1中只用了一个时间继电器,所有的延时都由它负责,具体时刻用了比较指令,所以程序中比较指令较多。程序中使用了上升沿脉冲指令,利用它为其前面的触点信号只ON一个扫描周期的特点来抓转换点。另外,这个例子还适合用顺控指令来编写,自己可编写程序上机验证,然后写在实验报告中。

实例 4　水塔水位自动控制

1. 控制要求

该系统由储水池、水塔、进水电磁阀、出水电磁阀、水泵及4个液位传感器S1、S2、S3、S4组成。液位传感器用于检测储水池和水塔的临界液位,其结构示意如图5-11所示。

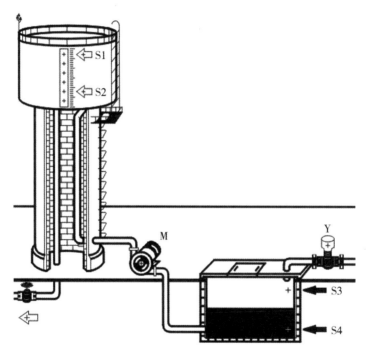

图5-11　水塔水位自动控制系统结构示意

①按下启动按钮,进水电磁阀KV1打开,水位开始上升。

②当储水池的水位达到其上限值时,其上水位检测传感器S3输出信号,进水电磁阀Y关闭,水位停止上升。

③当水位到达S3后,水泵电动机M开始动作,将储水池的水传送到水塔中去。

④当水塔的水位达到其上限值时,其上水位检测传感器S1输出信号,水泵M停止抽水。

⑤水塔的出水电磁阀根据用户用水量的大小可通过旋钮进行调节,当水塔的水位下降到其下水位时,其下水位检测传感器S2停止输出信号,水泵会再次打开。为了保证水塔

的水量，储水池会在其水位处于下限值（液位传感器 S4 没有信号）时，自动打开进水电磁阀 Y。

2. 程序设计

水塔水位自动控制系统 PLC 对外接线如图 5-12 所示。

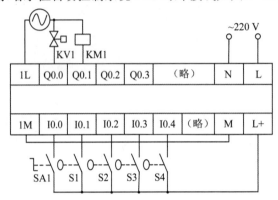

I/O分配：
I0.0—启动开关SA1
I0.1—水塔上水位检测传感器S1
I0.2—水塔下水位检测传感器S2
I0.3—储水池上水位检测传感器S3
I0.4—储水池下水位检测传感器S4
Q0.0—控制储水池进水的电磁阀KV1
Q0.1—控制电动机M的接触器KM1

图 5-12　水塔水位自动控制系统 PLC 对外接线

实验参考程序如下：

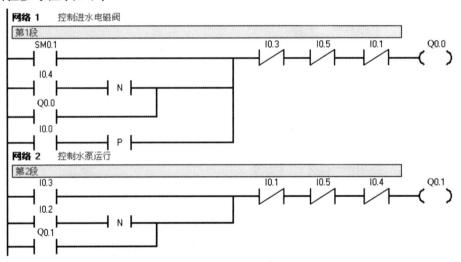

实例5　天塔之光

1. 控制要求

该系统是模拟天津电视塔夜灯控制系统而设计的，主要由 9 个环形设计的彩灯组成，通过进行彩灯亮、灭先后的顺序控制，来实现五彩灯光的点缀效果。其面板结构示意如图 5-13 所示。

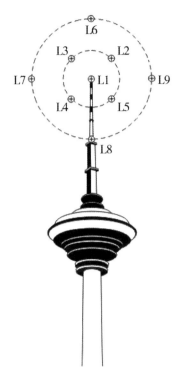

图 5-13　天塔之光系统面板结构示意

按下启动按钮，灯 L1 亮 2 s 后熄灭；改为灯 L2、L3、L4、L5 一起亮，2 s 后又熄灭；改为灯 L6、L7、L8、L9 一起亮，2 s 后又熄灭；灯 L1 又重新亮，依此循环下去。按下停止按钮，所有灯灭。

输入、输出分配如下。

①输入：启动按钮——I0.0，停止按钮——I0.1。

②输出：L1——Q0.0，L2——Q0.1，L3——Q0.2，L4——Q0.3，L5——Q0.4，L6——Q0.5，L7——Q0.6，L8——Q0.7，L9——Q1.0，共 9 盏灯。

2. 程序设计

输出口用了 9 个，都是直流 24 V 供电，如图 5-14 所示。

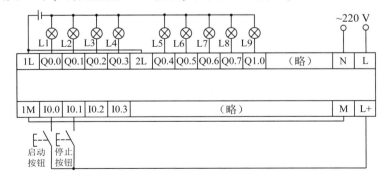

图 5-14　天塔之光系统 PLC 对外接线

因控制要求并不复杂，程序易编易懂，故有 2 个方案供参考。方案 1 更多地用置位复位指令，如图 5-15 所示；方案 2 使用比较指令及送数指令，如图 5-16 所示。

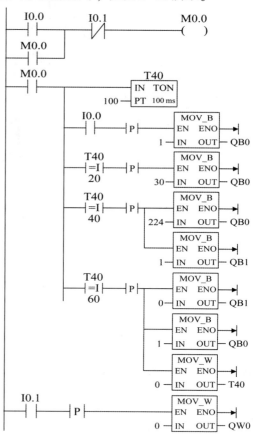

图 5-15　天塔之光控制程序梯形图方案 1　　　　图 5-16　天塔之光控制程序梯形图方案 2

实例 6　单按钮控制彩灯循环移位

1. 控制要求

用 1 个按钮控制彩灯循环，第一次按下启动循环移位，第二次按下停止循环移位。用另一个按钮控制循环移位方向，第一次按下左向移位，第二次按下右向移位，由此交替，假设初始状态为 00000101，移位周期为 1 s。

2. 程序设计

①根据控制要求，首先要确定 I/O 个数，进行 I/O 分配，彩灯循环移位 PLC 对外接线如图 5-17 所示。

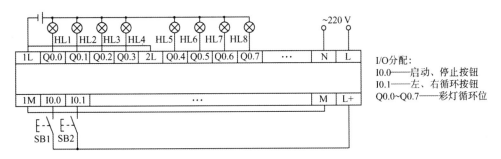

图5-17 彩灯循环移位 PLC 对外接线

②彩灯循环移位控制程序梯形图如图5-18所示。

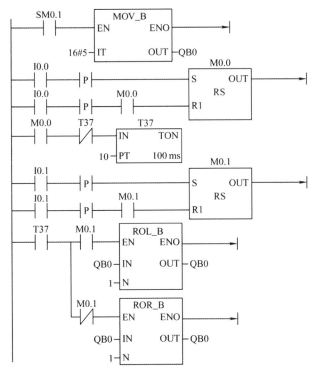

图5-18 彩灯循环移位控制程序梯形图

实例7 洗衣机自动控制

1. 控制要求

初始状态：没有任何输出信号，洗衣机处于静止状态。

合上洗衣机启动开关SA1。①开始往洗衣机里注水，进水电磁阀KV1工作，待水位到达水位满位置时，水位开关SL2闭合，此时低水位位置上的水位开关SL1肯定也是闭合的，停止进水，KV1线圈失电，洗衣机开始正转，正转10 s后，停止5 s，洗衣机反转，反转10 s后，停止5 s。如此正、反转再重复2次，共3次，停止转动。②开始排水，排水电磁阀KV2工作，待水位下降到SL1开关以下时，停止排水，KV2线圈失电。洗衣机又重新进水，重复①的工作过程，然后再排水，再重复①，总计重复2次①的过程，相当于经历3次①的工作过程，排水3次。③第3次排水后，待水位下降到SL1以下时，停止排水，KV2线圈失电。洗衣机进入脱水工作阶段，脱水共需5 s，然后全部工作过程结束。④无论何时合上洗衣机停止开关SA2，都能停止当前操作，回到初始状态。

2. 程序设计

在编写程序时如何搭建"步"，就要使用顺序控制指令了。每一步都要使用3条指令，这3条指令前后呼应，顺序不能颠倒，缺一不可，组成一个固定的程序段。这3条指令是，段开始（SCR）；段转移（SCRT）；段结束（SCRE）。它们是一个"团结战斗的阵营"。

在每一步开始时用段开始指令，接下来是在这一段要完成的控制任务；再接下来编写段转移程序，也就是一旦某个转移信号出现，就要激活段转移指令，从当前步转移到段转移指令所指向的步；最后是段结束指令，它的功能是结束本步（工作段）程序的运行。表5-1列出了这3条指令的形式及功能。

表5-1　顺序控制指令的形式及功能

STL	LAD	功能	操作对象
LSCR S_bit	S_bit [SCR]	顺序状态开始	S（位）
SCRT S_bit	S_bit —(SCRT)	顺序状态转移	S（位）
SCRE	—(SCRE)	顺序状态结束	无

①根据控制要求，首先要确定I/O个数，进行I/O分配，图5-19所示为洗衣机工作示意，洗衣机自动洗衣PLC对外接线如图5-20所示。

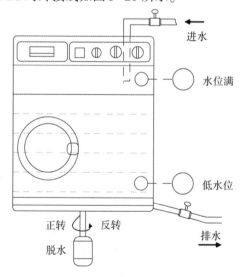

图5-19　洗衣机工作示意

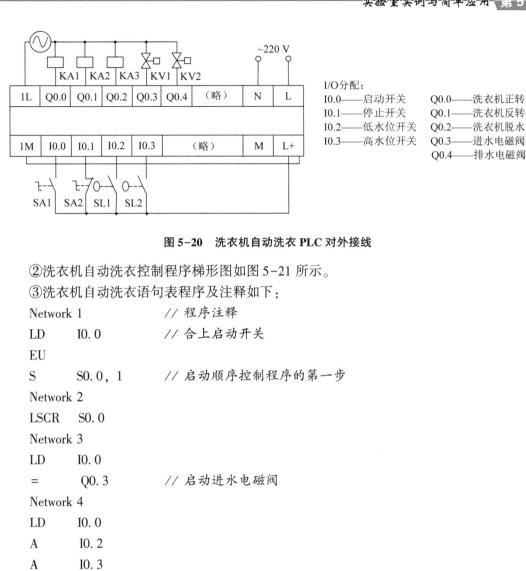

图 5-20　洗衣机自动洗衣 PLC 对外接线

②洗衣机自动洗衣控制程序梯形图如图 5-21 所示。

③洗衣机自动洗衣语句表程序及注释如下：

Network 1　　　　　　　// 程序注释

LD　　I0.0　　　　　　// 合上启动开关

EU

S　　S0.0，1　　　　　// 启动顺序控制程序的第一步

Network 2

LSCR　S0.0

Network 3

LD　　I0.0

=　　　Q0.3　　　　　// 启动进水电磁阀

Network 4

LD　　I0.0

A　　　I0.2

A　　　I0.3

SCRT　S0.1　　　　　// 当水位超过最高水位点时，出现步转移

Network 5

SCRE

Network 6

LSCR　S0.1

Network 7

LD　　I0.0

=　　　Q0.0　　　　　// 新的一步是洗衣机开始正转

TON　　T37，+100　　// 正转 10 s

Network 8

LD　　T37

SCRT　S0.2　　　　　// 10 s 后出现步转移

Network 9

SCRE

Network 10

LSCR   S0. 2

Network 11

LD   I0. 0

TON   T38, +50   // 新的一步是洗衣机静止 5 s

Network 12

LD   T38

SCRT   S0. 3   // 5 s 后出现步转移

Network 13

SCRE

Network 14

LSCR   S0. 3

Network 15

LD   I0. 0

=   Q0. 1   // 新的一步是洗衣机开始反转

TON   T39, +100   // 反转 10 s

Network 16

LD   T39

SCRT   S0. 4   // 10 s 后出现步转移

Network 17

SCRE

Network 18

LSCR   S0. 4

Network 19

LD   I0. 0

TON   T40, +50   // 新的一步是洗衣机静止 5 s

Network 20

LD   T40

LD   C1

CTU   C1, 3   // 5 s 后给计数器计数 1 次，共计 3 次

Network 21

LD   T40

AN   C1

SCRT   S0. 1   // 3 次没到，就往回返

Network 22

LD   T40

A   C1

SCRT   S0. 5   // 3 次到了，就转移到新的一步

Network 23

SCRE

Network 24

SCR   S0. 5

Network 25

LD   I0. 0

=   Q0. 4   // 新的一步是排水

Network 26

LD   I0. 0

AN   I0. 2

AN   I0. 3

LD   C2

CTU   C2，3   // 排水过程计数，总共应排3次

Network 27

LDN   C2

AN   I0. 2

AN   I0. 3

SCRT   S0. 0   // 如果没到3次，则回到最初步，重新加水继续洗

Network 28

LD   C2

AN   I0. 2

AN   I0. 3

SCRT   S0. 6   // 如果已到3次，则出现步转移

Network 29

SCRE

Network 30

LSCR   S0. 6

Network 31

LD   I0. 0

=   Q0. 2   // 新的一步是脱水

TON   T41，+50   // 脱水共用5 s

Network 32

LD   T41

SCRT   S0. 7   // 5 s后全部洗衣过程结束

Network 33

SCRE

Network 34

LDN   I0. 1   // 在洗衣过程中无论什么时候合上停止开关，都回到初始状态

R   S0. 0，8

R   Q0. 0，8

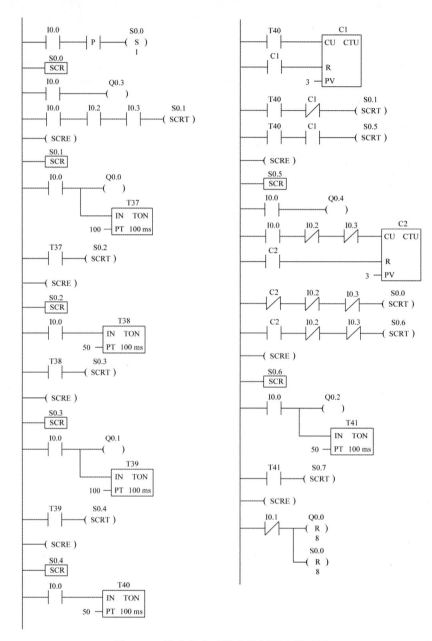

图 5-21 洗衣机自动洗衣控制程序梯形图

实例 8 人行道交通信号灯控制

1. 控制要求

初始状态东西、南北两路交通信号灯（以下简称交通灯）及人行道交通灯都处于失电状态，路面交通灯数码显示区显示00。

当按下开始按钮时，交通灯开始工作，东西向绿灯亮 4 s→闪烁 2 s→黄灯亮 3 s→红灯亮 9 s，同时在数码显示区用倒计时方式显示当前指示灯的剩余时间。与东西向交通灯对应的是南北向红灯亮 9 s→绿灯亮 4 s→闪烁 2 s→黄灯亮 3 s。此路交通灯无对应的数码显示输出。在此运行过程中人行道指示灯 L1 红灯亮表示禁止行人通过。

当按下按钮 SB1，此时东西向、南北向交通灯都显示出红灯亮，表示十字路口的车辆都禁止通过。与此同时人行道红灯 L1 灭，绿灯 L2 亮表示行人可以通过此路口，时间为 10 s。同时数码显示区显示当前剩余时间，当时间到达后立即返回到原来的路口状况，交通灯接着正常运行。

当按下停止按钮时，交通灯都停止运行，数码显示区显示 00。

2. 程序设计

输入、输出分配如下。

①输入：SB1——I0.0（人行道路灯通行按钮），开始按钮——I0.1，停止按钮——I0.2。

②输出：A0——Q0.0，B0——Q0.1，C0——Q0.2，D0——Q0.3，A1——Q0.4，B1——Q0.5，C1——Q0.6，D1——Q0.7，东西绿——Q1.0，东西黄——Q1.1，东西红——Q1.2，南北绿——Q1.3，南北黄——Q1.4，南北红——Q1.5，L1——Q1.6，L2——Q1.7。

人行道交通信号灯控制系统倒计时的显示装置采用 BCD 码的接线方式，也就是七段数码管的对外接线只有 4 个端口，分别为 A、B、C、D，当 4 个端口都有信号时，即为 1111，这 4 个 1 所表示的十六进制数是 15，数码管显示 F，接下来的 14 就是 1110，数码管显示 E，13 就是 1101，数码管显示 C。人行道交通信号灯控制系统的实验模块如图 5-22 所示，PLC 对外接线如图 5-23 所示。

控制过程有时序顺序控制的特点，比较适合用顺序控制指令编写，但考虑篇幅问题，此处的程序还是使用一般指令编写。梯形图程序中定时器、计数器及功能性指令用得比较多，难点在于倒计时程序的编写。人行道交通信号灯控制程序梯形图如图 5-24 所示。

图 5-22 人行道交通信号灯控制系统的实验模块

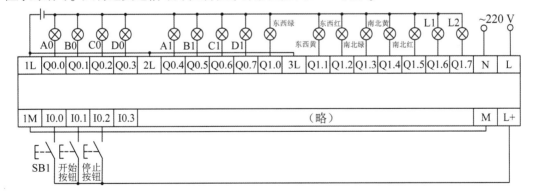

图 5-23 人行道交通信号灯控制系统 PLC 对外接线

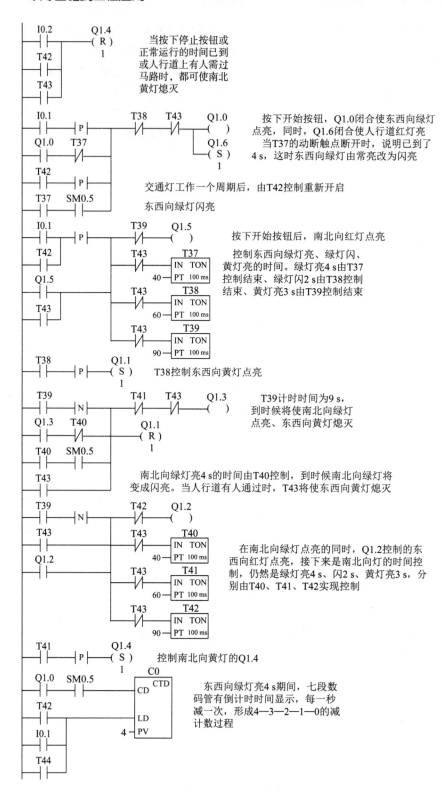

图5-24 人行道交通信号灯控制程序梯形图

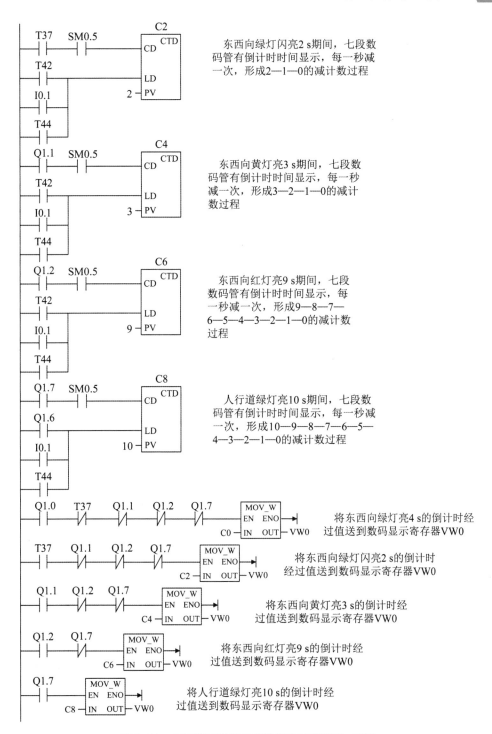

东西向绿灯闪亮2 s期间，七段数码管有倒计时时间显示，每一秒减一次，形成2—1—0的减计数过程

东西向黄灯亮3 s期间，七段数码管有倒计时时间显示，每一秒减一次，形成3—2—1—0的减计数过程

东西向红灯亮9 s期间，七段数码管有倒计时时间显示，每一秒减一次，形成9—8—7—6—5—4—3—2—1—0的减计数过程

人行道绿灯亮10 s期间，七段数码管有倒计时时间显示，每一秒减一次，形成10—9—8—7—6—5—4—3—2—1—0的减计数过程

将东西向绿灯亮4 s的倒计时经过值送到数码显示寄存器VW0

将东西向绿灯闪亮2 s的倒计时经过值送到数码显示寄存器VW0

将东西向黄灯亮3 s的倒计时经过值送到数码显示寄存器VW0

将东西向红灯亮9 s的倒计时经过值送到数码显示寄存器VW0

将人行道绿灯亮10 s的倒计时经过值送到数码显示寄存器VW0

图5-24 人行道交通信号灯控制程序梯形图（续）

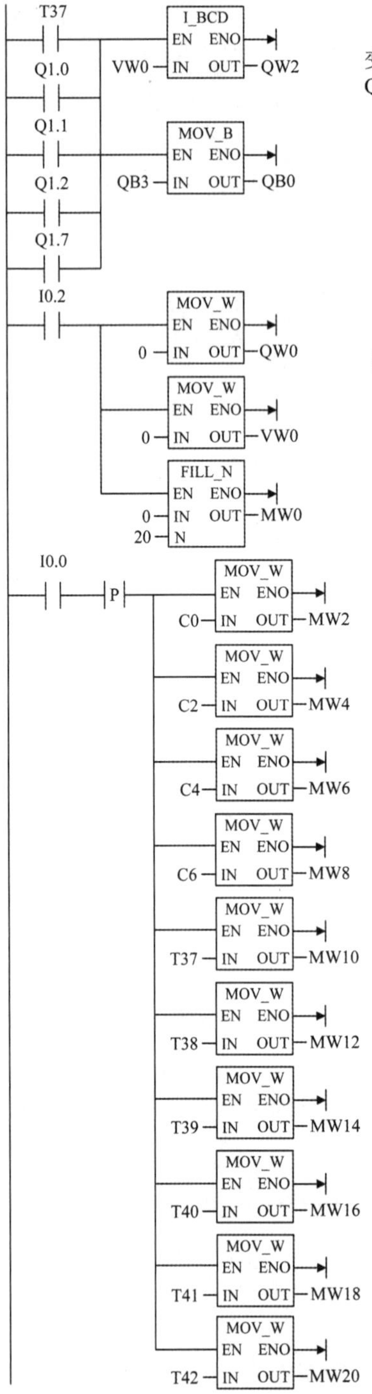

```
  T37      I_BCD
  ┤├──┬──  EN  ENO ──
  Q1.0 │   VW0─IN  OUT─QW2
  ┤├───┤
  Q1.1 │   MOV_B
  ┤├───┤   EN  ENO ──
  Q1.2 │   QB3─IN  OUT─QB0
  ┤├───┤
  Q1.7 │
  ┤├───┘
```
将每个时段存在数据寄存器里的数据
变成BCD码送到QW2处，然后再送到
QB0处，通过外接的数码管显示出来

```
  I0.2     MOV_W
  ┤├──┬──  EN  ENO ──
       │   0─IN  OUT─QW0
       │   MOV_W
       ├── EN  ENO ──
       │   0─IN  OUT─VW0
       │   FILL_N
       └── EN  ENO ──
           0─IN  OUT─MW0
          20─N
```
按下停止按钮，应将16个输出点位、16个
数据寄存器点位及中间变量点位全部清零

```
  I0.0
  ┤├─┤P├─┬── MOV_W
          │  EN  ENO ──
          │  C0─IN OUT─MW2
          ├── MOV_W
          │  EN  ENO ──
          │  C2─IN OUT─MW4
          ├── MOV_W
          │  EN  ENO ──
          │  C4─IN OUT─MW6
          ├── MOV_W
          │  EN  ENO ──
          │  C6─IN OUT─MW8
          ├── MOV_W
          │  EN  ENO ──
          │  T37─IN OUT─MW10
          ├── MOV_W
          │  EN  ENO ──
          │  T38─IN OUT─MW12
          ├── MOV_W
          │  EN  ENO ──
          │  T39─IN OUT─MW14
          ├── MOV_W
          │  EN  ENO ──
          │  T40─IN OUT─MW16
          ├── MOV_W
          │  EN  ENO ──
          │  T41─IN OUT─MW18
          └── MOV_W
             EN  ENO ──
             T42─IN OUT─MW20
```
当有人需过马路时就要按下按钮使
I0.0闭合，这时要把当前的所有数据分
别存放到数据寄存器里面

图5-24　人行道交通信号灯控制程序梯形图（续）

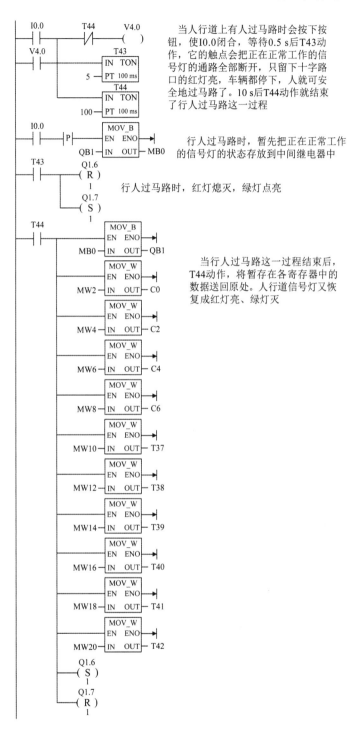

当人行道上有人过马路时会按下按钮，使I0.0闭合，等待0.5 s后T43动作，它的触点会把正在正常工作的信号灯的通路全部断开，只留下十字路口的红灯亮，车辆都停下，人就可安全地过马路了。10 s后T44动作就结束了行人过马路这一过程

行人过马路时，暂先把正在正常工作的信号灯的状态存放到中间继电器中

行人过马路时，红灯熄灭，绿灯点亮

当行人过马路这一过程结束后，T44动作，将暂存在各寄存器中的数据送回原处。人行道信号灯又恢复成红灯亮、绿灯灭

图 5-24　人行道交通信号灯控制程序梯形图（续）

PLC——从零基础到工程应用

实例 9　自动车库门控制

1. 控制要求

自动车库门控制系统结构示意如图 5-25 所示，初始状态：Y1、Y2、Y3 均为 OFF；X1、X2、X3、X4 均为 OFF。

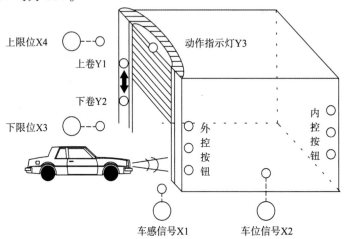

上限位X4　　动作指示灯Y3
上卷Y1
下卷Y2
下限位X3　　外控按钮　内控按钮
车感信号X1　　车位信号X2

图 5-25　自动车库门控制系统结构示意

①当车感信号 X1 接收到汽车车灯的闪光信号后，车库门上卷（Y1 为 ON 状态），且车库门上卷过程中动作指示灯 Y3 保持 ON 状态，到达上限位 X4 时，车库门停止上卷（Y1 为 OFF 状态），同时 Y3 灯灭；

②当车开进车库，到达车位信号 X2 时，X2 为 ON 状态（灯亮），15 s 后车库门下卷关闭（Y2 为 ON 状态），同时车库门下卷过程中动作指示灯 Y3 保持 ON 状态，到达下限位 X3 时，车库门停止下卷（Y2 为 OFF 状态），同时 Y3 灯灭；

③车库门内外设有内控按钮 SB4、SB5、SB6 和外控按钮 SB1、SB2、SB3，可以分别在车库内外以手动的方式开启和关闭车库门，并可随时停止。手动控制时的效果和自动控制时相同。

2. 程序设计

输入分配：

SB1——外控上卷门按钮（I0.0）　　SB2——外控下卷门按钮（I0.1）

SB3——外控停止按钮（I0.2）　　SB4——内控上卷门按钮（I0.3）

SB5——内控下卷门按钮（I0.4）　　SB6——内控停止按钮（I0.5）

X1——车感信号（I0.6）　　X2——车位信号（I0.7）

X3——下限位开关（I1.0）　　X4——上限位开关（I1.1）

输出分配：

Y1——车库门上卷（Q0.0）　　Y2——车库门下卷（Q0.1）

Y3——动作指示（Q0.2）

①接通电源。启动 PC，在桌面上找到 STEP 7-Micro/WIN 软件对应的图标，双击该图标，则进入 S7-200 PLC 编程环境，执行"项目"→"类型"→"CPU 226"命令。在梯形图状态下，即可进行程序录入或编写。

②输入老师给定的程序，进行程序下载、运行调试等，直到软件运行正确。

③按照实验要求，用导线连接 PLC 与实验装置面板上电源、输入、输出的对应端子。

④观察并记录实验装置面板上各按钮、指示灯与 PLC 输入及输出端子的对应关系。熟悉动合、动断触点，按钮，继电器线圈等在梯形图中的对应关系。

⑤自动车库门控制 PLC 对外接线如图 5-26 所示。

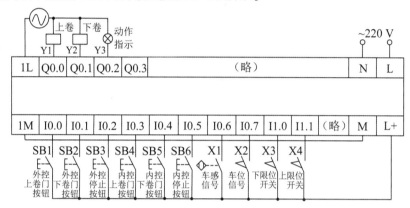

图 5-26　自动车库门控制 PLC 对外接线

在编写控制程序梯形图之前先调出符号表，方法：打开 STEP 7-Micro/WIN 软件后，单击最左端"查看"下面的"符号表"按钮，在弹出表格的"符号"栏逐个填上各信号名称。本例输入与输出加起来共 13 个，然后在"地址"栏填上相应的地址，如图 5-27 所示。接下来单击"程序块"按钮继续编写梯形图。在编写梯形图时就会发现程序中的输入或输出元件尽管键入的是地址，但在显示时会连同符号一起显示出来并且在梯形图的下面会自动生成相关的符号表，梯形图如图 5-28 所示。

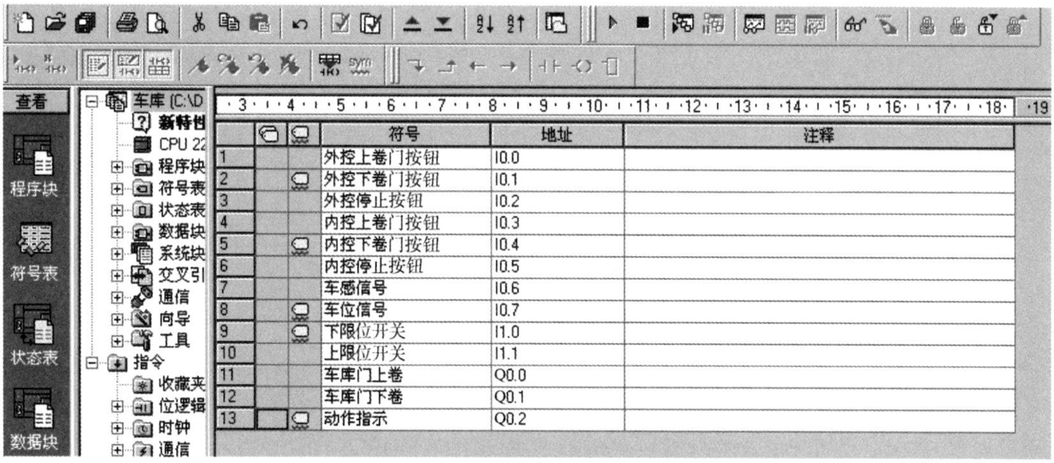

		符号	地址	注释
1		外控上卷门按钮	I0.0	
2		外控下卷门按钮	I0.1	
3		外控停止按钮	I0.2	
4		内控上卷门按钮	I0.3	
5		内控下卷门按钮	I0.4	
6		内控停止按钮	I0.5	
7		车感信号	I0.6	
8		车位信号	I0.7	
9		下限位开关	I1.0	
10		上限位开关	I1.1	
11		车库门上卷	Q0.0	
12		车库门下卷	Q0.1	
13		动作指示	Q0.2	

图 5-27　输入/输出信号的符号表

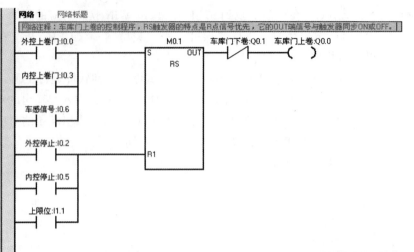

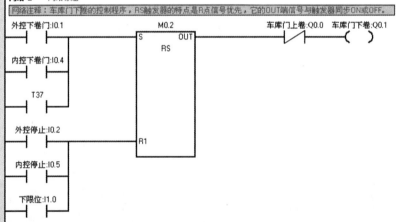

图 5-28　自动车库门控制程序梯形图

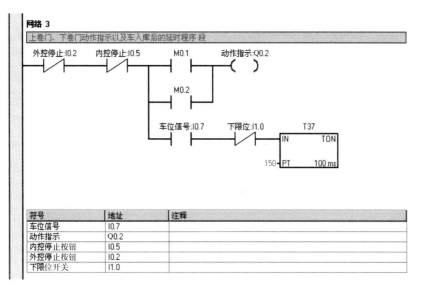

图 5-28　自动车库门控制程序梯形图（续）

实例 10　高速计数器应用

1. 控制要求

包装箱用传送带输送，当箱体到达检测传感器 A 时，开始计数。计数到 2 000 个脉冲时，箱体刚好到达封箱机下，传送带停下来进行封箱。假设封箱用时 3 s，3 s 过后箱体继续前行。当计数到 1 800 个脉冲时，箱体到达喷码机下，传送带又停下来进行喷码。假设喷码用时 2 s，2 s 过后箱体继续前行。直到箱体离开传送带，等待下一个箱体的到来。

2. 程序设计

①根据控制要求，首先要确定 I/O 个数，进行 I/O 分配。通过对本例的了解和掌握高速计数器的编程大致需要的初始化指令，定好模式后，按照所开通的高速计数器的号数，把旋转编码器与 PLC 输入端之间的导线接好。本例的模式是 9，开通的是 0 号高速计数器，所以将旋转编码器的 A、B 相分别接到 I0.0 及 I0.1 即可。箱体输送过程示意如图 5-29 所示，箱体输送过程 PLC 对外接线如图 5-30 所示。

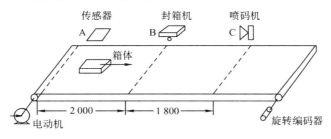

图 5-29　箱体输送过程示意

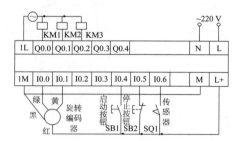

图 5-30　箱体输送过程 PLC 对外接线

②箱体输送过程控制程序梯形图如图 5-31 所示。

主程序:

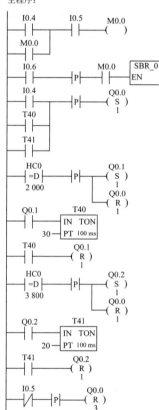

子程序:

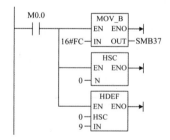

图 5-31　箱体输送过程控制程序梯形图

实例 11 步进电动机运转控制

1. 控制要求

四相八拍步进电动机接线原理如图 5-32 所示。图中接线端 A、B、C、D 为脉冲电源输入端，E、F 为公共端。其控制要求如下：

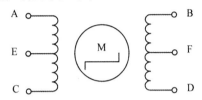

图 5-32 四相八拍步进电动机接线原理

①按下电动机正转启动按钮，顺序步为 A→AB→B→BC→C→CD→D→DA→A，此时电动机正转。

②按下电动机反转启动按钮，顺序步为 A→AD→D→DC→C→CB→B→BA→A，此时电动机反转。

③慢速为 1 步/s；快速为 10 步/s。

2. 程序设计

①步进电动机运转控制 PLC 对外接线如图 5-33 所示。

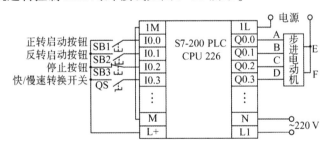

图 5-33 步进电动机运转控制 PLC 对外接线

②步进电动机运转控制语句表程序及注释如下：

主程序	// 程序注释
Network 1	// 决定步进电动机转动方向及步进速度程序段
LDI0.2	// 停止按钮
LPS	
LDI0.0	// 正转启动
OM1.0	
ALD	
ANI0.1	

```
 =M1. 0                      // 正转继电器
LRD
LDI0. 1                      // 反转按钮
OM1. 1
ALD
ANI0. 0
 =M1. 1                      // 反转继电器
LPP
LPS
AI0. 3                       // 高速点
MOVW10, VW0                  // 高速点预设时间
LPP
ANI0. 3                      // 低速点
MOVW100, VW0                 // 低速点预设时间
Network 2                    // 决定起始步位及循环计时程序段
LDM1. 0
OM1. 1
LPS
ANT34
TONT33, 10                   // 步进间隔时间
LRD
AT33
TONT34, VW0                  // 每一步所用的时间（步进速度）
LPP
ANM0. 0
ANM0. 1
ANM0. 2
ANM0. 3
ANM0. 4
ANM0. 5
ANM0. 6
ANM0. 7
MOVB1, MB0                   // 初始置位用于步进循环
Network 3                    // 决定循环方向程序段
LDT33
EU
LPS
AM1. 1
RRBMB0, 1                    // 右循环（步进电动机反向转动）
```

```
LPP
AM1. 0
RLBMB0, 1                          // 左循环 (步进电动机正向转动)
Network 4                          // 决定 A 相得电与失电程序段
LDM0. 0                            // 使 A 相得电
OM0. 1                             // 使 A 相得电
OM0. 7                             // 使 A 相得电
LDM0. 2                            // 使 A 相失电
OSM0. 1                            // 使 A 相失电
ONI0. 2                            // 使 A 相失电
OM0. 6                             // 使 A 相失电
NOT
LPS
AQ0. 0
=Q0. 0                             //A 相线圈
LPP
ALD
OQ0. 0
=Q0. 0                             //A 相线圈为一个 RS 触发器
Network 5                          // 决定 B 相得电与失电程序段
LDM0. 1                            // 使 B 相得电
OM0. 2                             // 使 B 相得电
OM0. 3                             // 使 B 相得电
LDM0. 4                            // 使 B 相失电
OSM0. 1                            // 使 B 相失电
ONI0. 2                            // 使 B 相失电
NOT
LPS
AQ0. 1
=Q0. 1                             //B 相线圈
LPP
ALD
OQ0. 1
=Q0. 1                             //B 相线圈为一个 RS 触发器
Network 6                          // 决定 C 相得电与失电程序段
LDM0. 3                            // 使 C 相得电
OM0. 4                             // 使 C 相得电
OM0. 5                             // 使 C 相得电
LDM0. 6                            // 使 C 相失电
```

OSM0. 1	// 使 C 相失电
ONI0. 2	// 使 C 相失电
NOT	
LPS	
AQ0. 2	
= Q0. 2	//C 相线圈
LPP	
ALD	
OQ0. 2	
= Q0. 2	//C 相线圈为一个 RS 触发器
Network 7	// 决定 D 相得电与失电程序段
LDM0. 5	// 使 D 相得电
OM0. 6	// 使 D 相得电
OM0. 7	// 使 D 相得电
LDM0. 1	// 使 D 相失电
OM0. 4	// 使 D 相失电
ONI0. 2	// 使 D 相失电
OSM0. 1	// 使 D 相失电
NOT	
LPS	
AQ0. 3	
= Q0. 3	//D 相线圈
LPP	
ALD	
OQ0. 3	
= Q0. 3	//D 相线圈为一个 RS 触发器
Network 8	// 停止时清零程序段
LDI0. 2	// 停止按钮
MOVB0，MB0	// 停止时将决定循环位的字节清零

实例 12　利用定时中断的彩灯循环移位

1. 控制要求

利用"定时中断"给 8 位彩灯循环左移。先设定 8 位彩灯在 QB0 处显示，并设初始值"9"，然后每隔 1 s 彩灯循环左移一位。控制按钮（SB1）选 I0.1 按一次开始，再按一次停止，停止后彩灯全灭。本例的特点是利用特殊继电器 SMB34 的定时产生第 10 号中断事件去执行 0 号中断程序。

2. 程序设计

①根据控制要求，首先要确定I/O个数，进行I/O分配。彩灯循环移位PLC对外接线如图5-34所示。

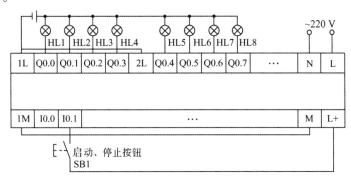

图5-34 彩灯循环移位PLC对外接线

②彩灯循环移位控制程序梯形图如图5-35所示，在STEP 7-Micro/WIN编程软件中主程序与中断程序要分别编写，各自都有自己的窗口，操作方法见第四章。

主程序OB1:

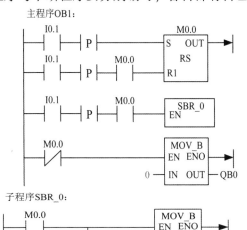

子程序SBR_0:

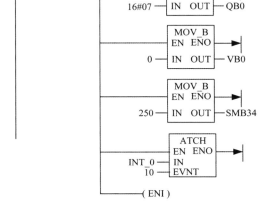

主程序的注释:

第一程序行：用I0.1作为启、停按钮，即按单数次是启动，按双数次是停止。用了RS触发器指令，利用它S与R同为1时，R信号状态优先的特点，实现M0.0的ON与OFF的转换。在这里上升沿触发指令的作用至关重要，利用它只给处在自己前面的信号ON一个扫描周期的特点，实现单按钮控制启、停

第二程序行：这是调用子程序指令，SBR_0指的是调用0号子程序。在I0.1的后面也加了上升沿触发指令，说明这个子程序只需调用一次，对子程序中的程序起到初始化或者激活的作用

第三程序行：程序停止时将QB0清零，也就是彩灯全灭

子程序的注释:

第一条指令：在M0.0闭合的前提下，将16#07（00000111）数据送入QB0字节中用于彩灯显示，准备循环

第二条指令：将变量寄存器VB0整个字节清零，作为计数用

第三条指令：这是一条能产生定时中断的指令，SMB34是专用于0号中断程序的定时中断，最长时间为255 ms，在这里用250是因为本题的彩灯循环间隔是1 s，与250 ms有整倍数关系，或者还可以是50、100、125。这条指令能达到的目的是计时到250 ms，就产生一次中断

第四条指令：这是一条中断连接指令，它的功能是用0号中断程序执行第10号中断事件。查表可知第10号中断事件即SMB34产生的定时中断

第五条指令：允许或者开通此中断事件，如果没有这条指令则将无法进入中断程序。

图5-35 彩灯循环移位控制程序梯形图

中断程序INT_0:

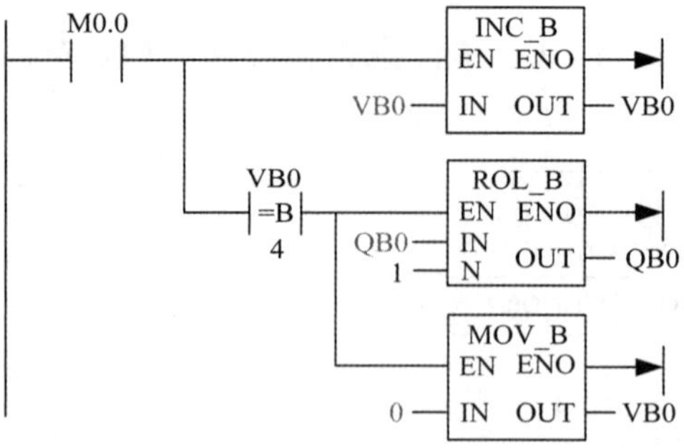

```
M0.0                      ┌─ INC_B ─┐
──┤├──┬──────────────────┤ EN  ENO ├──►
      │            VB0 ──┤ IN  OUT ├── VB0
      │                  └─────────┘
      │  VB0             ┌─ ROL_B ─┐
      ├──┤=B├────────────┤ EN  ENO ├──►
      │   4       QB0 ──┤ IN  OUT ├── QB0
      │             1 ──┤ N       │
      │                  └─────────┘
      │                  ┌─ MOV_B ─┐
      └──────────────────┤ EN  ENO ├──►
                   0 ──┤ IN  OUT ├── VB0
                        └─────────┘
```

中断程序的注释:

第一条指令:在M0.0闭合的前提下,当子程序当中的SMB34计时到250 ms时,即刻进入中断程序。INC_B指令是字节自动加1指令,这时VB0就会自动加1

第二条指令:首先是一条字节比较指令,只有当VB0中的数据为4时,才可执行后面的程序指令,而VB0为4就说明已执行了4次中断程序,次间间隔是250 ms,这样4次就是1 s了。这时就可以通过左循环指令让QB0左移一位,也就是彩灯左移一位了

第三条指令:给VB0清零,继续累加计数到下一个1 s

图 5-35 彩灯循环移位控制程序梯形图 (续)

实例 13 外部输入信号中断

1. 控制要求

在 I0.1 的上升沿通过中断使 Q0.2 立即置位,在 I0.2 的下降沿通过中断使 Q0.2 立即复位。

2. 程序设计

SM0.1 是一个特殊继电器,它的作用是当 PLC 由 STOP 转为 RUN 时,SM0.1 只在第一个扫描周期为 ON 状态,从第二个扫描周期开始 SM0.1 就始终处在 OFF 状态。

在下面的程序中看不到对应的输入点,这是因为使用了中断功能。只要我们把程序设计好,当符合某个中断事件的信号出现时,程序就会执行中断事件指向的中断程序。图 5-36 中的 SB1 闭合时的上升沿可产生 2 号中断事件,SB2 断开时的下降沿可产生 5 号中断事件,KM1 将对应这两个输入信号有一个吸合过程。

①根据控制要求,首先要确定 I/O 个数,进行 I/O 分配。对应信号关系的 PLC 对外接线如图 5-36 所示。

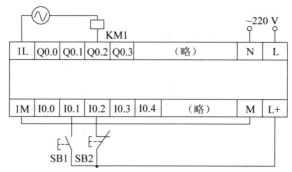

图 5-36 对应信号关系的 PLC 对外接线

②外部输入信号中断控制程序梯形图如图 5-37 所示。

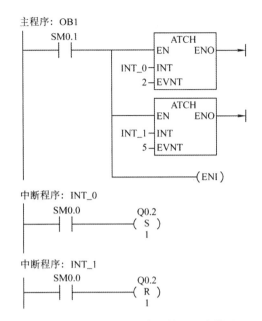

图 5-37　外部输入信号中断控制程序梯形图

③外部输入信号中断语句表程序及注释如下：

主程序：OB1

Network 1	// 程序注释
LDSM0.1	// 主程序初始化
ATCHINT0，2	// 当发生 2 号中断事件时执行 0 号中断程序
ATCHINT1，5	// 当发生 5 号中断事件时执行 1 号中断程序
ENI	// 开通中断

中断程序：INT_0

Network 1	
LDSM0.0	
SQ0.2，1	//执行 0 号中断程序时，使 Q0.2 置位

中断程序：INT_1

Network 1	
LDSM0.0	
RQ0.2，1	//执行 1 号中断程序时，使 Q0.2 复位

实例 14　Z3050 型摇臂钻床的 PLC 改造

1. 控制要求

主轴电动机 M2 随时都可以启/停，并保持。启动按钮是 SB2，停止按钮是 SB1，接触器是 KM1，热继电器是 FR1，摇臂的升降控制：SB3 是摇臂上升按钮，SB4 是下降按钮，

SQ1U 是上升终端限位开关，SQ1D 是下降终端限位开关，KM2 是上升接触器，KM3 是下降接触器。假设使摇臂上升，就要按 SB3，这时如果摇臂处在抱住立柱的位置，那么限位开关 SQ2 的动合触点断开，动断触点闭合，这样控制油泵放松的接触器 KM4 与电磁铁 YA 就先得电，使摇臂与立柱松开，当放松到位时，SQ2 动作，其动合触点闭合，动断触点断开，这样摇臂就可以上升了。下降也是同样的动作过程。当上升结束时，松开 SB3，KT、KM2、KM3、KM4 线圈全部失电，经过 KT 延时闭合的动断触点的延时后，油泵夹紧方向的接触器 KM5 线圈得电吸合。同时 YA 线圈继续得电吸合直到夹紧到位，限位开关 SQ3 动作，KM5 与 YA 线圈全部失电。立柱与主轴箱的夹紧与放松：SB5 是立柱放松按钮，SB6 是立柱夹紧按钮。本次改造是以中国劳动出版社出版，劳动部培训司组织编写的《电工生产实习》（第 2 版）为脚本。

2. 程序设计

①根据控制要求，首先要确定 I/O 个数，进行 I/O 分配。机床改造的基本思想是遵循原有工作原理，只改造控制部分，动力线路不变，辅助的照明灯、指示灯不变。Z3050 型摇臂钻床的电气原理如图 5-38 所示，PLC 对外接线如图 5-39 所示。

②Z3050 型摇臂钻床控制程序梯形图如图 5-40 所示。

③Z3050 型摇臂钻床语句表程序及注释如下：

Network 1

LDI0. 0   // 主轴启动

OQ0. 0

AI0. 1   // 主轴停止

AI1. 2   // 主轴电动机过载保护

=Q0. 0   // 主轴电动机接触器线圈

Network 2

LDI1. 3   // 液压泵电动机过载保护

LPS

ANI1. 0   // 摇臂放松到位，此点闭合，摇臂才可上升或下降

LPS

AI0. 2   // 摇臂上升按钮

AI0. 6   // 摇臂上升到位，此点断开

ANI0. 3   // 如果按摇臂下降按钮，则上升就会停止

ANQ0. 2   // 如果摇臂正在下降，则不会有上升

=Q0. 1   // 摇臂电动机上升接触器线圈

LPP

AI0. 3   // 摇臂下降按钮

ANI0. 7   // 摇臂下降到位，此点断开

ANI0. 2   // 如果按摇臂上升按钮，则下降就会停止

ANQ0.1	// 如果摇臂正在上升，则不会有下降
=Q0.2	// 摇臂电动机下降接触器线圈
LRD	
LDI0.2	
AI0.6	
LDI0.3	
ANI0.7	
OLD	
ALD	
TOFT37，30	// 无论上升或下降都要使断电延时继电器得电
=M0.0	// 无论摇臂上升或下降都应使摇臂先放松
LRD	
LDI1.0	// 摇臂放松到位，此点断开
AM0.0	
OI0.4	// 立柱和主轴箱松开按钮
ALD	
ANQ0.4	// 夹紧与松开的互锁
=Q0.3	// 立柱和主轴箱松开接触器线圈
LRD	
LDI0.5	// 立柱和主轴箱夹紧按钮
OI1.1	// 摇臂夹紧到位，此点断开
ALD	
ANT37	// 摇臂上升或下降后要延时一段时间再夹紧
ANQ0.3	// 松开与夹紧的互锁
=Q0.4	// 立柱和主轴箱夹紧接触器线圈
LPP	
LDQ0.4	// 在摇臂夹紧过程中电磁铁也随之动作
ANI0.4	
ANI0.5	
OT37	
LDI0.5	
OI1.1	
ANQ0.4	
OLD	
ALD	
=Q0.5	// 与摇臂升降同时动作的电磁铁的控制线圈

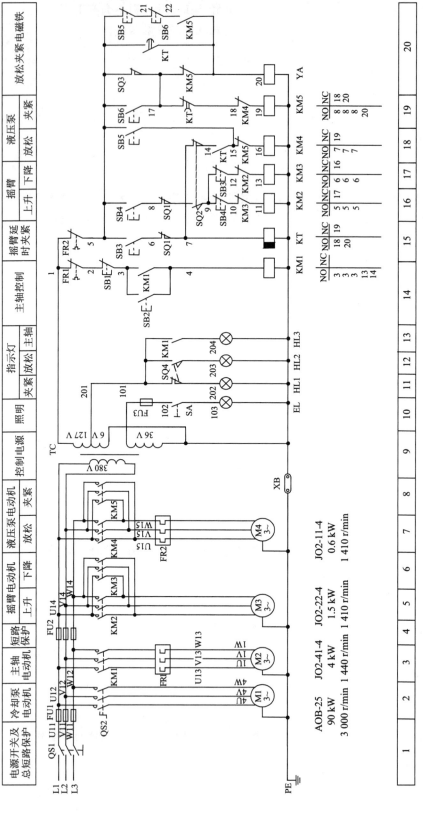

图 5-38 Z3050 型摇臂钻床电气原理

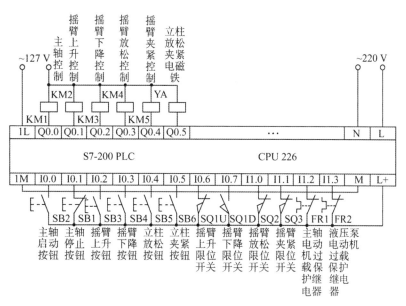

图 5-39   Z3050 型摇臂钻床 PLC 对外接线

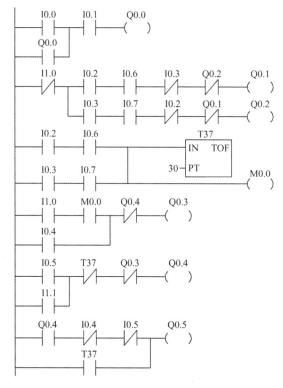

图 5-40   Z3050 型摇臂钻床控制程序梯形图

实例 15   邮件分拣

1. 控制要求

邮件分拣系统的实验模块如图 5-41 所示。初始状态红灯 L1亮，绿灯 L2 灭；其他均为 OFF 状态。按启动按钮 SB1，启动邮件分拣机后，红灯 L1 灭，绿灯 L2 亮，表示可以进行邮件分拣；拨动开关 SQ1，表示检测到有邮件，开始进行邮件分拣；设置拨码器上对应的数据 1~5 为有效邮件，1 代表北京、2 代表上海、3 代表天津、4 代表武汉、5 代表广州，其余为无效邮件；如果检测到有效邮件则把邮件送入对应的分拣箱，然后可以继续分拣邮件；如果检测到无效邮件则红灯 L1 闪烁。按下停止按钮 SB2可恢复初始状态，重新启动可以继续进行邮件分拣。

图 5-41   邮件分拣系统的实验模块

设计中注意以下事项。

①旋转编码器发送 1 000 个脉冲，邮件到北京舱位；2 000 个脉冲，邮件到上海舱位；3 000 个脉冲，邮件到天津舱位；4 000个脉冲，邮件到武汉舱位；5 000 个脉冲，邮件到广州舱位。

②假设拨码器是一个读码装置，每次邮件从入口进来后都应使 I0.4 有信号，也就是 SQ1 都要闭合一次，紧接着就是读码过程，这两个过程后 PLC 就知道当前这个邮件应该分拣到何处。

③假设有液压推拉机构，当邮件需进入某个站点时，PLC 给液压推拉机构信号，推拉机构动作把邮件送入站点。

2. 程序设计

①邮件分拣系统 PLC 对外接线如图 5-42 所示。

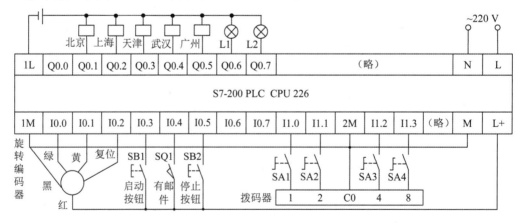

图 5-42   邮件分拣系统 PLC 对外接线

②邮件分拣控制程序梯形图如图5-43所示。

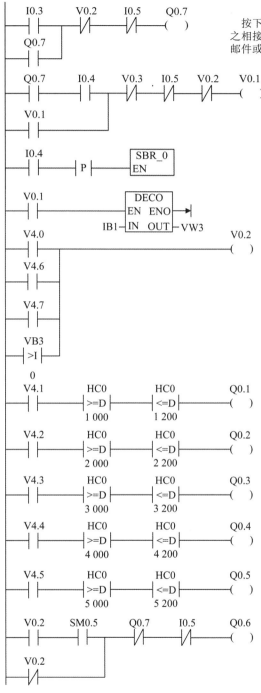

按下启动按钮SB1，I0.3闭合，使Q0.7闭合，与之相接的绿灯L2亮，系统开始工作。当出现无效邮件或者按下停止按钮SB2时，都会使绿灯灭

正常工作时，每次从入口处进一个邮件I0.4都会闭合一次，从而使V0.1闭合。目的是使高速计数器复位，从0开始再计数。无效邮件、停止按钮、每结束一次运输都会使V0.1断开

调用子程序，目的是使高速计数器复位

当邮件从入口处传送过来后接下来就拨动拨码器上的开关，模拟读码器。拨码器的开关状态由IB1输入后经DECO指令译码后在VW3中反映出来

如果拨码器出现了错误码，不是1、2、3、4、5这几个数字，则会使V0.2闭合，即出现了无效邮件

读码器读出的数字是1，V4.1闭合，再等高速计数器的脉冲数到达1 000后，Q0.1闭合，此时的邮件站点是北京，液压推拉机构将使邮件送入北京箱体内。假设整个动作过程用了200个脉冲，当脉冲计到1 200个时动作结束。同理，数字是2，上海，Q0.2动作；数字是3，天津，Q0.3动作；数字是4，武汉，Q0.4动作；数字是5，广州，Q0.5动作

当出现无效邮件时，应使红灯L1闪烁，由Q0.6控制

图5-43　邮件分拣控制程序梯形图

每一次将邮件送到对应站点或者高速计数器的数据大于5 200时都应使V0.3动作一次，目的是给VW3清零，为读码器读取下一个邮件应去的站点做准备；另外按下停止按钮时也能给读码器清零

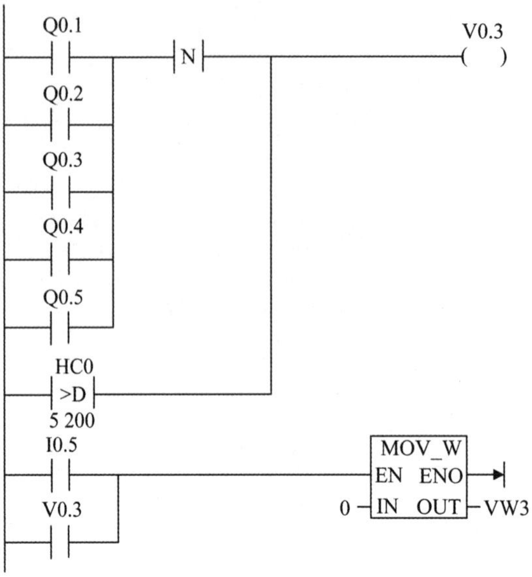

子程序：SBR_0

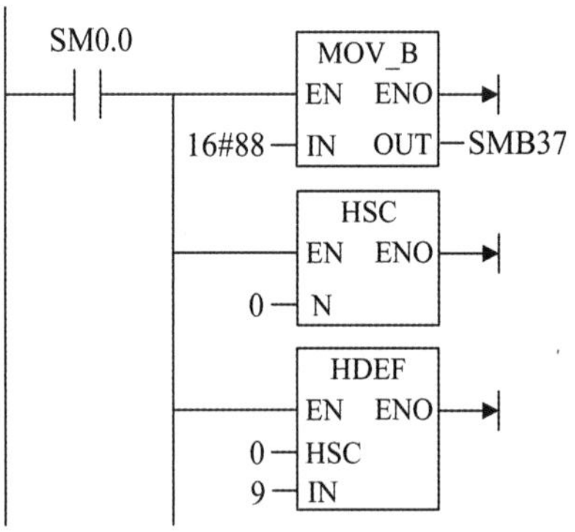

子程序：只是激活一次决定使用哪个高速计数器、为选定的高速计数器建立工作模式、为高速计数器确定控制字节，激活后此高速计数器就会按照定好的方式工作

SMB37是专为0号高速计数器定控制字节的，为其送入88，其二进制数是10001000。此程序选定0号高速计数器，指令是HSC，定义以模式9工作，指令是HDEF

图5-43 邮件分拣控制程序梯形图（续）

实例16 移位寄存器指令在波浪式喷泉控制中的应用

1. 控制要求

在一些休闲、娱乐、旅游景点，经常会修建喷泉供人们观赏。这些喷泉按一定的规律改变喷水式样，有的像花朵，有的可形成水幕放电影，有的可随着音符跳跃，形式多样。本例所控制的喷泉是波浪式的，可用在湖面上，从远处看，给人的感觉像是湖面上掀起了波浪，示意图如图5-44所示。按下启动按钮后，喷泉开始运作，共有3个波峰，1个波峰为1组，1组有5个喷头，这样总共15个喷头，某一时刻只有1组在工作，按1、2、3顺序排队，形成移动的波浪。而每组在运作时也要按一定的规律有先有后。在本组内的5个喷头的工作方式是每隔3 s开启1个，轮到第四个开启时同时关闭第一个，轮到第五

个开启时同时关闭第二个，3 s 后下一组开始工作，前面一组全部关闭。如此，3 个组按顺序循环工作，直到按下停止按钮，全部喷头都停止工作。从按下启动按钮，到一个工作周期结束，各喷头工作状态时序图如图 5-45 所示。

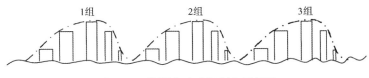

图 5-44   湖面上喷头组别位置示意

2. 程序设计

①根据控制要求，首先决定 PLC 的 I/O 分配，如图 5-46 所示。

②本例 15 个喷头被分成 3 组，每组 5 个按顺序启停，3 个组的工作过程都是一样的，如图 5-45 所示。按下启动按钮后，喷头就会按要求动作，整个过程是自动循环的，只有按下停止按钮，才会全部停止。程序设计上以移位寄存器指令 SHRB 为主，程序中还多次出现比较指令用定时器的当前值与整数比较，这也是以往未被重用的一个功能。

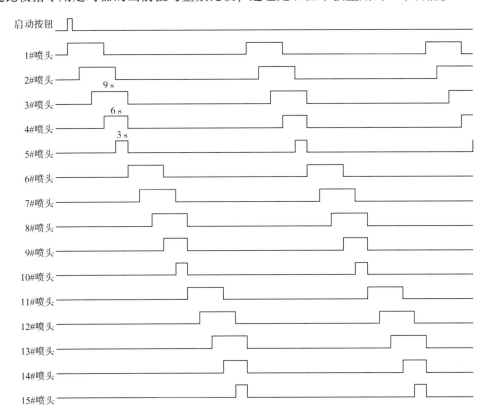

图 5-45   各喷头工作状态时序图

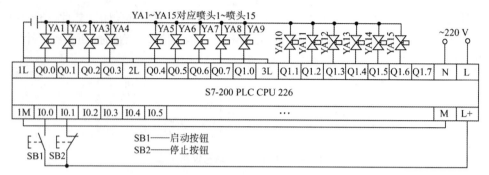

图 5-46 波浪式喷泉 PLC 对外接线

③波浪式喷泉控制程序梯形图如图 5-47 所示。

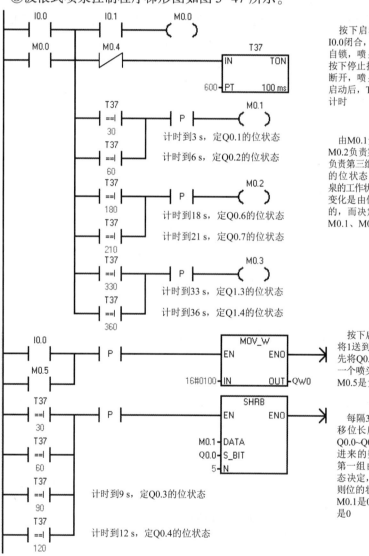

按下启动按钮SB1，I0.0闭合，M0.0得电并自锁，喷泉开始工作，按下停止按钮SB2，I0.1断开，喷泉停止工作。启动后，T37开始全程计时

由M0.1负责第一组、M0.2负责第二组、M0.3负责第三组延迟移位时的位状态，每隔3s，喷泉的工作状态都会变化，变化是由位的状态决定的，而决定位状态的是M0.1、M0.2、M0.3

按下启动按钮后，首先将1送到QW0中，也就是先将Q0.0定为1，这时第一个喷头将开始工作。M0.5是负责循环的

每隔3s移位1次，每组移位长度为5，第一组从Q0.0~Q0.4。移位时，新进来的数据是1还是0，第一组由M0.1当时的状态决定，如果M0.1是1，则位的状态就是1；如果M0.1是0，则位的状态也是0

图 5-47 波浪式喷泉控制程序梯形图

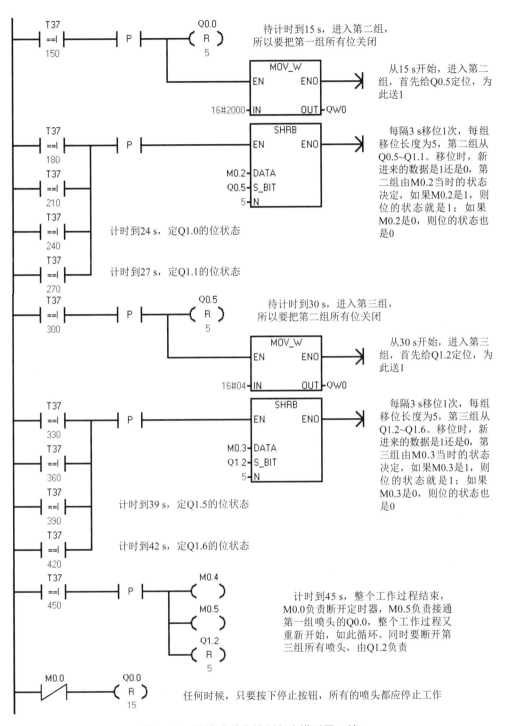

待计时到15 s，进入第二组，所以要把第一组所有位关闭

从15 s开始，进入第二组，首先给Q0.5定位，为此送1

每隔3 s移位1次，每组移位长度为5，第二组从Q0.5~Q1.1。移位时，新进来的数据是1还是0，第二组由M0.2当时的状态决定，如果M0.2是1，则位的状态就是1；如果M0.2是0，则位的状态也是0

计时到24 s，定Q1.0的位状态

计时到27 s，定Q1.1的位状态

待计时到30 s，进入第三组，所以要把第二组所有位关闭

从30 s开始，进入第三组，首先给Q1.2定位，为此送1

每隔3 s移位1次，每组移位长度为5，第三组从Q1.2~Q1.6。移位时，新进来的数据是1还是0，第三组由M0.3当时的状态决定，如果M0.3是1，则位的状态就是1；如果M0.3是0，则位的状态也是0

计时到39 s，定Q1.5的位状态

计时到42 s，定Q1.6的位状态

计时到45 s，整个工作过程结束，M0.0负责断开定时器，M0.5负责接通第一组喷头的Q0.0，整个工作过程又重新开始，如此循环。同时要断开第三组所有喷头，由Q1.2负责

任何时候，只要按下停止按钮，所有的喷头都应停止工作

图5-47 波浪式喷泉控制程序梯形图（续）

1. 控制要求

有一个密码锁，它有 6 个按键 SB1 ~ SB6，其控制要求如下。

①SB1 为启动键，只有按下 SB1 键，才可进行开锁作业。

②SB2、SB5 为可按压键。开锁条件：SB2 按压 3 次，SB5 按压 4 次。如果按上述规定按压，则 5 s 后，密码锁自动打开（SB2 与 SB5 没有先后顺序，先按谁都可以）。

③SB3、SB4 为不可按压键，一旦按压，报警器就发出警报。

④SB6 为停止键，按下 SB6 键，停止开锁作业。

2. 程序设计

1）TD 200 文本显示器简介

TD 200（Text Display 200）是专用于 S7-200 PLC 的文本显示和操作员界面，它支持中文操作和中文显示，相当于扩展了 PLC 的功能。

文本显示是指 TD 200 上的显示窗口可以显示文本，为什么称为文本不称为文字？是因为它既显示中文还显示外文字母与数据，具体显示什么由我们自己设置，而且数据是可变的，也就是说能反应即时值。例如，可以让它告诉我们小车往返的次数、高速计数器记录的数码数、桥式起重机哪个环节正在工作及接切电阻的数量等。文本显示每次可显示两行，每行 20 个字符。这两行每次可显示一条信息也可显示两条信息，具体怎么显示也由我们自己设置。

操作员界面是指 TD 200 除了在窗口显示信息外还有 9 个按键可以操作，其中的〈▲〉〈▼〉〈ESC〉〈ENTER〉这 4 个按键是决定 TD 200 本身设置的，通过它们可以设定 TD 200 地址、通信波特率、CPU 地址、参数块地址等。这些功能本例都不用设置，在这里就不做介绍了。另外 5 个按键是〈F1〉~〈F4〉及〈SHIFT〉键，因本例要利用这 5 个按键，所以下面介绍一下，通过设置可将这 5 个按键形成 8 个按钮，也就是〈F1〉~〈F4〉可当作 4 个按钮，〈SHIFT〉键与〈F1〉~〈F4〉其中之一组合又可以形成 4 个按钮，这样就是 8 个按钮了。本例并没有将 8 个按钮都用上，这些按钮相当于是 S7-200 PLC 输入信号的扩展，通过设置可当作 S7-200 PLC 的输入信号使用。

TD 200 包装盒中提供了专用电缆（TD/CPU 电缆），用此电缆将 TD 200 与 S7-200 PLC 的 CPU 连接起来。电缆能从 CPU 通信端口上取得 TD 200 所需的 24 V 直流电源。1 个 CPU 的通信端口最多可以连接 3 个 TD 200，这 3 个 TD 200 所访问的参数块可以相同也可以不同，而 1 个 TD 200 只能与 1 个 CPU 建立连接。TD 200 包装盒中的器件如图 5-48 所示。各种器件的作用如表 5-2 所示。

STEP 7-Micro/WIN 编程软件提供了集成的 TD 200 组态工具，TD 200 的组态信息全部保存在 S7-200 PLC 的 CPU 中，可以方便地更换 TD 200 而不必重新组态。

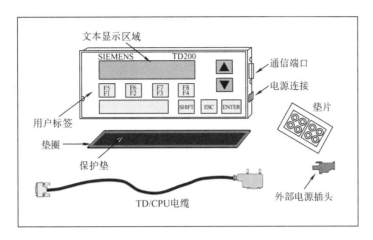

图 5-48　TD 200 包装盒中的器件

表 5-2　TD 200 包装盒内各种器件的作用

器件	说明
文本显示区域	文本显示区域为一个背光液晶显示（LCD），可显示两行信息，每行 20 个字符，可以显示从 S7-200 PLC 接收到的信息
垫圈	TD 200 随机提供一个垫圈，用于在恶劣环境安装
通信端口	通信端口是一个 9 针 D 形连接器，它使你可以用 TD/CPU 电缆把 TD 200 连接到 S7-200 PLC CPU
电源连线	可以通过 TD 200 右边的电源接入口，把外部电源连接到 TD 200，当使用 TD/CPU 电缆时，则不需要外部电源
TD/CPU 电缆	通过 TD/CPU 电缆可以与 TD 200 通信并向其提供电源，它是 9 针直通的电缆，与 TD 200 随机提供
用户标签	用户标签是一个插入式标签，可以根据你的应用改制功能键标签
键	TD 200 有 9 个键，其中 5 个键提供预定义、上下文有关的功能，其余 4 个键用户可以设置其功能
垫片	包括有自粘的垫片，用于把 TD 200 安装在安装面上

2）连接与设置

在 S7-200 PLC 通电前就应把 TD 200 与 S7-200 PLC 连接好，可以用 TD/CPU 电缆方便地将两者通过通信端口连接起来，然后给 S7-200 PLC 通上电源，两者就都有电了。TD 200 的显示窗口点亮并显示本例 TD 200 的型号与版本，接下来又显示 CPU 的状态，这时可以通过计算机（已经通过通信口与 S7-200 PLC 建立好通信关系）上的 STEP 7-Micro/WIN 编程软件进行设置（组态）。

设置（组态）是通过指令树中的"向导"来完成的，单击"向导"按钮会出现如图 5-49 所示的对话框，这是第一个对话框，只是将向导的功能简介一下，直接单击"下一步"按钮即可。

图 5-49 TD 200 向导的简介

下一步出现的对话框如图 5-50 所示，选择 TD 200 的版本，而 TD 200 的版本也是非常容易查到的，一种方法是给 TD 200 上电在初始化对话框中会显示出 TD 的型号和版本；另一种方法是在 TD 的背面找到其型号和版本号。本例使用的是 3.0 版，所以选中的是 TD 200 3.0 版前面的单选按钮，然后再单击"下一步"按钮。

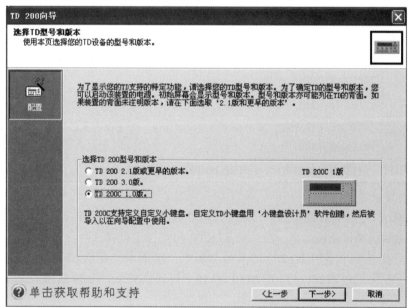

图 5-50 选择 TD 200 型号和版本

下一步出现的对话框如图 5-51 所示，这一步与本例设置无关，直接单击"下一步"按钮即可。

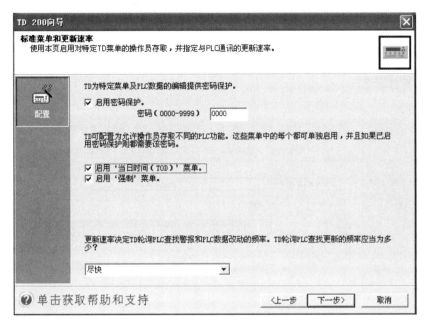

图 5-51　定义 TD 功能及数据更新速率

下一步出现的对话框如图 5-52 所示，这一步是选择语言，选择"中文"并选"简体中文"，然后单击"下一步"按钮即可。

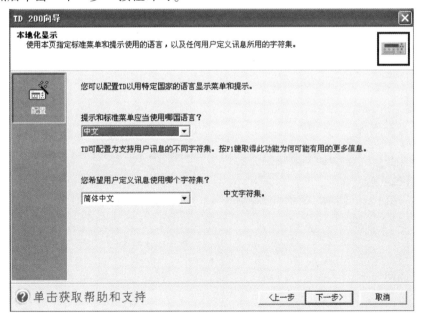

图 5-52　选择系统菜单语言及用户菜单语言

下一步出现的对话框如图 5-53 所示，这一步是选择按钮的功能，在对话框中的"按钮动作"栏下的白色框内单击会出现"▾"按钮，单击此按钮会出现两个可选项，一个是"设置位"，另一个是"瞬时接触"，因本例需要此按键当按钮使用所以就选"瞬时接触"，本例使用6个按钮，我们就把前6个都选为"瞬时接触"，然后单击"下一步"按钮即可。

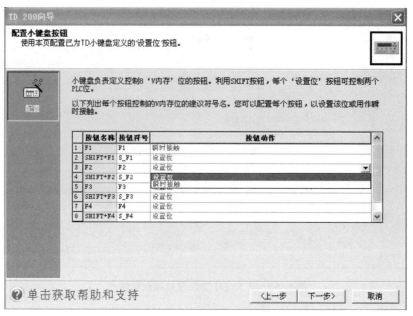

图5-53 设置按钮工作方式

下一步出现的对话框如图5-54所示，这一步显示TD配置已完成，实际上设置远没有结束，只是将TD上的那几个按键设置完成，需要TD显示的各项内容还没设置。

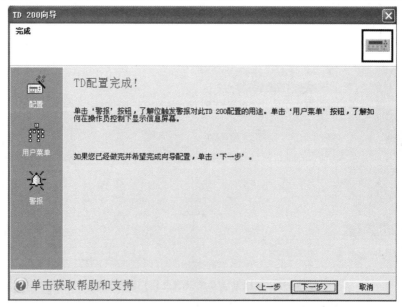

图5-54 选择警报设置

这时单击对话框中的"警报"图标，然后再单击"下一步"按钮，下一步出现的对话框如图5-55所示。对话框中给出了需要显示的信息是每次一行还是两行选项，如果选择每次一行，则每次可以显示两条信息，而本例某个环节需要同一时刻显示两条信息，所以我们就选中"一行文字-每次显示两条讯息"前面的单选按钮，在选择显示模式处选中"警报"前面的单选按钮，然后单击"下一步"按钮，弹出一个对话框问"您希望为此配置增加一则警报吗?"单击"是"按钮，然后出现了如图5-56所示对话框的内容，在此时的设置是本例的重要环节。

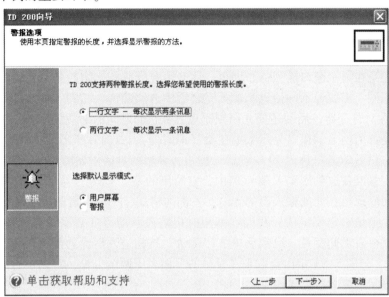

图5-55　选择文本显示条数

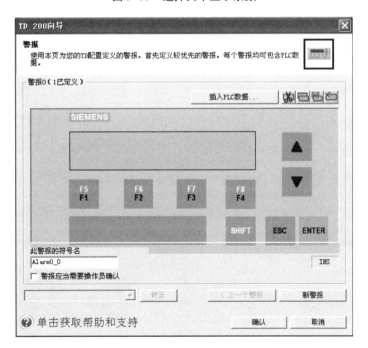

图5-56　编辑显示文本信息

将图 5-56 中的有关功能介绍如下。

在左上角处有"警报 0（1 已定义）"几个字，代表在这个对话框中输入的文本信息是由 0 号警报负责显示，假设这时在"SIEMENS"标示下面的矩形方框内输入"开锁工作开始"，那么一定要记住这条信息是由 0 号警报负责显示的，因为在后面还要为 0 号警报找到相对应的变量寄存器（也就是 V 寄存器），在编程时让这个 V 寄存器线圈什么时候得电，这个显示窗口就什么时候显示这条信息，以此类推，后面的设置也是这样的。接下来在左下角的文本框内写有"Alarm0_0"，这是此信息的符号名，它与 V 寄存器也是一一对应的。这时如果想输入第二条信息，那就单击"新警报"按钮，出现的对话框与图 5-56 是一样的，还是在显示窗口输入信息即可。后面还有第三条、第四条等，以此类推，方法都与第一条相同。需要显示的信息都输入完之后单击"确认"按钮，所有的信息都会自动找到相对应的 V 寄存器，后面还要介绍到哪里去找它们之间的对应关系表。接下来还有一个重点，就是如何使显示窗口显示数据变量（即时值），这时在矩形方框内输入如图 5-57 所示的文本，然后单击"插入 PLC 数据"按钮，弹出的对话框如图 5-58 所示，问我们需显示的数据变量准备放到哪个 V 寄存器中，它给出的是"VW0"，如果不想修改就记住此地址，如果想修改可在此处输入新的地址，右侧的格式、小数点后的位数等根据自己的需要设定。这个地址一定要记住，我们在编程时把需显示的可变数据送到相应的 V 寄存器里，显示时就会看见此变量。决定后单击"确认"按钮进入后面的设置，出现的对话框如图 5-59 所示，与图 5-57 相比会发现在冒号的后面多了两个方框，等到运行需显示时，这个地方就会显示可变的数据了。

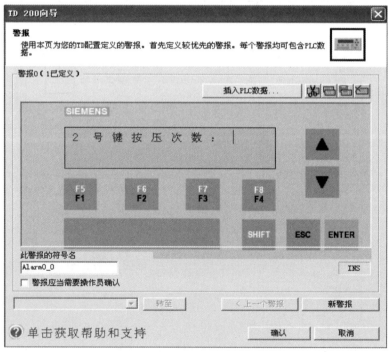

图 5-57 编辑显示可变文本信息

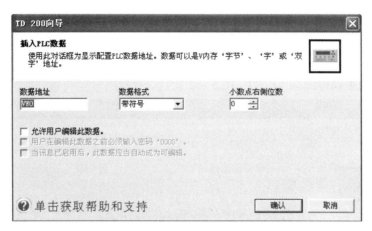

图 5-58　定义数据变量存放地址及格式

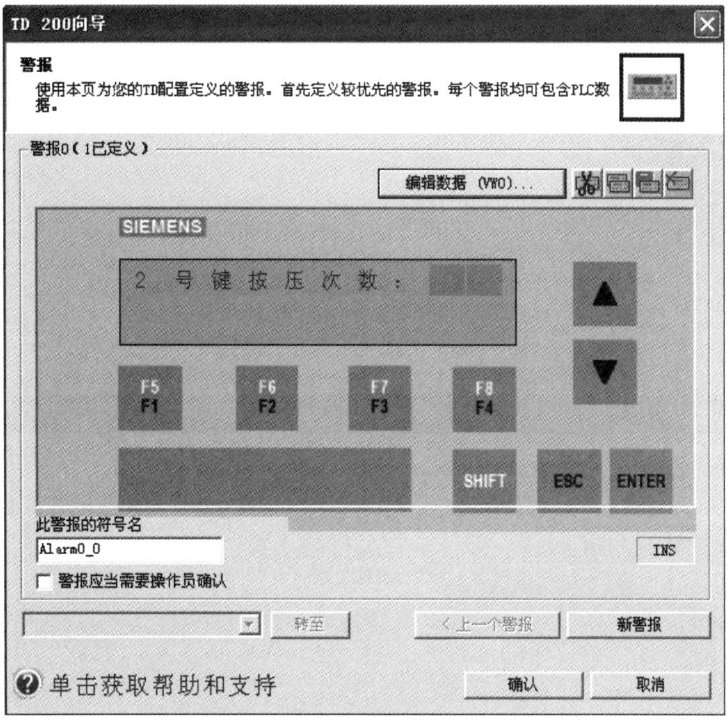

图 5-59　可显示数据变量的显示模式

当我们需显示的内容全部设置完成后,单击图 5-59 中的"确认"按钮,会弹出如图 5-60 所示的对话框,单击"下一步"按钮会出现如图 5-61 所示的对话框,该对话框是让我们设置 TD 上的所有显示内容及按钮所对应的变量寄存器地址,我们应找未被占用的区域,设置好后单击"下一步"按钮,所有的设置就全部完成了。

接下来是找与 TD 相对应的变量寄存器,找到后把它们的对应关系记下来,剩下的工作就是编程了。在 STEP 7-Micro/WIN V4.0 版编程软件的指令树中单击"符号表"按钮,这时会出现 3 个选项,单击"向导"后又出现"TD_SYM_100",继续单击它会出现如图

5-62 所示的对话框。在这里能找到我们所设置的按钮及显示信息对应的变量寄存器的地址，对照着它进行编程，所设置的功能就会准确无误地实现。接下来就是编写本例的控制程序，在那里能够体现我们所设置的功能。还有一点需说明，本题的 TD 与变量寄存器的对应地址的首地址选择的是 VB100，图 5-62 就是选择后的对应关系。

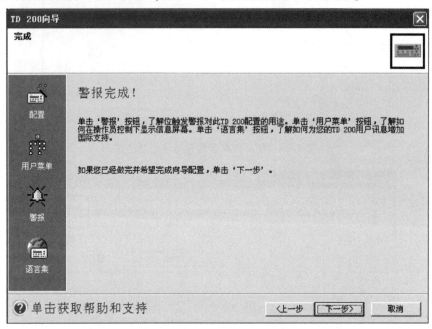

图 5-60　文本显示内容设置完毕

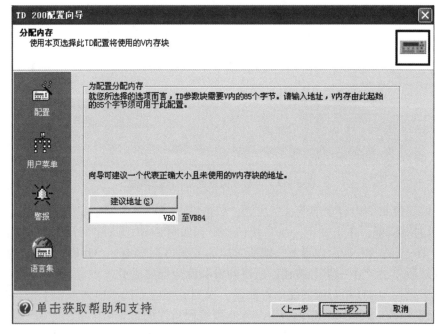

图 5-61　给 TD 设置存储器地址

			符号	地址	注解
1		🖥	S_F4	V159.7	键盘按键"SHIFT+F4"已按下标志（瞬动触点）
2			F4	V157.3	键盘按键"F4"已按下标志（瞬动触点）
3		🖥	S_F3	V159.6	键盘按键"SHIFT+F3"已按下标志（瞬动触点）
4			F3	V157.2	键盘按键"F3"已按下标志（瞬动触点）
5			S_F2	V159.5	键盘按键"SHIFT+F2"已按下标志（瞬动触点）
6			F2	V157.1	键盘按键"F2"已按下标志（瞬动触点）
7			S_F1	V159.4	键盘按键"SHIFT+F1"已按下标志（瞬动触点）
8			F1	V157.0	键盘按键"F1"已按下标志（瞬动触点）
9		🖥	TD_CurScreen_100	VB163	TD 200显示的当前屏幕（其配置起始于VB100）。如无屏幕显示则设置为16#FF。
10		🖥	TD_Left_Arrow_Key_100	V156.4	左箭头键按下时置位
11		🖥	TD_Right_Arrow_Key_100	V156.3	右箭头键按下时置位
12		🖥	TD_Enter_100	V156.2	'ENTER'键按下时置位
13		🖥	TD_Down_Arrow_Key_100	V156.1	下箭头键按下时置位
14		🖥	TD_Up_Arrow_Key_100	V156.0	上箭头键按下时置位
15		🖥	TD_Reset_100	V145.0	此位置位会使TD 200从VB100重读其配置信息。
16			Alarm0_5	V146.2	报警使能位5
17			Alarm0_4	V146.3	报警使能位4
18			Alarm0_3	V146.4	报警使能位3
19			Alarm0_2	V146.5	报警使能位2
20			Alarm0_1	V146.6	报警使能位1
21			Alarm0_0	V146.7	报警使能位0

▶ ▶ 用户定义1 ⋌ POU符号 ⋋ TD_SYM_100 ⋌

图5-62 与TD相对应的变量寄存器的地址

3）具体程序

S7-200 PLC 与 TD 200 文本显示器之间通信电缆连接示意及 PLC 对外接线如图 5-63 所示。

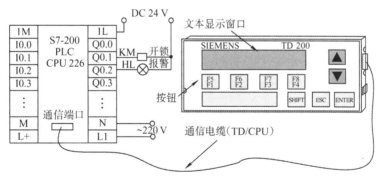

图5-63 PLC 与 TD 连接示意及 PLC 对外接线

密码锁开启控制程序梯形图如图 5-64 所示。

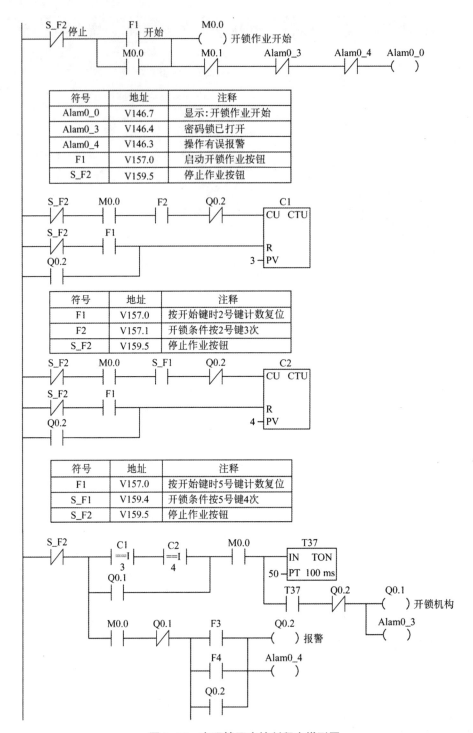

符号	地址	注释
Alam0_0	V146.7	显示:开锁作业开始
Alam0_3	V146.4	密码锁已打开
Alam0_4	V146.3	操作有误报警
F1	V157.0	启动开锁作业按钮
S_F2	V159.5	停止作业按钮

符号	地址	注释
F1	V157.0	按开始键时2号键计数复位
F2	V157.1	开锁条件按2号键3次
S_F2	V159.5	停止作业按钮

符号	地址	注释
F1	V157.0	按开始键时5号键计数复位
S_F1	V159.4	开锁条件按5号键4次
S_F2	V159.5	停止作业按钮

图5-64 密码锁开启控制程序梯形图

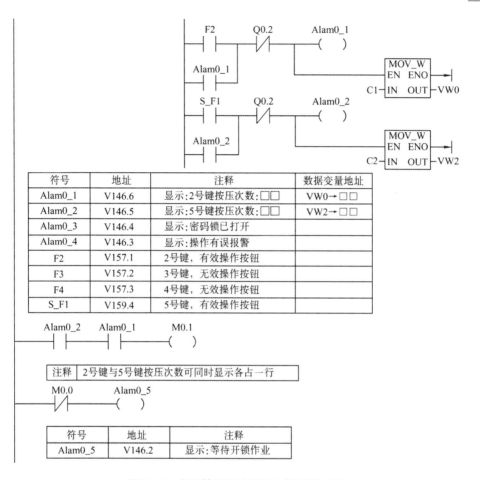

图5-64 密码锁开启控制程序梯形图（续）

实例18 变频器控制电动机实现多段速运转

1. 控制要求

按下启动按钮，电动机从零速开始启动运行到5 Hz；在此频率运行10 s后，频率改为8 Hz；在8 Hz运行10 s后，频率改为11 Hz；就这样每隔10 s电动机运行频率提高3Hz，形成5→8→11→14→17→20→23→26→29→32→35→38→41→44→47（Hz），共计15个速度段。什么时候电动机需停止，按下停止按钮即可。

2. 程序设计

1）MM440变频器简介

变频器的输入电源可接交流三相或单相，输出接三相交流电动机，电动机功率从一百多瓦到二百千瓦以上，依据电动机选变频器。除了主线路还有控制线路，控制线路也分输入信号与输出信号，为了让变频器工作就要给它输入信号，输入信号分并行口和串行口，并行口又分数字量和模拟量。因本例只涉及数字量输入信号，所以对变频器的简介到此。

2）MM440 变频器的数字量输入端口

变频器有 8 个端口可作为数字量输入端口，本例使用它的"5""6""7""8""16"共 5 个端口，数字量即开关量，PLC 的输出信号刚好作为变频器的输入信号，触点闭合即为有信号，有信号为逻辑"1"，无信号为逻辑"0"。本例变频器要有 15 个频率输出，用"5""6""7""8"4 个端口的状态组合，刚好能形成 15 个信号，"16"号端口用作启/停信号。如果某个端口要参与状态组合，则要进行参数设置，负责端口 5 的参数是 P0701；端口 6 是 P0702；端口 7 是 P0703；端口 8 是 P0704；端口 16 是 P0705。每个参数都有几个可选项，选择一个符合要求的就可以了。该口的功能设置好后还要找到与端口或端口组合相对应的频率，这组参数就是 P1001～P1015，端口与参数及其频率值的对应关系如表 5-3 所示。

表 5-3　数字量输入端口与参数及其频率值的对应关系

参数号	频率/Hz	端口 5	端口 6	端口 7	端口 8	端口 16
P1001	5	1	0	0	0	1
P1002	8	0	1	0	0	1
P1003	11	1	1	0	0	1
P1004	14	0	0	1	0	1
P1005	17	1	0	1	0	1
P1006	20	0	1	1	0	1
P1007	23	1	1	1	0	1
P1008	26	0	0	0	1	1
P1009	29	1	0	0	1	1
P1010	32	0	1	0	1	1
P1011	35	1	1	0	1	1
P1012	38	0	0	1	1	1
P1013	41	1	0	1	1	1
P1014	44	0	1	1	1	1
P1015	47	1	1	1	1	1

3）PLC 与变频器之间的线路连接

首先要进行 PLC 的 I/O 分配：启动按钮 SB1 的动合触点接 I0.0；停止按钮 SB2 的动断触点接 I0.1；Q0.0 接变频器的端口 5；Q0.1 接端口 6；Q0.2 接端口 7；Q0.3 接端口 8；Q0.4 接端口 16。PLC 与变频器联机控制电路如图 5-65 所示。

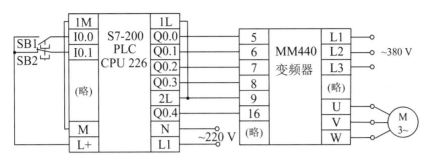

图 5-65 PLC 与变频器联机控制电路

4）变频器参数设置

使用变频器首先要把对外端口的线路接好，特别是输出接电动机的线与输入电源线一定不能接混。然后就是参数设置了，表 5-4 列出了与本例有关的参数设置，在此不包括与电动机有关的参数设置以及参数的出厂值恢复过程。

表 5-4 实现 15 段速控制变频器参数设置

参数号	设置值	说明	参数号	设置值	说明
P0003	3	用户访问为专家级	P1003	11	设置固定频率 3
P0004	7	命令和数字量 I/O	P1004	14	设置固定频率 4
P0010	1（0）	运行为 0；设参数时为 1	P1005	17	设置固定频率 5
P0700	2	由端口信号控制运行	P1006	20	设置固定频率 6
P0701	17	端口 5 为二进制组合	P1007	23	设置固定频率 7
P0702	17	端口 6 为二进制组合	P1008	26	设置固定频率 8
P0703	17	端口 7 为二进制组合	P1009	29	设置固定频率 9
P0704	17	端口 8 为二进制组合	P1010	32	设置固定频率 10
P0705	1	端口 16 为控制启/停	P1011	35	设置固定频率 11
P0100	0	供电线路频率为 50 Hz	P1012	38	设置固定频率 12
P1000	3	数字量输入的固定频率	P1013	41	设置固定频率 13
P1001	5	设置固定频率 1	P1014	44	设置固定频率 14
P1002	8	设置固定频率 2	P1015	47	设置固定频率 15

5）具体程序

有两种设计方案，方案 1 的控制程序梯形图如图 5-66 所示，方案 2 的控制程序梯形图如图 5-67 所示。

```
    I0.0              I0.1              Q0.4        控制变频器启停。Q0.4接
 ───┤ ├──────────────┤ ├──────────────( )───        在变频器16号端子上，用来
    Q0.4                                            控制变频器启停
 ───┤ ├──
```

```
    Q0.4    M0.1          T38          ┌───────────┐
 ───┤ ├────┤/├──────────┤/├──────────┤ IN    TON │ T37    振荡脉冲用来形
                                       │           │        成隔10 s变频器频
                                  100 ─┤ PT  100 ms│        率变换一次
                                       └───────────┘
                          T37          ┌───────────┐
                        ──┤ ├──────────┤ IN    TON │ T38
                                       │           │
                                   10 ─┤ PT  100 ms│
                                       └───────────┘
```

```
    Q0.4                               ┌───────────┐
 ───┤ ├──────────────┤P├──────────────┤ MOV_B     │        只要变频器启动就
                                       │ EN    ENO ├──►      要使Q0.0闭合，此刻
                                     1─┤ IN    OUT ├─ QB0    变频器工作在5 Hz
                                       └───────────┘
                      ┌───┐            ┌───────────┐
                    ──┤NOT├────────────┤ MOV_B     │        变频器停止工作时应
                      └───┘            │ EN    ENO ├──►      没有任何输入信号，所
                                     0─┤ IN    OUT ├─ QB0    以PLC的QB0=0
                                       └───────────┘
```

```
    T37                                ┌───────────┐        隔10 s QB0自动加1，
 ───┤ ├──────────────┤P├──────────────┤ INC_B     │        形成1、2、3、4…，最
                                       │ EN    ENO ├──►      后到15就是15段速
                                   QB0─┤ IN    OUT ├─ QB0
                                       └───────────┘
```

```
    Q0.0    Q0.1    Q0.2    Q0.3        M0.1
 ───┤ ├────┤ ├────┤ ├────┤ ├──────────( )───        只要到达15段速时
                                                     继电器就不用工作了
```

图 5-66   电动机实现 15 段速运转 PLC 控制程序梯形图方案 1

```
    Q0.4                               ┌───────────┐        利用移位寄存器指令形成
 ───┤ ├──────────────┤P├──────────────┤ SHRB      │        每隔10 s从低位向高位移动
    T37                                │ EN    ENO ├──►      一个1，最后使V0.0~V1.6
 ───┤ ├──────────────┤P├───────── Q0.4─┤ DATA      │        都变成1
                                   V0.0─┤ S_BIT     │
                                     15─┤ N         │
                                       └───────────┘
    I0.1
 ───┤/├──                                            停止时利用I0.1把V0.0~V1.6都变成0
```

```
    I0.0              I0.1              Q0.4
 ───┤ ├──────────────┤ ├──────────────( )───        启/停变频器
    Q0.4
 ───┤ ├──
```

图 5-67   电动机实现 15 段速运转 PLC 控制程序梯形图方案 2

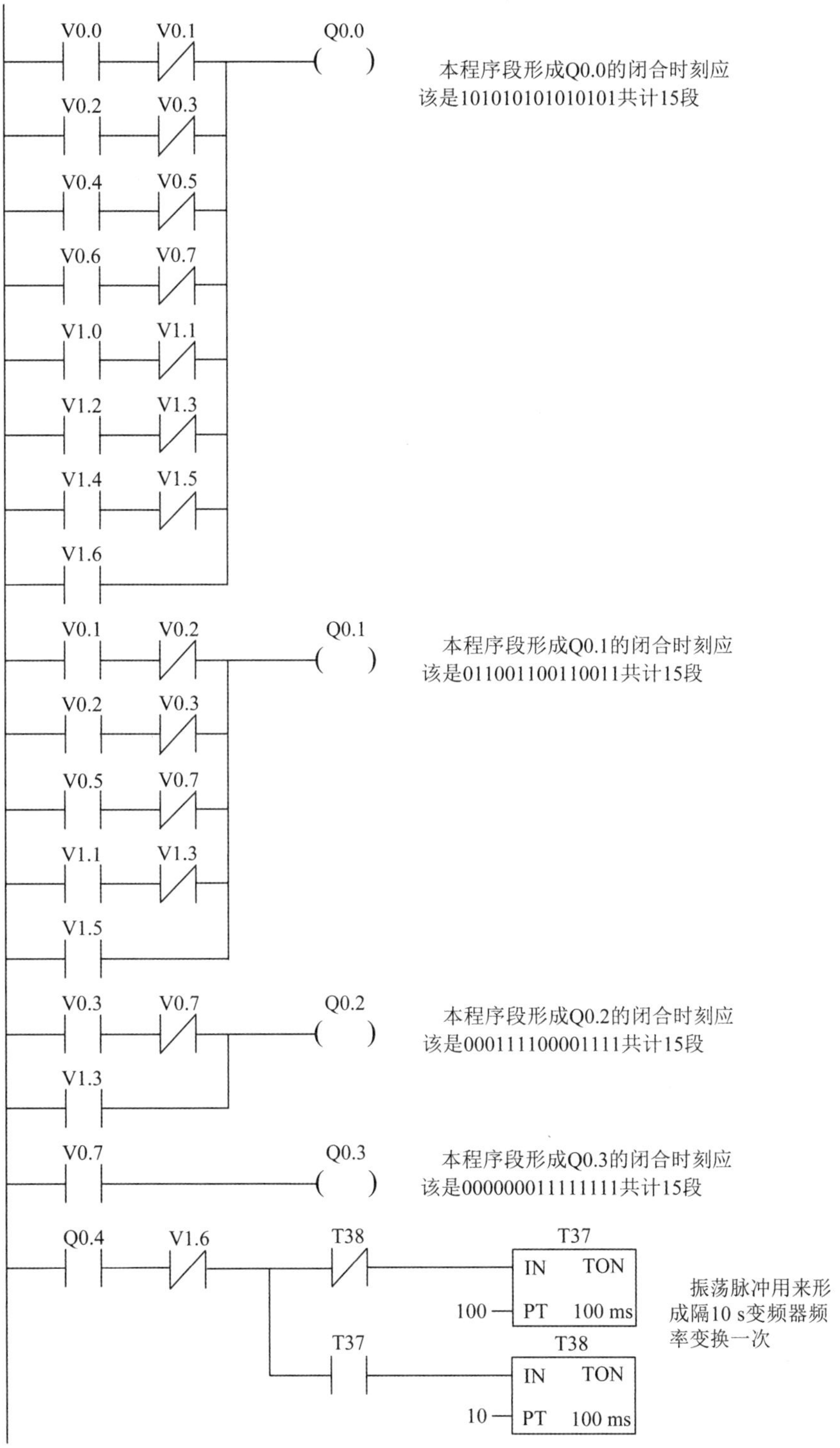

V0.0	V0.1	Q0.0	本程序段形成Q0.0的闭合时刻应
V0.2	V0.3		该是101010101010101共计15段
V0.4	V0.5		
V0.6	V0.7		
V1.0	V1.1		
V1.2	V1.3		
V1.4	V1.5		
V1.6			

本程序段形成Q0.1的闭合时刻应
该是011001100110011共计15段

V0.1 V0.2 Q0.1
V0.2 V0.3
V0.5 V0.7
V1.1 V1.3
V1.5

V0.3 V0.7 Q0.2
V1.3

本程序段形成Q0.2的闭合时刻应
该是000111100001111共计15段

V0.7 Q0.3

本程序段形成Q0.3的闭合时刻应
该是000000011111111共计15段

Q0.4 V1.6 T38 T37
 IN   TON
100 — PT   100 ms

T37 T38
 IN   TON
10 — PT   100 ms

振荡脉冲用来形
成隔10 s变频器频
率变换一次

图 5-67 电动机实现 15 段速运转 PLC 控制程序梯形图方案 2（续）

实例 19　两台 PLC 主从式通信

1. 控制要求

本例是两台 PLC 主从式通信，通过这个例子我们应了解两台 PLC 间通信都应建立哪些初始化程序，主站怎样读取从站的数据又怎样将自己的数据写到从站中去。数据的通信是以变量寄存器为通道来实现的，这些寄存器不是唯一的，但只要建立了第一个后面的就要连续相对应地使用（也就是成组使用）。本例想达到的控制目的是在主站中用 I0.1 作为输入信号建立一个字节加 1 指令，送给从站的输出口显示出来，同时在主站中也累计变化过程，当数累加到 6 时，主站再给从站发送一个信号，从站接收到这个信号后用自己的输入信号 I0.0 发送给主站输出口点动信号。整个过程能说明只要建立好初始化关系，主站输入信号的逻辑关系就能够控制从站的输出，反过来从站的输入信号的逻辑关系也能控制主站的输出。在这个例子当中有一个限制条件，就是只有当主站给从站的数累加到 6 以后，从站发送给主站的信号才有效，在这之前主站是接收不到从站信号的。

2. 程序设计

主从式通信方式的主角就是主站，它让从站干什么，从站就干什么，同时它还可以受控于从站，实质上就是数据读写。读写的区域范围由主站来定，哪些数据可以写给从站又有哪些数据从从站获得，都是编程时需定好的。例如，本例中写给从站的数据是主站中 MB0 与 MB1 这两个字节，从从站获得的数据是从站中 MB1 这一个字节。STEP 7-Micro/WIN 编程软件默认的单台 PLC 的地址是 2，现在是两台 PLC，如果地址相同是不能通信的，只好通过编程软件先把地址区分开，然后再分别给 PLC 下载各自的程序。按规定 PLC 的地址只能从 2 开始往后排，在本例中我们看到主站地址是 2，从站地址是 3，对于地址 2，编程软件可以自己找到，而地址 3 就要经过设置才能改变，如下介绍设置过程：打开编程软件，界面如图 5-68 所示，单击"检视"下面的"系统块"按钮，显示界面如图 5-69 所示，在此看到端口 0 和端口 1 处的 PLC 的地址都是 2，单击此口的上调按钮，把"2"都变成"3"，如图 5-70 所示，然后单击"确认"按钮，这时界面又回到图 5-68 所示，单击工具栏中的 ▲ （下载键）按钮把端口的设置下载给 PLC，然后单击"检视"下面的"通讯"按钮，通信结束后的界面如图 5-71 所示，发现这台 PLC 的地址已变成 3，单击"确认"按钮，至此给 PLC 修改地址的任务已完成，把相对应的程序送进去，再将两台 PLC 的模式开关都拨到 RUN 位置，就可以工作运行了。

①根据控制要求，首先要确定 I/O 个数，进行 I/O 分配，确定主站与从站，配好两台 PLC 之间的通信电缆。主从式通信简单实惠，容易实现，难点与重点是主站的编程，读写区域与数据长度不能搞乱。主从式通信控制系统 PLC 对外接线如图 5-72 所示。

②主从式通信控制程序梯形图如图 5-73 所示。

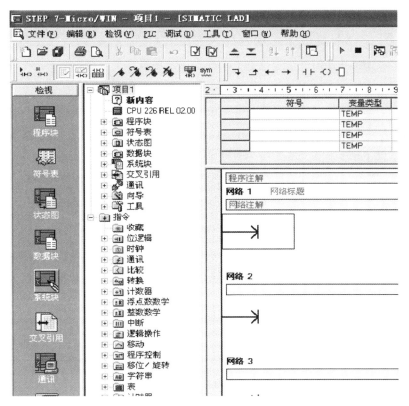

图 5-68 编程软件初始界面

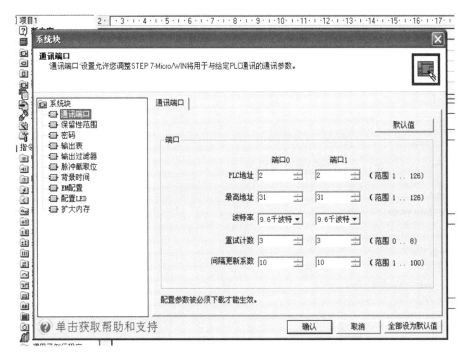

图 5-69 修改 PLC 地址的界面

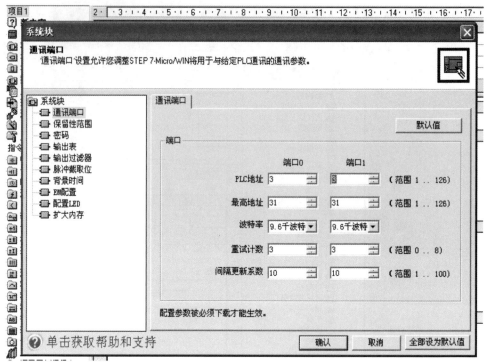

图 5-70　将 PLC 的地址 2 变成 3

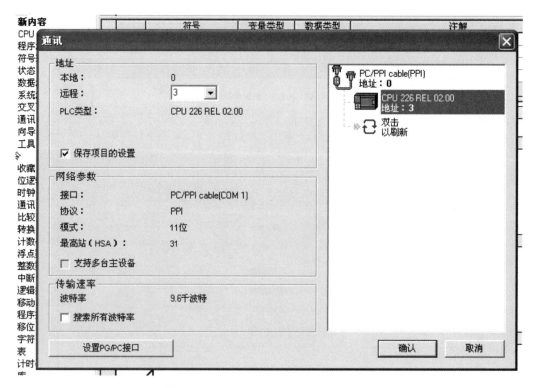

图 5-71　通信结束后已搜到 PLC 的地址

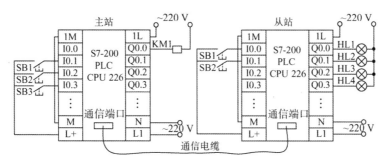

图5-72 主从式通信控制系统 PLC 对外接线

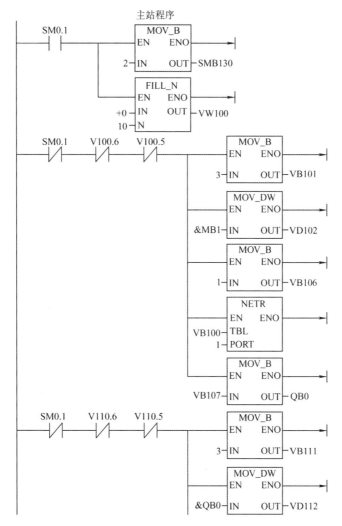

图5-73 主从式通信控制程序梯形图

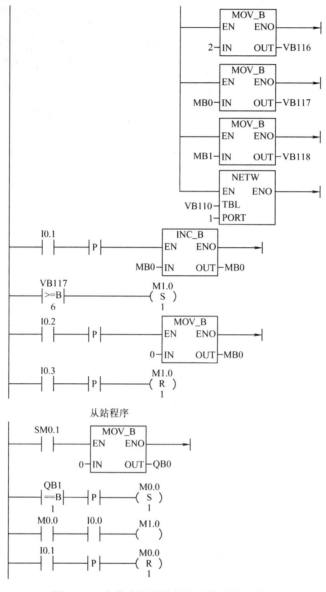

图5-73 主从式通信控制程序梯形图（续）

③主从式通信语句表程序及注释如下：

主站程序

Network 1   // 程序注释

LDSM0.1

MOVB2，SMB130   // 用1号通信端口进行主从式通信

FILL+0，VW100，10   // 将VB100开始的20个变量寄存器都填充为0

Network 2

LDNSM0.1

ANV100.6

ANV100.5

MOVB3, VB101   // 指定从站地址为3

MOVD&MB1, VD102   // 指向读取从站数据的位置

MOVB1, VB106   // 读取数据的字节长度

NETRVB100, 1   // 通过1号通信端口由VB100开始的一列表完成读取

MOVBVB107, QB0   // 读取进来的数据送到QB0处显示出来

Network 3

LDNSM0.1

ANV110.6

ANV110.5

MOVB3, VB111   // 指定从站地址为3

MOVD&QB0, VD112   // 指向送入从站数据的位置

MOVB2, VB116   // 送出数据的字节长度

MOVBMB0, VB117   // 将主站的MB0送给VB117

MOVBMB1, VB118   // 将主站的MB1送给VB118

NETWVB110, 1   // 通过1号通信端口由VB110开始的一列表完成送出

Network 4

LDI0.1   // 主站的字节加1输入信号

EU

INCBMB0   // 字节MB0接到输入信号就自动加1

Network 5

LDB>=   VB117, 6   // 当VB117中的数据大于或等于6时

SM1.0, 1   // 给MB1中的第一位置1

Network 6

LDI0.2   // 给MB0清零的输入信号

EU

MOVB0, MB0   // 给MB0清零

Network 7

LDI0.3   // 给M1.0复位的输入信号

EU

RM1.0, 1   // 给M1.0复位

从站程序

Network 1

LDSM0.1

MOVB0, QB1   // 给从站QB1清零

Network 2

LDB=QB1, 1   // 当QB1等于1时

EU

```
SM0.0, 1                          // 给 M0.0 置位
Network 3
LDM0.0
AI0.0
=M1.0                             // 当 M0.0 置位后再按 I0.0 按钮 M1.0 就会得电
Network 4
LDI0.1                            // 使 M0.0 复位的按钮
EU
RM0.0, 1                          //M0.0 复位
```

实例 20 基于组态王的变频调速过程的远程监控

1. 控制要求

①变频器选用西门子 Micro Master 420 型，采用外控模拟量输入方式；

②要求变频器的输出频率按照如图 5-74 所示的曲线变化；

③用 PLC 程序控制变频器，并使用 EM235 模拟量模块输出模拟信号；

④变频器的工作方式需手动设置（参数），工作过程由 PLC 进行控制；

⑤需用组态王监控变频器的启/停，采用实时趋势曲线监测频率变化过程；

⑥PLC 的输入端也要接入一个开关，用来启/停变频器。

2. 程序设计

1）什么是远程监控

其中"监"也就是监视，监视的内容有很多，这里是指对设备运行状况的监视，这个监视不是摄像头视频监视，而是在计算机上制作一个动态画面，这个画面完全模拟现场设备的动作，如设备上的机械手抓起了一个被加工件，画面上也应同步出现这个动作；而"控"也就是控制，控制的方式有很多，这里是指通过通信网络，在计算机上进行操作来控制设备，在计算机画面上画一个按钮，可以让它动起来并控制现场设备的启/停；"远程"是指监视与控制生产设备的人并没有在现场，是有距离的，这个距离不能明确说明，也许仅有几米，也许在异国他乡。当今 PLC 的功能已经很强大了，但是没有人机联系的界面，动态画面看不见。由此而产生了很多可以在计算机上制作画面的软件，实现远程监控。这个画面不是静止不动的，经过设置，画面上的图素可以动起来，从而反映出现场设备的某个具体动作。这个软件与现场的智能设备是可通信的、相互支持的，如 PLC，它们相互间可传递数据。

2）Kingview 组态王软件简介

组态是用应用软件中提供的工具、方法来完成工程中某一具体任务的过程。与硬件生产相对照，组态与组装类似，但软件中的组态要比硬件的组装有更大的发挥空间，一般要比硬件中的"部件"更多，而且每个"部件"都很灵活，因软部件都有内部属性，故通过

改变属性可以改变其规格（如大小、性状、颜色等）。

组态软件是有专业性的，一种组态软件只能适合某种领域的应用，人机界面生成软件称为工控组态软件，组态结果是用在实时监控的。这样的软件填补了 PLC 的"美中不足"。

组态不需要编写程序就能完成特定的应用，但是为了提供一些灵活性，组态软件也提供了编程手段，一般都是内置编译系统。

Kingview 组态王可与 PLC、智能模块、智能仪表、板卡、变频器等多种外部设备进行通信。而其软件系统与用户最终使用的现场设备无关，如本例看似是用实时曲线监控变频器的调速过程，实际上组态软件跟现场的变频器一点联系都没有，与它有联系的是 PLC。

组态王主要有以下几种功能：使用清晰准确的画面描述工业控制现场，使用图形化的控制按钮完成单任务和多任务，设计复杂的动画，显示现场的操作状态和数据，显示生产过程的文字信息和图形信息，为任何现场画面指定键盘命令，监控和记录所有报警信息，显示实时趋势曲线和历史趋势曲线等。利用组态王对 PLC 进行动画组态、硬件组态和控制组态，将两者结合起来实现整个生产过程的综合监控。

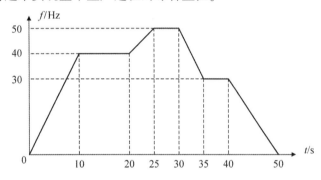

图 5-74　变频器输出频率变化曲线

3）变频器参数设置

变频器参数设置如下：

P0003 = 2	用户的参数访问级，2 为扩展级
P0010 = 0	0 为运行；1 为快速调试；30 为初始化
P0100 = 0	地区工频选择，0 为 50 Hz
P0304 = 220	电动机额定电压为 220 V
P0307 = 0.18	电动机额定功率为 0.18 kW
P0310 = 50	电动机额定频率为 50 Hz
P0311 = 2 800	电动机额定转速为 2 800 r/min
P0700 = 2	由端子排输入启/停命令（外控）
P0701 = 1	数字量输入端口 1 的功能，1 为接通正转
P1000 = 2	选择频率给定值，2 为模拟量输入
P1080 = 0	最小频率为 0 Hz
P1082 = 50	最大频率为 50 Hz
P3900 = 1	快速调试结束

4）接线、线路端口作用及操作步骤

变频器调速控制系统原理如图5-75所示，按图把线接好。图中变频器是MM420型的，属于单相输入/三相输出变频器，除了5条主线路外，还有控制线路，控制线路又分输入信号与输出信号，本例用哪条画哪条。8号端子是自身直流24 V电源的正极，可作为数字量输入信号的公共端；5号端子是变频器自身数字量输入信号的1号端子，通常用DIN1表示，属于多功能端子，该端子信号起什么作用由用户自己选，用参数P0701来定；3号端子是模拟量输入信号的正端；4号端子是模拟量输入信号的负端，两端间输入的是直流电压信号0～10 V。再来看EM235，它是PLC的扩展模块，专门用来模拟量往来。本例没有模拟量输入信号，把输入端口都各自短接即可，唯一的一个模拟量电压型输出端口M0～V0是必须要用的，由它给变频器3～4端发送可变的电压信号。

接好线后，通上电，把编写好的程序传给PLC，模式开关定为RUN模式，然后把编程软件STEP 7-Micro/WIN退出，因为还有组态王监控画面要与PLC通信，所以通信端口不能占着。变频器的参数按本例的要求设置到位，接下来就是设置组态王监控画面，具体步骤后叙。按要求是既可以在PLC上用硬件开关控制系统的启/停，又可在计算机显示屏上用制作好的"软开关"控制系统的启/停。系统启动后，变频器就应按照图5-74所给定的频率变化曲线输出频率，从而控制电动机转速，在组态王画面上会同步出现输出频率的变化曲线，这就是本例想要达到的监控目的。

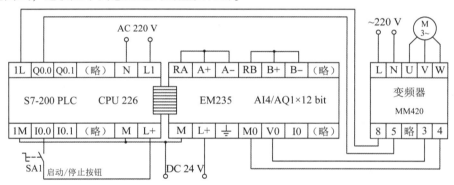

图5-75 变频器调速控制系统原理

5）PLC程序及编程思路

基于组态王的变频器调速过程的远程监控控制程序梯形图如图5-76所示。组态王监控画面上所做的按钮、开关如果作为PLC的输入信号则要用PLC的辅助继电器M（bit），如程序中的M1.0。本例变频器的控制特点是属于外控模拟量输入形式，让PLC的Q0.0给变频器的数字量输入信号第一端提供一个连续的信号，作为变频器的方向信号。因为是模拟量信号而不是数字量信号（段速），所以上坡与下坡的斜率要按控制要求的曲线走，如图5-74所示，这样需用PLC的程序控制自己的模拟量输出端口，使其发送给变频器模拟量输入端口的数据（电压）严格按照曲线走，从而达到调速的目的。

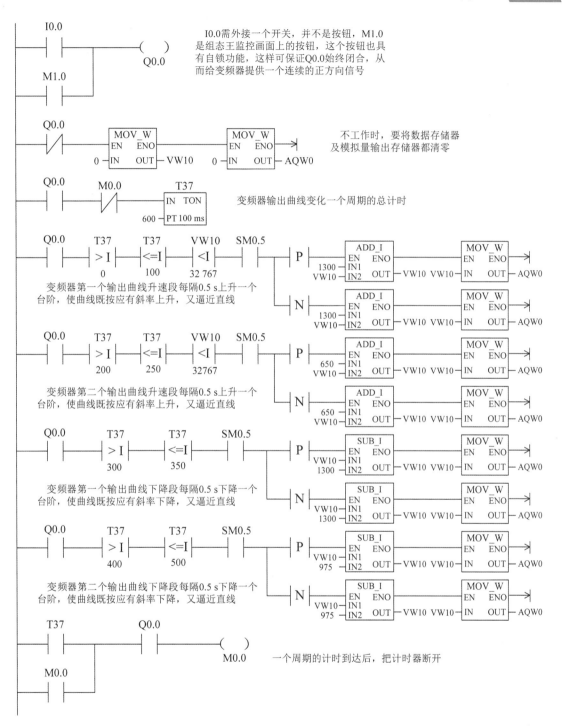

图5-76 基于组态王的变频器调速过程的远程监控控制程序梯形图

6）组态王监控画面制作

（1）为工程项目定文件夹及名称

打开组态王软件，其界面如图5-77所示，如果想打开已有文件，则会在"工程名称"

栏下出现已设计好的工程项目，双击打开即可。如果想新建文件，则单击"新建"按钮，这时出现如图5-77所示的界面，看一看，我们不需要做什么，直接单击"下一步"按钮，出现如图5-78所示界面。为新建工程确定保存路径，确定好后单击"下一步"按钮，出现如图5-79所示界面。确定新建工程名称，确定好后单击"完成"按钮，出现如图5-80所示界面。光标所指位置就是当前工程，双击它就会出现如图5-81所示该工程的浏览器界面。

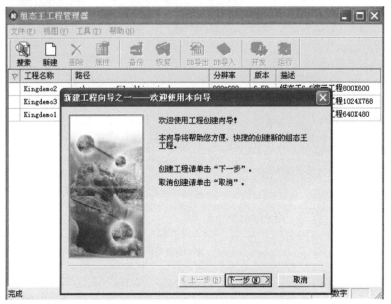

图 5-77　新建一个工程项目的第一步

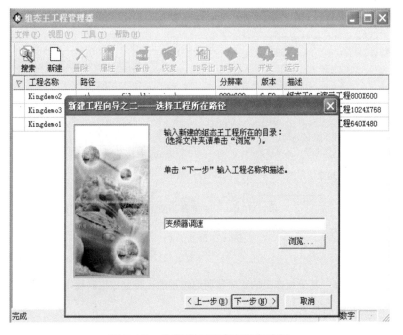

图 5-78　为新建工程确定保存路径

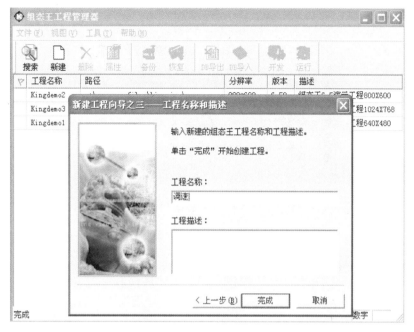

图 5-79　为新建工程命名

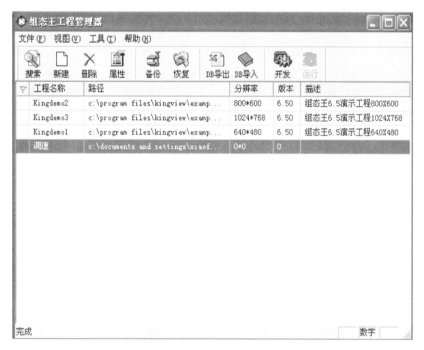

图 5-80　新建的工程项目已在"工程名称"栏下

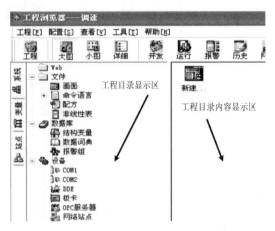

图 5-81　开始为通信设备设置通信参数

（2）设置通信参数

在工程目录显示区双击"COM1"按钮，开始定"通信对象"，也就是定监控画面将与什么智能设备进行通信，出现如图 5-82 所示界面。在这里设置与通信有关的参数，没有什么可改动的，然后单击"确定"按钮，出现如图 5-83 所示界面。这时双击工程目录内容显示区的"新建"按钮，出现如图 5-84 所示界面。此时确定通信设备的类别，如果选择 PLC，则双击"PLC"，弹出可与组态王监控画面通信的所有 PLC 的名称，选择"西门子"，弹出该品牌的各种规格，再选择"S7-200"系列，出现如图 5-85 所示界面。此时设置通信方式，也就是上位机与 PLC 之间的通信方式，选择"PPI"，单击"下一步"按钮，出现如图 5-86 所示界面。这一步是给通信设备命名，如无所谓也可直接单击"下一步"按钮，这时默认的设备逻辑名是"新 IO 设备"，单击"下一步"按钮，出现如图 5-87 所示界面，选择串行通信端口，即"COM"端口。如何知道 PC 与 PLC 通信时 PC 用的是哪个串行通信端口，通常都是从 PLC 的编程软件 STEP 7-Micro/WIN 中获取，找到后直接单击那个端口即可，单击"下一步"按钮，出现如图 5-88 所示界面。此时确定 PLC 的地址，仍然要从 STEP 7-Micro/WIN 软件中获取，单台 PLC 的默认地址是 2，如果不是单台 PLC 或先前做过设置，则按设置的写，这一点设计者自己是清楚的。再单击"下一步"按钮，出现如图 5-89 所示界面。到此通信设备的信息就设置完了，确定无误后，单击"完成"按钮。

图 5-82　定通信速率及数据长度等

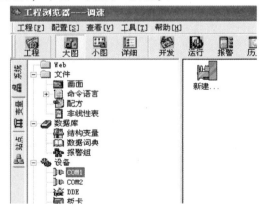

图 5-83　定通信设备类别

图 5-84　确定 PLC 的品牌及规格

图 5-85　设置通信方式

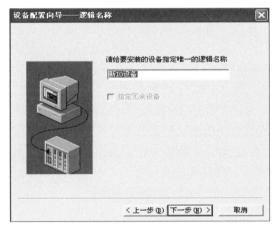

图 5-86　为通信设备命名

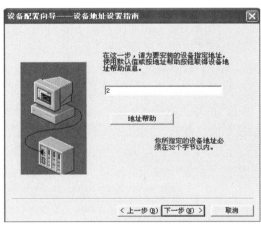

图 5-87　选择计算机这边的串行通信端口

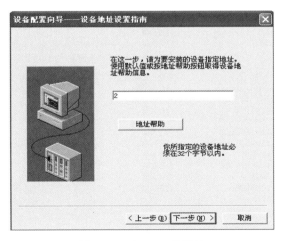

图 5-88　定 PLC 的地址

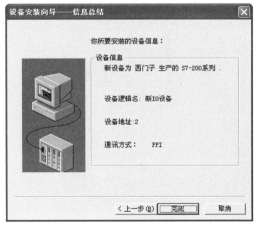

图 5-89　通信参数设置完成

（3）定义监控画面中的变量

接下来是制作监控画面，在工程目录显示区单击"数据词典"按钮，出现如图5-90所示界面。为将要制作的监控画面上出现的图素（画面上的可动元素，如按钮、电动机、机械手等）命名、定联系地址等。按本例要求，需要定一个按钮、一台电动机、一条反映速度变化的曲线，双击工程目录内容显示区的"新建"按钮，出现如图5-91所示界面。在"变量名"文本框中输入"按钮"；在"变量类型"下拉列表框中选择"I/O离散"选项，表示此变量是一个数字量（闭合为1，断开为0），故称为"离散"，又因为此变量要送出去给外面设备作为I或者O，所以称为"I/O"；在"连接设备"下拉列表框中选择"新IO设备"选项；在"寄存器"下拉列表框中选择"M1.0"选项，该位将代表画面上的按钮出现在PLC程序中（参见图5-76）；在"数据类型"下拉列表框中选择"Bit"（位）选项；"读写属性"定为"读写"；在"采集频率"文本框中输入"100"，这一变量就定完了，单击"确定"按钮继续定其他变量。接下来定电动机，过程与定按钮时完全相同，只是"变量名"为"电动机"，"寄存器"为"Q0.0"，如图5-92所示，监控画面上的电动机应与PLC程序中的Q0.0是同步的，定好后单击"确定"按钮。最后为电动机速度变化曲线定义，还是双击工程目录内容显示区的"新建"按钮，在弹出界面的选择栏内填上相关内容，如图5-93所示。设置"变量名"为"变频器输出频率曲线"；"变量类型"为"I/O整数"，这是因为曲线应能反映出连续变化过程，与之对应的变量是PLC内能反映数据多少的区域而不是某个位；"寄存器"为"V10"；"数据类型"为"SHORT"（字），实际上就是VW10，一个字能表示的最大十进制数是32 767，所以最大值及最大原始值都填入此数。定义并没有结束，在此界面的最上面单击"记录和安全区"标签，切换至"记录与安全区"选项卡，如图5-94所示，在此选中"数据变化记录"单选按钮，然后单击"确定"按钮，这样，画面上将要制作的3个变量都定义完了。

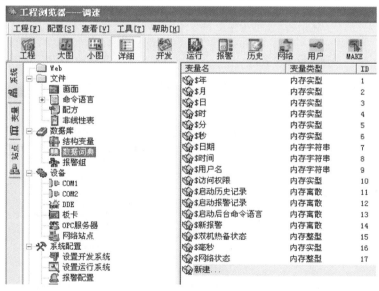

图5-90 为画面上的图素命名

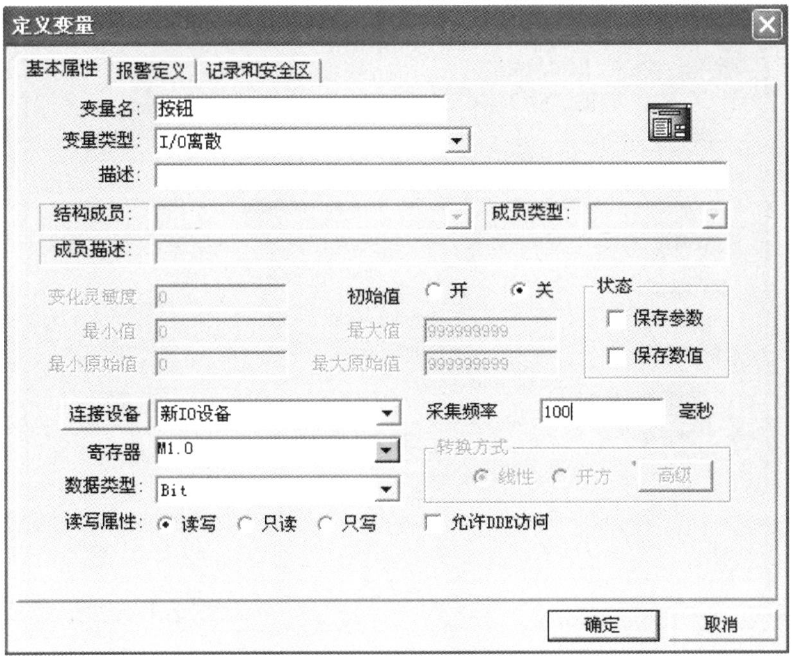

图 5-91　为画面上的按钮定相关参数

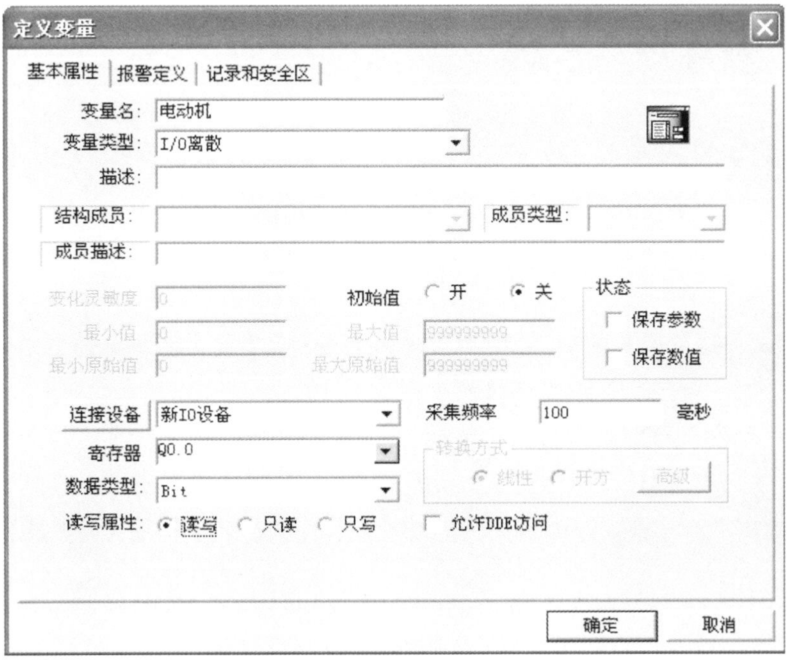

图 5-92　为画面上的电动机定相关参数

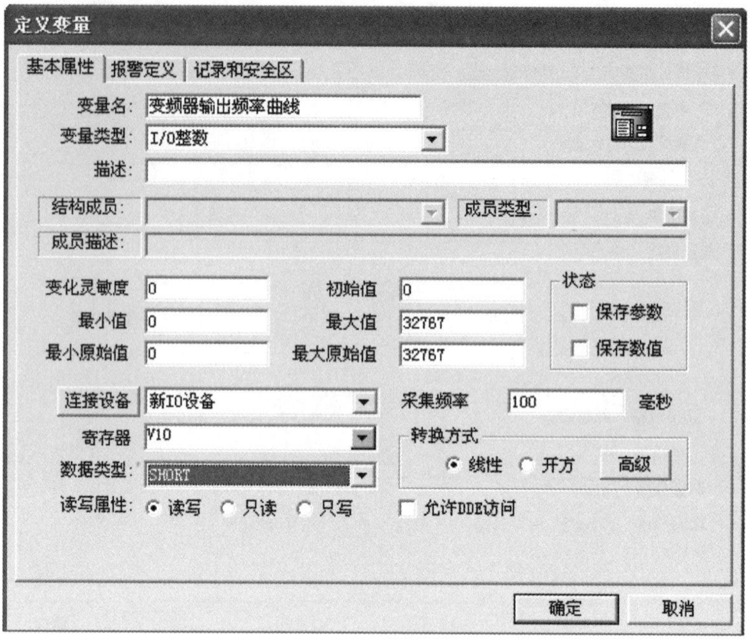

图 5-93　为画面上的曲线定相关参数

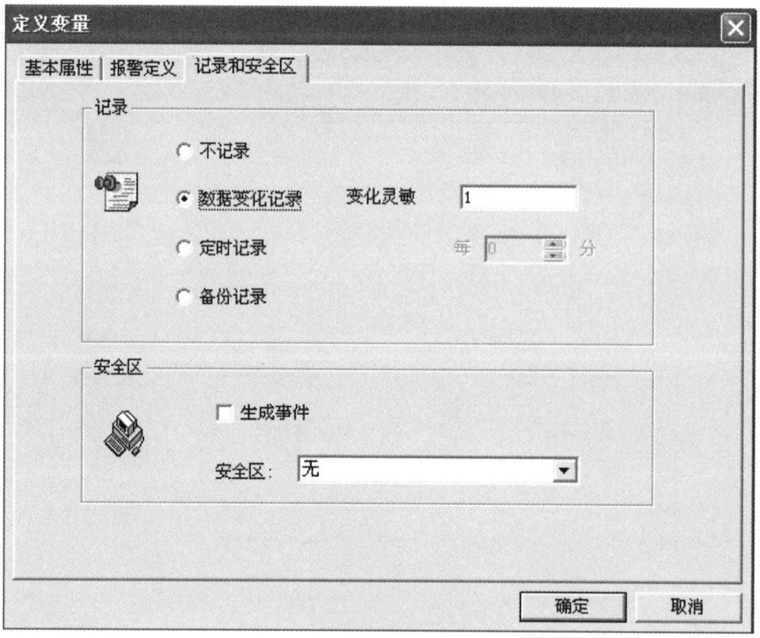

图 5-94　为曲线选择数据变化记录

（4）编写命令语言

命令语言是一种类似 C 语言的程序，编写这种程序的目的就是让画面上的图素按控制要求动作，即使画面与现场设备没有通信，画面本身的图素之间也会按照命令动起来。例如，制作一个机械手抓取重物的画面，把 PLC 程序编写到位，把画面这里的命令编写到位，正式监控工作时，现场的机械手在干什么，画面上的机械手也在干什么，给人的感觉是画面在监控现场，实际上两者是没有关系的，画面上的动作是通过命令制作出来的。假设现场的机械手出事故卡住了，送回画面一个信号，画面上的机械手也停止不动就可以了。要把两者统一起来，像是在同步工作，达到监控的目的，这就是设计者的任务。

　　组态王的命令语言中常用的是应用程序命令语言，以本例简介应用程序命令语言的编写过程。在本例中，按要求是当开关合上后，PLC 的输出 Q0.0 要闭合，直到开关断开。在画面上画一个带自锁的按钮，当作开关，画一台电动机与 PLC 那里的 Q0.0 同步动作，动画制作后叙，这里只介绍实现这一动作过程的命令语言如何编写。在工程目录显示区双击"命令语言"按钮，在其栏下会出现 5 种语言，单击第一个"应用程序命令语言"会形成如图 5-95 所示界面，按照提示，在工程目录内容显示区双击那个按钮，在弹出界面的编程区内，编写本

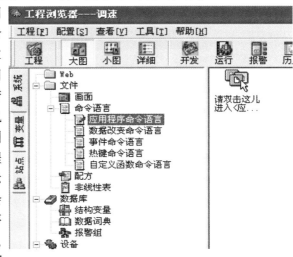

图5-95　选择应用程序命令语言

例的程序，程序只有4行，如图 5-96 所示。程序简单明了，编写时要注意：先编写条件后编写结果；所使用的各种字母及符号，一定要用界面栏下方所给的，不能在键盘上输入，否则无效；编写条件时要带括号，括号内要用双等于号；变量一定是先前定义过的，否则无效，编写完后就单击"确认"按钮，此处有语法自检功能，如果有错误，则会弹出提示，及时纠正，直到界面能退出，就说明命令语言编写完毕。逻辑正确与否只待画面运行时验证。

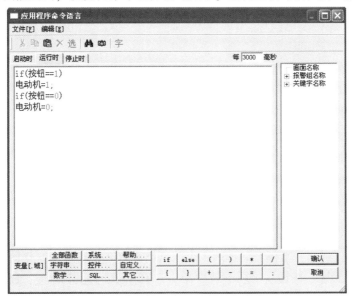

图5-96　编写程序命令语言

（5）制作画面

在工程浏览器界面的工程目录显示区中单击"画面"按钮，在工程目录内容显示区会出现一个"新建"按钮，双击此按钮会弹出如图5-97所示界面，输入画面名称，单击"确定"按钮后会弹出"开发系统"界面，如图5-98所示。单击"图库"按钮后会出现下拉菜单，选择"打开图库"选项，在弹出的界面上单击"按钮"，如图5-99所示。

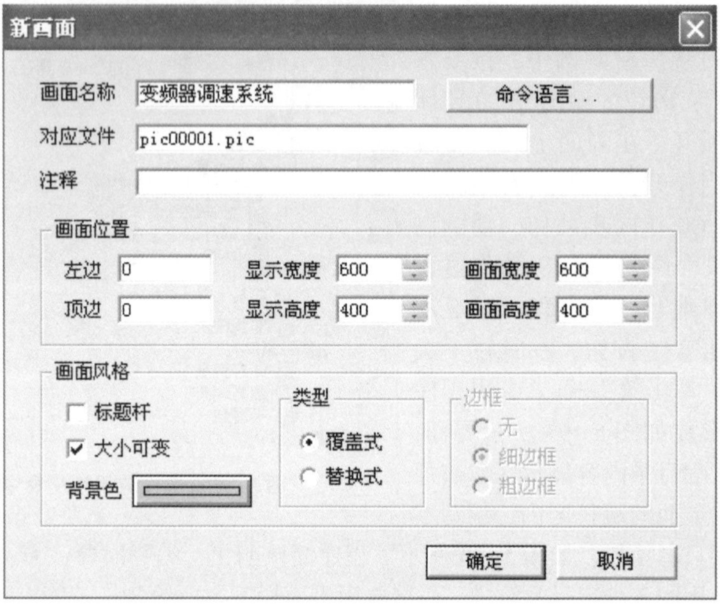

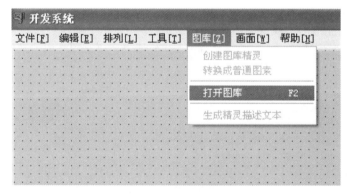

图5-97　建立画面

图5-98　绘制图素

选中一个合适的按钮，双击它后，图库管理器就退掉了，在绘图界面上（开发系统）放置这个按钮，其大小形状可随意调整，然后再打开图库，单击"马达"按钮后出现各式电动机，同样选中一个合适的按钮拖到"开发系统"界面上，再调整其大小，此时的界面如图5-100所示。到此，本例需制作的3个图素已画好2个，下面制作曲线。在"开发系统"界面单击"工具"按钮后出现下拉菜单，选择"实时趋势曲线"选项，如图5-101所示。将曲线拖到"开发系统"界面的适当位置，调整其大小形状，形成如图5-102所示界面。这时，3个图素制作完毕，接下来是让图素如何"动"起来。

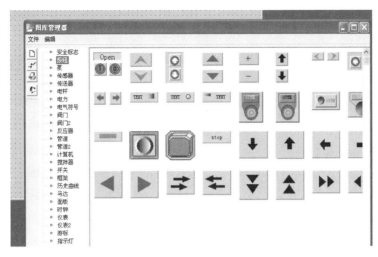

图5-99 选择按钮

（6）动画连接

所谓动画连接，就是让图素按照其应起的作用与功能动起来，模拟其物理存在去控制现场设备或受控于现场设备。在图5-100中，双击"按钮"图形，弹出"按钮向导"对话框，如图5-103所示，只需在"变量名（离散量）"文本框中输入此图形所代表的变量名或单击旁边的问号，从下拉菜单中选取应代表的变量，其他各项根据要求选定，如果不需改动什么，则单击"确定"按钮，按钮的动画连接就已做好。电动机的动画连接与按钮的相同，下面制作曲线的动画连接。双击"曲线"图形弹出如图5-104所示界面，在"曲线1表达式"的文本框里输入所代表的变量名或单击旁边的问号，从下拉菜单中选取应代表的变量，其他各项根据要求选定，然后单击本界面的"标识定义"标签，切换至"标识定义"选项卡，如图5-105所示，在此确定时间轴全程显示的长度，本例全程需时50 s，所以定60 s足够了，横坐标的时间轴定完了，纵坐标是以百分比的形式出现，最高是输出信号的100%，在这不用修改什么，与这条曲线相对应的是PLC的VW10变量寄存器，一个字是16位，能表示的最大十进制数是32 767，所以100%代表的是32 767，根据实验室实验测得变频器输出10 Hz时，与之对应的VW10中的数据是6 500，以此推算，20 Hz时是13 000；50 Hz时是32 500。这样，将时间定好后其他不用修改了，单击"确定"按钮，弹出如图5-106所示的曲线部分，曲线的动画连接也设置完了，至此，3个图素的动画连接全都制作好。

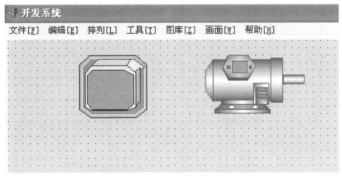

图5-100 制作好的2个图素

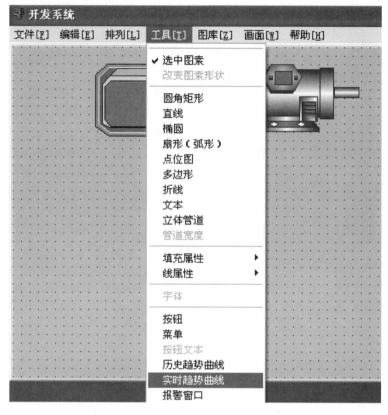

图 5-101　制作速度变化曲线

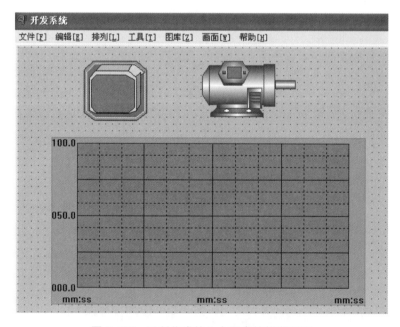

图 5-102　已制作成的 3 个图素的静态画面

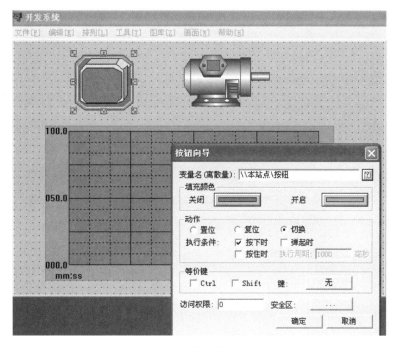

图 5-103　为按钮设置动画连接

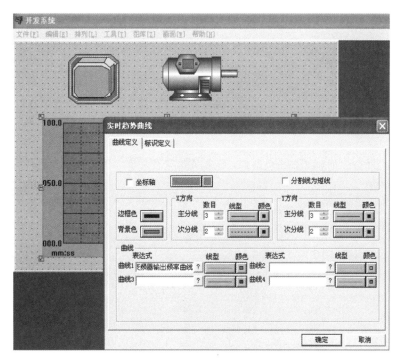

图 5-104　为曲线设置动画连接

（7）保存、切入运行（监控）画面

都设置完成后，在图 5-106 中单击"文件"按钮会出现下拉菜单，如图 5-107 所示，选择"全部存"选项，这一步做完后，再单击"文件"按钮，在下拉菜单中选择"切换到 View" 选项，也就是转入运行系统，界面转换后如图 5-108 所示，此时整个界面一片空白，这时单击"画面"按钮，在出现的下拉菜单中选择"打开"选项，弹出一个"打开画面"对话框，如图 5-108 所示，"画面名称"下显示的就是本例的画面名称，选中名称并单击"确定"按钮后，画面就成为运行系统了。

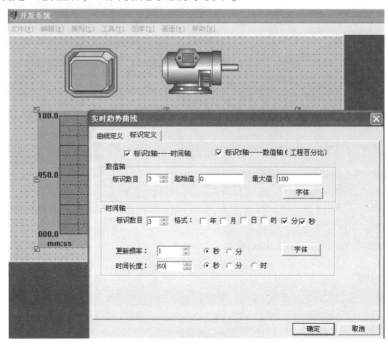

图 5-105　为曲线设置标识

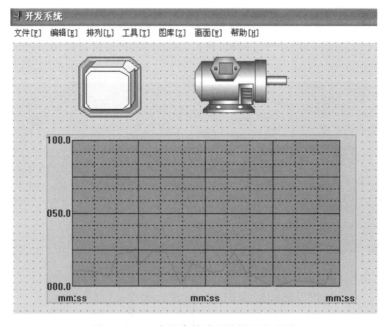

图 5-106　3 个图素的动画连接制作完毕

给现场的变频器通上电，设置好参数；PLC 通上电且程序早已载入，将模式开关拨到 RUN 位置，这时，单击画面上的相应按钮，系统就可运行了，电动机并不能转动，由指示灯指示其工作状态，曲线按控制要求显示电动机的转速变化过程，每隔 1 s 曲线由右向左移动一次，图 5-109 所示为本例要求的监控画面。

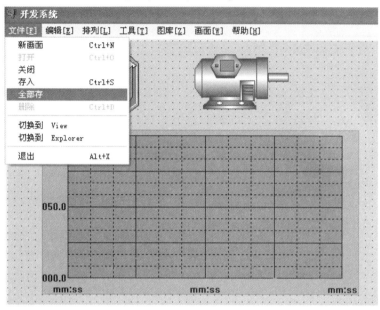

图 5-107　保存制作的画面

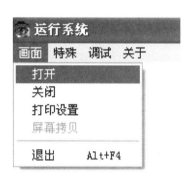

图 5-108　运行系统的切换过程

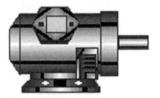

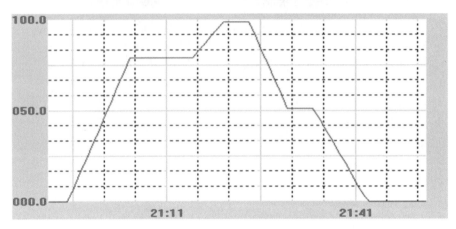

图 5-109　变频器调速过程的监控画面

第6章

系统程序设计与工程应用

前面 5 章主要是基本指令的简单应用，在本章主要是应用指令（也称功能指令）的系统应用。基本指令与应用指令并没有严格的界线，只是随着时间的推移，PLC 的指令越来越丰富，某些指令被激活后体现特定的功能，像模拟量的 PID 控制、PLC 间或与其他智能设备间的串口通信、高速计数器功能、PLC 与其他可视化设备间的组态工作等，在本章的工程实例中这些功能性指令都会得到应用。

实例1　车间工作台产品输送

1. 控制要求

在生产车间，经常会遇见一台装料车在自动化生产线上，根据请求地点信号要求进行多地点随机装料，收集成品。

现某食品生产车间有 4 个工作台和 1 个成品库，直线排列。操作工将食品包装成袋，然后呼叫小车把包装袋送到成品库，小车往返于各个工作台之间，根据请求在某个工作台限时限量装袋，当小车装满 60 袋时，就自动开往成品库卸袋。待卸袋完毕，再根据请求开往某站继续工作，由此往返。生产车间加工现场如图 6-1 所示，要求如下。

①每个工作台都有一个呼叫按钮。当需要小车过来装袋时，按一下按钮，系统接到呼叫信号就登记下来，同时本站呼叫记忆灯点亮，说明信号已接收到。小车就会根据自己的忙闲程度决定装袋时间。

②装袋时有两个要求，一是每次最多装 10 袋，二是每次最长停留 8 s。也就是说不到 8 s 就把 10 袋都装完了，这时如果有其他呼叫等待，小车就离开这里。如果用尽 8 s 却装不到 10 袋，此时若已有呼叫信号，则小车也照样离开这里，目的是避免压车。

③如果 10 袋已装完，8 s 时间也到了仍没有别的工作台呼叫，则本工作台可以继续装料，但一旦有别的工作台呼叫信号，小车立即出发离开这里。

④数码管显示小车所处的站台。

⑤只要车上装满 60 袋，对所有呼叫信号都不应答只保留登记顺序，小车直接开往成品库。待卸料完毕后重新按登记顺序继续应接。

⑥用一个按钮启动程序，另一个按钮停止程序。

图6-1 生产车间加工现场

⑦工作台之间的距离、停靠位置由旋转编码器决定。旋转编码器每发出 1 000 个码就是一个工作台的位置。这样 4 个工作台加 1 个成品库，共需 4 000 个码。第一个工作台应设基准位置开关（传感器）。

⑧小车到成品库卸袋，共需 10 s，时间到后就认为是卸料完毕。

2. 程序设计

①主要部分电路设计说明。在程序设计中，采用高速计数器（High Speed Counter, HSC）指令，开通旋转编码器计数，用以计算小车的行走距离，实现准确停靠。因为是实验室模拟运行，所以本程序没有考虑小车停靠时的减速段，也就是直接启，直接停，使用的是直流 24 V 的小型电动机。

高速计数器有 4 种基本类型，本程序中选用的类型为 A/B 相正交计数器。

在数字测速中，常用光电式旋转编码器作为转速或转角的检测元件。旋转编码器是将旋转的机械位移量转换成脉冲码，用来检测位置、速度的传感器。它通过联轴器与电动机轴连接，同步旋转，能够直接检测旋转的位移量。

由于 A、B 两相相差 90°，故可通过比较 A 相在前还是 B 相在前，以判别编码器的正转与反转，通过零位脉冲，可获得编码器的零位参考位。

程序中除了利用高速计数器计算距离是一个难点，还有就是交通信号的建立、响应、截车、停靠及定时定量装料。按要求，小车停靠的位置还须有七段数码管显示。

②根据控制要求，首先要确定 I/O 个数，进行 I/O 分配。系统的 I/O 说明如表 6-1 所示，车间生产流水线产品运输 PLC 对外接线如图 6-2 所示。

③车间生产流水线产品运输控制程序梯形图如图 6-3 所示。

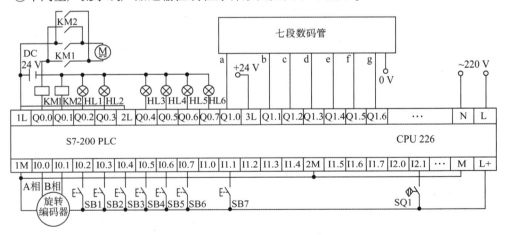

图6-2 车间生产流水线产品运输 PLC 对外接线

表 6-1　系统的 I/O 说明

I/O	用途	I/O	用途
I0.0、I0.1	高速计数器	M0.2	2 号站呼叫时，得电自锁
I0.2	停止按钮（SB1）	M0.3	3 号站呼叫时，得电自锁
I0.3	开始按钮（SB2）	M0.4	4 号站呼叫时，得电自锁
I0.4	1 号站呼叫按钮（SB3）	M0.5	每到一站，得电并接通时间继电器
I0.5	2 号站呼叫按钮（SB4）	M0.6	2 号站到时得电并截车
I0.6	3 号站呼叫按钮（SB5）	M0.7	3 号站到时得电并截车
I0.7	4 号站呼叫按钮（SB6）	M1.1	1 号站到时得电并截车
I1.1	装料按钮（SB7）	M1.2	4 号站到时得电并截车
I2.1	传感器（SQ1）	M1.3	60 件装料完成，得电并直接送至成品库
Q0.0	反转（KM1）	M1.4	小车到达成品库得电，启动计时器 T38
Q0.1	正转（KM2）	M1.5	T38 得电后自锁
Q0.2	反转小信号灯（HL1）	M2.1	小车在 1 号站，有呼叫时得电
Q0.3	正转小信号灯（HL2）	M2.2	小车在 4 号站或成品库，有呼叫时得电
Q0.4	1 号站呼叫灯（HL3）	M1.0	到达 1 号站时得电并断开 1 号站呼叫灯
Q0.5	2 号站呼叫灯（HL4）	M2.0	到达 2 号站时得电并断开 2 号站呼叫灯
Q0.6	3 号站呼叫灯（HL5）	M3.0	到达 3 号站时得电并断开 3 号站呼叫灯
Q0.7	4 号站呼叫灯（HL6）	M4.0	到达 4 号站时得电并断开 4 号站呼叫灯
Q1.0 ~ Q1.6	数码管显示	M5.0	8 s 时间到或装满 10 件，得电反转
M0.0	开始按钮按下，得电自锁	M6.0	8 s 时间到或装满 10 件，得电正转
M0.1	1 号站呼叫时，得电自锁	SMB37	监控高数计数器 HSC0
SM0.0	常 ON 状态		

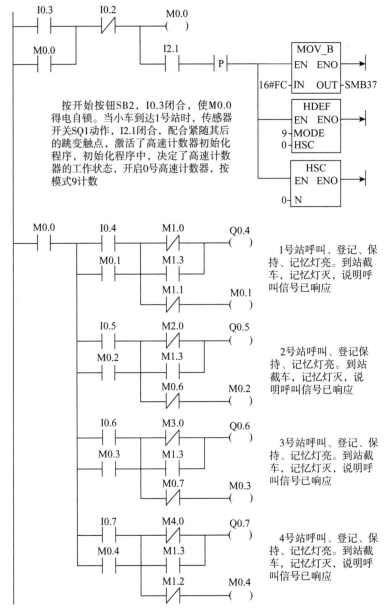

按开始按钮SB2，I0.3闭合，使M0.0得电自锁。当小车到达1号站时，传感器开关SQ1动作，I2.1闭合，配合紧随其后的跳变触点，激活了高速计数器初始化程序，初始化程序中，决定了高速计数器的工作状态，开启0号高速计数器，按模式9计数

1号站呼叫、登记、保持、记忆灯亮。到站截车，记忆灯灭，说明呼叫信号已响应

2号站呼叫、登记保持、记忆灯亮。到站截车，记忆灯灭，说明呼叫信号已响应

3号站呼叫、登记、保持、记忆灯亮。到站截车，记忆灯灭，说明呼叫信号已响应

4号站呼叫、登记、保持、记忆灯亮。到站截车，记忆灯灭，说明呼叫信号已响应

图6-3 车间生产流水线产品运输控制程序梯形图

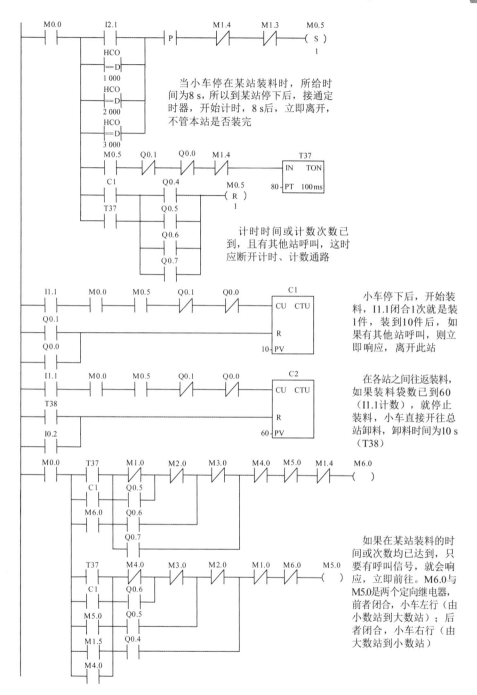

图6-3　车间生产流水线产品运输控制程序梯形图（续）

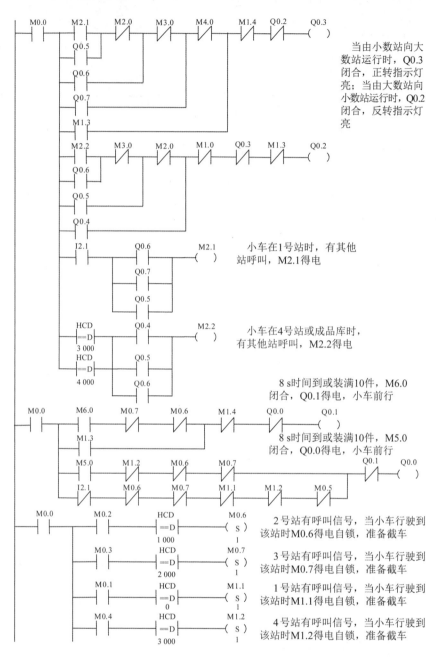

当由小数站向大数站运行时，Q0.3闭合，正转指示灯亮；当由大数站向小数站运行时，Q0.2闭合，反转指示灯亮

小车在1号站时，有其他站呼叫，M2.1得电

小车在4号站或成品库时，有其他站呼叫，M2.2得电

8 s时间到或装满10件，M6.0闭合，Q0.1得电，小车前行

8 s时间到或装满10件，M5.0闭合，Q0.0得电，小车前行

2号站有呼叫信号，当小车行驶到该站时M0.6得电自锁，准备截车

3号站有呼叫信号，当小车行驶到该站时M0.7得电自锁，准备截车

1号站有呼叫信号，当小车行驶到该站时M1.1得电自锁，准备截车

4号站有呼叫信号，当小车行驶到该站时M1.2得电自锁，准备截车

图6-3　车间生产流水线产品运输控制程序梯形图（续）

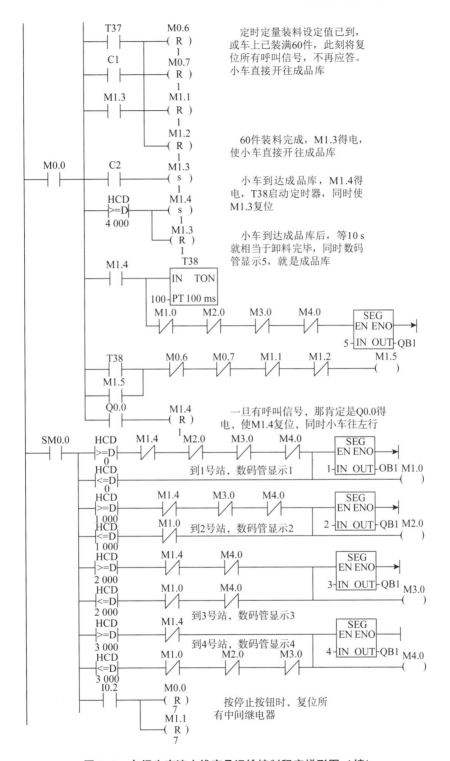

图6-3 车间生产流水线产品运输控制程序梯形图（续）

实例 2　圆形停车库汽车存取

1. 控制要求

圆形停车库共有 6 个泊位，如图 6-4 所示。钥匙开关 QS1～QS6 分别为 6 个泊位的钥匙开关，SQ1～SQ6 为汽车在位限位开关，车库只设一个进出口并设门区开关 SQ7。

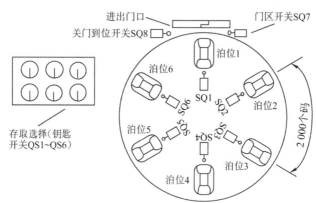

图 6-4　圆形停车库汽车存取转盘示意

①当控制系统开始运行工作时，登记当前处在进出口位置的泊位号。

②钥匙开关是一个两挡开关，当钥匙插进锁头往左拧是存车，往右拧是取车，不用时开关处在空挡。当有存取车信号时，PLC 记录此位号并判断是存还是取，然后转盘按照离请求泊位号最近的方向转动。转盘转动到进出口位置停止，转盘停止后打开出口门，10 s 后关门，结束一次存取，等待下一个信号。

③转盘转动距离由旋转编码器计算，利用 PLC 的高速计数器功能处理此信号，按计算距离到达门口并进入门区才可以停靠，假设泊位间距的编码器码数为 2 000 个。

④在处理某个请求信号中，其他存取请求信号均无效，处理完当前信号并记录此信号，才可以接收下一个请求信号。用七段数码管显示处在门口的泊位号。

⑤只给出开关门信号，不考虑门系统机械动作控制，接到关门到位信号后转盘才能转动。

2. 程序设计

①根据控制要求，首先要确定 I/O 个数，进行 I/O 分配。通过本例应了解和掌握高速计数器在运动物体计算位移方面的应用，本例还应用到转换指令、比较指令、数学运算指令、传送指令等。

②圆形停车库汽车存取 PLC 对外接线如图 6-5 所示。手动调整系统在这里不考虑。

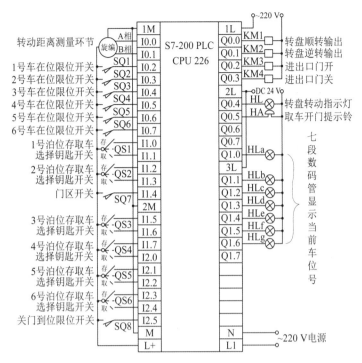

图 6-5   圆形停车库汽车存取 PLC 对外接线

③圆形停车库汽车存取控制程序梯形图如图 6-6 所示。

主程序

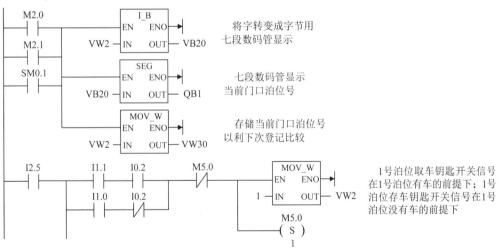

图 6-6   圆形停车库汽车存取控制程序梯形图

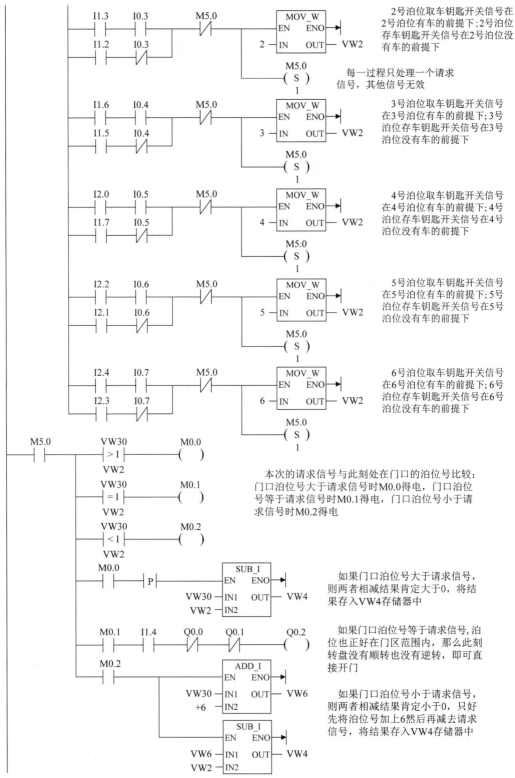

2号泊位取车钥匙开关信号在2号泊位有车的前提下；2号泊位存车钥匙开关信号在2号泊位没有车的前提下

每一过程只处理一个请求信号，其他信号无效

3号泊位取车钥匙开关信号在3号泊位有车的前提下；3号泊位存车钥匙开关信号在3号泊位没有车的前提下

4号泊位取车钥匙开关信号在4号泊位有车的前提下；4号泊位存车钥匙开关信号在4号泊位没有车的前提下

5号泊位取车钥匙开关信号在5号泊位有车的前提下；5号泊位存车钥匙开关信号在5号泊位没有车的前提下

6号泊位取车钥匙开关信号在6号泊位有车的前提下；6号泊位存车钥匙开关信号在6号泊位没有车的前提下

本次的请求信号与此刻处在门口的泊位号比较：门口泊位号大于请求信号时M0.0得电，门口泊位号等于请求信号时M0.1得电，门口泊位号小于请求信号时M0.2得电

如果门口泊位号大于请求信号，则两者相减结果肯定大于0，将结果存入VW4存储器中

如果门口泊位号等于请求信号，泊位也正好在门区范围内，那么此刻转盘没有顺转也没有逆转，即可直接开门

如果门口泊位号小于请求信号，则两者相减结果肯定小于0，只好先将泊位号加上6然后再减去请求信号，将结果存入VW4存储器中

图6-6　圆形停车库汽车存取控制程序梯形图（续）

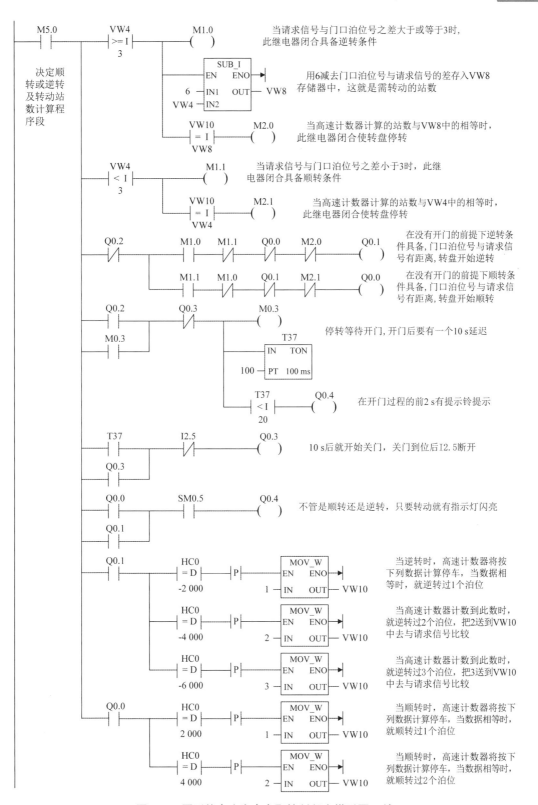

图 6-6 圆形停车库汽车存取控制程序梯形图（续）

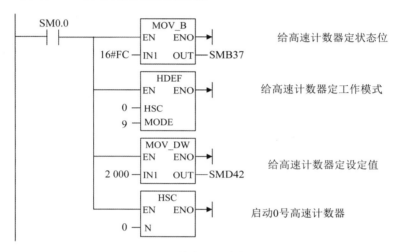

图6-6　圆形停车库汽车存取控制程序梯形图（续）

实例3　罐头食品杀菌温度的 PID 控制

1. 控制要求

肉类罐头食品的杀菌温度一般是 121 ℃，到达此温度后就开始恒温运行。温度低于此值达不到灭菌效果，而高于此值又会出现焦糊变色影响质量。采用电磁阀作为蒸汽进气阀，因其不能控制开度，也就是说只要打开电磁阀，进气量的大小是不能调节的，待测温电阻感测到当前值时，罐内的整体温度也许已超过给定值，控制温度的曲线就会出现如图6-7所示的超标振荡现象。为了避免这种现象使曲线既快速平滑又不会超标，就要采取 PID 控制，把电磁阀换成开度可调的电动阀，这样通过设置就可实现当前值（过程变量）与给定值的温差越大电动阀的开度也就越大，反之，温差越小开度也就越小，所形成的曲线如图6-8所示。现设定最高温度为 150 ℃，它的 80% 正好是 121 ℃，待温度升到 80%（给定值 SP_n）时，这样电动阀的开度就会随着温差变小而逐步变小，较平滑地接近恒温温度。

采用 PID 控制功能完成本例的程序设计，在硬件上除了 S7-200 PLC 主机之外，还需增加一块 EM235 模拟量扩展模块、3 线式热电阻一只。在软件上采用 PID 控制只是控制升温段及恒温段,恒温段后面的杀菌处理过程本例不考虑。

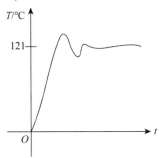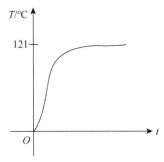

图 6-7　不带 PID 控制的电磁阀的升温曲线　　图 6-8　PID 控制的电动阀的升温曲线

具体控制过程为,在 121 ℃（150 ℃的 80%）之前全量程开启电动阀,经过 PID 运算,过程变量当前值越是接近给定值,则电动阀的开度就越小,温度的变化范围是 150 ℃的 0% ~ 100%,是一个单极性信号,控制参数为 $K_c = 0.4$、$T_s = 2$ s、$T_I = 10$ min、$T_D = 5$ min、$M_n = 0.8$、输出信号的类型为 0 ~ 10 V 电压输出型。

罐头食品杀菌罐的示意图如图 6-9 所示,电动阀为本例主要控制对象。

参考图 6-9,将罐头食品放进杀菌罐中按下启动按钮,这时水泵（KM1）应启动、给水阀（YV1）打开,向杀菌罐中注水,待水位到达给定值时水位计中的触点（SL1）将会闭合,断开给水阀及水泵,这时电动阀开始工作,向罐中放进蒸汽。按照控制参数的要求经过 PID 运算决定电动阀的开度,待加热到设定温度值时,关闭电动阀开始进入恒温段,在恒温过程中如果温度又低于给定值则再打开电动阀,开度由 PID 运算决定,原则是温差越小开度就越小,如果温度超过给定值则将排气阀（YV2）定时打开,使温度降到给定值,控温曲线达到图 6-8 所示的走向。恒温需要 30 min,恒温结束后即进入冷却段,在此不考虑后面的控制。

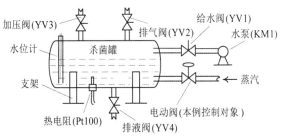

图 6-9　罐头食品杀菌罐示意

2. 程序设计

1）PLC 对外接线说明

罐头食品杀菌温度的 PLD 控制 PLC 对外接线如图 6-10 所示,使用 S7-200 PLC 实现模拟量控制必须加模拟量扩展模块,在此选用的是 EM235 型,它有 4 路模拟量输入口及 1 路模拟量输出口。输入侧的模拟量输入端口可直接接热电阻而省去变送器环节,空闲的输入端口一定要用导线短接以免干扰信号入侵。取 12 位分辨率，满量程的模拟量（DC 10 V）对应的转换后的数据为 4 000。输出侧的模拟量输出端口可输出电压信号也可输出电流信号，负载需要什么就取什么。模拟量扩展模块的电源是 DC 24 V，这个电源一定要外接而不可就近接 PLC 本身输出的 DC 24 V 电源，但两者一定要共地。

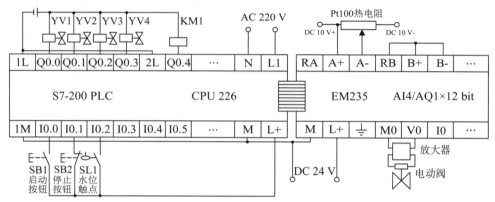

图 6-10　罐头食品杀菌温度的 PLD 控制 PLC 对外接线

2）模拟量输入/输出的处理

模拟量输入、输出信号的处理与编程要比用位变量进行一般的逻辑处理难得多，因为它不仅仅是逻辑关系的处理，还涉及模拟量转换公式的推导与使用问题。

模拟量是指变量在一定范围连续变化的量。而 PLC 最擅长处理的是数字量，这就要求把采集进来的某一时刻的模拟量用数字量代替，因本例选用的是单极性 0~10 V 的输入信号，并且没有使用变送器环节，所以处理起来比较简单。单极性的数据是 0~32 000，EM235 模块使 0~10 V 正好对应着 0~32 000，然后 0~150 ℃ 也通过 PT100 对应 0~10 V，它们的对应关系是线性的。在 PID 指令中设置给定值时，杀菌温度为 121 ℃，这样 150 ℃ 的 80% 就是 121 ℃，也是 32 000 的 80%，PID 指令中给定值就是这样得来的。

按规定模拟量输入值的最大值对应 10 V，10 V 对应的数据是 4 000，模拟量输入端口的数据长度是一个字，也就是 16 位，16 位二进制数的最大值为十进制的 65 535，已远远超过 4 000，而 12 位二进制数的最大值为十进制的 4 095，为了计算方便，规定额定输入范围对应的输出值为 0~4 000，0~4 000 与 12 位二进制数可表示的范围 0~4 095 基本上相同。32 000 的来源：本来 12 位即可与 4 000 对应，但又规定左对齐，即在 16 位中要从高位开始，最高位作为符号位不作为数据，0 代表正数，1 代表负数，接下来就是 12 位数据，还剩下 3 位全部补零，除去最高位的符号位还剩 15 位，15 位能表示的最大十进制数是 32 767，再取整就是 32 000。

实际工程中，经常用到 4~20 mA 的电流信号，这是经过变送器得来的。这时 0 ℃ 不再对应数字 0，而是对应 6 400，32 000 对应量程的最大值。

3）具体程序

罐头食品杀菌温度的 PID 控制程序梯形图如图 6-11 所示。

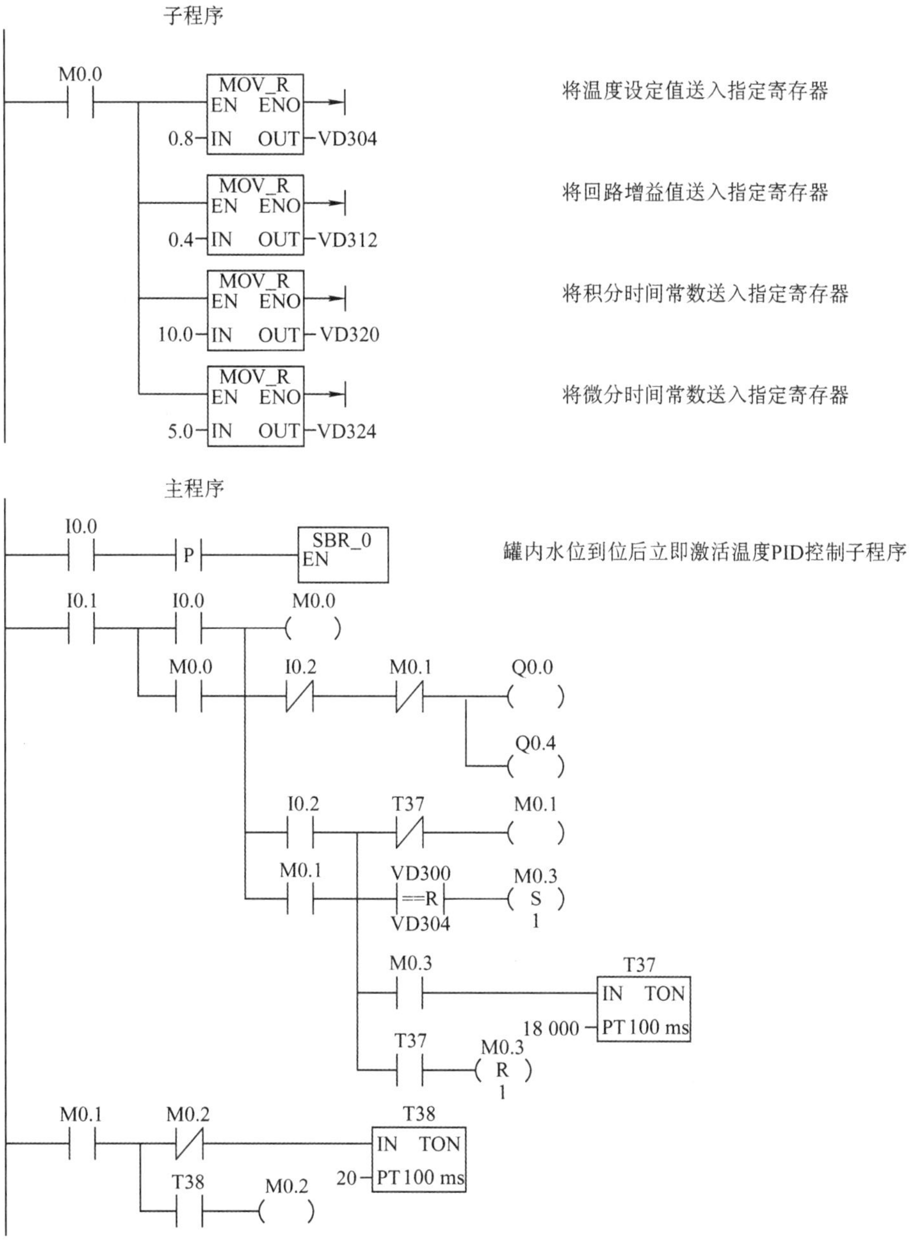

子程序

将温度设定值送入指定寄存器

将回路增益值送入指定寄存器

将积分时间常数送入指定寄存器

将微分时间常数送入指定寄存器

主程序

罐内水位到位后立即激活温度PID控制子程序

图 6-11　罐头食品杀菌温度的 PID 控制程序梯形图

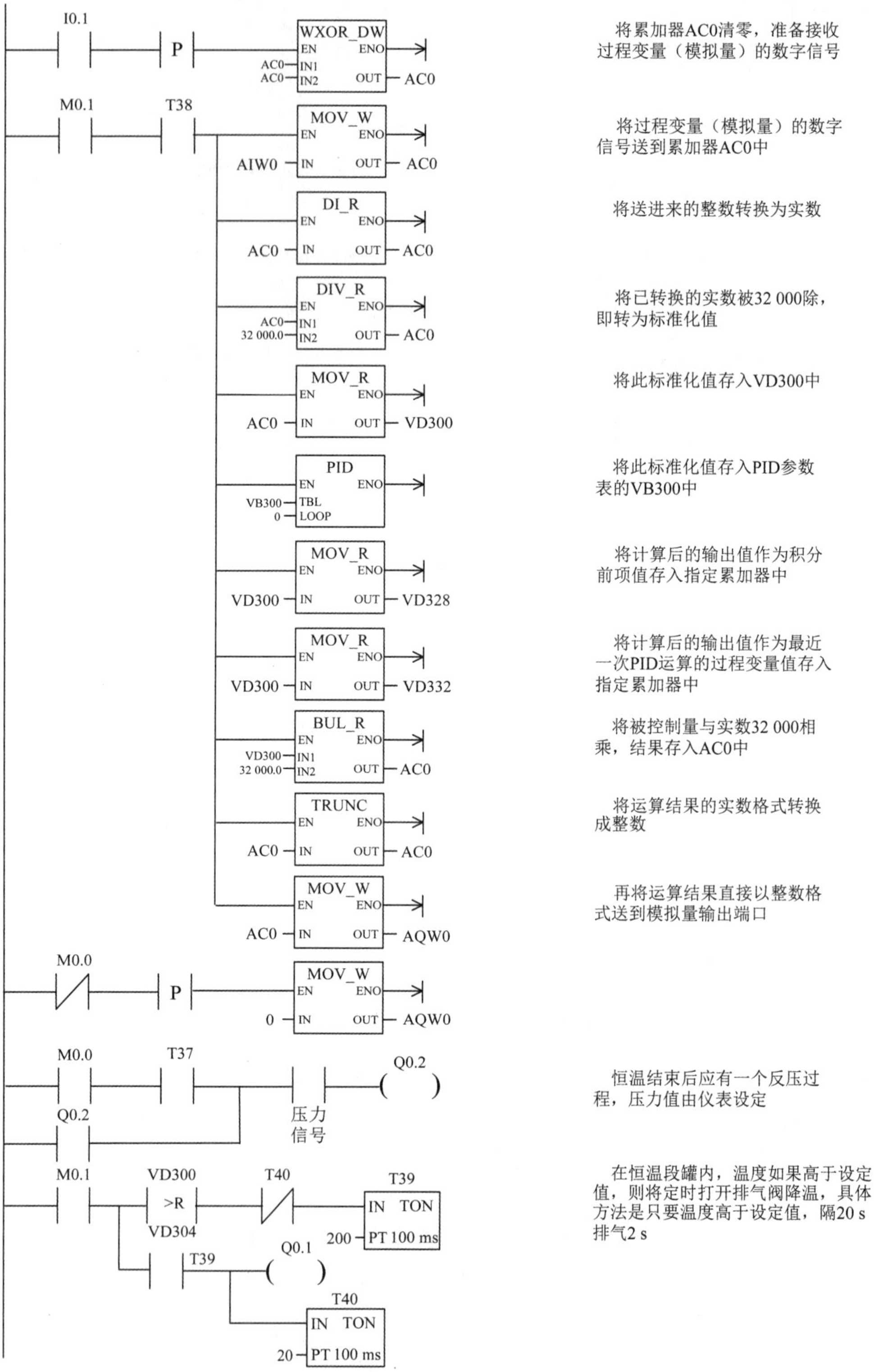

将累加器AC0清零，准备接收
过程变量（模拟量）的数字信号

I0.1 —| |— P —| WXOR_DW
EN   ENO
AC0 — IN1
AC0 — IN2   OUT — AC0

将过程变量（模拟量）的数字
信号送到累加器AC0中

M0.1 T38 —| |—| |— MOV_W
EN   ENO
AIW0 — IN   OUT — AC0

将送进来的整数转换为实数

DI_R
EN   ENO
AC0 — IN   OUT — AC0

将已转换的实数被32 000除，
即转为标准化值

DIV_R
EN   ENO
AC0 — IN1
32 000.0 — IN2   OUT — AC0

将此标准化值存入VD300中

MOV_R
EN   ENO
AC0 — IN   OUT — VD300

将此标准化值存入PID参数
表的VB300中

PID
EN   ENO
VB300 — TBL
0 — LOOP

将计算后的输出值作为积分
前项值存入指定累加器中

MOV_R
EN   ENO
VD300 — IN   OUT — VD328

将计算后的输出值作为最近
一次PID运算的过程变量值存入
指定累加器中

MOV_R
EN   ENO
VD300 — IN   OUT — VD332

将被控制量与实数32 000相
乘，结果存入AC0中

BUL_R
EN   ENO
VD300 — IN1
32 000.0 — IN2   OUT — AC0

将运算结果的实数格式转换
成整数

TRUNC
EN   ENO
AC0 — IN   OUT — AC0

再将运算结果直接以整数格
式送到模拟量输出端口

MOV_W
EN   ENO
AC0 — IN   OUT — AQW0

M0.0 —|/|— P —| MOV_W
EN   ENO
0 — IN   OUT — AQW0

恒温结束后应有一个反压过
程，压力值由仪表设定

M0.0 T37 —| |—| |—(Q0.2)
压力
信号
Q0.2 —| |—

在恒温段罐内，温度如果高于设定
值，则将定时打开排气阀降温，具体
方法是只要温度高于设定值，隔20 s
排气2 s

M0.1 VD300 T40
—| |— >R —|/|— T39
VD304   IN TON
200 — PT 100 ms
—| |— T39 —(Q0.1)
T40
IN TON
20 — PT 100 ms

图6-11 罐头食品杀菌温度的 PID 控制程序梯形图（续）

实例 4 主从式 PPI 通信协议指令的应用

1. 控制要求

使用西门子 PPI 协议实现两台 PLC 之间的通信。两台 PLC 控制两台电梯，层站数都是 4 层 4 站，两台 PLC 中一台为主站另一台为从站，实际运行起来主站不仅自己运行还掌控着从站的状态，以使控制系统形成一个整体从而更加快捷地为乘客服务。电梯的控制主要是对交通信号进行管理与控制，设计思路是首先要有呼梯信号，然后决定谁去执行此请求，确定两台电梯的位置及运行方向，再由呼梯信号决定谁去响应。电梯运行及响应呼梯信号的原则与实际电梯完全相同，控制要求如下。

①行车方向由内选的信号决定顺向优先执行，由主站以就近原则来控制哪台电梯先行。

②行车途中如果遇到呼梯信号，则先行驶的电梯采用顺向载客反向不载客的原则行驶，遇到反向呼梯信号则主站命令自己或从站去行驶载客。

③内选及外呼信号都具有记忆功能，用指示灯来显示，执行后解除信号。

④电梯运行到某层停靠，电梯门即打开，上下乘客，然后自动关门。如果不行驶则停靠在此层，本层站外呼钮按下可打开门，轿内开门按钮也可将门打开。

⑤从开门到关门的延时时间是为了上下乘客，如果遇乘客少为了节省时间也可按下关门按钮，门随即关闭。

⑥呼梯执行原则是轿内优先，在关门之前定向。

⑦电梯出口附近设门区开关，只有在门区范围之内轿门才能够打开。

⑧在关门过程中若又遇乘客需乘梯可触碰位于轿门门口的安全触板开关。

⑨机房井道底坑等处所有负责安全保护的开关，本例不考虑。

这是两台 PLC 主从式通信的例子，通过这个例子我们应了解两台 PLC 间的通信都应建立哪些初始化程序，主站怎样读取从站的数据又怎样将自己的数据写到从站中去。数据的通信是以变量寄存器为通道来实现的，这些寄存器是可选的，但只要建立了第一个后面的就要连续使用（也就是成组使用）。本例想达到的控制目的是主站作为主控站点，掌控两台电梯的运行状态，从站只能服从，主站让干什么就干什么。两台电梯并联运行的原则就是顺路截车，就近前往。例如，主站电梯停在 4 楼，从站电梯停在 2 楼，这时 1 楼有呼梯信号，主站就会安排从站前往响应 1 楼的呼梯信号。

2. 程序设计

本例中程序设计的软件操作部分与第 5 章的实例 19 一样，在此不再赘述，以下介绍 PLC 的对外接线和梯形图。

根据控制要求，首先要确定 I/O 个数，进行 I/O 分配。确定主站与从站，配好两台 PLC 之间的通信电缆。主从式通信简单实惠，容易实现，难点与重点是主站的程序编写，读写区域与数据长度不能搞乱。从站 PLC 对外接线如图 6-12 所示，主站 PLC 对外接线如图 6-13 所示，主从式通信控制程序梯形图如图 6-14 所示。

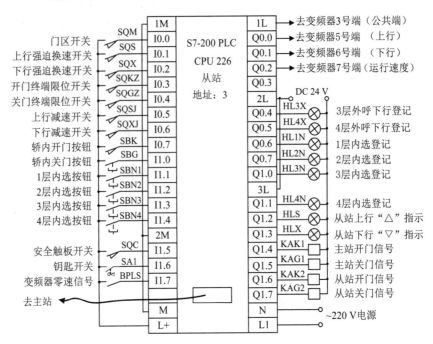

图6-12 从站PLC对外接线

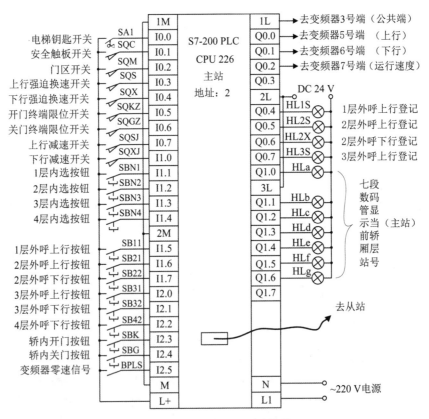

图6-13 主站PLC对外接线

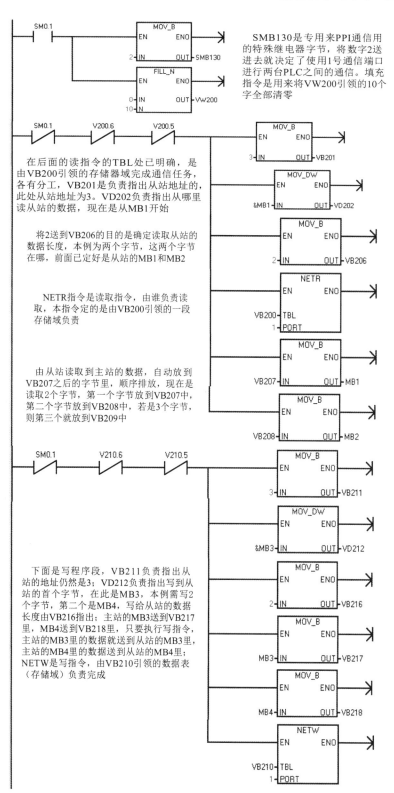

SMB130是专用来PPI通信用的特殊继电器字节，将数字2送进去就决定了使用1号通信端口进行两台PLC之间的通信。填充指令是用来将VW200引领的10个字全部清零

在后面的读指令的TBL处已明确，是由VB200引领的存储器域完成通信任务，各有分工，VB201是负责指出从站地址的，此处从站地址为3。VD202负责指出从哪里读从站的数据，现在是从MB1开始

将2送到VB206的目的是确定读取从站的数据长度，本例为两个字节，这两个字节在哪，前面已定好是从站的MB1和MB2

NETR指令是读取指令，由谁负责读取，本指令定的是由VB200引领的一段存储域负责

由从站读取到主站的数据，自动放到VB207之后的字里，顺序排放，现在是读取2个字节，第一个字节放到VB207中，第二个字节放到VB208中，若是3个字节，则第三个就放到VB209中

下面是写程序段，VB211负责指出从站的地址仍然是3；VD212负责指出写到从站的首个字节，在此是MB3，本例需写2个字节，第二个是MB4，写给从站的数据长度由VB216指出；主站的MB3送到VB217里，MB4送到VB218里，只要执行写指令，主站的MB3里的数据就送到从站的MB3里，主站的MB4里的数据送到从站的MB4里；NETW是写指令，由VB210引领的数据表（存储域）负责完成

图6-14　主从式通信控制程序梯形图

本例由于 I/O 点数不够用，不能满足所有功能，如主站内选灯、上下运行指示灯，从站层标显示灯都无法安排输出点位，用了内部继电器。主从之间读写地址及其功能如表 6-2 与表 6-3 所示，主站程序梯形图如图 6-15 所示，从站程序梯形图如图 6-16 所示。

表 6-2　主站读出从站数据地址及功能

从站地址	功能	读到主站的地址
I0.5	从站上行减速开关	M1.0
M1.1	从站在第一层	M1.1
M1.2	从站在第二层	M1.2
M1.3	从站在第三层	M1.3
M1.4	从站在第四层	M1.4
M1.5	从站内选上行定向	M1.5
M1.6	从站内选下行定向	M1.6
I0.6	从站下行减速开关	M1.7
M2.0	从站正在上行	M2.0
M2.1	从站正在下行	M2.1
M2.4	从站门已关好	M2.4

表 6-3　主站写给从站数据地址及功能

主站地址	功能	写到从站的地址
M3.0	送到从站的本层开门信号	M3.0
M3.1	送到从站的外呼上行定向	M3.1
M3.2	送到从站的用来主站开门的信号	Q1.4
M3.3	送到从站的用来主站关门的信号	Q1.5
M3.4	送到从站的 3 层外呼下行灯	Q0.4
M3.5	送到从站的 4 层外呼下行灯	Q0.5
M3.6	使从站上行运行的信号	M3.6
M3.7	使从站下行运行的信号	M3.7
M4.5	送到从站的外呼下行定向	M4.5
M4.6	用来从站外呼上行停靠的信号	M4.6
M4.7	用来从站外呼下行停靠的信号	M4.7

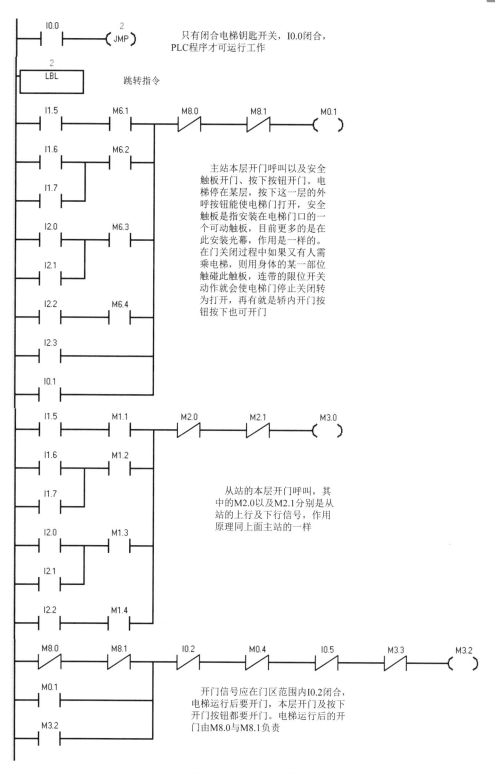

只有闭合电梯钥匙开关，I0.0闭合，PLC程序才可运行工作

跳转指令

主站本层开门呼叫以及安全触板开门、按下按钮开门。电梯停在某层，按下这一层的外呼按钮能使电梯门打开，安全触板是指安装在电梯门口的一个可动触板，目前更多的是在此安装光幕，作用是一样的。在门关闭过程中如果又有人需乘电梯，则用身体的某一部位触碰此触板，连带的限位开关动作就会使电梯门停止关闭转为打开，再有就是轿内开门按钮按下也可开门

从站的本层开门呼叫，其中的M2.0以及M2.1分别是从站的上行及下行信号，作用原理同上面主站的一样

开门信号应在门区范围内I0.2闭合，电梯运行后要开门，本层开门及按下开门按钮都要开门。电梯运行后的开门由M8.0与M8.1负责

图6-15 主站程序梯形图

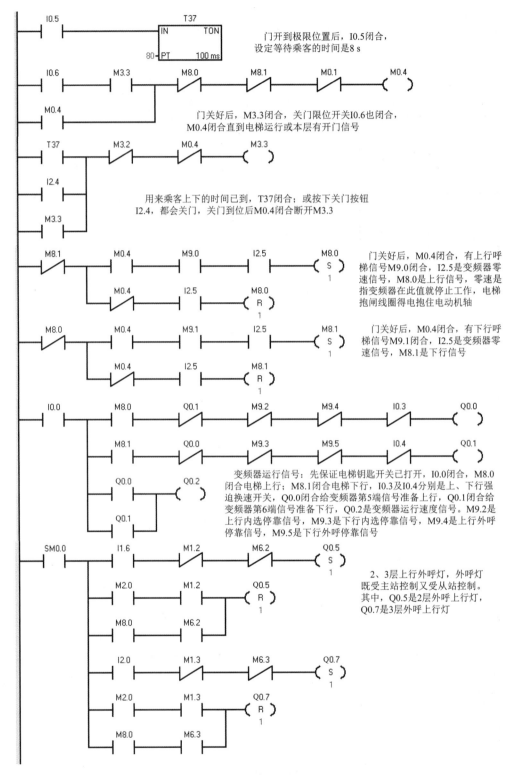

图6-15 主站程序梯形图（续）

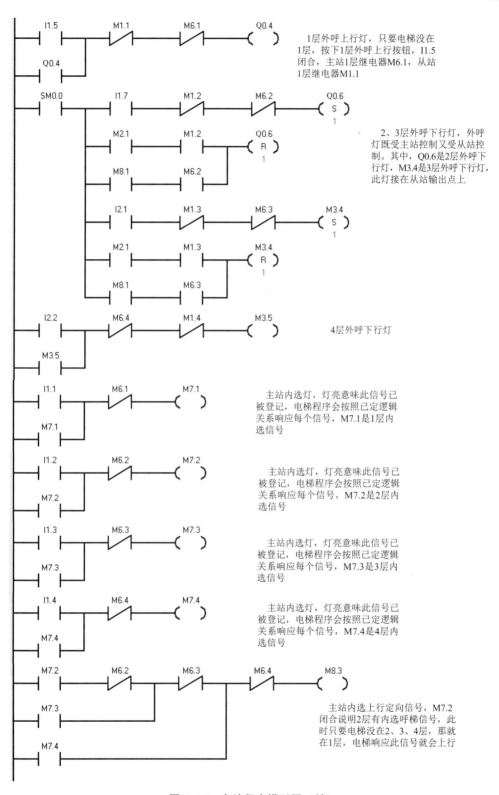

1层外呼上行灯，只要电梯没在
1层，按下1层外呼上行按钮，I1.5
闭合，主站1层继电器M6.1，从站
1层继电器M1.1

2、3层外呼下行灯，外呼
灯既受主站控制又受从站控
制。其中，Q0.6是2层外呼下
行灯，M3.4是3层外呼下行灯，
此灯接在从站输出点上

4层外呼下行灯

主站内选灯，灯亮意味此信号已
被登记，电梯程序会按照已定逻辑
关系响应每个信号，M7.1是1层内
选信号

主站内选灯，灯亮意味此信号已
被登记，电梯程序会按照已定逻辑
关系响应每个信号，M7.2是2层内
选信号

主站内选灯，灯亮意味此信号已
被登记，电梯程序会按照已定逻辑
关系响应每个信号，M7.3是3层内
选信号

主站内选灯，灯亮意味此信号已
被登记，电梯程序会按照已定逻辑
关系响应每个信号，M7.4是4层内
选信号

主站内选上行定向信号，M7.2
闭合说明2层有内选呼梯信号，此
时只要电梯没在2、3、4层，那就
在1层，电梯响应此信号就会上行

图6-15 主站程序梯形图（续）

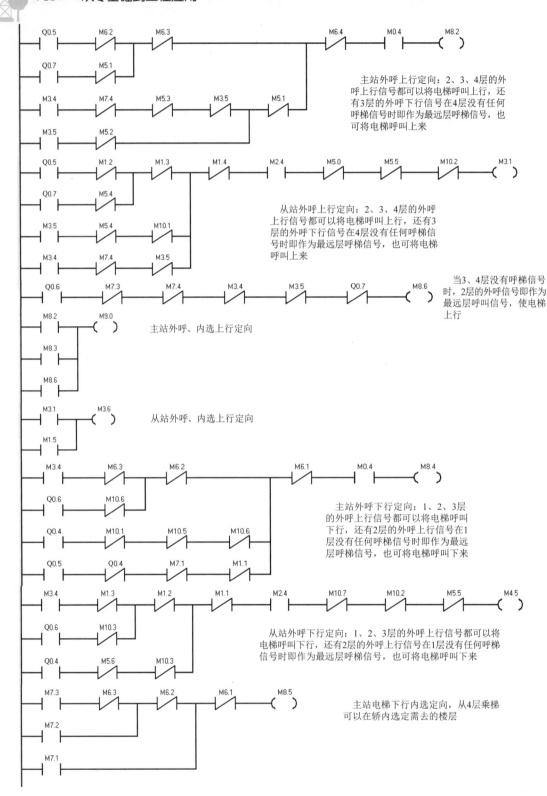

图6-15 主站程序梯形图（续）

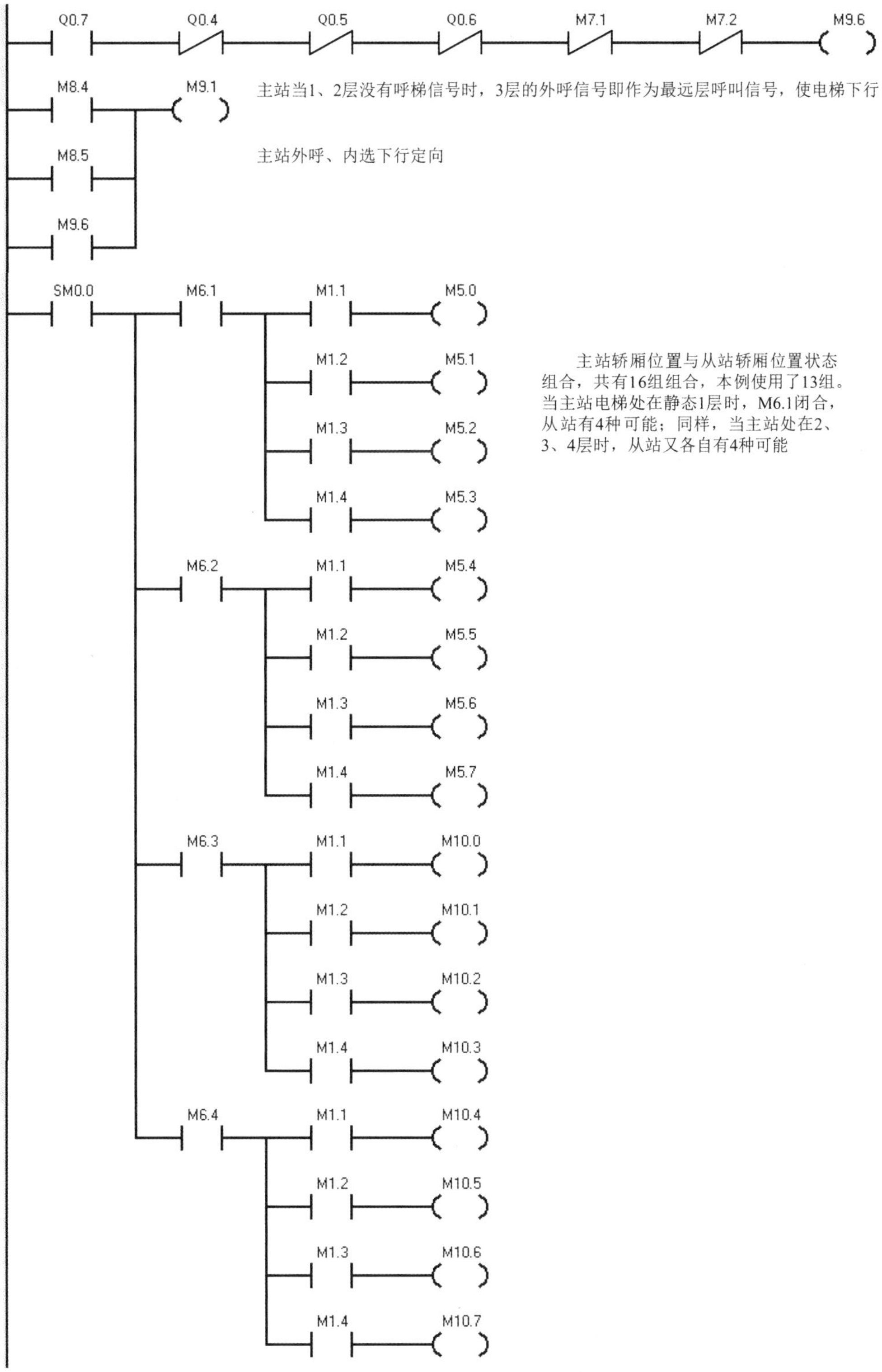

Q0.7
Q0.4
Q0.5
Q0.6
M7.1
M7.2
M9.6
M8.4
M9.1
主站当1、2层没有呼梯信号时，3层的外呼信号即作为最远层呼叫信号，使电梯下行
M8.5
主站外呼、内选下行定向
M9.6
SM0.0
M6.1
M1.1
M5.0
M1.2
M5.1
主站轿厢位置与从站轿厢位置状态组合，共有16组组合，本例使用了13组。当主站电梯处在静态1层时，M6.1闭合，从站有4种可能；同样，当主站处在2、3、4层时，从站又各自有4种可能
M1.3
M5.2
M1.4
M5.3
M6.2
M1.1
M5.4
M1.2
M5.5
M1.3
M5.6
M1.4
M5.7
M6.3
M1.1
M10.0
M1.2
M10.1
M1.3
M10.2
M1.4
M10.3
M6.4
M1.1
M10.4
M1.2
M10.5
M1.3
M10.6
M1.4
M10.7

图 6-15 主站程序梯形图（续）

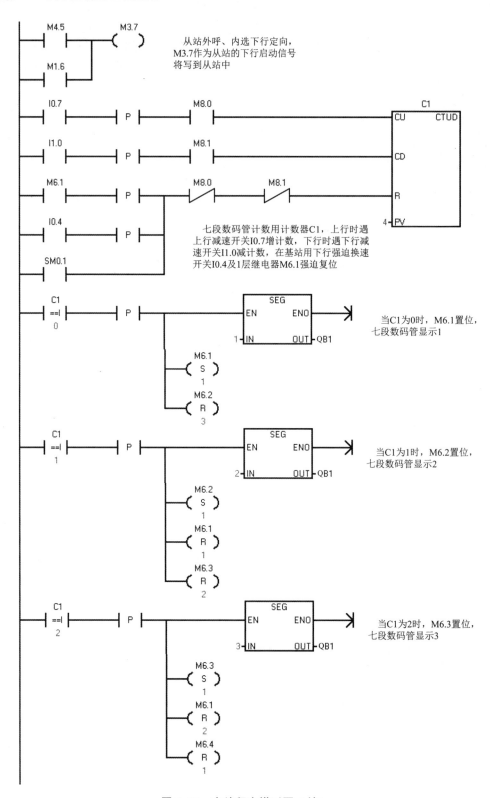

图 6-15　主站程序梯形图（续）

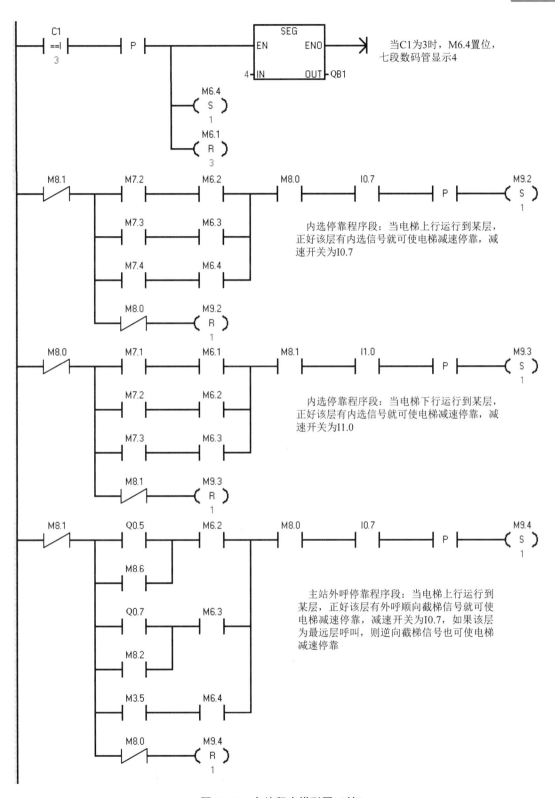

当C1为3时，M6.4置位，七段数码管显示4

内选停靠程序段：当电梯上行运行到某层，正好该层有内选信号就可使电梯减速停靠，减速开关为I0.7

内选停靠程序段：当电梯下行运行到某层，正好该层有内选信号就可使电梯减速停靠，减速开关为I1.0

主站外呼停靠程序段：当电梯上行运行到某层，正好该层有外呼顺向截梯信号就可使电梯减速停靠，减速开关为I0.7，如果该层为最远层呼叫，则逆向截梯信号也可使电梯减速停靠

图6-15　主站程序梯形图（续）

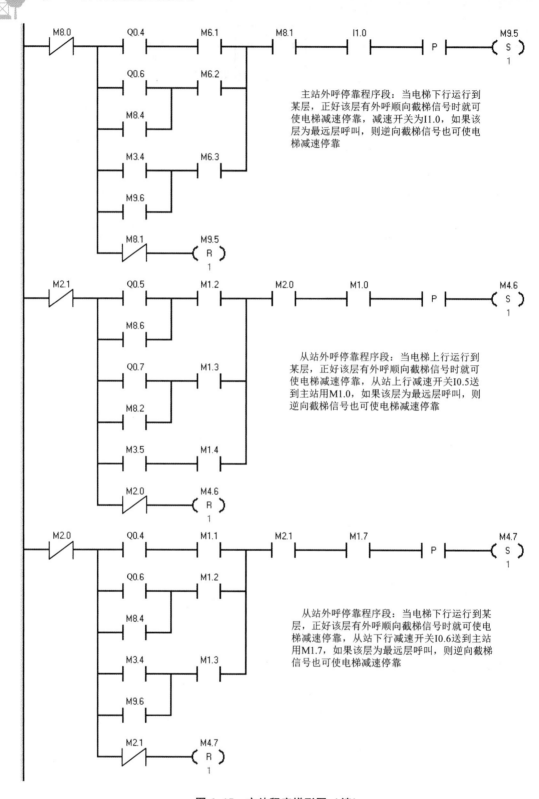

主站外呼停靠程序段：当电梯下行运行到某层，正好该层有外呼顺向截梯信号时就可使电梯减速停靠，减速开关为I1.0，如果该层为最远层呼叫，则逆向截梯信号也可使电梯减速停靠

从站外呼停靠程序段：当电梯上行运行到某层，正好该层有外呼顺向截梯信号时就可使电梯减速停靠，从站上行减速开关I0.5送到主站用M1.0，如果该层为最远层呼叫，则逆向截梯信号也可使电梯减速停靠

从站外呼停靠程序段：当电梯下行运行到某层，正好该层有外呼顺向截梯信号时就可使电梯减速停靠，从站下行减速开关I0.6送到主站用M1.7，如果该层为最远层呼叫，则逆向截梯信号也可使电梯减速停靠

图6-15 主站程序梯形图（续）

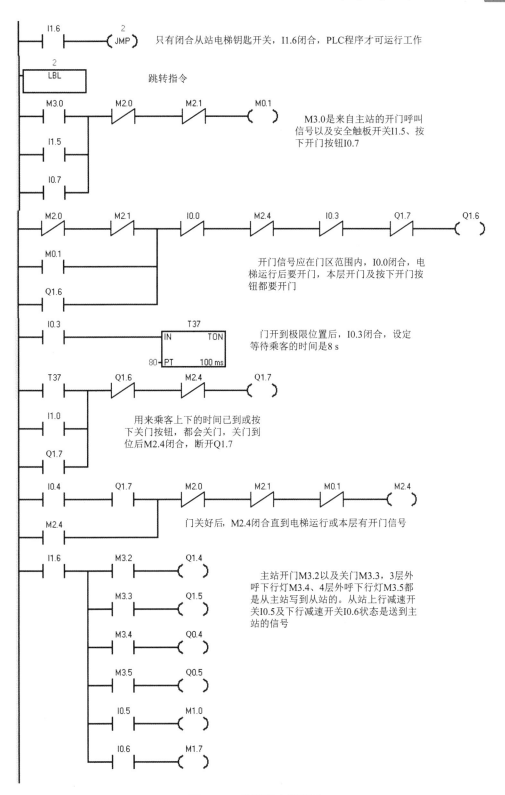

I1.6 闭合从站电梯钥匙开关，I1.6闭合，PLC程序才可运行工作

LBL 2 跳转指令

M3.0是来自主站的开门呼叫信号以及安全触板开关I1.5、按下开门按钮I0.7

开门信号应在门区范围内，I0.0闭合，电梯运行后要开门，本层开门及按下开门按钮都要开门

门开到极限位置后，I0.3闭合，设定等待乘客的时间为8 s

用来乘客上下的时间已到或按下关门按钮，都会关门，关门到位后M2.4闭合，断开Q1.7

门关好后，M2.4闭合直到电梯运行或本层有开门信号

主站开门M3.2以及关门M3.3，3层外呼下行灯M3.4、4层外呼下行灯M3.5都是从主站写到从站的。从站上行减速开关I0.5及下行减速开关I0.6状态是送到主站的信号

图6-16 从站程序梯形图

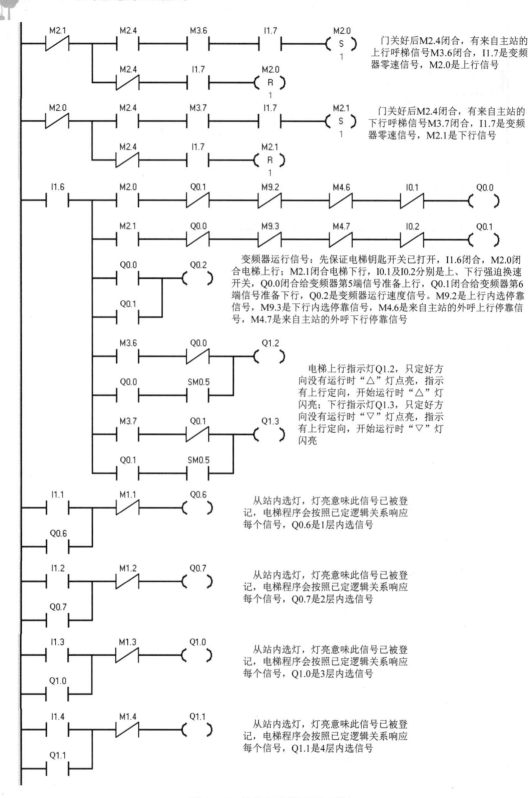

门关好后M2.4闭合，有来自主站的上行呼梯信号M3.6闭合，I1.7是变频器零速信号，M2.0是上行信号

门关好后M2.4闭合，有来自主站的下行呼梯信号M3.7闭合，I1.7是变频器零速信号，M2.1是下行信号

变频器运行信号：先保证电梯钥匙开关已打开，I1.6闭合，M2.0闭合电梯上行；M2.1闭合电梯下行，I0.1及I0.2分别是上、下行强迫换速开关，Q0.0闭合给变频器第5端信号准备上行，Q0.1闭合给变频器第6端信号准备下行，Q0.2是变频器运行速度信号。M9.2是上行内选停靠信号，M9.3是下行内选停靠信号，M4.6是来自主站的外呼上行停靠信号，M4.7是来自主站的外呼下行停靠信号

电梯上行指示灯Q1.2，只定好方向没有运行时"△"灯点亮，指示有上行定向，开始运行时"△"灯闪亮；下行指示灯Q1.3，只定好方向没有运行时"▽"灯点亮，指示有上行定向，开始运行时"▽"灯闪亮

从站内选灯，灯亮意味此信号已被登记，电梯程序会按照已定逻辑关系响应每个信号，Q0.6是1层内选信号

从站内选灯，灯亮意味此信号已被登记，电梯程序会按照已定逻辑关系响应每个信号，Q0.7是2层内选信号

从站内选灯，灯亮意味此信号已被登记，电梯程序会按照已定逻辑关系响应每个信号，Q1.0是3层内选信号

从站内选灯，灯亮意味此信号已被登记，电梯程序会按照已定逻辑关系响应每个信号，Q1.1是4层内选信号

图 6-16　从站程序梯形图（续）

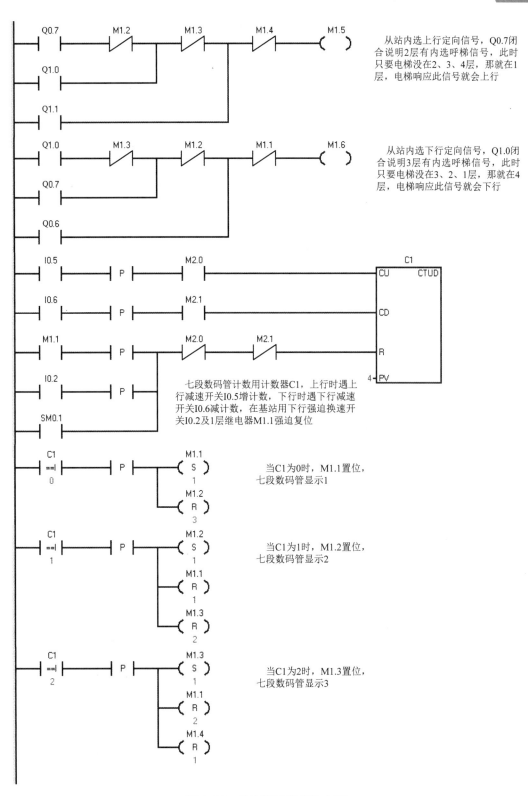

从站内选上行定向信号，Q0.7闭合说明2层有内选呼梯信号，此时只要电梯没在2、3、4层，那就在1层，电梯响应此信号就会上行

从站内选下行定向信号，Q1.0闭合说明3层有内选呼梯信号，此时只要电梯没在3、2、1层，那就在4层，电梯响应此信号就会下行

七段数码管计数用计数器C1，上行时遇上行减速开关I0.5增计数，下行时遇下行减速开关I0.6减计数，在基站用下行强迫换速开关I0.2及1层继电器M1.1强迫复位

当C1为0时，M1.1置位，七段数码管显示1

当C1为1时，M1.2置位，七段数码管显示2

当C1为2时，M1.3置位，七段数码管显示3

图 6-16　从站程序梯形图（续）

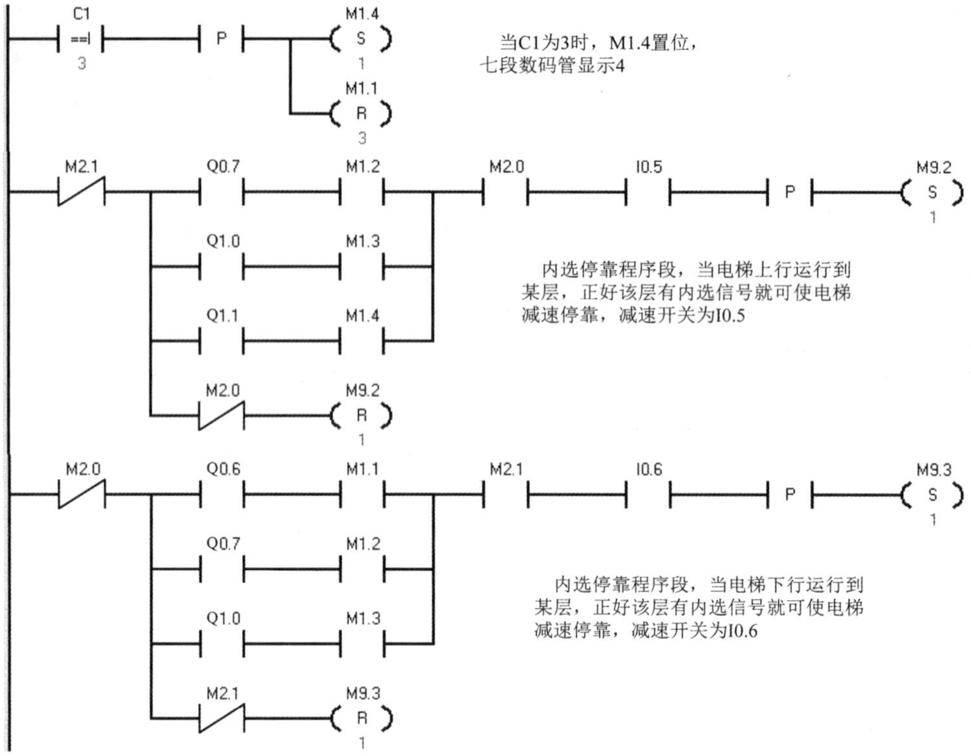

当C1为3时，M1.4置位，
七段数码管显示4

内选停靠程序段，当电梯上行运行到
某层，正好该层有内选信号就可使电梯
减速停靠，减速开关为I0.5

内选停靠程序段，当电梯下行运行到
某层，正好该层有内选信号就可使电梯
减速停靠，减速开关为I0.6

图6-16　从站程序梯形图（续）

实例5　X62W 万能铣床的 PLC 改造

1. 控制要求

　　X62W 万能铣床共有 3 台电动机，可以实现主轴电动机 M1 的正、反转，由接触器 KM1 加换相开关 SA4 共同实现。主轴的制动由接触器 KM2 与继电器 KS 配合实现，主轴的变速冲动由接触器 KM2 与行程开关 SQ7 共同实现。工作台进给电动机 M2 可实现 6 个方向的移动，即上、下、前、后、左、右。进给电动机 M2 只有在 M1 通电动作后才能动作，虽然有 6 个方向可移动，但某一时刻只进行其中一个方向的移动，定向是通过两个机械手柄，它们之间是联锁控制的，如果使用这个手柄，则另外一个手柄必须处在中间停止位置，否则这个手柄无法扳动。具体分工：向前、向下、向右由 KM3 实现；向后、向上、向左由 KM4 实现。此外 6 个方向不进行铣切加工时，工作台能快速移动，方法是在主轴电动机启动后，将进给手柄扳到所需位置，工作台按照选定的速度和方向的常速进给，再按下快速进给按钮 SB5 或 SB6 使接触器 KM5 线圈得电吸合，接通牵引电磁铁 YA，不需要快速移动时，松开 SB5 或 SB6 按钮就可以了。进给变速瞬时冲动的实现是通过瞬时接通接触器 KM3，这时两个手柄都必须处在中间位置，也就是停止位置上，因为要使用 SQ1～SQ4 的动断触点。

　　此外工作台还可以做圆周运动，这时两个手柄也应处在中间（停止）位置上，是通过扳动组合开关 SA1 从而接通 KM3 来实现的，回转运动只能是单向的，没有反转，且在此时，如果误操作扳动了操作手柄，则电动机立即停止。本次改造是以中国劳动出版社出版，劳动部培训司组织编写的《电工生产实习》（第2版）为脚本。X62W万能铣床的电气原理如图6-17所示，X62W万能铣床的加工示意如图6-18所示。

2. 程序设计

①X62W万能铣床改造的PLC对外接线如图6-19所示。

②X62W万能铣床改造的PLC控制语句表程序及注释如下：

主程序	程序注释
LDI1.6	// 主轴电动机过载时此点断开
LPS	
LDI0.0	// 启动主轴电动机可以在两个地方
OQ0.0	
ALD	
ANI0.1	// 如果按下制动按钮则此点断开，主轴电动机停转
ANQ0.1	// 制动过程中不能启动电动机
ANI0.3	// 如果主轴电动机需变速，则应先使主轴电动机停止
=Q0.0	// 控制主轴电动机运行的接触器
LRD	
LDI0.1	// 使主轴电动机制动运行的按钮
OQ0.1	
AI0.2	// 速度继电器触点，当速度降下来后断开制动
ANI0.3	// 如果需变速冲动，则断开制动回路
OI0.3	// 需变速冲动时，相应的限位开关动作闭合
ALD	
ANQ0.0	// 只有断开运行状态才能进行制动
=Q0.1	// 控制主轴电动机制动运行的接触器
LPP	
AQ0.0	// 在主轴电动机启动运行后才能有下面的动作
LPS	
AI0.4	// 启动冷却泵电动机
ANI0.3	// 变速冲动时将使冷却泵停止
ANI0.1	// 制动时将使冷却泵停止
AI2.0	// 冷却泵电动机过载时此点断开
=Q0.2	// 控制冷却泵电动机运行的接触器
LPP	
ANI1.5	// 自动与手动开关定在手动位置
AI1.7	// 进给电动机过载时此点断开
LPS	
LDI1.4	// 工作台回转运动控制
AI1.3	// 工作台变速冲动时此点闭合
LDNI1.4	// 工作台回转运动控制
ANI1.3	// 工作台不进行变速冲动时此点闭合
OLD	

```
ANI0.5        // 工作台在进行回转运动或变速冲动时断开右行
ANI0.6        // 工作台在进行回转运动或变速冲动时断开左行
ANI0.7        // 工作台在进行回转运动或变速冲动时断开下行及前行
ANI1.1        // 工作台在进行回转运动或变速冲动时断开上行及后行
LDI0.7        // 工作台在前行及下行时此点闭合
ANI0.5        // 工作台在前行及下行时不能有右行
ANI0.6        // 工作台在前行及下行时不能有左行
ANI1.1        // 工作台在前行及下行时不能有后行及上行
LDI0.5        // 工作台在右行时此点闭合
ANI0.6        // 工作台在右行时不能有左行
ANI0.7        // 工作台在右行时不能有前行及下行
ANI1.1        // 工作台在右行时不能有后行及上行
OLD
ANI1.3        // 工作台在进行进给时不能有变速及冲动
AI1.4         // 回转运动控制在闭合位置
OLD
ALD
ANQ0.4        // 在进行右、前、下进给时不能有左、后、上操作
=Q0.3         // 控制右、前、下方向进给的接触器
LPP
LPS
LDI1.1        // 工作台在后行及上行时此点闭合
ANI0.5        // 工作台在后行及上行时不能有右行
ANI0.6        // 工作台在后行及上行时不能有左行
ANI0.7        // 工作台在后行及上行时不能有前行及下行
LDI0.6        // 工作台在左行时此点闭合
ANI0.5        // 工作台在左行时不能有右行
ANI0.7        // 工作台在左行时不能有前行及下行
ANI1.1        // 工作台在左行时不能有后行及上行
OLD
ALD
AI1.4         // 回转运动控制在闭合位置
ANQ0.3        // 在进行左、后、上进给时不能有右、前、下操作
=Q0.4         // 控制左、后、上方向进给的接触器
LPP
LDI0.5        // 在各个方向进给时都可以进行快速进给
OI0.6
OI0.7
OI1.1
ALD
AI1.2         // 快速进给控制按钮
=Q0.5         // 快速进给控制接触器
```

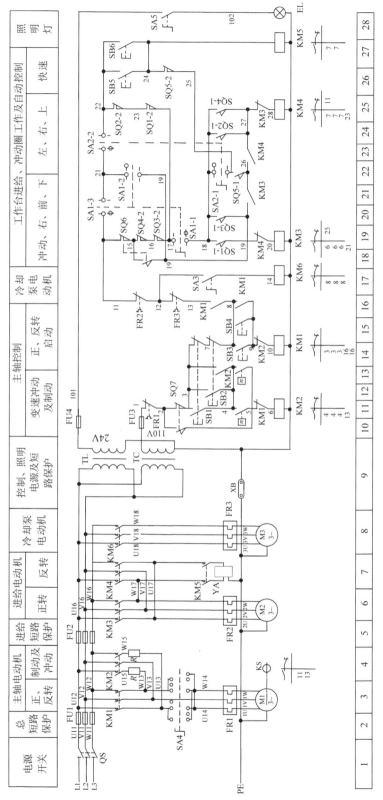

图6-17 X62W 万能铣床的电气原理

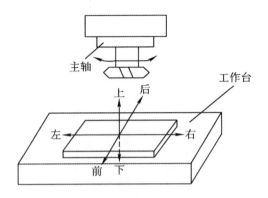

图 6-18　X62W 万能铣床的加工示意

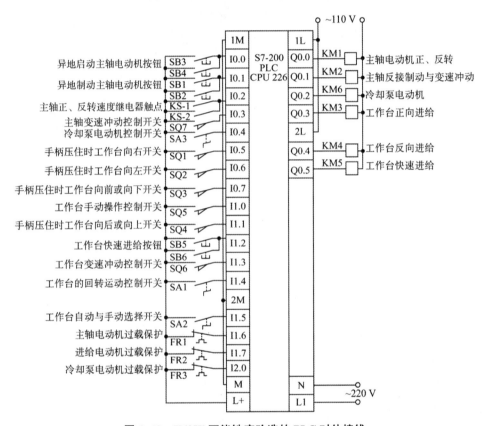

图 6-19　X62W 万能铣床改造的 PLC 对外接线

实例 6　用组态王监控食品高温杀菌过程

1. 控制要求

食品高温杀菌过程就像我们在家里用高压锅做饭，罐头食品的杀菌温度一般是 121 ℃，达到此温度后就开始恒温运行，温度低于此值达不到灭菌效果，高于此值又会出现焦糊变色影响质量。

肉类罐头食品控温要求较严格，要采用 PID 跟随控制，软包装类罐头食品控温不像肉类那样严格，所以采用数字量控制，也就是说控温阀门不需控制开度，只有通、断两个状态。本例控温采用后者，即数字量控温。

现场有两个罐体，分上下两层放置，上罐是储水罐，下罐是处理罐（即杀菌罐），用一个金属框架作支撑，在这个生产设备上有各种管道，通过的介质有水、水蒸气、空气，管道与罐体可靠连接。第一次杀菌开始时，先给上罐加水，再用水蒸气给水加温到设置的温度，把软包装食品投入到下罐，关好门，然后把上罐的水放下来，再按要求把水温提高到应有的温度，压力也达到应有的压力值，接下来是恒温恒压，后面是降温降压，延时冷却直到结束。

现要求用 S7-200 PLC 控制整个杀菌过程，编写控制程序；制作组态王监控画面，监控整个杀菌过程。

杀菌恒温温度 121 ℃，恒温 20 min，上罐（即储水罐）温度为 95 ℃，处理罐内压力为 1.4 MPa 恒压。

开始工作时，按下启动按钮，给上罐加水，当水位达到设定线时，停止加水，开始加温，打开管道上的上罐排气阀，使罐内与空气同压。当温度达到 80 ℃时，关闭排气阀，使罐体内的压力不再是常压，在继续升温的过程中如果罐内压力超过 1.2 MPa，则还要打开排气阀放气，当温度达到 95 ℃时，停止加温。此时，下罐内应已将食品放好并已关好门，将上罐的水放下来，待水位达到应有位置时，停止放水，关闭相关阀门。接下来是给下罐加热直到 121 ℃，加温与恒温期间要求恒压 1.4 MPa，超过应打开排气阀，过低应打开加压阀，直到恒温结束加水冷却，待冷却计时结束后，整个杀菌过程即告结束。杀菌设备示意图如图 6-20 所示。

①储水罐给水：按下启动按钮，水泵运行，打开给水阀、阀 2、上罐排气阀，开始给储水罐注水，当液位达到上罐 B 液位时，关闭给水阀、阀 2 及水泵，注水停止，进入下一个控制过程，此时上罐排气阀没有关闭。

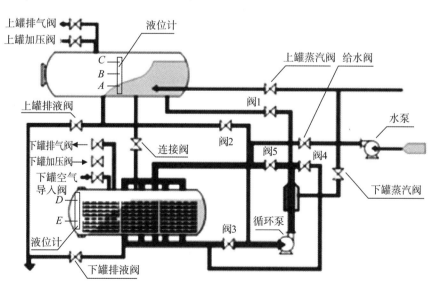

图 6-20　杀菌设备示意

②储水罐升温：此时上罐蒸汽阀打开，对上罐进行加热，当上罐温度达到 85 ℃时，关闭排气阀，使罐内气压与外界常压隔开。继续升温到给定值时，上罐蒸汽阀关闭，储水罐注水升温过程完毕，系统自动进入下一个工作环节。

在储水罐工作过程中特别要注意的是一开始的排气，即上罐排气阀在蒸汽进入储水罐之前就要打开，这样会使进来的蒸汽得到流通，从而使温度迅速升高。

在上、下罐的罐体上都有热电阻探入罐内感测温度，再经变送器变成电信号送到控制仪表，在仪表上设定上限值及下限值；压力值的控制是靠压力传感器、变送器、仪表，仪表上也可设定上限值及下限值。本例把这些探测环节都集中到仪表上，用仪表上的上限值及下限值作为输入信号来考虑。

上罐的 C 液位是报警信号（本例不考虑），正常情况下液位在 B 液位附近。

③杀菌罐初加压：在上罐的水注入下罐之前还有一个初加压环节，开启下罐的加压阀，给已装入小包装食品的下罐加压，目的是当上罐水注入时缓冲进水速度，在控制压力的管道上有水银触点，用它控制初加压力值。

④杀菌罐给水：当下罐初加压结束后，打开阀 2、阀 3 及连接阀，将储水罐的热水注入杀菌罐，当水位到 D 液位时，注水结束，进入杀菌升温及恒温环节。

⑤杀菌罐升温及恒温：注水结束后，打开连接阀、阀 3、阀 5、循环泵、下罐蒸汽阀，杀菌罐继续升温，当达到设定的杀菌温度后，仪表上的上限值给出信号，停止加温开始恒温，恒温的时间因食品而异，本例假设为 20 min。在恒温段如果温度又低于下限值，则下罐蒸汽阀重新打开，如此模式使温度控制在希望值上。恒温到设定时间后，进入热水置换（回收）环节。

⑥杀菌罐进行置换或回收：置换是指冷却水从杀菌罐的下面进入将恒温时用的热水推到上罐中，而回收是指先将恒温用过的热水抽到上罐中，然后在杀菌罐中注入冷却水。本例用置换方式，打开上罐排气阀、上罐加压阀、连接阀、阀 1、阀 3、阀 4、给水阀、水泵、循环泵，进入置换工序。当上罐水位达到 B 液位时，停止给水，程序进入冷却计时环节。

⑦杀菌罐冷却计时：打开上罐排气阀、上罐加压阀、连接阀、循环泵、阀 3、阀 5，上罐排气阀及加压阀都打开并不是自始至终的，只是在这个环节应有打开工作的可能，具体是哪个阀门工作还要看某一瞬时的压力，也就是说在这个环节应该保持恒压，超压了就要打开排气阀放气；压力太低了就要打开加压阀加压。同样，前面的恒温段也是这个原理。当达到设定时间后，冷却段结束，转入下一环节。

⑧杀菌罐排液：打开下罐排液阀、下罐加压阀，下罐加压阀工作是有条件的，条件是每隔一段时间就要工作 20 s，目的是加快排液进度。当液面低于 E 液面后再延时 20 s，即等待液体全部排出，关闭所有阀门，全部工作结束。但此时还要打开下罐空气导入阀，使罐内是常压便于打开下罐的门。整个杀菌过程结束，按下停止按钮。

2. 程序设计

1）PLC 的 I/O 分配

本例的 PLC 程序并不复杂，难点在组态王画面制作上，图 6-21 是用组态王监控食品高温杀菌过程 PLC 对外接线。

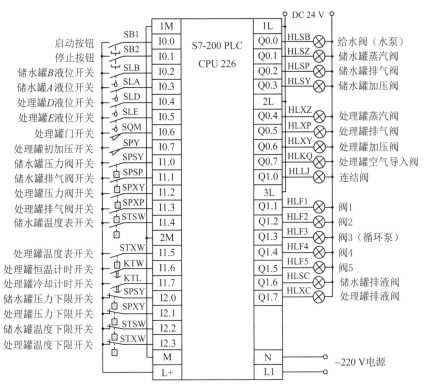

图 6-21 用组态王监控食品高温杀菌过程 PLC 对外接线

本例与本篇实例 3 不同，尽管都是与罐头食品杀菌过程相关，但控制过程有区别。实例 3 是用 PID 控制杀菌温度的跟随性，使温度曲线既快速平滑又不会超标，把电磁阀换成开度可调的电动阀，这样通过设置就可形成当前值（过程变量）与给定值的温差越大电动阀的开度也越大，反之温差越小开度也越小，适用于肉类罐头。本例控制温度使用的是电磁阀，其开度不可控，只有两个状态，通与断，恒温恒压通过排气阀、加压阀及蒸汽阀来实现，适用于软包装食品。

2）组态王画面制作

关于 Kingview 组态王软件在第 5 章的实例 20 中做过介绍，其最初的几步通用设置详见图 5-77 至图 5-89，这里不再重复。本例的设置侧重于液体液面的变化、时间的变化及温度的变化。

通用设置完成后，在工程目录显示区单击"数据词典"按钮进行各种变量的设置，界面可参见第 5 章的实例 20。本例的开关量输出都是阀体，共计 16 个，占用了主机上的全部点位，它们的定义变量设置内容都一样，可参见第 5 章实例 20。本例的模拟量输出有上罐水位、上罐水温；下罐水位、下罐水温、杀菌时间、冷却时间，在进行变量定义时需要跟 PLC 的数据变量寄存器（V）建立对应关系，设置上罐水位与 VW10 对应；上罐水温与 VW12 对应；下罐水位与 VW14 对应；下罐水温与 VW16 对应；杀菌时间与 VW18 对应；冷却时间与 VW20 对应。要求在加水工作段罐内水位应有上、下变化，加温工作段应有温度变化数字显示，计时时间段应有时间的变化显示，变量定义设置如图 6-22 所示。

上罐水位	I/O整型	21	食品杀菌	V10
上罐水温	I/O整型	22	食品杀菌	V12
下罐水位	I/O整型	23	食品杀菌	V14
下罐水温	I/O整型	24	食品杀菌	V16
杀菌时间	I/O整型	25	食品杀菌	V18
冷却时间	I/O整型	26	食品杀菌	V20
给水阀	I/O离散	27	食品杀菌	Q0.0
储水罐蒸汽阀	I/O离散	28	食品杀菌	Q0.1
储水罐排气阀	I/O离散	29	食品杀菌	Q0.2
储水罐加压阀	I/O离散	30	食品杀菌	Q0.3
处理罐蒸汽阀	I/O离散	31	食品杀菌	Q0.4
处理罐排气阀	I/O离散	32	食品杀菌	Q0.5
处理罐加压阀	I/O离散	33	食品杀菌	Q0.6
处理罐空气导入阀	I/O离散	34	食品杀菌	Q0.7
连结阀	I/O离散	35	食品杀菌	Q1.0
阀1	I/O离散	36	食品杀菌	Q1.1
阀2	I/O离散	37	食品杀菌	Q1.2
阀3	I/O离散	38	食品杀菌	Q1.3
阀4	I/O离散	39	食品杀菌	Q1.4
阀5	I/O离散	40	食品杀菌	Q1.5
储水罐排液阀	I/O离散	41	食品杀菌	Q1.6
处理罐排液阀	I/O离散	42	食品杀菌	Q1.7
控制按钮	I/O离散	43	食品杀菌	M1.0
停止按钮	I/O离散	44	食品杀菌	M1.1
A液位	I/O离散	45	食品杀菌	M1.2
B液位	I/O离散	46	食品杀菌	M1.3
C液位	I/O离散	47	食品杀菌	M1.4
D液位	I/O离散	48	食品杀菌	M1.5
E液位	I/O离散	49	食品杀菌	M1.6

图6-22　变量定义设置

①上罐水位的动态设置：在"图库"中选择"打开图库"，再选择"反应器"，选一款适合本控制系统的，双击后拖到设计界面，如图6-23所示。将其拖到界面合适的地方，然后双击"反应器"出现如图6-24所示对话框，在此设置变量名、罐体颜色、填充背景颜色、反应液体变化的填充颜色、数码显示的输出值颜色，还有液面上、下浮动的范围也

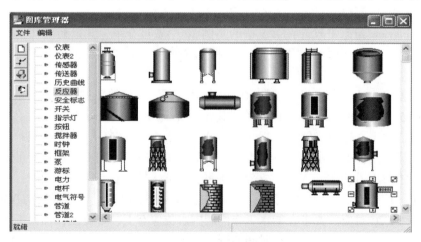

图6-23　选择反应器

就是占据百分比，本例选择 100%，最大值选择 32 000，因为此值与 PLC 的 VW10 对应，最大可存储带符号数据 32 767。以此反应器作为上罐。

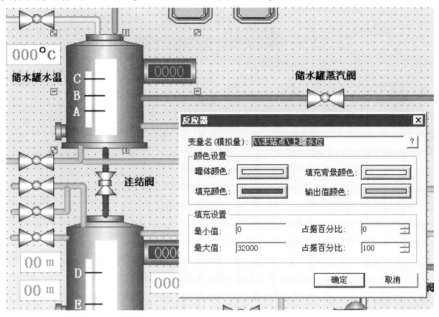

图6-24　上罐水位显示的设置

②上罐水温的动态设置：先制作一个圆角矩形框，此框不用动画连接，在框里面制作文本，输入 3 个 0，然后双击这 3 个 0 弹出"动画连接"对话框，如图 6-25 所示。在图 6-25 中有很多动画连接选项，在"值输出"选项组中勾选"模拟值输出"复选按钮，单击"模拟值输出"按钮后弹出如图 6-26 所示的对话框，设置表达式、输出格式等。

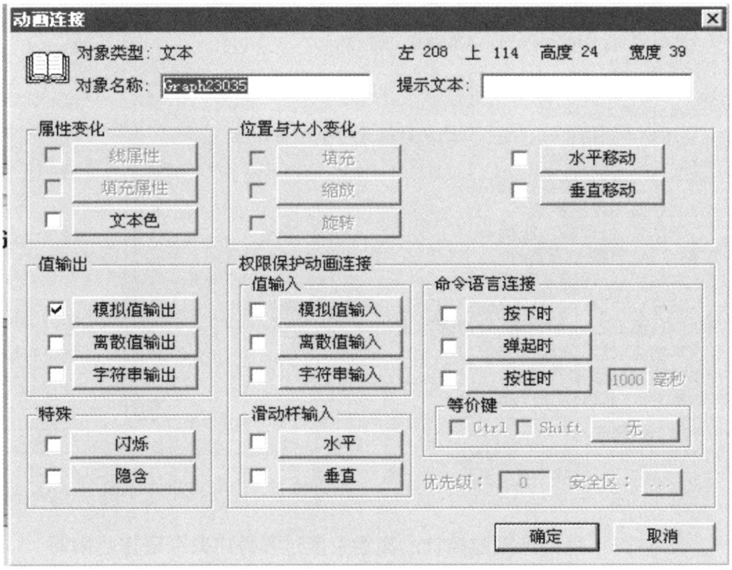

图6-25　文本的动画连接选择

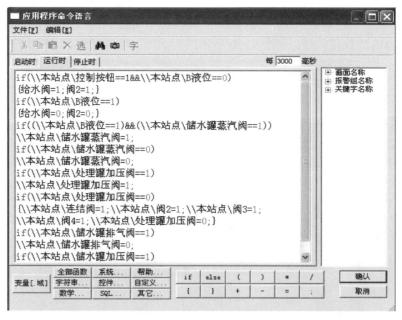

图6-26 设置表达式及输出格式

设置完成后单击"确定"按钮退出对话框，这样就完成了上罐水温数字显示的设定。用同样的方法设定下罐水温的显示、杀菌时间的显示、冷却时间的显示。下罐水位的设定可参考上罐水位的设定步骤。用组态王监控食品高温杀菌过程程序命令语言的编写如图6-27所示。

```
if(\\本站点\控制按钮==1&&\\本站点\B液位==0)
{给水阀=1;阀2=1;}
if(\\本站点\B液位==1)
{给水阀=0;阀2=0;}
if((\\本站点\B液位==1)&&(\\本站点\储水罐蒸汽阀==1))
\\本站点\储水罐蒸汽阀=1;
if(\\本站点\储水罐蒸汽阀==0)
\\本站点\储水罐蒸汽阀=0;
if(\\本站点\处理罐加压阀==1)
\\本站点\处理罐加压阀=1;
if(\\本站点\处理罐加压阀==0)
{\\本站点\连结阀=1;\\本站点\阀2=1;\\本站点\阀3=1;
\\本站点\阀4=1;\\本站点\处理罐加压阀=0;}
if(\\本站点\储水罐排气阀==1)
\\本站点\储水罐排气阀=0;
if(\\本站点\储水罐加压阀==1)
```

图6-27 用组态王监控食品高温杀菌过程程序命令语言的编写

什么时候应用程序命令语言呢？连续变化量不需要，因为连续变化量都与PLC的变量寄存器（V）对应，只要寄存器里面的数据变化，画面上的量值就跟着变化，不管是数据、液面还是滑动杆都会随之而动。凡是在画面上显示的数字量也就是离散值需要应用程序命令语言，如某个环节哪盏灯亮、哪个阀动作都要编写程序命令语言，程序命令语言有自己的规定格式，编写后单击"确认"按钮，若能退出则说明编写没有错误，若有问题则会指出错在哪，直到错误的地方都改完才可退出。控制系统的工作画面如图6-28所示。

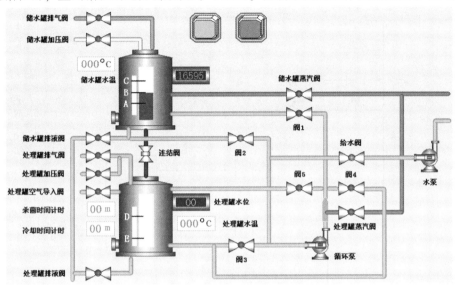

图 6-28   控制系统工作画面

3）PLC 控制程序梯形图

用组态王监控食品高温杀菌过程控制程序梯形图如图6-29所示。

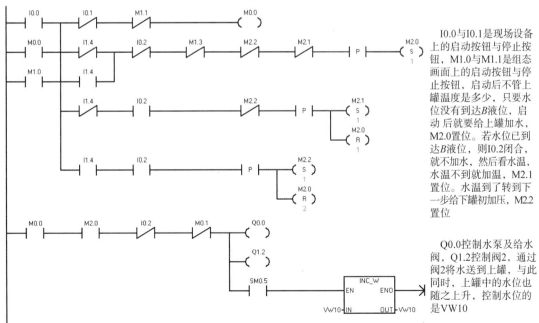

I0.0与I0.1是现场设备上的启动按钮与停止按钮，M1.0与M1.1是组态画面上的启动按钮与停止按钮，启动后不管上罐温度是多少，只要水位没有到达B液位，启动后就要给上罐加水，M2.0置位。若水位已到达B液位，则I0.2闭合，就不加水，然后看水温，水温不到就加温，M2.1置位。水温到了转到下一步给下罐初加压，M2.2置位

Q0.0控制水泵及给水阀，Q1.2控制阀2，通过阀2将水送到上罐，与此同时，上罐中的水位也随之上升，控制水位的是VW10

图 6-29   用组态王监控食品高温杀菌过程控制程序梯形图

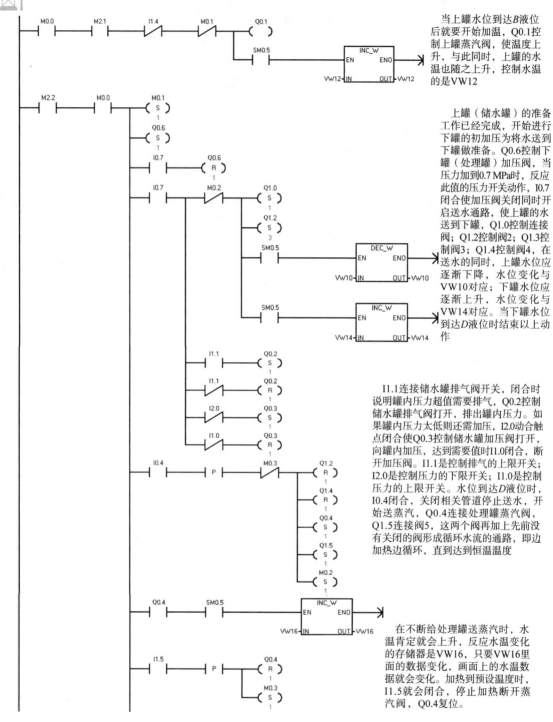

图6-29　用组态王监控食品高温杀菌过程控制程序梯形图（续）

当上罐水位到达B液位后就要开始加温，Q0.1控制上罐蒸汽阀，使温度上升，与此同时，上罐的水温也随之上升，控制水温的是VW12

上罐（储水罐）的准备工作已经完成，开始进行下罐的初加压为将水送到下罐做准备。Q0.6控制下罐（处理罐）加压阀，当压力加到0.7MPa时，反应此值的压力开关动作，I0.7闭合使加压阀关闭同时开启送水通路，使上罐的水送到下罐，Q1.0控制连接阀；Q1.2控制阀2；Q1.3控制阀3；Q1.4控制阀4，在送水的同时，上罐水位应逐渐下降，水位变化与VW10对应；下罐水位应逐渐上升，水位变化与VW14对应。当下罐水位到达D液位时结束以上动作

I1.1连接储水罐排气阀开关，闭合时说明罐内压力超值需要排气，Q0.2控制储水罐排气阀打开，排出罐内压力。如果罐内压力太低则还需加压，I2.0动合触点闭合使Q0.3控制储水罐加压阀打开，向罐内加压，达到需要值时I1.0闭合，断开加压阀。I1.1是控制排气的上限开关；I2.0是控制压力的下限开关；I1.0是控制压力的上限开关。水位到达D液位时，I0.4闭合，关闭相关管道停止送水，开始送蒸汽，Q0.4连接处理罐蒸汽阀，Q1.5连接阀5，这两个阀再加上先前没有关闭的阀形成循环水流的通路，即边加热边循环，直到达到恒温温度

在不断给处理罐送蒸汽时，水温肯定就会上升，反应水温变化的存储器是VW16，只要VW16里面的数据变化，画面上的水温数据就会变化。加热到预设温度时，I1.5就会闭合，停止加热断开蒸汽阀，Q0.4复位。

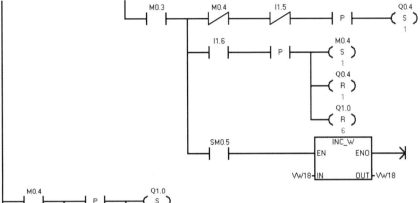

当加热温度到达恒温值后，M0.3闭合，开始恒温计时，除了现场设备上有时间继电器用来计时，程序中也有用来显示时间的存储器VW18，开始恒温计时时，VW18的变化在画面上就是时间的变化。I1.6闭合，计时时间到

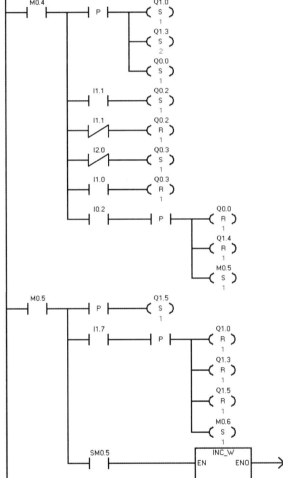

杀菌恒温时间结束后，下一步就是置换回收，给处理罐送水，送进来的低温水将刚才杀菌恒温用的高温水高高顶起，推送到储水罐，水温依然很高，以备下一次杀菌使用，水位达到储水罐的B液位时，I0.2开关动作，停止送水。在送水过程中还需保持恒压，压力超过了，Q0.2控制排气阀排气；压力低于下限，Q0.3控制加压阀加压。送进来的低温水留在处理罐，打开循环泵及相关管道，使罐内的水循环流动，程序进入冷却计时段

用来冷却的低温水在下罐循环流动，等待计时时间，存储器VW20是用来在组态画面上显示冷却计时时间的，Q1.5是控制阀5的，阀5动作是为水流循环提供通路。冷却时间结束I1.7闭合，使用来冷却水循环的阀门全部关闭，程序进入排液工作阶段

图6-29　用组态王监控食品高温杀菌过程控制程序梯形图（续）

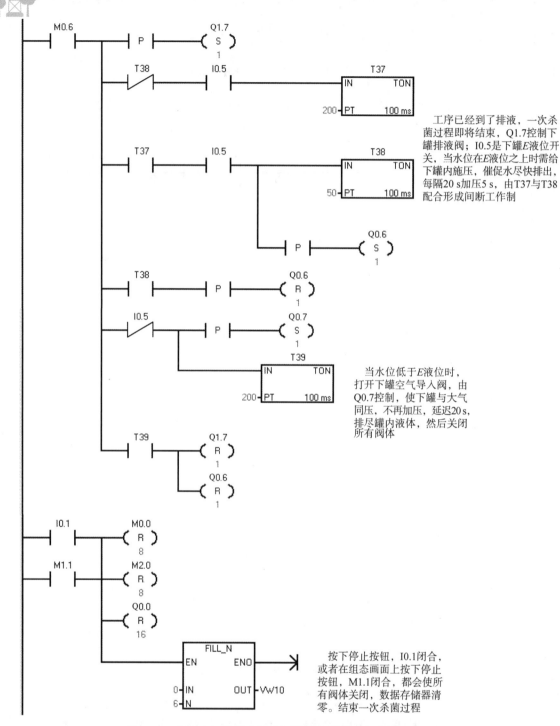

工序已经到了排液，一次杀菌过程即将结束，Q1.7控制下罐排液阀；I0.5是下罐E液位开关，当水位在E液位之上时需给下罐内施压，催促水尽快排出，每隔20 s加压5 s，由T37与T38配合形成间断工作制

当水位低于E液位时，打开下罐空气导入阀，由Q0.7控制，使下罐与大气同压，不再加压，延迟20 s，排尽罐内液体，然后关闭所有阀体

按下停止按钮，I0.1闭合，或者在组态画面上按下停止按钮，M1.1闭合，都会使所有阀体关闭，数据存储器清零。结束一次杀菌过程

图 6-29 用组态王监控食品高温杀菌过程控制程序梯形图（续）

实例7　基于 USS 通信协议的电梯门运行速度控制

1. 控制要求

①电梯门简介：电梯门分为层门和轿厢门。层门设在层站入口处，根据需要，井道在每层楼设 1 个或 2 个出口，层门数与层站出入口相对应。轿厢门随轿厢移动，是主动门，层门是被动门。门的关闭、开启的动力源是门电动机，通过传动机构驱动轿厢门运动，再由轿厢门带动层门一起运动。

根据电梯的使用要求，可以选择适当的传动系统。传动机构应满足：安全可靠、运行平滑、噪声小、质量轻和体积小等要求。门电动机一般设在轿厢顶部，门电动机的控制箱也设在轿厢顶部。根据开关门方式，门电动机可设在轿顶前沿中央或旁侧。电动机可以是交流的也可以是直流的，目前以交流电动机为主。

②电梯门电动机控制系统：主要由门电动机控制器、门电动机驱动装置以及门电动机等组成。当今门电动机控制器更多的是用变频器，由变频器拖动与控制门电动机，使其沿给定门电动机曲线运行，以快速、安静、准确地开关电梯轿厢门和层门。这部分如同一个小型的电动机拖动控制系统。电梯门的调速方式也是多种多样，但从效果和经济角度来看，直流调速和交流调速等方式均不如变频调速。电梯门电动机控制系统里的变频器一般采用单相输入、三相输出这一类型。

③本例控制要求：电梯门电动机开、关门的动作原则是"慢→快→慢→慢"，即首先是慢速启动，然后快速运行，快到终点时速度再降下来，呈现平稳、快速、准确、噪声小的特点。这样，开关门过程各需 4 个运行速度，在门电动机运行途中的适当位置设置开关（可以是光电开关、限位开关、接近开关等），通过这些开关改变速度，在开门与关门的终点还要设置终端限位开关。当电梯门在关门的过程中有人或物被夹，此时必须开门，开到初始状态再执行关门动作，所以还应有安全触板开关。

用变频器拖动电动机变速运行，PLC 作为核心控制器件接收现场信号，输出控制信号给变频器实现最终控制。变频器与 PLC 之间利用通用串行接口通信协议（Universal Serial Interface Protocol，USS）通过通信串口进行信号往来，可以实现多级速控制。图 6-30 为门电动机的速度变化曲线。

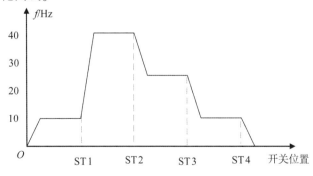

图 6-30　门电动机的速度变化曲线

2. 程序设计

1）USS 通信协议简介

USS 通信协议专用于 S7-200 PLC 和西门子公司的 Micro Master 变频器之间的通信，这一系列的变频器都支持 USS 通信协议作为通信链路。通信介质由 S7-200 PLC 的通信接口和变频器内置的 RS-485 通信接口及屏蔽双绞线组成，采用半双工通信方式，数字化的信息传递，提高了系统的自动化水平及运行的可靠性，解决了模拟信号传输所引起的干扰及漂移问题，最远可达 1 000 m。可有效地减少电缆的数量，从而大大减少开发和工程费用，并极大地降低客户的启动和维护成本，通信效率较高，可达 187.5 Kbit/s。一台 S7-200 PLC CPU 最多可以监控 31 台变频器。接线量少，占用 PLC 的 I/O 点数少，传送的信息量大，只要把 PLC 的程序编写准确，就可随时控制变频器的启/停、改变运行频率及读/写参数，实现多台变频器的联动和同步控制。这是一种底价的、编程容易的、使用方便的通信方式。

使用 USS 通信协议，用户程序可以通过子程序调用的方式实现 PLC 与变频器之间的通信，编程的工作量很小。在使用 USS 通信协议之前，需要在 STEP 7-Micro/WIN 编程软件中先安装 "STEP 7-Micro/WIN V32 指令库"，几秒钟即可安装好。USS 通信协议指令在此指令库的文件夹中，指令库提供 8 条指令来支持 USS 通信协议，调用一条 USS 指令时，将会自动增加一个或多个相关的子程序。调用方法是打开 STEP 7-Micro/WIN 编程软件，在指令树的 "\ 指令 \ 库 \ USS Protocol〔V2.1〕" 文件夹中，将会出现用于 USS 通信协议通信的指令，用它们来控制变频器和读/写变频器参数。用户不需要关注这些子程序的内部结构，只要将有关指令的外部参数设置好，直接在用户程序中调用它们即可。

2）USS 通信协议指令

USS 通信协议指令主要包括 USS_INIT、USS_CTRL、USS_RPM_W、USS_WPM_W 4 种。

（1）USS_INIT 指令

USS_INIT 指令如图 6-31 所示，用于初始化或改变 USS 的通信参数，只激活一次即可，也就是只需一个扫描周期。在执行其他 USS 通信协议指令之前，必须先执行 USS_INIT 指令，且没有错误返回。指令执行完后，完成位（Done）立即置位，然后才能继续执行下一条指令。

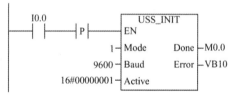

图 6-31　USS_INIT 指令

当 EN 端输入有效时，每一次扫描都会执行指令，这是不可以的，也就是说此 EN 端不能是连续信号。应通过一个边沿触发指令或特殊继电器 SM0.1，使此端只在一个扫描周期有效，激活指令就可以了。一旦 USS 通信协议启动，如果想改变初始化参数，则必须通过执行一个新的 USS_INIT 指令以终止旧的 USS 通信协议。

Mode 端用于选择通信协议，字节型数据。如果数据为 1，则将端口 0 分配给 USS 通信协议和允许该协议；如果数据为 0，则将端口 0 分配给 PPI 协议，并禁止 USS 通信协议。

也就是说如果没其他附加条件，USS 通信协议只能通过 PLC 的 0 号通信端口通信。

Baud 端用于设定波特率，单位为 bit/s，字节型数据。可选 1 200、2 400、4 800、9 600、19 200、38 400、57 600 或 115 200 bit/s。一定要与变频器参数所定的波特率一致。MM440

变频器的 P2010 参数就是设定串行端口波特率的。

Active 端用于指示哪一个变频器是激活的，双字型数据。Active 共 32 位（第 0～31 位），如果第 0 位为 1，则表示激活 0 号变频器；第 0 位为 0 则不激活它。

Done 端用于指示指令执行情况，布尔型数据。指令执行完成后，此位为"1"。

Error 端用于生成一个字节，字节型数据。这一字节包含指令执行情况的信息。

（2）USS_CTRL 指令

USS_CRTL 指令如图 6-32 所示，是变频器控制指令，用于控制 Micro Master 变频器。USS_CTRL 指令将用户命令放在一个通信缓冲区内，如果由 Drive 端指定的变频器被 USS_INIT 指令中的"Active"参数选中，则缓冲区中的命令将被发送到该变频器。每个变频器只应有一个 USS_CTRL 指令，使用 USS_CTRL 指令的变频器应确保已被激活。

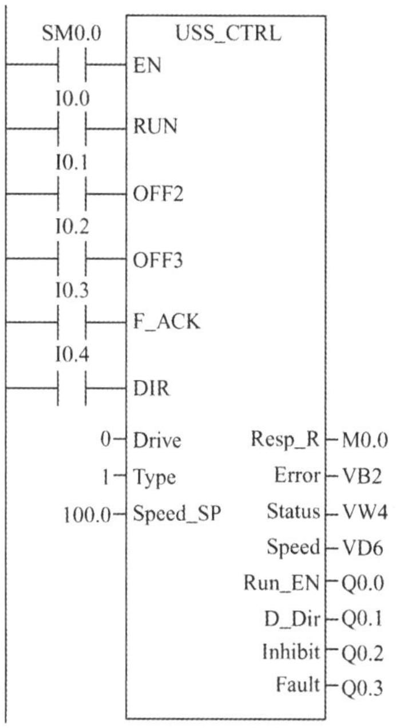

EN 端必须接通，以启动 USS_CTRL 指令。一般情况下，这个指令总是处于允许执行状态，在此端用了一个 SM0.0（动合）触点。

RUN 端指示变频器是否在工作。当 RUN 端接通时，Micro Master 变频器收到一个命令，以便开始以规定的速度和方向运行。为了使变频器运行，必须具备以下条件：在 USS_INIT 中将变频器激活；减速停止端（OFF2）和急停端（OFF3）必须为断态（OFF）；输出端 Fault 和 Inhibit 必须为 0。当 RUN 端断开时，发送给 Micro Master 变频器一个命令，电动机或减速停止或立即停止。

图 6-32 USS_CTRL 指令

OFF2 端用来使 Micro Master 变频器减速到停止。OFF3 端用来使 Micro Master 变频器快速停止。

F_ACK（故障确认）端用来确认一个故障。当 F_ACK 端从断变通时，变频器清除故障，Fault 端恢复为 0。当出现故障时，Error 端会有相应输出，且 Fault 端变为 1，把故障处理完，给 F_ACK 端一个闭合信号，变频器才可恢复正常。

DIR（方向）端用来设置变频器的运行方向（0——逆时针方向，1——顺时针方向）。

Drive（变频器地址）端是 USS_CTRL 指令指定的 Micro Master 变频器地址，有效地址为 0～31。

Type 端是变频器的类型，3 系列或更早的系列为 0，4 系列的为 1。

Speed_SP（速度设定点）端，是用全速的百分比表示的速度给定值，取值范围为-200.0%～200.0%。该值为负时变频器反方向旋转。例如：40 Hz 就写 80（100%×40/50=80%），式中 50 Hz 是全速度值。此端相当于最高速度值。

Resp_R（收到响应）端确认从变频器来的响应。对所有激活的变频器轮询最新的变频器状态信息。每当 PLC 给变频器命令及信息，变频器收到后再返回一个响应，Reap_R 端便接通一个扫描周期，并更新以下所有的数值：

Error 端是一个错误状态字节，它包含与变频器通信请求的最新结果；

Status 端是由变频器返回的状态字的原始值；

Speed 端是变频器返回的用全速度百分比表示的变频器速度（-200.0% ~ 200.0%），相当于一个反馈信号，反映变频器实际运行速度；

Run_EN（RUN 允许）端是用于指示变频器的运行状态，正在运行（1）或已停止（0）；

D_Dir 端用于指示变频器的旋转方向（0——逆时针方向，1——顺时针方向）；

Inhibit 端指示变频器上的禁止位的状态（0——不禁止，1——被禁止），要清除禁止位，Fault 端必须为 0，RUN、OFF2 及 OFF3 输入端也必须为 0 状态。

Fault 端指示故障位的状态（0——无故障，1——故障）。发生故障时，变频器将提供故障代码（参阅变频器使用手册），要清除 Fault 端，需找出故障原因并消除故障，然后接通 F_ACK 端。

表 6-4 给出了 USS_CTRL 指令各端子的操作数和数据类型。

表 6-4　USS_CTRL 指令各端子的操作数和数据类型

输入/输出	操作数	数据类型
RUN	I，Q，M，S，SM，T，C，V，L，功率流	布尔数
OFF2	I，Q，M，S，SM，T，C，V，L，功率流	布尔数
OFF3	I，Q，M，S，SM，T，C，V，L，功率流	布尔数
F_ACK	I，Q，M，S，SM，T，C，V，L，功率流	布尔数
DIR	I，Q，M，S，SM，T，C，V，L，功率流	布尔数
Drive	VB，IB，QB，MB，SB，SMB，LB，AC，常数，* VD，* AC，* LD	字节
Speed_SP	VD，ID，QD，MD，SD，SMD，LD，AC，* VD，* AC，* LD，常数	实数
Resp_R	I，Q，M，S，SM，T，C，V，L	布尔数
Error	VB，IB，QB，MB，SB，SMB，LB，AC，* VD，* AC，* LD	字节
Status	VW，T，C，IW，QW，SW，MW，SMW，LW，AC，AQW，* VD，* AC，* LD	字
Speed	VD，ID，QD，MD，SD，SMD，LD，AC，* VD，* AC，* LD	实数
Run_EN	I，Q，M，S，SM，T，C，V，L	布尔数
D_Dir	I，Q，M，S，SM，T，C，V，L	布尔数
Inhibit	I，Q，M，S，SM，T，C，V，L	布尔数
Fault	I，Q，M，S，SM，T，C，V，L	布尔数

（3）USS_RPM_W 指令

USS_RPM_W 指令如图 6-33 所示，用于读取变频器的无符号字，是 PLC 读取变频器参数的 3 条指令之一。当 Micro Master 变频器对接收的命令进行应答或返回一个出错状况时，则完成 USS_RPM_W 指令的处理。在该处理等待响应时，逻辑扫描仍继续进行。EN 端必须接通以启动发送请求，该端应保持接通一直到 Done 端被置位才标志着整个处理结束。

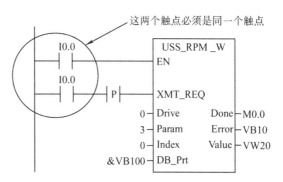

图 6-33　USS_RPM_W 指令

当 XMT_REQ 端输入接通时，每次扫描，USS_RPM_W 都发送请求到变频器，因此，XMT_REQ 输入端必须与脉冲边沿检测指令相连接，保证每次 EN 输入端到来时，XMT_REQ 输入端只接通一个扫描周期，用来向变频器发出请求。

Drive 是变频器的地址，字节变量，USS_RPM_W 命令将被发送到这个地址，每个变频器的有效地址为 0 ~ 31。

字变量 Param 和 Index 分别是要读取的变频器参数的编号和参数的下标值。

必须将 16 B 缓冲区的地址提供给 DB_Ptr 输入端，USS_RPM_W 指令使用这个缓冲区以存储向变频器所发送命令的结果。

USS_RPM_W 指令完成时，Done 端输出接通，意味着所要的信息已读取过来，且 Error 端输出字节包含执行这个指令的结果。Value 是读取过来的参数值。

（4）USS_WPM_W 指令

USS_WPM_W 指令如图 6-34 所示，用于写入变频器的无符号字，是 PLC 写入变频器参数的 3 条指令之一。当 Micro Master 变频器对接收的命

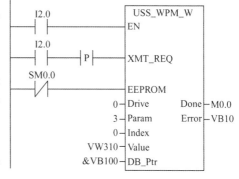

图 6-34　USS_WPM_W 指令

令进行应答或返回一个出错状况时，则完成 USS_WPM_W 指令的处理。在该处理等待响应时，逻辑扫描仍继续进行。EN 端必须接通以启动发送请求，该端应保持接通一直到 Done 端被置位才标志着整个处理结束。

USS_WPM_W 指令中 EN、XMT_REQ、Drive、Param、Index、DB_Ptr、Done、Error 各端的作用与 USS_RPM_W 指令中的各端相同。Value 是要写入变频器的 RAM 的参数值，也可以写入变频器的 EEPROM。EEPROM 输入接通时，指令同时将参数写入变频器的 RAM 和 EEPROM，该输入断开时，只写入变频器的 RAM。

3）USS 的使用要求

USS 通信占用 0 号通信端口，在选择使用 USS 通信协议与驱动通信后，此端口不能够再有其他用途，包括与 STEP 7-Micro/WIN 编程软件通信。只有通过执行另外一条 USS_INIT 指令，或将 CPU 的模式开关置于 STOP 位置，才能重新使 0 号通信端口用于与 STEP 7-Micro/WIN 编程软件的通信。PLC 与变频器的通信中断将使变频器停止工作。

USS 指令影响所有的与 0 号通信端口的自由端口通信相关的 SM 区。

USS 指令使用 14 个子程序、3 个中断程序和累加器 AC0 ~ AC3。

USS 指令占用用户程序存储空间 2 300 ~ 3 600 B。

USS 指令需要 400 B 的 V 存储区。区域的起始地址由用户指定并保留给 USS 变量。作为用户不必关心留给 USS 指令的 V 存储区的内容，只记住别再他用。

有一些 USS 指令还要求 16 B 的通信缓冲区。缓冲区的起始地址由用户指定。建议为每一条 USS 通信协议指令指定一个单独的缓冲区，仍不可再用于其他。

USS 指令不能用在中断程序中。

4）USS 的编程顺序

①使用 USS_INIT 指令初始化变频器。定通信端口、波特率、变频器地址号。

②使用 USS_CTRL 指令激活变频器。启动变频器，定变频器运行方向、变频器减速停止方式，清除变频器故障，定运行速度、与 USS_INIT 指令相同的变频器地址号。

③配置变频器参数，以便和 USS 指令中指定的波特率和地址相对应。

④连接 PLC 和变频器间的通信电缆。应特别注意变频器的内置式 RS-485 接口。

⑤程序输入时应注意，S7 系列的 USS 通信协议指令是成型的，在编程时不必理会 USS 的子程序和中断程序，只要在主程序中开启 USS 指令库就可以了。调用位置如图 6-35 所示。

5）西门子公司 Micro Master 440 变频器

Micro Master 440 变频器是用于控制三相交流电动机速度的系列产品，Micro Master 440 变频器有多种规格，额定功率范围为 120 W ~ 200 kW，或者可达 250 kW，可供用户选择。

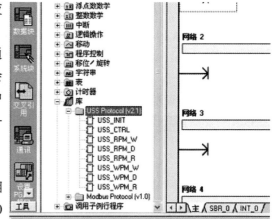

图 6-35　USS 通信协议指令在编程软件中的位置

变频器具有默认的工厂设置参数，可直接拖动电动机，实现电动机的变频调速运行。在设置了变频器的相关参数以后，既可以用作单独的驱动系统，也可以通过自身的并行端口或串行端口集成到自动化系统中。

在进行 Micro Master 440 变频器的通信电缆连接时，取下变频器的前盖板露出接线端子，如图 6-36 所示。将 RS-485 通信电缆的一端与变频器的 USS 专用端子相连，因为要与端子相连，所以不用带连接器，而 S7-200 PLC 那端的电缆头却一定要带连接器。

将变频器连接到 PLC 之前必须确认变频器已有以下的系统参数，可使用变频器正面操作盒上的键盘设

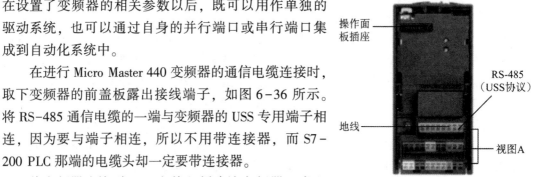

图 6-36　变频器接线端子的外形

定参数，参数可按以下步骤设定。

①将变频器复位到出厂时的给定值（或称缺省值）。使 P0010 = 30，P0970 = 1。然后按〈P〉键，等几秒钟初始化即完成，其他人先前设置过的参数就都被抹掉了，以免影响正常设置。

USS PZD 长度：P2012 ［0］ = 2；

USS PKW 长度：P2013 ［0］ = 127。

②可以对变频器所有参数的读/写访问（专家模式）：P0003 = 3。

③检查所驱动的电动机设置：

P0304 = 额定电动机电压（V）；P0305 = 额定电动机电流（A）；P0307 = 额定功率（W）；P0310 = 额定电动机频率（Hz）；P0311 = 额定电动机速度（r/min）。

这些设置因使用的电动机不同而不同。

要设置参数 P0304、P0305、P0307、P0310 和 P0311，必须先将参数 P0010 设为 1（快速调试模式）。当完成参数设置后，将参数 P0010 再设为 0。参数 P0304、P0305、P0307、P0310 和 P0311 只能在快速调试模式下修改。

④设定参数 P0700 = 5，设置为远程控制方式，即通过 RS-485 通信链路的 USS 通信。

⑤设定 RS-485 串行端口的波特率：

P2010 ［0］ = 4（2 400 bit/s）；P2010 ［0］ = 5（4 800 bit/s）；P2010 ［0］ = 6（9 600 bit/s，缺省值）；P2010 ［0］ = 7（19 200 bit/s）。

⑥输入从站地址。每个变频器（最大 31）可经过总线运行，P2011 ［0］ = 0~31。

⑦设置基准频率。P2000 = 50 Hz。

⑧设置 USS 规格化。P2009 = 0，禁止 USS 规格化；P2009 = 1，允许 USS 规格化。

⑨EEPROM 存储器控制（任选）。当 P0971 = 0 断电时，丢失更改的参数给定值（包括 P0971）；当 P0971 = 1 断电时（缺省值），仍保持更改的参数给定值。

⑩设定参数 P1000 = 5，即通过 RS-485（COM）通信链路的 USS 通信发送频率给定值。

其他参数可随时通过 PLC 程序写入变频器。

计算机、PLC、变频器和电动机之间的连接示意如图 6-37 所示。

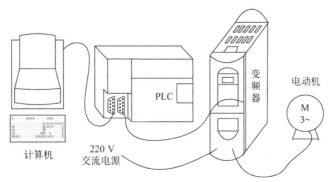

图 6-37　计算机、PLC、变频器和电动机之间的连接示意

6）通信电缆连接

图 6-37 为整体连接，PLC 与变频器之间的连接还需特别明确一下，要求用一根带 D 型 9 针阳性插头的通信电缆接在 PLC（S7-200 PLC CPU 226）的 0 号通信端口，9 针并没有都用上，只接其中的 3 针，它们是 1（地）、3（B）、8（A），电缆的另一端是无插头的，以便接到变频器的 2、29、30 端子上，因这边是内置式的 RS-485 接口，参见图 6-36，在外面能看到的只是端子。两端的对应关系是 2↔1、29↔3、30↔8，连接方式如图 6-38 所示。如果 PLC 与变频器是点到点的连接，那么变频器这边还要接上偏置电阻，连接方式如图 6-39 所示。

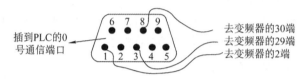

图 6-38　通信电缆的连接方式

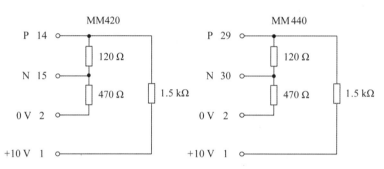

图 6-39　终端与偏置电阻的连接方式

7）通信程序设计

首先用 USS_INIT 指令定 PLC 与变频器的通信端口、通信波特率、与 PLC 通信的变频器台数。然后定加、减速时间，单位为秒，参数写进去之后变频器会返回信息，说明已经收到。然后就看电梯门的状态了，一般情况下没有运行的电梯会停在某层，门是关闭的，按下开门按钮电梯门会打开，打开后有一个 8 s 延时，用来乘客的上下，如果乘客比较少不想等待，则可以按下关门按钮，电梯门开始执行关门动作。现以开门过程为例：先是以 10 Hz 的速度运行，碰到开门速度控制开关 1（I0.6）时开始升速到 40 Hz，再碰到开门速度控制开关 2（I0.7）时开始减速运行，频率为 25 Hz，后面再碰到开门速度控制开关 3（I1.0）时，速度降到 10 Hz，也就是最后临近终点的运行速度了，运行到最后碰到开门到位限位开关（I0.4），至此整个开门过程结束。关门过程也是一样，也要经历慢→快→慢→慢 4 个速度段。在关门过程中如果有人需乘梯可触碰门口侧面的触板开关，门将停止关闭转为开门。另外，为了安全起见，开门动作还有一个要求，就是必须在门区范围之内，离开门区开门动作是无效的。

①明确控制要求后，要进行 PLC 的 I/O 分配，电梯门变速控制 PLC 对外接线如图 6-40 所示。

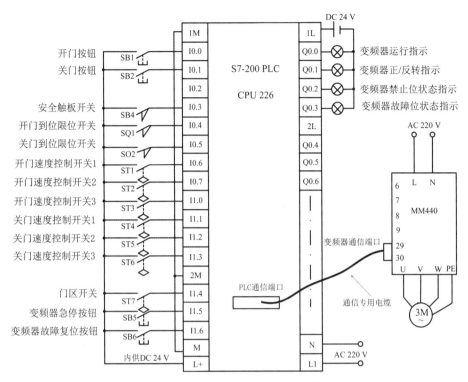

图6-40 电梯门变速控制 PLC 对外接线

②电梯门变速控制程序梯形图如图6-41所示,以开门过程为例。

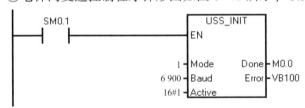

USS通信协议指令初始化程序段:Mode值为1,就是将PLC的0号通信端口用作USS通信;Baud值为9 600,表示波特率;Active值为16#1,表示与PLC通信的是0号变频器。在上电的第一个扫描周期就执行了此指令,建立了以上关系

变频器接到指令后,就处于激活状态,Done端的M0.0开始处于ON状态,错误字节放在VB100处

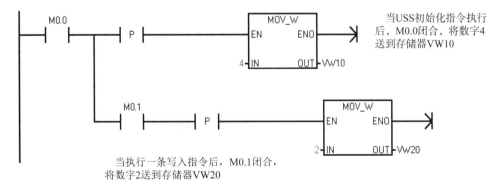

当USS初始化指令执行后,M0.0闭合,将数字4送到存储器VW10

当执行一条写入指令后,M0.1闭合,将数字2送到存储器VW20

图6-41 电梯门变速控制程序梯形图

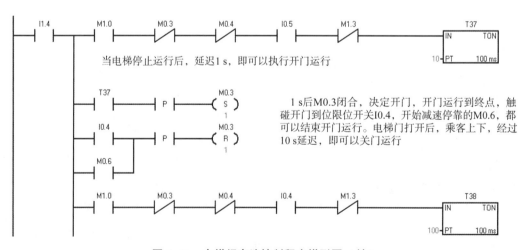

改写变频器参数指令：执行该指令时，将VW10里面的数据写入0号变频器的P1120(3)中作为速度上升时间，单位为秒。此参数写入后，M0.1开始处于ON状态

改写变频器参数指令：执行该指令时，将VW20里面的数据写入0号变频器的P1121(3)中作为速度下降时间，单位为秒。此参数写入后，M0.2开始处于ON状态

当电梯停止运行后，延迟1 s，即可以执行开门运行

1 s后M0.3闭合，决定开门，开门运行到终点，触碰开门到位限位开关I0.4，开始减速停靠的M0.6，都可以结束开门运行。电梯门打开后，乘客上下，经过10 s延迟，即可以关门运行

图6-41　电梯门变速控制程序梯形图（续）

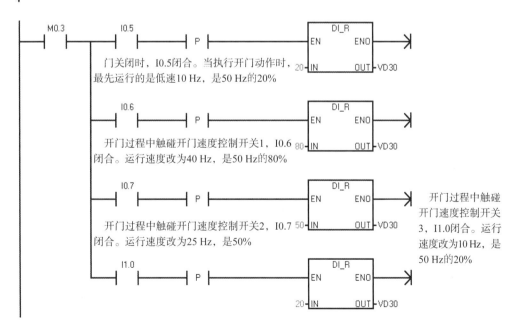

10 s后M0.4闭合，决定关门，关门运行到终点，触碰关门到位限位开关I0.5，或按下开门按钮I0.0，或触碰电梯门口的安全触板开关I0.3，都可以结束关门运行。假设电梯上行时M1.1闭合；电梯下行时M1.2闭合，都可以使M1.3闭合，作用是保证在电梯停止时才可以执行开关门动作

开门过程结束将存储运行速度的存储器VD30清零

在开门过程的最后段触碰开门速度控制开关3，变频器运行速度转为最低速，这时距离减速停靠已经很近，设置一个运行时间，时间过后开始减速停靠

门关闭时，I0.5闭合。当执行开门动作时，最先运行的是低速10 Hz，是50 Hz的20%

开门过程中触碰开门速度控制开关1，I0.6闭合。运行速度改为40 Hz，是50 Hz的80%

开门过程中触碰开门速度控制开关2，I0.7闭合。运行速度改为25 Hz，是50%

开门过程中触碰开门速度控制开关3，I1.0闭合。运行速度改为10 Hz，是50 Hz的20%

图6-41　电梯门变速控制程序梯形图（续）

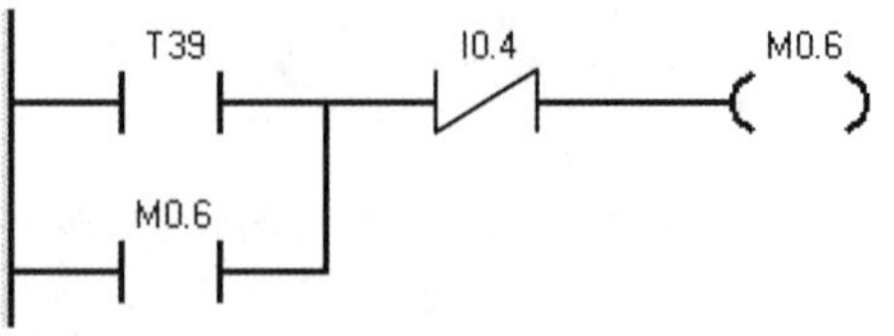

图中梯形图部分：

```
      T39            I0.4           M0.6
   ----| |----------|/|-----------( )
      M0.6
   ----| |----
```

负责变频器减速停靠的信号，按距离然后再按时间调整好T39，延时时间，M0.6闭合，变频器开始减速

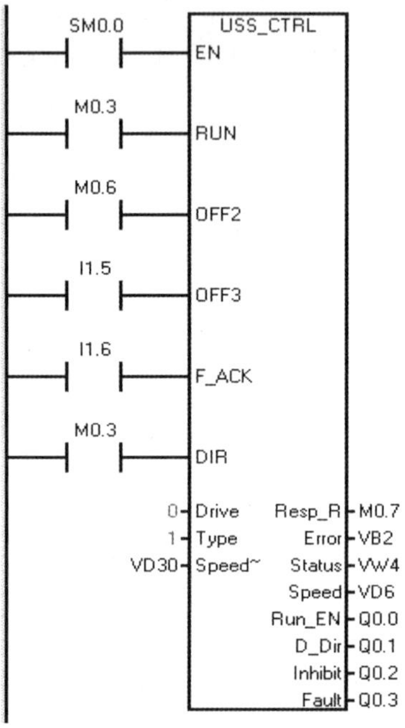

```
   SM0.0        USS_CTRL
  ---| |-------EN

   M0.3
  ---| |-------RUN

   M0.6
  ---| |-------OFF2

   I1.5
  ---| |-------OFF3

   I1.6
  ---| |-------F_ACK

   M0.3
  ---| |-------DIR

        0------Drive    Resp_R------M0.7
        1------Type      Error------VB2
     VD30------Speed~   Status------VW4
                         Speed------VD6
                        Run_EN------Q0.0
                         D_Dir------Q0.1
                       Inhibit------Q0.2
                         Fault------Q0.3
```

变频器控制指令，也是PLC与变频器间实现USS通信协议的关键指令。EN端输入位为1时，执行该指令，一般情况下，该指令总是处于允许执行状态。RUN端为1时，变频器收到启动命令，以规定的速度和方向运行。OFF2端为1时，控制变频器减速，此时，RUN端信号必须为0。OFF3端为1时，变频器快速停车。F_ACK端为1时，变频器清除故障信号，相当于复位按钮，故障是否已清除看Q0.3端指示灯。DIR端决定运行方向，有信号是一个方向，没有信号是另一个方向。Drive端是变频器地址端，本例选0号变频器。Type端是变频器序列号，本例为4系列，选1。Speed端决定变频器运行速度，本例选用百分比方式，基频选定50 Hz，这时如果存储器VD30里存放的是80，也就是基频50 Hz的80%，就是40 Hz。本指令右侧端信号都是变频器的反馈信号，有运行过程指示、方向指示、有无故障指示、速度监视、变频器运行状态监视等

图6-41　电梯门变速控制程序梯形图（续）

实例8　B2012A型龙门刨床控制系统的改造

1. 控制要求

本例的改造目标为利用PLC及变频器实现对龙门刨床的自动控制和平滑调速，消除换向冲击，提高工作效率，减少噪声，取缔原控制系统，从而达到经济快捷地运行龙门刨床的目的。使龙门刨床复杂的电气控制系统变得简单，清晰明了，使龙门刨床处于最佳的工作状态，工艺要求如下。

①取消电机扩大机、发电机，以减少噪声，克服诸多控制缺陷。

②工作台能实现自动循环工作和点动，可实时精确调节工作台速度，平稳换向，并有自动和点动工作时的极限保护。

③垂直刀架可方便地在水平和垂直两个方向快速移动和进刀，并能进行快速移动和自动进给的切换。

④左右侧刀架可在上、下方向快速移动和进刀，能进行快移/自动切换，并有左右侧刀架限位开关，防止其向上移动时与横梁碰撞。

⑤横梁可方便地上下移动和夹紧放松,夹紧程度可调;横梁下降时有回升延时,延时时间可调。

⑥润滑泵有连续/自动切换开关,系统一通电,油泵即上油,至一定压力时,油压继电器触点闭合,为工作台工作做准备。

⑦有保护环节控制,保证工作台停在后退末了位置,以免切削过程中发生故障而突然停车造成刀具损坏和影响加工工件表面的光洁度。

⑧各回路均有自动空气断路器作短路保护和过载保护。

2. 程序设计

1)工作原理

B2012A 型龙门刨床接触器–继电器控制电路原理如图 6-42 所示。

(1)主拖动机组的启动和停止

按下主拖动机组的启动按钮 SB2,接触器 KM1 和 KMY 吸合。时间继电器 KT2 线圈得电,经延时后它的触点动作。接触器 KM1 的动合触点(703—705)闭合,实现自锁。同时 KMY 的动断触点(702—706)断开,KM2 与 KM△线圈通路,接触器 KMY 在主拖动机组定子侧的 3 个动合触点闭合,使主拖动机组接成Y连接启动。随着主拖动机组的启动,发电机 G 和励磁机 GE 也被拖动运转。当 GE 输出电压达到正常数值时,直流时间继电器 KT1 吸合,它的断电延时闭合的动断触点(705—717)断开,断电延时打开的动合触点(723—725)闭合。由于时间继电器 KT2 延时时间尚未结束,它的触点(705—717)尚未断开,所以尽管 KT1 的触点(705—717)已打开,接触器 KMY 仍维持吸合状态,主拖动机组仍按Y连接运行。当时间继电器 KT2 的延时结束时,它的通电延时断开的动断触点(705—717)断开,接触器 KMY 线圈失电释放,同时 KT2 的通电延时闭合的动合触点(705—723)和已经闭合的 KT1 的触点(723—725)共同使接触器 KM2 线圈得电吸合。KM2 有两个动合触点闭合,一个实现自锁(705—725),另一个(717—721)为接触器 KM△线圈得电做好准备。KM2 的两个动断触点断开,一个(717—719)使 KMY 线圈彻底失电,另一个 KM2 的动断触点(31—51)使 KT1 线圈失电,在这里 KT1 是负责Y连接与△连接切换的间隔时间,经过整定延时后,KT1 的触点(705—717)闭合,触点(723—725)打开。这时 KM△线圈得电吸合,KM△在主拖动机组定子侧的 3 个动合触点闭合,使主拖动机组被连接成△运转,同时 KM△的动断触点(702—704)断开 KT2 与 KMY 的线圈通路,到此主拖动机组启动完毕。

当按下主拖动机组的停止按钮 SB1 时,接触器 KM1、KM△和 KM2 线圈均失电释放,主拖动机组的电源被切断机床停止工作。以上过程参见图 6-42(c)的 33~39 段。

(2)工作台的步进、步退

当主拖动机组启动完毕后,接触器 KM△的动合触点(101—103)闭合,按工作台步进按钮 SB8,继电器 KA3 线圈得电吸合,KA3 的动合触点(1—3)闭合,断电延时继电器 KT3 吸合,KT3 的延时闭合的动断触点(41—270)与(280—281)断开,断开了电机放大机的欠补偿回路和发电机的自消磁回路,同时 KT3 的延时断开的动合触点(1—201)与(2—204)闭合,使电机放大机控制绕组 WC3 中加入给定电压。

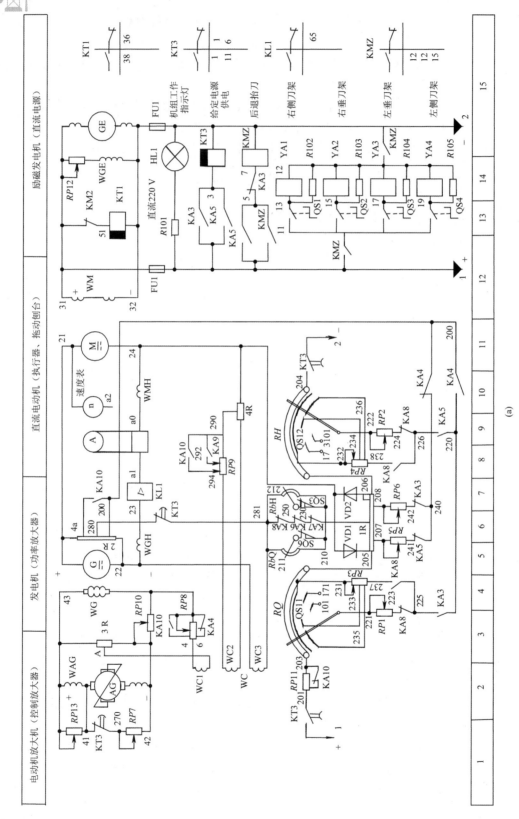

图6-42 B2012A型龙门刨床接触器-继电器控制电路原理

(a) B2012A型龙门刨床主拖动控制系统及抬刀电路原理;

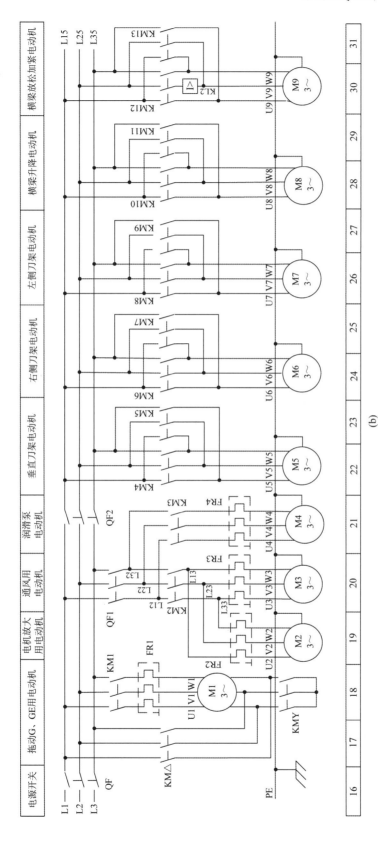

图6-42 B2012A型龙门刨床接触器-继电器控制电路原理（续）

（b）B2012A型龙门刨床交流机组控制主电路原理；

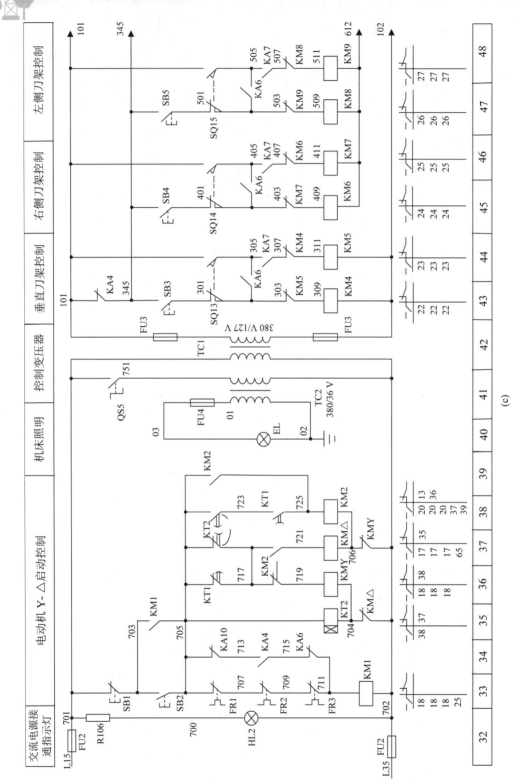

图6-42 B2012A 型龙门刨床接触器-继电器控制电路原理（续）

(c) B2012A 型龙门刨床主拖动机组及刀架控制电路原理；

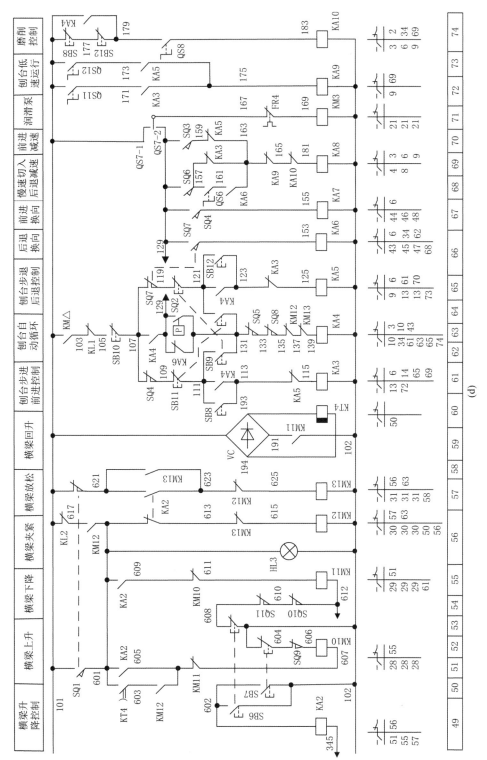

图6-42 B2012A 型龙门刨床接触器-继电器控制电路原理（续）

（d）B2012A 型龙门刨床横梁及工作控制电路原理

如果放开按钮 SB8，它将自动复位，这时继电器 KA3 线圈又失电释放，KA3 的动合触点（1—3）断开，KT3 线圈失电，KT3 的延时断开的动合触点（1—201）与（2—204）延时断开，KT3 的延时闭合的动断触点（41—270）与（280—281）延时闭合。电机放大机的欠补偿回路和发电机的自消磁回路被接通，工作台迅速制动下来，并防止了工作台的"爬行"。

工作台停车时，利用 KT3 的延时闭合的动断触点，经过约 0.9 s 的延时才接通电机放大机的欠补偿回路和发电机的自消磁回路，目的在于使工作台停车制动过程不过于强烈。

以上过程参见图 6-42（d）的 63~65 段。

（3）工作台的自动循环工作

B2012A 型龙门刨床在工作台侧面上装有 4 个撞块 A、B、C、D，在机床床身上装有 4 个行程开关 SQ3、SQ4、SQ6 及 SQ7 和两个终端限位开关 SQ5、SQ8。自动循环过程中的换速点就由 SQ3、SQ4、SQ6、SQ7 这 4 个行程开关的位置来决定。

假定工作台是停在返回行程末了的位置上，触点 SQ4—1（动断）、SQ3—2（动断）、SQ6—1（动合）、SQ7—2（动合）是闭合的，触点 SQ4—2（动合）、SQ3—1（动合）、SQ6—2（动断）、SQ7—1（动断）是断开的。按工作台前进按钮 SB9，继电器 KA4 线圈得电吸上，KA4 的动合触点（107—129）闭合，实现自锁，同时使继电器 KA6 线圈得电吸上。KA4 的动合触点（111—113）闭合，继电器 KA3 线圈得电吸上。KA4 的动断触点（200—240）断开，动合触点（200—220）闭合，使工作台调整回路断开，自动工作回路接通。

KA3 的动合触点（1—3）闭合，时间继电器 KT3 线圈得电吸上，KT3 的延时闭合的动断触点（41—270）及（280—281）断开，断开了电机放大机欠补偿回路和发电机的自消磁回路。KT3 的延时断开的动合触点（1—201）及（2—204）闭合，使调速电位器 RQ 及 RH 接通电源。由于转换开关 QS6 置于接通的位置上，在 KA6 的动合触点（161—163）闭合时，继电器 KA8 线圈得电吸上，相当于工作台运行在慢速段。

继电器 KA3 及 KA8 的动合触点（220—225）、（225—237）闭合，KA8 的动断触点（223—225）断开，电机放大机控制绕组 WC3 中便加入给定电压，电机放大机在强迫励磁作用下输出电压迅速升高达到稳定慢速时的数值，工作台因而也迅速启动并达到稳定的慢速。

工作台继续前进，撞块 D 使行程开关 SQ7 复位，触点 SQ7—1 闭合，为工作台反向做好准备。触点 SQ7—2 断开，继电器 KA6 线圈失电释放，KA6 的动合触点（161—163）断开，继电器 KA8 线圈失电释放。KA6 和 KA8 的动断触点（230—250）和（250—281）恢复闭合状态。KA8 的动合触点（225—237）断开，动断触点（223—225）闭合，断开了工作台的慢速回路，当撞块 C 碰行程开关 SQ6 时，SQ6 复位，触点 SQ6—1 断开，SQ6—2 闭合。工作台从此前进到高速段。在前进段快要结束时，撞块 A 碰行程开关 SQ3，触点 SQ3—1 闭合，继电器 KA8 线圈又得电吸上，工作台又降到慢速运行。行程开关 SQ3—2 断开，将电阻 RbH 全部串入控制绕组 WC3 回路中，以限制减速、反向过程中主回路冲击电流不致过大，因而也减小了对传动机构部分的冲击。

当刀具离开工件，工作台工作（前进）行程结束时，撞块 B 碰行程开关 SQ4，触点 SQ4—1 断开，继电器 KA3 线圈失电释放。触点 SQ4—2 闭合，继电器 KA7 线圈得电吸上。KA3 的动合触点（200—225）断开控制绕组 WC3 正向励磁回路，KA3 的动断触点（123—125）闭合，使继电器 KA5 线圈得电吸上，此刻工作台后退（返回）已经开始。同时 KA3 的动断触点（157—163）闭合，为工作台返回结束前的减速做好准备。

继电器 KA5 的动断触点（159—163）断开，使继电器 KA8 线圈失电释放，保证工作台以调速电位器 RH 的手柄位置所决定的高速返回，即返回开始时没有低速段。KA5 的动合触点（220—226）闭合，接通了控制绕组 WC3 的反向励磁回路，工作台迅速制动并反向运行。同时 KA5 的动合触点（1—5）闭合，接触器 KMZ 线圈得电吸上，KMZ 的动合触点（1—11）及（2—12）闭合，接通了抬刀电磁铁，刀架在工作台返回行程时，自动抬起。继电器 KA7 的动合触点（305—307）、（405—407）及（505—507）闭合，接通相应的接触器，使控制刀具的电动机反向旋转带着张紧环复位，为下一次的自动进刀做准备。

工作台以较高的速度返回，撞块 B 使行程开关 SQ4 复位时，触点 SQ4—1 闭合为工作台的正向运行做好准备。触点 SQ4—2 断开，继电器 KA7 线圈失电释放，KA7 的动断触点（210—230）闭合，切除串在控制绕组 WC3 回路的电阻 R_bH 及 R_bQ。KA7 的动合触点（305—307）、（405—407）及（505—507）断开，使相应的电动机停止。

当撞块 A 使行程开关 SQ3 复位时，触点 SQ3—1 断开，SQ3—2 闭合。工作台返回行程将结束时，撞块 C 碰行程开关 SQ6，触点 SQ6—1 闭合，继电器 KA8 线圈得电吸上，接通慢速回路，工作台改成慢速运行。在接近终点时，撞块 D 碰行程开关 SQ7，触点 SQ7—1 断开，继电器 KA5 线圈失电释放，继电器 KA3 线圈得电吸上。KA5 的动合触点（220—226）断开。KA3 的动合触点（220—225）闭合，同时，由于触点 SQ7—2 闭合，继电器 KA6 线圈得电吸上，KA6 的动合触点（161—163）闭合，继电器 KA8 线圈得电吸上，KA8 的动断触点断开，动合触点闭合，控制绕组 WC3 中又加入正向给定电压，工作台迅速制动并立即正向启动，达到稳定的慢速，刀具在工作台慢速前进时切入工件，以后就重复上述运行过程，从而实现了工作台的往返自动循环工作。工作台自动往返的速度曲线，如图 6-43 所示。

如果切削速度不太高，刀具能承受此时的冲击，或者是加工依次排列的短工件而无法利用"慢速切入"时，可以利用操纵台上的转换开关 QS6，将（157—161）断开，就可得到没有"慢速切入"的速度曲线。

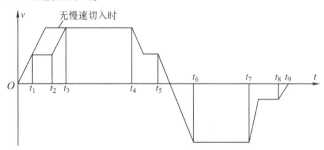

图 6-43　工作台自动往返的速度曲线

当工作台速度低于 10 m/min 时，触点 QS11（101—171）和 QS12（101—173）闭合，继电器 KA9 线圈得电吸上，KA9 的动断触点（163—165）断开，继电器 KA8 的回路切断，使"慢速切入"和换向前的减速环节均不起作用。

当机床用作磨削加工时，利用操纵台上的转换开关 QS8（179—183）接通，继电器 KA10 线圈得电吸上，KA10 的动断触点（165—181）断开继电器 KA8 的回路，使慢速环节不起作用。KA10 的动断触点（201—203）断开，将电阻 RP11 串入，使给定电压减小，工作台降低到磨削时所要求的速度。同时在 RP8 上 KA10 的动合触点闭合，加强了电桥稳定环节和电流正反馈环节的作用，使工作台在磨削加工时运行更加平稳，在负载变化时工作台的速度降落更小。

以上过程参见图6-42（c）的43~48段，图6-42（d）的63~70段。

（4）刀架的控制

B2012A型龙门刨床装有左侧刀架、右侧刀架和垂直刀架。这3个刀架分别采用交流电动机M5、M6、M7来拖动。

刀架的快速移动、自动进给及刀架运动的方向，由装在刀架进刀箱上的机械手柄来选择。刀架的进给机构采用张紧环，依靠张紧环旋转使张紧环复位，以便为第二次进刀做好准备。

当工作台按照工作行程前进，刀具离开工件，撞块B碰行程开关SQ4时触点SQ4—2闭合，继电器KA7线圈得电吸上，KA7的3个动合触点（305—307）、（405—407）、（505—507）闭合，使接触器KM5、KM7、KM9线圈得电吸上，拖动3个刀架的电动机M5、M6、M7反转，带动张紧环复位，为进刀做好准备。由于触点SQ4—1断开，继电器KA3线圈失电释放，KA3的动断触点（123—125）闭合，继电器KA5线圈得电吸上，KA5的动合触点（1—5）闭合，接触器KMZ线圈得电吸上，KMZ的动合触点（1—11）、（2—12）闭合，接通了抬刀电磁铁，刀架自行抬起。同时工作台制动并迅速返回。在工作台返回末了，撞块D碰行程开关SQ7，触点SQ7—1断开，继电器KA5线圈断电释放，KA5的动断触点（113—115）闭合，继电器KA3线圈得电吸上，KA3的动断触点（5—7）断开了接触器KMZ回路，抬刀电磁铁线圈失电释放，刀架放下，同时由于触点SQ7—2闭合，继电器KA6线圈得电吸上，KA6的动合触点（303—305）、（403—405）、（503—505）闭合，接触器KM4、KM6、KM8线圈得电吸上，拖动3个刀架的电动机M5、M6、M7正转，并带动3个拨叉环旋转，完成3个刀架的进刀。

以上过程参见图6-42（a）的12~15段及图6-42（c）的43~48段，图6-42（d）的63~70段。

（5）横梁升降的控制

横梁的升降和放松、夹紧，分别用电动机M8和M9来拖动。按下横梁上升按钮SB6，继电器KA2线圈得电吸合，它的动合触点（621—623）闭合，接触器KM13线圈得电吸上，电动机M9反转，放松横梁，当横梁完全放松时，行程开关SQ1的触点SQ1—2断开，接触器KM13线圈失电释放，电动机M9停止运转。同时由于触点SQ1—1闭合，接触器KM10线圈得电吸上，电动机M8正转，横梁上升。当横梁上升到所需的位置放松按钮SB6时，继电器KA2线圈失电释放，KA2的动合触点（601—605）断开接触器KM10，电动机M8停止，横梁停止上升，同时KA2的动断触点（601—613）闭合，KM12线圈又得电吸上，电动机M9正转使横梁夹紧，同时行程开关SQ1—1断开，SQ1—2恢复闭合状态。随着横梁的不断夹紧，电动机M9的电流也逐步增大，当横梁完全夹紧时，电流增大到使电流继电器KL2动作的数值，KL2吸上，当横梁完全夹紧时（101—617）断开，接触器KM12线圈失电释放，电动机M9停止运转，横梁上升完毕。

当按下横梁下降按钮SB7时，继电器KA2线圈得电吸上，KA2的动合触点（621—623）闭合，接触器KM13线圈得电吸上，电动机M9反转，放松横梁，当横梁完全放松时，行程开关SQ1闭合，它的触点SQ1—2断开，接触器KM13线圈失电释放，电动机M9

停止运转。同时由于触点 SQ1—1 闭合，接触器 KM11 线圈得电吸上，电动机 M8 反转。横梁下降，KM11 的动合触点（101—191）闭合，延时释放继电器 KT4 线圈得电吸上，KT4 的延时断开的动合触点（601—603）闭合，为横梁下降后回升做好准备。

当横梁下降到需要的位置放开按钮 SB7 时，继电器 KA2 和接触器 KM11 线圈失电释放，电动机 M8 停止运转，横梁不再下降。同时由于 KM11 的动合触点（102—191）断开，继电器 KT4 线圈失电延时释放。又由于 KA2 的动断触点（601—613）闭合，接触器 KM12 线圈得电吸上，电动机 M9 正转使横梁夹紧。KM12 的动合触点（603—605）闭合，接触器 KM10 线圈得电吸上，电动机 M8 正转，使横梁在夹紧的过程中同时回升。当继电器 KT4 的动合延时断开触点（601—603）断开时，横梁回升停止。

以上过程参见图 6-42（d）的 49~62 段。

2）具体程序设计

①龙门刨床电路原理图新旧代号对照及 PLC 的 I/O 分配如表 6-5 所示。

②弄清日本安川 616R3 型变频器对外接线端子分配及速度与端子的关系。

③系统 PLC 对外接线如图 6-44 所示。

④编写程序并进行注释说明。

本次改造不包括原控制系统电路中的指示灯、仪表等。除主拖动机组外其他电动机主电路接线与改造前相同。

变频器的对外接线如图 6-45 所示，变频器的 R、S、T 为三相电源输入端；U、V、W 为三相变频输出端（至电动机）。1、2 号端子为电动机的正转和反转；5、6、7 号端子为电动机的 3 个段速；25、27 号端子为变频器的零速输出，均由 PLC 控制，以实现正转、反转、减速停止等运行及不同速度的输入。该刨床要求有 8 种速度：①正常切削速度大约为 60 m/min；②正常切削返回速度大约为 80 m/min；③正常切削时的慢速段速度大约为 12 m/min；④步进、步退速度大约为 3~8 m/min；⑤低速切削速度为 10 m/min；⑥磨削速度为 1 m/min；⑦低速返回速度大约为 40 m/min；⑧磨削返回速度（同③）。速度的调整通过改变变频器 5、6、7 号输入端的输入组合来实现。变频器内部决定速度的参数与接线端子的状态是一一对应的，在这里不再赘述，其速度输出分配如表 6-6 所示。

系统控制程序梯形图如图 6-46 所示。

表 6-5　龙门刨床电气原理图新旧代号对照及 PLC 的 I/O 分配

	序号	点	代号	原代号	注释
I 分配	1	I0.0	KL2	JL-J	横梁夹紧电动机电流继电器
	2	I0.1	SB2	3A	垂直刀架快速移动按钮
	3	I0.2	SB3	4A	右侧刀架快速移动按钮
	4	I0.3	SB4	5A	左侧刀架快速移动按钮
	5	I0.4	SB5	6A	横梁上升按钮
	6	I0.5	SB6	7A	横梁下降按钮
	7	I0.6	SQ1	6HXC	横梁放松到位才能上升或下降开关
	8	I0.7	SB7	8A	工作台步进按钮

序号		点	代号	原代号	注释
I 分 配	9	I1.0	SB8	9A	工作台前进按钮
	10	I1.1	SB9	10A	工作台停止按钮
	11	I1.2	SB10	11A	工作台后退按钮
	12	I1.3	SB11	12A	工作台步退按钮
	13	I1.4	QS6	6KK	慢速切入开关
	14	I1.5	QS7	7KK	润滑泵接通开关
	15	I1.6	QS8	8KK	磨削运行时接通开关
	16	I1.7	QS11（12）	KK-Q（H）	低速运行时接通开关
	17	I2.0	BP		变频器零速
	18	I2.1	SQ2	Je	润滑油油压开关
	19	I2.2	SQ3	Q-JS	前进减速限位开关
	20	I2.3	SQ4	Q-HX	前进换向限位开关
	21	I2.4	SQ5	1HXC	工作台前进终端限位开关
	22	I2.5	SQ6	H-JS	后退减速限位开关
	23	I2.6	SQ7	H-HX	后退换向限位开关
	24	I2.7	SQ8	2HXC	工作台后退终端限位开关
O 分 配	1	Q0.0	YA1	1T	右侧刀架抬入电磁铁控制
	2	Q0.1	YA2	2T	左侧刀架抬入电磁铁控制
	3	Q0.2	YA3	3T	右侧、垂直刀架抬入电磁铁控制
	4	Q0.3	YA4	4T	左侧、垂直刀架抬入电磁铁控制
	5	Q0.4	KM4	Q-C	垂直刀架快速移动及正常进给
	6	Q0.5	KM5	H-C	垂直刀架正常工作时反转复位
	7	Q0.6	KM6	Q-Y	右侧刀架快速移动及正常进给
	8	Q0.7	KM7	H-Y	右侧刀架正常工作时反转复位
	9	Q1.0	KM8	Q-Z	左侧刀架快速移动及正常进给
	10	Q1.1	KM9	H-Z	左侧刀架正常工作时反转复位
	11	Q1.2	KM3	C-RB	润滑油泵
	12	Q1.3	KM13	H-J	横梁放松
	13	Q1.4	KM12	Q-J	横梁夹紧
	14	Q1.5	KM10	Q-H	横梁上升
	15	Q1.6	KM11	H-H	横梁下降
	16	Q1.7	KM16		给变频器
	17	Q2.0			正转

续表

序号		点	代号	原代号	注释
O分配	18	Q2.1			反转
	19	Q2.2			速度端口1
	20	Q2.3			速度端口2
	21	Q2.4			速度端口3

表6-6 变频器速度输出分配

端子	段速							
	①	②	③	④	⑤	⑥	⑦	⑧
5端	1	0	0	1	1	0	1	同③
6端	0	1	0	1	0	1	1	
7端	0	0	1	0	1	1	1	

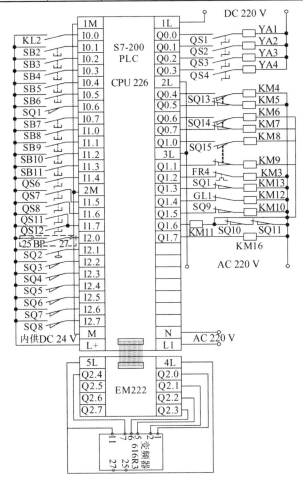

图6-44 系统PLC对外接线

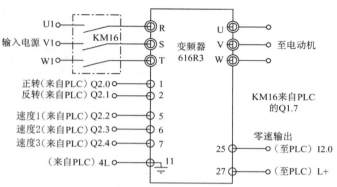

图 6-45　变频器的对外接线

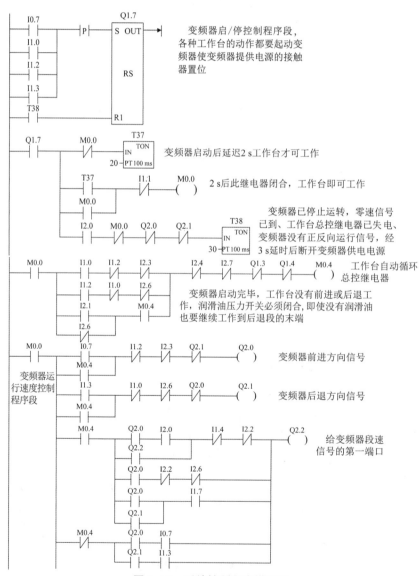

图 6-46　系统控制程序梯形图

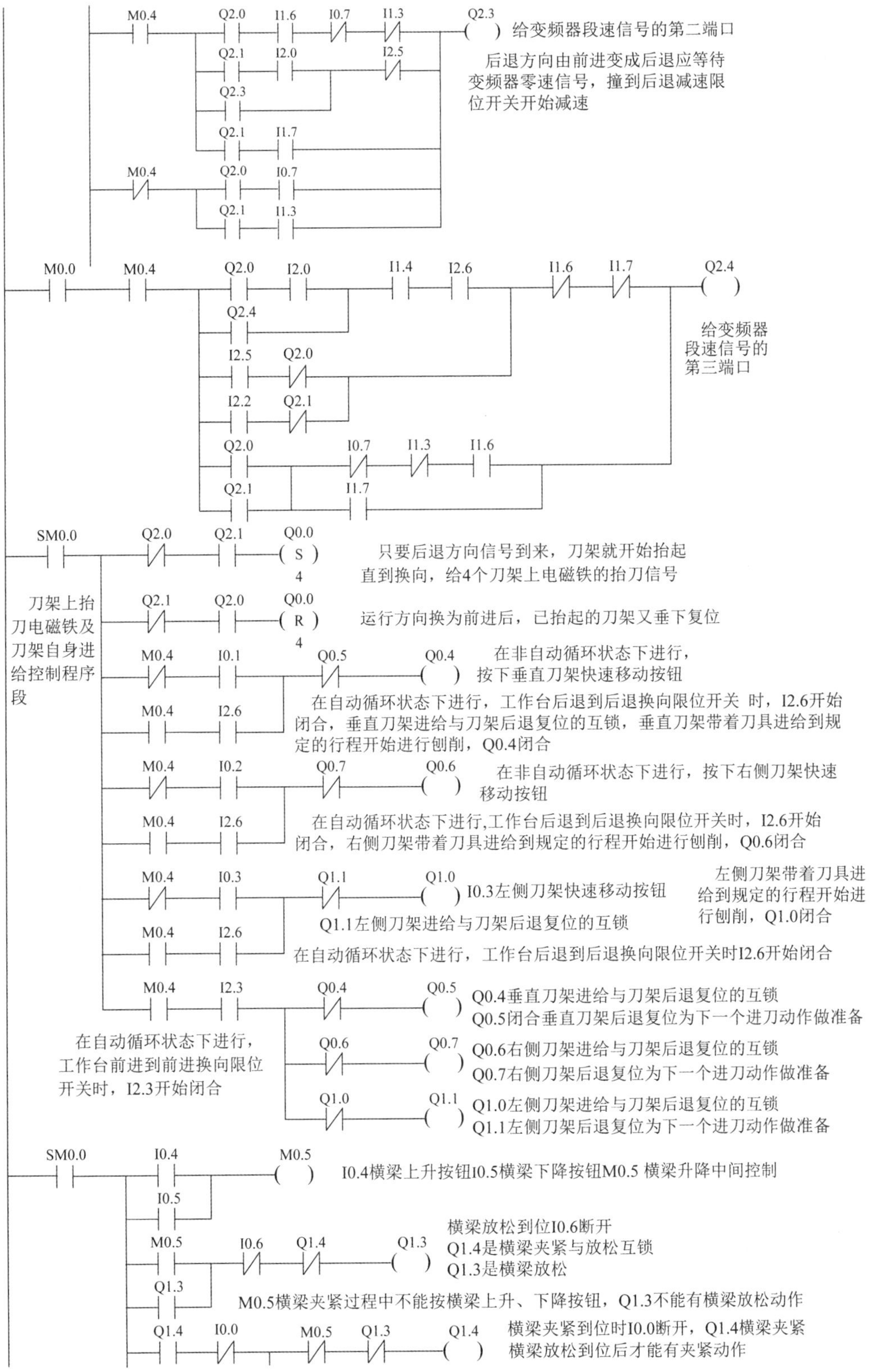

M0.4 Q2.0 I1.6 I0.7 I1.3 Q2.3
Q2.1 I2.0 I2.5
Q2.3
Q2.1 I1.7
M0.4 Q2.0 I0.7
Q2.1 I1.3

给变频器段速信号的第二端口

后退方向由前进变成后退应等待
变频器零速信号，撞到后退减速限
位开关开始减速

M0.0 M0.4 Q2.0 I2.0 I1.4 I2.6 I1.6 I1.7 Q2.4
Q2.4
I2.5 Q2.0
I2.2 Q2.1
Q2.0 I0.7 I1.3 I1.6
Q2.1 I1.7

给变频器
段速信号的
第三端口

SM0.0 Q2.0 Q2.1 Q0.0
(S)
4

只要后退方向信号到来，刀架就开始抬起
直到换向，给4个刀架上电磁铁的抬刀信号

刀架上抬
刀电磁铁及
刀架自身进
给控制程序
段

Q2.1 Q2.0 Q0.0
(R)
4

运行方向换为前进后，已抬起的刀架又垂下复位

M0.4 I0.1 Q0.5 Q0.4
在非自动循环状态下进行，
按下垂直刀架快速移动按钮

M0.4 I2.6
在自动循环状态下进行，工作台后退到后退换向限位开关 时，I2.6开始
闭合，垂直刀架进给与刀架后退复位的互锁，垂直刀架带着刀具进给到规
定的行程开始进行刨削，Q0.4闭合

M0.4 I0.2 Q0.7 Q0.6
在非自动循环状态下进行，按下右侧刀架快速
移动按钮

M0.4 I2.6
在自动循环状态下进行，工作台后退到后退换向限位开关时，I2.6开始
闭合，右侧刀架带着刀具进给到规定的行程开始进行刨削，Q0.6闭合

M0.4 I0.3 Q1.1 Q1.0
I0.3左侧刀架快速移动按钮
Q1.1左侧刀架进给与刀架后退复位的互锁

左侧刀架带着刀具进
给到规定的行程开始进
行刨削，Q1.0闭合

M0.4 I2.6
在自动循环状态下进行，工作台后退到后退换向限位开关时I2.6开始闭合

M0.4 I2.3 Q0.4 Q0.5
Q0.4垂直刀架进给与刀架后退复位的互锁
Q0.5闭合垂直刀架后退复位为下一个进刀动作做准备

Q0.6 Q0.7
Q0.6右侧刀架进给与刀架后退复位的互锁
Q0.7右侧刀架后退复位为下一个进刀动作做准备

在自动循环状态下进行，
工作台前进到前进换向限位
开关时，I2.3开始闭合

Q1.0 Q1.1
Q1.0左侧刀架进给与刀架后退复位的互锁
Q1.1左侧刀架后退复位为下一个进刀动作做准备

SM0.0 I0.4 M0.5
I0.5
I0.4横梁上升按钮I0.5横梁下降按钮M0.5 横梁升降中间控制

M0.5 I0.6 I1.4 Q1.3
Q1.3
横梁放松到位I0.6断开
Q1.4是横梁夹紧与放松互锁
Q1.3是横梁放松
M0.5横梁夹紧过程中不能按横梁上升、下降按钮，Q1.3不能有横梁放松动作

Q1.4 I0.0 M0.5 Q1.3 Q1.4
横梁夹紧到位时I0.0断开，Q1.4横梁夹紧
横梁放松到位后才能有夹紧动作

图6-46　系统控制程序梯形图（续）

291

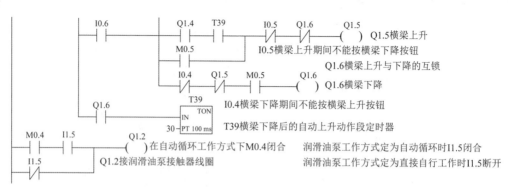

图 6-46 系统控制程序梯形图（续）

实例 9 高速计数器功能在电梯运行中的应用

1. 控制要求

在现代电梯控制系统中，旋转编码器的利用率很高，既可以利用它作为反馈量形成闭环系统，具体地说是用它与曳引机（电梯拖动电动机）同轴连接，共同旋转时产生的码反馈给变频器系统，变频器根据传给它的码数控制速度。同时还可以利用这个旋转编码器产生的脉冲码计算位移，本例就是利用它的第二个作用计算电梯的行走距离，计算层间距，以达到准确停靠的目的。系统控制要求如下。

①电梯共有 3 层，设 3 个站点，电梯每运行到一层设置一个桥板。轿顶处装有 U 形接近开关，桥板穿过接近开关所形成的信号即为门区开关信号。

②在某站停靠后，电梯门打开，乘客出入，6 s 后关门。如果没有其他层站呼叫，则电梯轿厢就停靠在本站，如果已有登记过的呼叫信号，则关门后将继续运行。

③电梯在停靠等待过程中随时响应呼梯信号，信号登记后立即运行电梯。

④停靠中有本层呼梯信号，门会打开，重复正常运行后的开关门过程。

⑤呼梯信号的响应原则：优先响应最远信号，顺向截车，反向保号（记忆），如果在停靠等待过程中（6 s 内）有呼梯信号，则响应原则是轿内优先。也就是说停靠期间没有定向，这时如果外呼与内选同时出现则要内选优先。

⑥层标显示用七段数码管，外呼信号的登记结果由指示灯显示。

⑦电梯运行与否由钥匙开关控制，开关门终端都应设限位开关。

⑧电梯运行位移量与旋转编码器的脉冲个数相对应，编码器的脉冲信号接到 PLC 输入端，并使用高速计数器指令进行接收与处理，从而决定停靠减速点。

⑨拖动电动机的信号由变频器提供。

2. 程序设计

根据控制要求，首先要确定 I/O 个数，进行 I/O 分配，数一数输入点：4 个外呼按钮、3 个内选按钮、2 个轿内开关门按钮、1 个开门终端限位开关、1 个关门终端限位开关、1 个门口安全触板开关、1 个钥匙开关、1 个门区开关、1 个变频器故障信号、1 个变频器运行信号、2 个旋转编码器高速脉冲信号、2 个电梯运行上下限位开关，共需 20 个点位。再数一数输出点：七段数码管显示需 7 个点，但所用指令是以字节为单位整体使用的，尽管富余 1 个点也不能使用；CPU 226 型机输出点只有 16 个（2 个字节），现只剩 8 个点（1 个字节），外呼登记指示灯共 4 个、内选登记指示灯 3 个、给变频器运行信号 3 个、轿厢开关门信号 2 个，共需 12 个输出点。差了 4 个，只能增加 1 个扩展块了，选用一块 EM222 扩展模块，它可提供 8 个输出点。这样本题的 I/O 个数就已确定，I 点 20 个；O 点 20 个。3 层电梯 PLC 对外接线如图 6-47 所示。

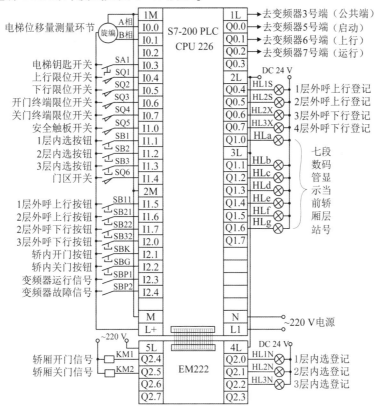

图 6-47 3 层电梯 PLC 对外接线

3 层电梯控制程序梯形图如图 6-48 所示。

主程序：

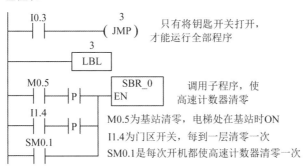

图 6-48 3 层电梯控制程序梯形图

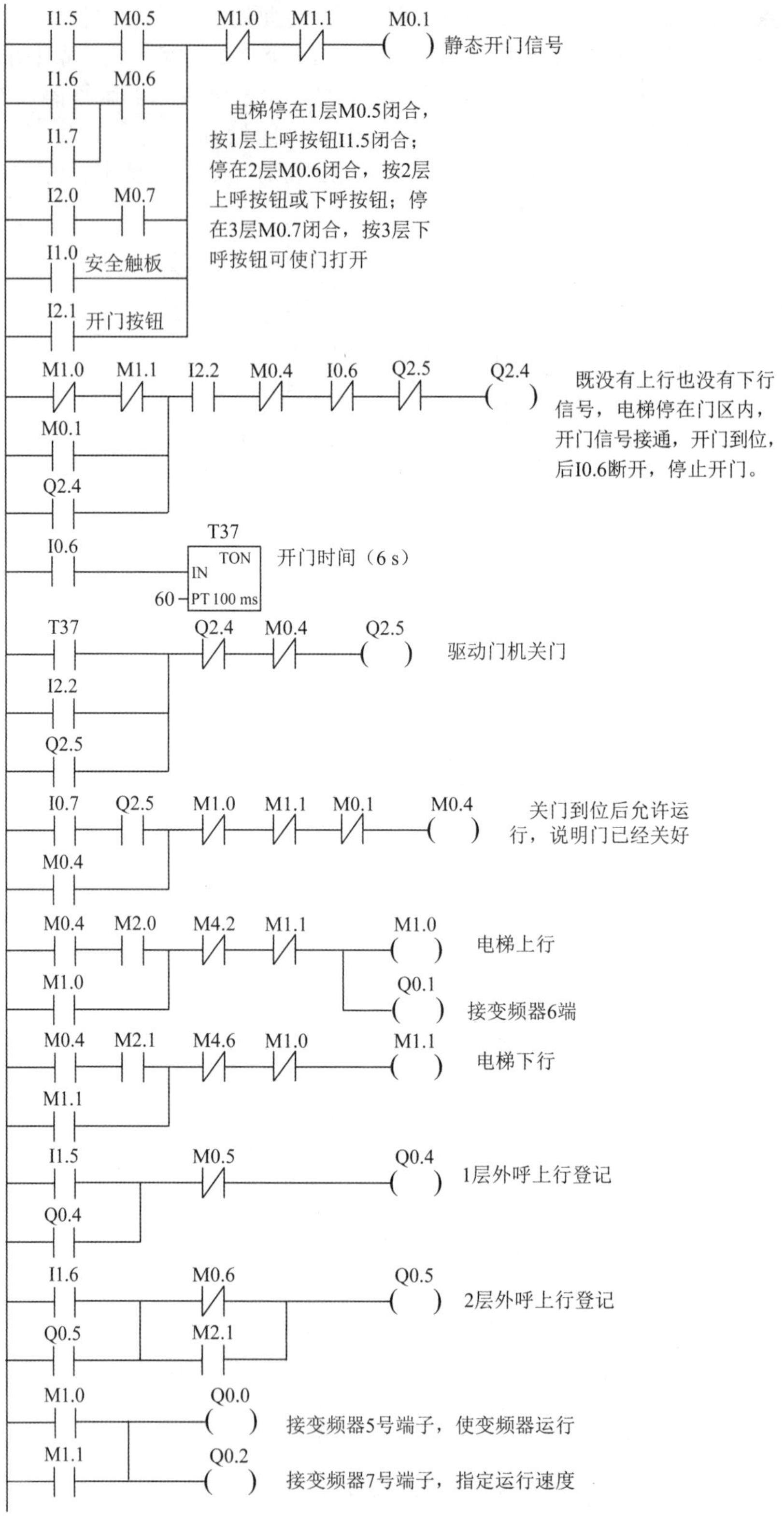

```
 I1.5   M0.5           M1.0   M1.1     M0.1
 ─┤├────┤├──────────────┤/├────┤/├─────( )    静态开门信号
 I1.6   M0.6
 ─┤├────┤├──                            电梯停在1层M0.5闭合,
 I1.7                                   按1层上呼按钮I1.5闭合;
 ─┤├──                                  停在2层M0.6闭合,按2层
 I2.0   M0.7                            上呼按钮或下呼按钮;停
 ─┤├────┤├──                            在3层M0.7闭合,按3层下
 I1.0   安全触板                          呼按钮可使门打开
 ─┤├──
 I2.1   开门按钮
 ─┤├──

 M1.0   M1.1   I2.2   M0.4   I0.6   Q2.5     Q2.4
 ─┤/├───┤/├────┤├─────┤/├────┤/├────┤/├──────( )   既没有上行也没有下行
 M0.1                                              信号,电梯停在门区内,
 ─┤├──                                             开门信号接通,开门到位,
 Q2.4                                              后I0.6断开,停止开门。
 ─┤├──

 I0.6                T37
 ─┤├───────────────┌──────┐                  开门时间(6 s)
                   │  TON │
                 IN│      │
              60 ─ PT 100 ms

 T37                    Q2.4   M0.4   Q2.5
 ─┤├────────────────────┤/├────┤/├────( )    驱动门机关门
 I2.2
 ─┤├──
 Q2.5
 ─┤├──

 I0.7   Q2.5   M1.0   M1.1   M0.1     M0.4
 ─┤├────┤├─────┤/├────┤/├────┤/├──────( )    关门到位后允许运
 M0.4                                        行,说明门已经关好
 ─┤├──

 M0.4   M2.0   M4.2   M1.1     M1.0
 ─┤├────┤/├────┤/├────┤/├──────( )    电梯上行
 M1.0                          Q0.1
 ─┤├───────────────────────────( )    接变频器6端
 M0.4   M2.1   M4.6   M1.0     M1.1
 ─┤├────┤/├────┤/├────┤/├──────( )    电梯下行
 M1.1
 ─┤├──

 I1.5          M0.5          Q0.4
 ─┤├───────────┤/├────────────( )     1层外呼上行登记
 Q0.4
 ─┤├──

 I1.6          M0.6          Q0.5
 ─┤├───────────┤/├────────────( )     2层外呼上行登记
 Q0.5          M2.1
 ─┤├───────────┤/├──

 M1.0          Q0.0
 ─┤├────────────( )    接变频器5号端子,使变频器运行
 M1.1          Q0.2
 ─┤├────────────( )    接变频器7号端子,指定运行速度
```

图 6-48 3 层电梯控制程序梯形图 (续)

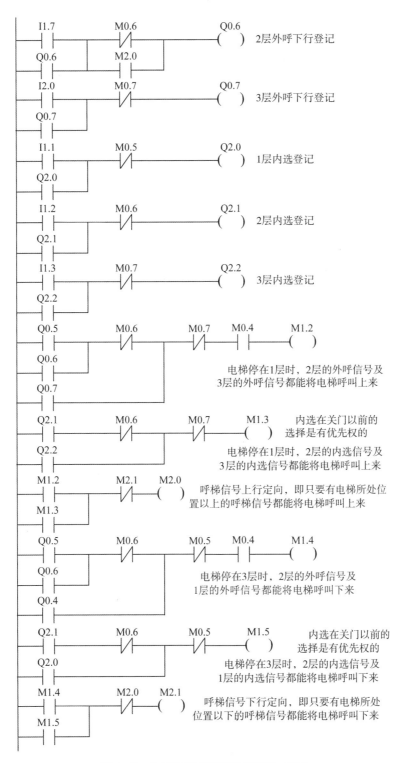

图6-48 3层电梯控制程序梯形图（续）

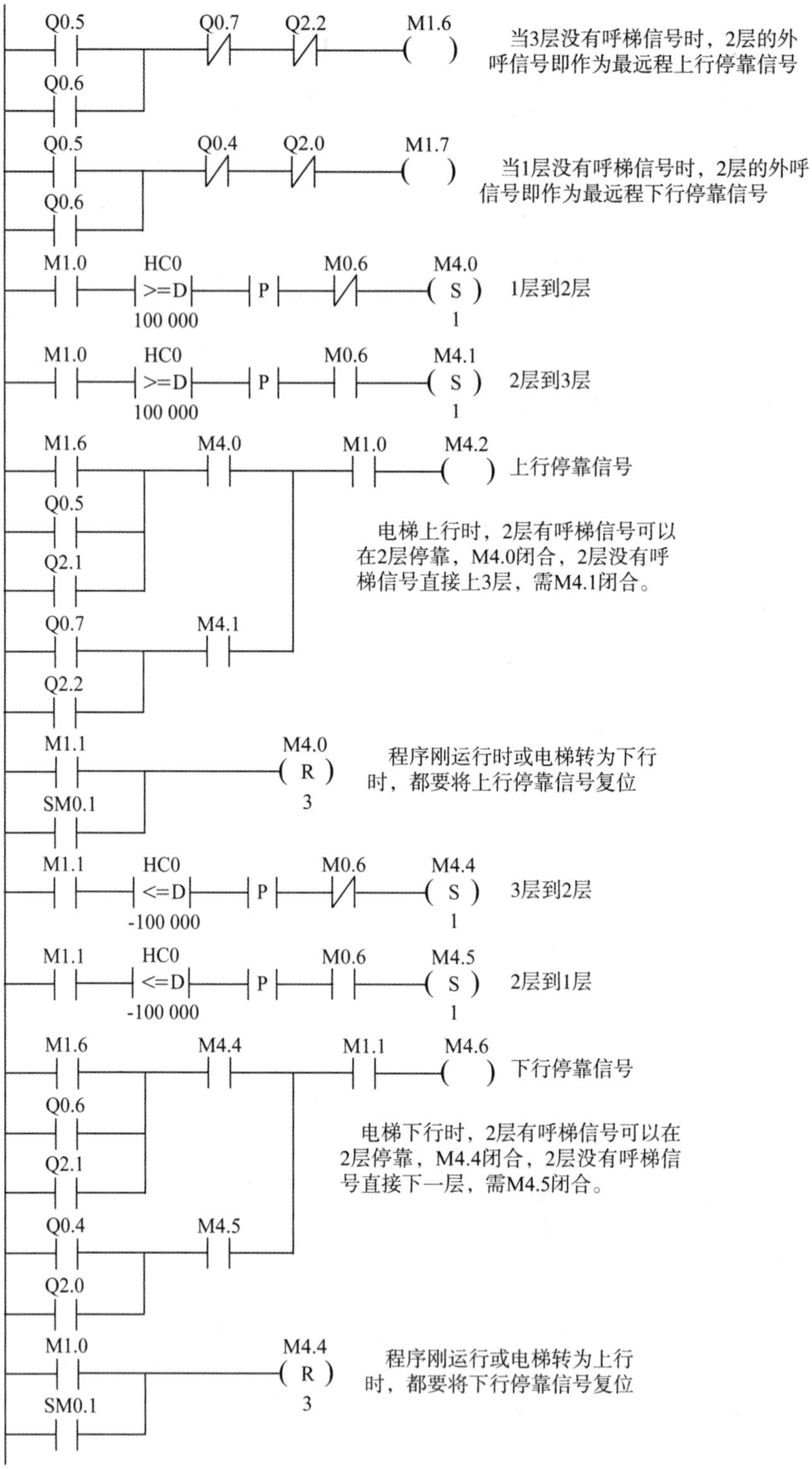
Q0.5
Q0.7
Q2.2
M1.6
Q0.6
当3层没有呼梯信号时，2层的外呼信号即作为最远程上行停靠信号
Q0.5
Q0.4
Q2.0
M1.7
Q0.6
当1层没有呼梯信号时，2层的外呼信号即作为最远程下行停靠信号
M1.0
HC0
>=D
100 000
P
M0.6
M4.0
S
1
1层到2层
M1.0
HC0
>=D
100 000
P
M0.6
M4.1
S
1
2层到3层
M1.6
M4.0
M1.0
M4.2
上行停靠信号
Q0.5
Q2.1
电梯上行时，2层有呼梯信号可以在2层停靠，M4.0闭合，2层没有呼梯信号直接上3层，需M4.1闭合。
Q0.7
M4.1
Q2.2
M1.1
M4.0
R
3
SM0.1
程序刚运行时或电梯转为下行时，都要将上行停靠信号复位
M1.1
HC0
<=D
-100 000
P
M0.6
M4.4
S
1
3层到2层
M1.1
HC0
<=D
-100 000
P
M0.6
M4.5
S
1
2层到1层
M1.6
M4.4
M1.1
M4.6
下行停靠信号
Q0.6
Q2.1
电梯下行时，2层有呼梯信号可以在2层停靠，M4.4闭合，2层没有呼梯信号直接下一层，需M4.5闭合。
Q0.4
M4.5
Q2.0
M1.0
M4.4
R
3
SM0.1
程序刚运行或电梯转为上行时，都要将下行停靠信号复位

图 6-48　3 层电梯控制程序梯形图（续）

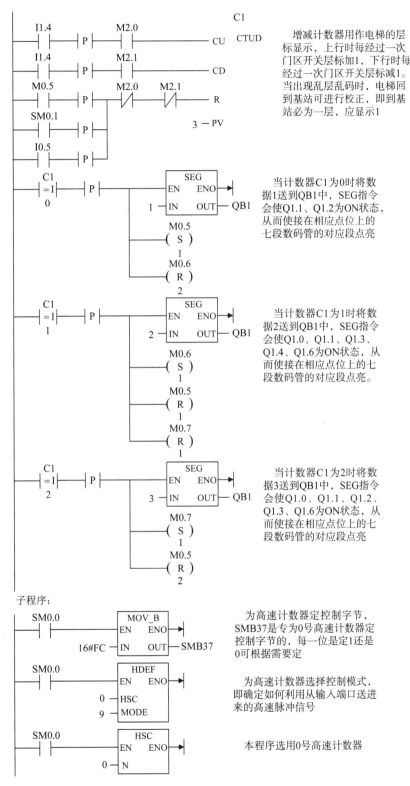

图6-48 3层电梯控制程序梯形图 （续）

实例 10　用 TP 177A 触摸屏监控饮料自动售货过程

1. 控制要求

①自动售货机可投入 1 角、5 角、1 元的硬币（硬币识别装置另议，这里只作为输入信号）。

②顾客投入的硬币达到 2.5 元或以上时，啤酒指示灯亮；当投入的硬币总值达到 4 元或以上时，橙汁与啤酒指示灯都亮。

③在啤酒指示灯亮时，按下放啤酒的按钮，则放出啤酒，6 s 后自动停止，且啤酒指示灯闪烁。

④在橙汁指示灯亮时，按下放橙汁的按钮，则放出橙汁，6 s 后自动停止，且橙汁指示灯闪烁。

⑤在饮料售货机已输出某种饮料时，系统会自动计算所剩余额，在小于 2.5 元时啤酒与橙汁指示灯全灭。在大于或等于 2.5 元且小于 4 元时，啤酒指示灯继续亮，在大于或等于 4 元时啤酒与橙汁指示灯都亮。

⑥投完硬币不喝饮料不能将钱币退出，然后经 20 s 延时没有按下选择按钮或按下找钱按钮可将剩余硬币退出。

⑦售货过程由触摸屏实时监控。

2. 程序设计

1）触摸屏简介

触摸屏有易于使用、坚固耐用、反应速度快、节省空间、工作可靠等优点，是一个使控制系统更人性化、人机交互更方便快捷的设备。它极大地简化了控制系统硬件，也简化了操作员的操作，即使是对计算机一无所知的人，也照样能够很容易地操作，给系统调试人员与用户带来极大的方便。

触摸屏作为一种最新的控制设备，是目前最简单、方便、自然的一种人机交互方式。它在我国的应用范围非常广阔，主要是公共信息的办理，如电信局、税务局、银行、电力等部门的业务办理；城市街头的信息查询；此外也应用于办公、工业控制、军事指挥、电子游戏、点歌点菜、多媒体教学、房地产预售等。

触摸屏是代替鼠标或键盘作为输入设备的。在工作时，我们首先用手指或其他物体触摸安装在显示器前端的触摸屏，然后系统根据触摸的图标或菜单位置来定位选择信息的输入。

触摸屏主要由触摸检测部件和触摸屏控制器组成。触摸检测部件安装在显示器屏幕前面，用于检测用户触摸位置，接受后送触摸屏控制器。而触摸屏控制器的主要作用是从触摸点检测装置上接收触摸信息，将此信息转换成触点坐标，再送给信息处理单元，同时执行信息处理单元的指令。

按照触摸屏的工作原理和传输信息的介质，可把触摸屏分为电阻式触摸屏、红外线式触摸屏、电容感应式触摸屏、表面声波式触摸屏。

各种触摸屏技术都是依靠传感器来工作的，甚至有的触摸屏本身就是一套传感器。各自的定位原理和各自所用的传感器决定了触摸屏的反应速度、可靠性、稳定性和寿命。

2）TP 177A 触摸屏简介

西门子 TP 177A 触摸屏是 TP 170A 触摸式面板的创新后续产品，使用容易、方便，同时具有提高生产率、最小化工程费用、减少生存周期成本的优势，适用于小型机器与设备的操作控制与监控。在加工自动化、过程自动化或楼宇自动化等领域都有着广泛的应用。

TP 177A 触摸屏的特点优势：全图形化 5.7" STN 蓝色；4 级灰度显示；丰富的图形功能；可纵向/横向安装；用户存储器 512 KB；灵活性好；报警系统的报警级别可任意定义；多达 5 种语言联机切换；使用 WinCC flexible 高效组态；可以通过免维护设计（不包括电池）；背光显示屏使用寿命长；带有现成的图形对象等方式降低维修和调试成本。

（1）TP 177A 触摸屏的正视图与左视图

触摸屏的正视图没有按键，用手轻轻地在触摸屏上触动就可以完成所需要的操作，如图 6-49 所示的①；图中的②为多媒体卡插槽，主要作为用户程序、系统参数及历史数据的存储；图中③的为安装密封垫，防止面板因溅水而渗入主板造成设备损坏；图中的④为卡紧凹槽，卡件插入卡紧凹槽内用螺钉在安装面板上，使触摸屏紧固在面板里。

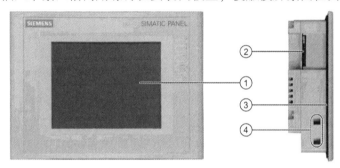

①—显示与触摸屏；②—多媒体卡插槽；③—安装密封垫；④—卡紧凹槽。

图 6-49　TP 177A 触摸屏的正视图与左视图

（2）TP 177A 触摸屏的仰视图

触摸屏的仰视图如图 6-50 所示，图中的①是机壳等接地电位端子，与其他设备的机壳相连，避免设备之间产生静电而损坏设备或干扰设备运行；图中的②是电源插座，使用直流 24 V 的电源，按接口的标识正确接正负，否则无法工作；图中的③是 IF 1B 接口，该接口可以与 PLC 连接，读写 PLC 的数据，也可以与电脑连接，把电脑编写好的触摸屏程序下载到触摸屏中；图中的④是 Internet 接口，如与 PLC 的 Internet 模块连接即可控制 PLC，与电脑的 Internet 接口连接可以把电脑编写好的触摸屏程序下载到触摸屏中，电脑装有 OPC 数据库可以通过此接口读写触摸屏中的数据；图中的⑤是 USB 接口，通过专用的 USB 线与电脑连接，把电脑编写好的触摸屏程序下载到触摸屏中。

（3）连接控制器

TP 177A 除了与西门子公司的 PLC 连接外，还可以与其他多种 PLC 连接，通过 Internet 接口与西门子 S7-300 PLC 或 S7-200 PLC 连接；通过 RS-422/485（IF 1B）接口的 RS-485 与西门子 S7-300 PLC 或 S7-200 PLC 连接；通过 RS-422/485（IF 1B）接口的 RS-422 与西

门子 SIMATIC 500 或 SIMATIC 505 的 PROFIBUS 控制器连接；通过 RS-422/485（IF 1B）接口的 RS-485 与其他 RS-485 接口的 PLC 连接；通过 RS-422/485（IF 1B）接口的 RS-485 转 RS-232 与其他 RS-232 接口的 PLC 连接，如松下 FPΣ 与 FP0 等 PLC。

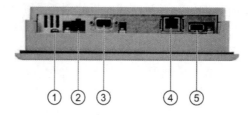

①—机壳等接地电位端子；②—电源插座；③—RS-422/485（IF 1B）接口；④—Internet 接口；⑤—USB 接口。

图 6-50　TP 177A 触摸屏的仰视图

3）TP 177A 触摸屏应用软件 WinCC flexible 简介

WinCC flexible 是西门子公司工业全集成自动化（TIA）的子产品，是一款面向机器的自动化概念的人机界面（HMI）软件。WinCC flexible 用于组态用户界面以操作和监视生产设备。WinCC flexible 与 WinCC 十分类似，都是组态软件，而前者基于触摸屏，后者基于工控机。在工艺过程日趋复杂、对机器和设备功能的要求不断增加的环境中，操作员希望获得最大的透明性，HMI 提供了这种透明性。HMI 是人（操作员）与过程（机器/设备）之间的接口。

WinCC flexible 工程组态软件可对所有 SIMATIC 操作面板进行集成组态，确保了最高的组态效率：带有现成对象的库、可重用面板、智能工具，以及多语言项目下的自动文本翻译。各版本相互依赖，经过精心设计可满足各类操作面板。较大的软件包中通常还包含用于组态小软件包的选项。现有项目也可轻松重复使用。WinCC flexible 包含大量可升级、可动态变化的对象，用于创建面板。对面板进行的任何更改仅需在一个集中位置执行即可。随后在使用该面板的任何地方，这些更改都会起作用。这样不仅节省时间，而且还可确保数据的一致性。

4）在应用软件 WinCC flexible 上组态饮料自动售货画面

（1）建立项目

在这里把对一个生产设备或工程项目控制系统的组态形成称为一个项目。双击桌面 WinCC flexible 的图标，出现如图 6-51 所示的界面，若是建立一个新项目则单击"创建一个空项目"，若是打开一个已有的项目则单击"打开一个现有的项目"。

（2）设备选择

在图 6-51 中单击"创建一个空项目"后弹出如图 6-52 所示界面，在此要选择触摸屏型号，本例需使用 TP 177A 型，先找到"Panels"（面板），单击后出现两种规格，一种是 70 系列，另一种是 170 系列，单击"170"后会出现系列选择，找到"TP 177A 6""，单击后进入下一个界面。

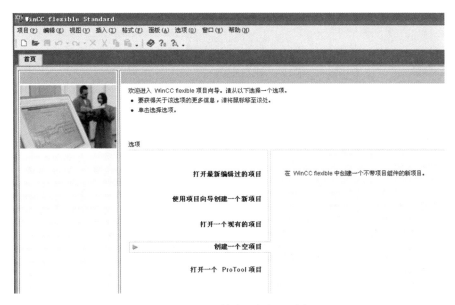

图6-51　项目的建立与打开选择

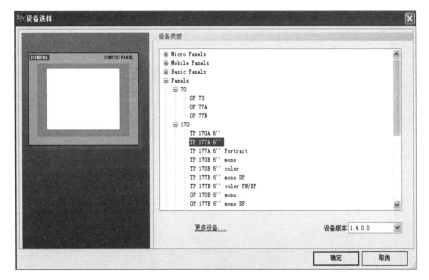

图6-52　选择触摸屏型号

（3）组态制作

到这步就可以进行组态制作了，界面如图6-53所示，在此可完成画面的制作、实现触摸屏与核心控制器件PLC之间的通信连接、建立画面上可动图素与PLC变量之间的对应关系等，本例就使用了这3个功能。主界面按功能与区域划分，如图6-54所示，在最左边的"项目"列表的"画面"菜单下可建立与选择画面等；在"通讯"菜单下可进行变量的设置，也就是建立触摸屏上的可动图素与PLC的点位或存储器之间的对应关系，还可进行连接的设置，也就是设置触摸屏与PLC之间进行信号往来所需参数及设备选择等。

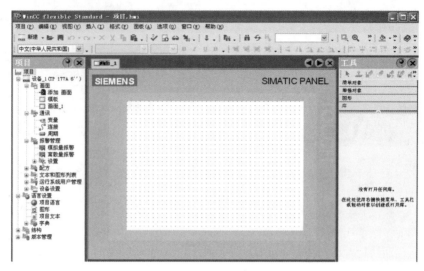

图 6-53　画面制作界面

项目　　菜单栏　　对象标签　　工作区　　属性　　　　工具箱

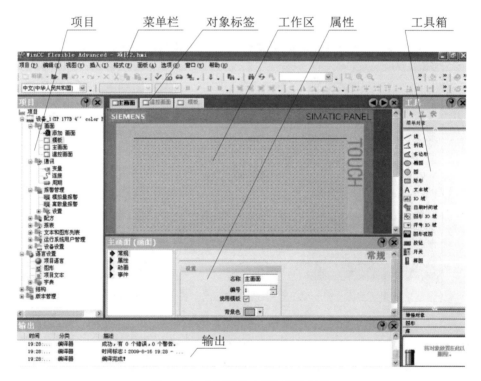

图 6-54　主界面按功能与区域划分

①建立连接。

在"项目"列表的"通讯"菜单下单击"连接"，出现如图 6-55 所示界面。在"名称"栏下单击弹出"连接_1"，因本例触摸屏只与一台 PLC 连接，所以连接项只有一个，在"通讯驱动程序"栏下单击弹出与 S7-300/400 的连接，把它改成与 S7-200 的连接，"在线"栏下选择"开"，后面其他的就不用改动了。中间区域是触摸屏与 PLC 通信的连接示意，可选项只有"接口"，默认项是"IF 1B"，不用更改，因在触摸屏侧就用此接口。下面的区域：在"HMI 设备"栏下定触摸屏与 PLC 间通信的波特率，设置"波特率"为"187500"，"地址"为"1"，"类型"为"Simatic"；在"网络"栏下定配置文，所谓"配置文"就是两者进行网络通信时所使用的协议，选"PPT"；在"PLC 设备"栏下什么都不用改动，"地址"默认值是"2"刚好符合本例。以上各项都设置好后，软件系统会默认已设置完成。

图 6-55　建立连接

②变量的生成与组态。

每个变量都有一个符号名和数据类型，是触摸屏与 PLC 进行数据交换的桥梁，是 PLC 中的编程元件及存储单元在其外部的可视映像，触摸屏上每个图素的动态效果都受控于 PLC。变量编辑器如图 6-56 所示，在"通讯"菜单下单击"变量"即可打开编辑器，然后一步步设置本例所需变量，举两例说明。

a. 位变量的设置步骤：在"名称"栏下空白处单击后即可输入文本，如"橙汁按钮"；在"连接"栏下只有"连接_1"；在"数据类型"栏下有下拉列表框可选，按钮只是一个位变量，所以就选"Bool"；在"地址"栏下选"M0.0"，触摸屏上所制作的按钮作为 PLC 的输入量只能用中间继电器 M，不能用 PLC 的实际输入继电器 I；后面其他选项不用设置了。

b. 数据变量的设置步骤：如杯子，因为杯子制作好后在触摸屏上应能看到杯中液位的上升变化，所以需找到某个存储器与之映像，形成杯中液位与存储器中的数据同时变化，前两项与 a. 中都一样，在"数据类型"栏下选"Int"，即整数型；在"地址"栏下选"VW12"，即字型存储器 VW12 中数据的变化会使杯子中的液位一起变化；后面其他选项仍不用设置了。

本例变量类型只有这两种，一步步设置完成，设置完即自动默认生成。

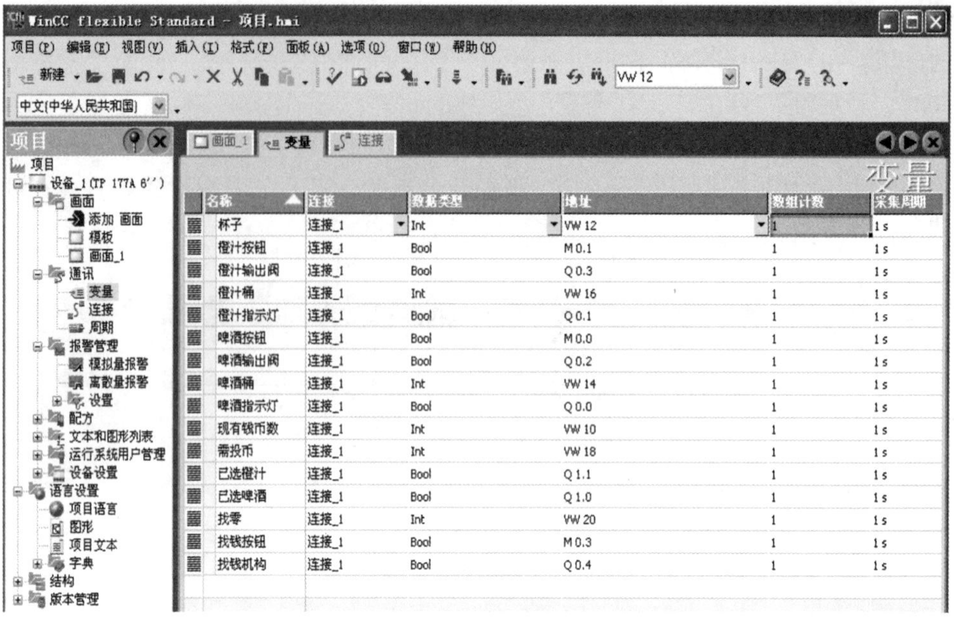

图 6-56　变量编辑器

③画面的生成与组态。

触摸屏面板用画面中可视化的画面元件来反映实际的工业生产过程。

画面由静态元件和动态元件组成。所谓静态元件是指用于静态显示，在运行过程中它们的状态不会变化，不需要变量与之连接，它们与 PLC 没有任何关系，不能由 PLC 更新。动态元件的状态受变量的控制，需要设置与它连接的变量，用图形、字符、数字趋势图和棒图等画面元件来显示 PLC 存储器中变量的当前状态或当前值，PLC 通过变量和动态元件交换过程值和操作员的输入数据。

图 6-53 就是画面制作界面，一般项目生成后再重新打开时就会出现此界面。如果需再增添新画面则可在左侧的"项目"列表的"画面"菜单下单击"添加画面"，画面会自动排序，本例只用一个画面，所以是"画面_1"，下面是制作过程。

a. 静态元件的制作。

打开画面制作界面后，右侧是工具箱，需要画线还是画图形或者是定型的元器件都要到这里取用。现在是静态文字的制作过程，这样的文字是固定不动的，与核心控制器件 PLC 没有任何联系。如图 6-57 所示，在工具箱中找到"文本域"，单击后会出现十字光标，将光标拖到工作区，默认的文本是 Text。双击生成的文本域或单击"视图"菜单内的"属性"都会出现文本的编辑区域，在这里编写本例需要的静态文字，文字的大小等是可调的，然后关掉书写栏，文字就落在工作区，位置是可调的。按照这种方法可以把本例需要的静态文字都写好放到适当的位置。如图 6-58 所示为本例显示界面所需的部分静态文字及线框，线框是用矩形工具画出的，也是静态的。

图6-57　静态文字制作界面

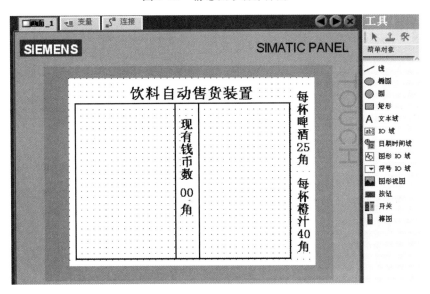

图6-58　部分静态文字及线框

b. 可变数据的制作。

像日期、温度、压力等值在实际工程控制系统中总是变化的，本例中的钱币数也是在不断变化的，在触摸屏上显示这样的变量就要依靠PLC的数据存储器。数据存储器中的数据变化，触摸屏上显示的数据也跟着同步变化。在图6-58中有"现有钱币数00角"，这几个字中的汉字都是静态的，唯有"00"是动态的，也就是说运行起来这里会出现可变数据。制作方法是单击工具箱中"IO域"，将光标拖到工作区的某个位置放下，位置及显示区域的大小都是可调的，然后双击该图标就会出现属性栏，字体大小、颜色、数据位数、

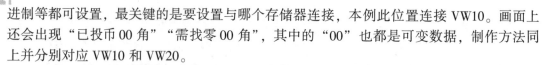

进制等都可设置，最关键的是要设置与哪个存储器连接，本例此位置连接 VW10。画面上还会出现"已投币 00 角""需找零 00 角"，其中的"00"也都是可变数据，制作方法同上并分别对应 VW10 和 VW20。

④按钮的生成与组态。

本例触摸屏画面上要出现 3 个按钮，分别是啤酒、橙汁、找零按钮。按钮属于动态元件，既然可动就要与 PLC 的变量连接。按钮作为 PLC 的开关量输入信号不能用实际的输入硬件点位，也就是带 I 的，如 I0.1，要用中间继电器 M，如 M0.1。触摸屏上制作的按钮应与接在 PLC 输入端的物理按钮的功能相同，通过 PLC 的用户程序来控制生产过程。如图 6-59 所示为按钮的制作设置方法。

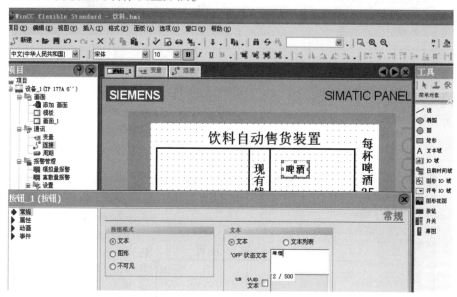

图 6-59　按钮的制作设置方法

在工具箱里单击"按钮"，然后将光标拖到工作区中选定的位置，图中"啤酒"即为一个按钮，位置及大小都是可调的，双击该按钮后就会出现属性界面，在属性界面的"常规"选项中可为按钮选定名称，如果不需要在按钮的正面写文字，这一步就不用设置了，有的按钮断态与通态显示的文字不一样也可分别设置。按钮的背景颜色、字体大小等都可以通过单击"常规"下面的"属性"，展开后进行选项设置。

按钮最关键的设置就是按下去与弹起来各实现什么功能，如何连接对应变量，如图 6-60 所示即为按钮功能设置。

前面"常规""属性"下的相关选项都设置完成了，接下来单击"事件"，在"事件"选项中单击"按下"，右侧会出现函数列表，在"系统函数"下选择"编辑位"，"编辑位"的下拉菜单都是英文选项，其中有"Invert Bit""Reset Bit""Set Bit""Shift And Mask"，选择"Set Bit"（置位），也就是当按下触摸屏上的啤酒按钮时，与之连接的 PLC 的变量 M0.0 将是 ON 状态，即闭合状态，接下来设置连接，选定"置位"后又会弹出一个属性界面，如图 6-61 所示，当"啤酒按钮"几个字出现在这一行中，表明连接设置已结束。按钮的按下功能设置完后还要设置释放功能，首先在"事件"选项中选定

"释放"，如图 6-62 所示，然后单击"Reset Bit"（复位），后面的设置同"置位"。到这时啤酒按钮的设置过程就全部完成，总结性地描述就是这个按钮与 PLC 的 M0.0 中间继电器连接，当按下按钮时 M0.0 闭合，也就是处于 ON 状态，释放此按钮 M0.0 断开，也就是处于 OFF 状态。还有两个按钮分别是找零按钮及橙汁按钮，设置方法同啤酒按钮。

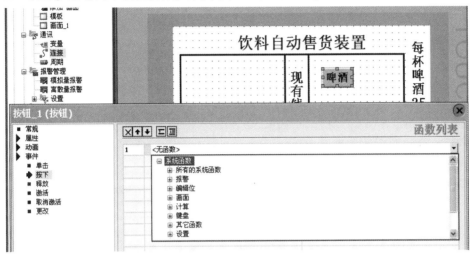

图 6-60　按钮功能设置

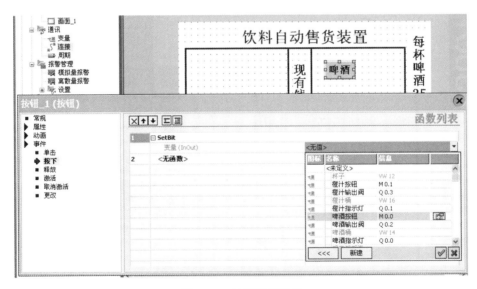

图 6-61　按钮连接设置

⑤指示灯的生成与组态。

指示灯的工作状态只有两种，点亮时对应的变量为 1；熄灭时对应的变量为 0，属于开关量，它与 PLC 的输出信号连接（如 Q0.2），当某个输出信号处于 ON 状态时，触摸屏面板上与此信号连接的灯就会点亮。本例共有 4 处指示灯需要设置，分别是啤酒指示灯、橙汁指示灯、啤酒输出电磁阀（用指示灯代替）、橙汁输出电磁阀（用指示灯代替），指示灯的设置路径如图 6-63 所示。

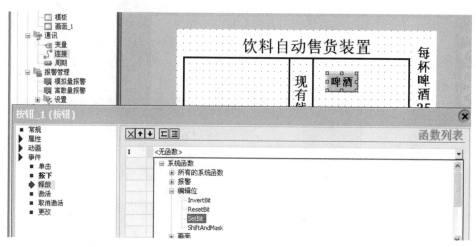

图 6-62　按钮释放功能设置

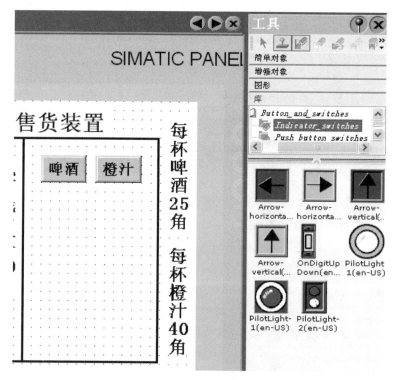

图 6-63　指示灯的设置路径

在工具箱下有 4 个可选项，分别是"简单对象""增强对象""图形"和"库"，指示灯需要从"库"中去找，单击"库"后会弹出英文下拉菜单，选择"Button_and_switches"，再单击"Indicator_switches"（指示灯/开关），出现各种形式的指示灯和开关，选中第二行最右端的双环形指示灯，并将其拖到工作区的适当位置，双击该指示灯就会出现如图 6-64 所示的属性栏，可设置灯的亮态颜色及灭态颜色、连接变量等。

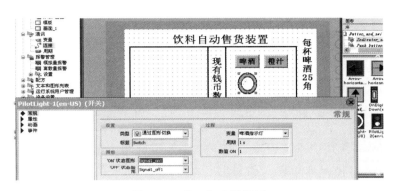

图6-64　指示灯参数设置

⑥棒图的生成与组态。

本例的触摸屏面板设计到此已完成超半数了，还有两个液体储存缸以及盛放液体的杯子还没有设置完成，储存缸及杯子中都有液体，液位上下移动，像啤酒输出时啤酒缸内的液位下降，杯子中的液位上升等就要用棒图功能。如图6-65所示，在工具箱中找到"棒图"单击后拖到工作区的预定位置，再双击该图形就会出现属性栏，在此可设置最高液位、最低液位、液体颜色、背景颜色、与PLC连接的变量、液位移动方向、是否需要刻度、刻度量程等。棒图部分设置完成后本例面板上需要设置的内容都已设定完毕，最终画面如图6-66所示。

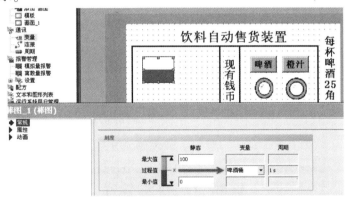

图6-65　棒图制作设置

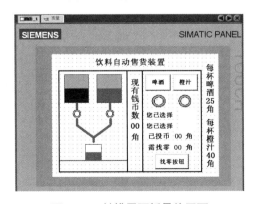

图6-66　触摸屏面板最终画面

（4）通信下载

首先是 PLC，在电脑上用 STEP 7-Micro/WIN 编程软件编好程序，用 PPI 通信电缆将程序传到 PLC 里。因 CPU 226 型 PLC 有两个通信端口，分别为 0 口和 1 口，0 口用来与电脑连接通信，1 口可留作与触摸屏通信用，有一点一定不能忘就是通信波特率。

在前面图 6-55 中触摸屏的波特率已经设为"187500"，PLC 这里也要设为此值，两者之间才能通信，所以用 STEP 7-Micro/WIN 编程软件将 PLC 1 口的波特率设为"187500"，可在系统块中进行设置。接下来是触摸屏与电脑的通信，触摸屏上电后经过大约 10 s 的初始化，自动进入项目的初始画面，如果需下载设置则在此之前触按〈Transfer〉键，使触摸屏处于等待传送模式。用 WinCC flexible 编程软件进行画面设置，图 6-51～图 6-66 就是设置过程，还是用 PPI 通信电缆，在一方不通电的情况下插拔电缆，将电缆接到触摸屏的（IF 1B）端口，再做相关设置，选 RS-232/PPI 多主站电缆模式、触摸屏的版本号、通信端口（电脑侧输出端口），单击"传送"后相关设置就送到触摸屏中，然后拔下这根电缆换成网络电缆将触摸屏与 PLC 连接好，通上电两者就可进行信号往来达到控制目的了。如果画面设置不能传送，则说明设置存在问题，单击"视图"下拉菜单中的"属性"会出现传送过程记录，每个时间节点在干什么都有显示，问题出在哪也都能看到，然后按照系统的提示进行改动，再一步步试着传，直到最后 WinCC flexible 软件以及触摸屏上都出现了传送的滚动示意就说明设置内容已传到触摸屏中，如图 6-67 所示。图 6-68 为触摸屏画面截图。

图 6-67　触摸屏上传送过程示意

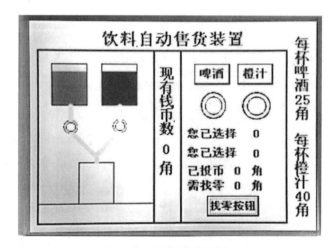

图 6-68　触摸屏画面截图

5）控制程序梯形图

图6-69为用 TP 177A 触摸屏监控饮料自动售货过程控制程序梯形图。

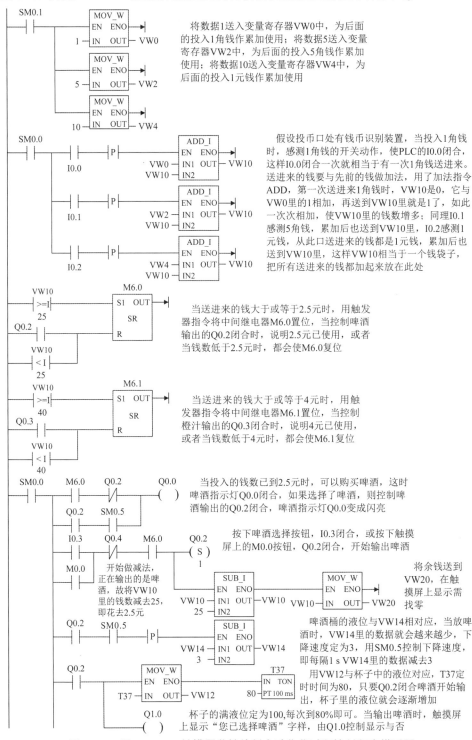

图 6-69 用 TP 177A 触摸屏监控饮料自动售货过程控制程序梯形图

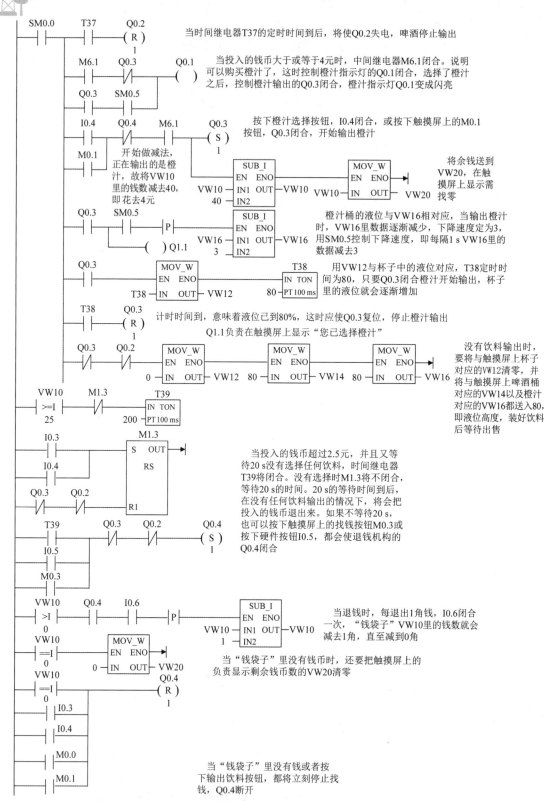

图 6-69　用 TP 177A 触摸屏监控饮料自动售货过程控制程序梯形图（续）

实例 11 用 TD 200 文本显示器监控邮包配送

1. 控制要求

某邮包配送机构，有一个总站，两个分站。由总站向两个分站批送，每次从总站装 20 件邮包，送往两分站各 10 件，然后返回继续装车。第一个分站的邮包数到 40 件时就不要了。第二个分站数到 60 件时也不要了，空车返回。

要求：用 TD 200 文本显示器实现控制与监视。按要求需 3 个计数开关，3 个位置开关，1 个启动按钮及 1 个停止按钮，加在一起这 8 个开关/按钮全部由 TD 200 上的 8 个按钮来模拟代替。运行状态、站位号、装卸邮包数量都由显示器窗口显示出来。

2. 程序设计

TD 200 的外形如图 6-70 所示，在 S7-200 PLC 通电前就应把 TD 200 与 S7-200 PLC 连接好，如图 6-71 所示，可以用 TD/CPU 电缆方便地将两者通过通信端口连接起来，然后给 S7-200 PLC 通上电源，两者就都通电了。TD 200 的显示窗口点亮并显示本 TD 200 的型号与版本，接下来又显示 CPU 的状态，这时我们可以通过计算机（已经通过通信端口与 S7-200 PLC 建立好通信关系）上的 STEP 7-Micro/WIN 编程软件进行设置（组态）。

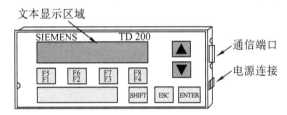

图 6-70　TD 200 的外形

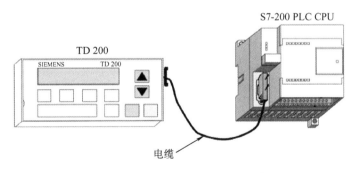

图 6-71　TD 200 与 PLC 连接示意

关于设置（组态），我们可参考第五章中的图 5-49 ~ 图 5-62，只有经过这些设置后，才可以进行编程调试。本例需设置的内容如下。①将 8 个按钮设置成本例所需的启/停按钮、计数开关、位置开关，并为其找到相对应的变量寄存器（V 寄存器）的位。②工作状态设置（TD 200 为我们显示的内容）：送出、返回、正在总站装包、正在第一分站卸包、正在第二分站卸包。③计数设置（变量设置）：正在装第 n 件邮包（其中 n 为变量）、正在卸第 n 件邮包（其中 n 为变量）。本例的 TD 200 与变量寄存器的对应地址的首地址选择的是 VB200，这样选择后的对应关系如图 6-72 所示。图中指出画面打开的路径是指令树→"项目 1""符号表"→"向导"→"TD_SYM_200"，从图 6-72 中可看出为 8 个按钮所配置的 S7-200 PLC 中的 V 寄存器的地址位以及需 TD 200 显示的 7 条工作状态（也就是上面的②与③）的 V 寄存器的地址位。编程时把这些地址位都对应编进去就可以了。

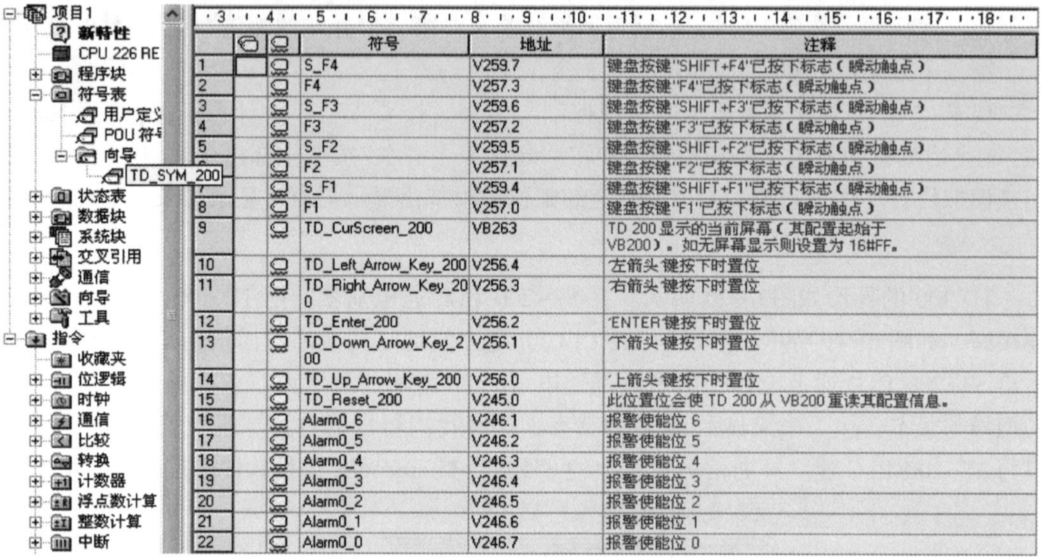

			符号	地址	注释
1			S_F4	V259.7	键盘按键"SHIFT+F4"已按下标志（瞬动触点）
2			F4	V257.3	键盘按键"F4"已按下标志（瞬动触点）
3			S_F3	V259.6	键盘按键"SHIFT+F3"已按下标志（瞬动触点）
4			F3	V257.2	键盘按键"F3"已按下标志（瞬动触点）
5			S_F2	V259.5	键盘按键"SHIFT+F2"已按下标志（瞬动触点）
6			F2	V257.1	键盘按键"F2"已按下标志（瞬动触点）
7			S_F1	V259.4	键盘按键"SHIFT+F1"已按下标志（瞬动触点）
8			F1	V257.0	键盘按键"F1"已按下标志（瞬动触点）
9			TD_CurScreen_200	VB263	TD 200 显示的当前屏幕（其配置起始于 VB200）。如无屏幕显示则设置为 16#FF。
10			TD_Left_Arrow_Key_200	V256.4	左箭头键按下时置位
11			TD_Right_Arrow_Key_200	V256.3	右箭头键按下时置位
12			TD_Enter_200	V256.2	"ENTER"键按下时置位
13			TD_Down_Arrow_Key_200	V256.1	下箭头键按下时置位
14			TD_Up_Arrow_Key_200	V256.0	上箭头键按下时置位
15			TD_Reset_200	V245.0	此位置位会使 TD 200 从 VB200 重读其配置信息。
16			Alarm0_6	V246.1	报警使能位 6
17			Alarm0_5	V246.2	报警使能位 5
18			Alarm0_4	V246.3	报警使能位 4
19			Alarm0_3	V246.4	报警使能位 3
20			Alarm0_2	V246.5	报警使能位 2
21			Alarm0_1	V246.6	报警使能位 1
22			Alarm0_0	V246.7	报警使能位 0

图 6-72　与 TD 200 相对应的变量寄存器的地址

S7-200 PLC 与 TD 200 文本显示器之间通信电缆连接示意及 PLC 对外接线如图 6-73 所示。

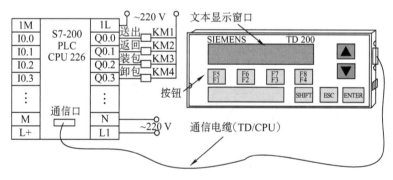

图 6-73　PLC 与 TD 200 连接示意及 PLC 对外接线

用 TD 200 文本显示器监控邮包配送控制程序梯形图如图 6-74 所示。

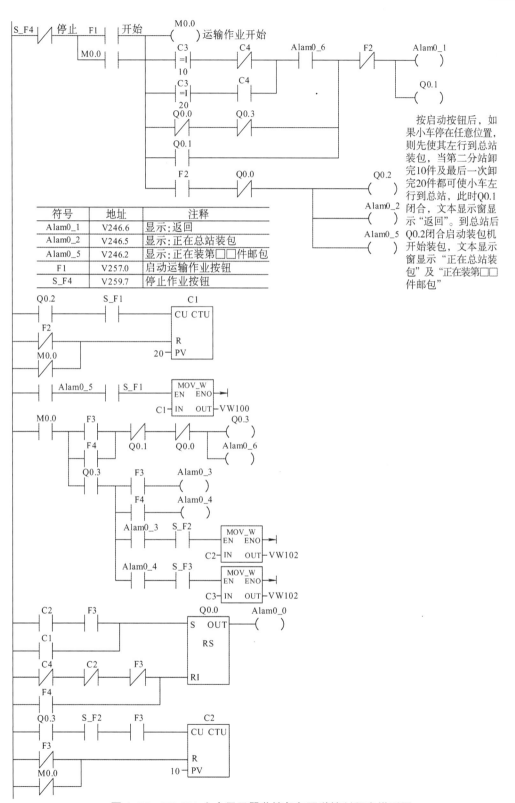

图6-74 TD 200文本显示器监控邮包配送控制程序梯形图

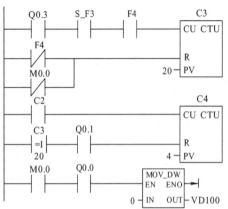

符号	地址	注释
F2	V257.1	总站在站限位开关
F3	V257.2	第一分站在站限位开关
F4	V257.3	第二分站在站限位开关
S_F1	V259.4	总站装包计数开关
S_F2	V259.5	第一分站卸包计数开关
S_F3	V259.6	第二分站卸包计数开关

符号	地址	注释
Alam0_0	V246.7	显示:发送
Alam0_3	V246.4	显示:正在第一分站卸包
Alam0_4	V246.3	显示:正在第二分站卸包
Alam0_6	V246.1	显示:正在卸第□□件邮包

图 6-74　TD 200 文本显示器监控邮包配送控制程序梯形图 (续)

实例 12　触摸屏技术在地铁自动售票过程中的应用

1. 控制要求

用 S7-200 PLC 与 TP 177A 触摸屏组成控制系统,实现天津地铁 1 号线沿线自动售票,以营口道站为例,能够实现的控制功能如下:

①在触摸屏上选站、购票张数选择、所需钱币显示、所投钱币显示;

②自动售票机可识别 1 元、5 元和 10 元的人民币 (只限纸币);

③能够进行购票所付钱币与应收钱币的比较,显示所选站点;

④能够自动完成找零、制票的操作;

⑤在购票的过程中有各个步骤的相应提示。

2. 程序设计

1) 触摸屏控制界面设计制作

选择西门子 TP 177A 触摸屏,其外形、对外接口连线、建立通信连接设置过程可参考图 6-49 ~ 图 6-56。

打开应用软件 WinCC flexible,开始组态地铁自动售票界面。

(1) 变量的生成与属性设置

双击"项目"列表中的"变量",将打开变量编辑器,可参考图 6-56。本例的变量设置如图 6-75 所示,变量设置最方便的一项设置就是"连接",因为触摸屏界面只与一台 PLC 连接,所以都是"连接_1";在"名称"栏下逐个输入界面上的变量名;在"数据类型"栏下决定变量是离散型还是整数型;在"地址"栏下决定变量地址,凡是离散型输入变量都与 PLC 的辅助继电器 M 对应,离散型输出变量都与 PLC 的输出继电器 Q 对应,整数型变量都与 PLC 的变量寄存器 V 对应。"数组计数"栏及"采集周期"栏不用设置。

(2) 画面的生成与组态

双击"项目"列表中的"画面",将打开画面编辑界面。画面名称自动命名为"画面_1",

因本例需3个界面，故当需要生成与组态后两个画面时，只要双击“项目”列表中的“添加画面”，就会自动排序为“画面_2”及“画面_3”。画面不需要变量对应，某个操作后如果要求转画面，则在进行动作结果设置时有一项“单击”，“单击”选项下有下拉式选项，选择“ActivateScreen”项，在下拉选项中再选择需要转成的画面。

在画面_1中要生成地铁全线各站点名称，除了本站点“营口道”站外，其他站点都做成按钮并进行动画连接，画面如图6-76所示。

名称	连接	数据类型	地址	数组计数	采集周期
+1	连接_1	Bool	M 5.0	1	1 s
-1	连接_1	Bool	M 5.1	1	1 s
鞍山道	连接_1	Bool	M 3.3	1	1 s
本溪路	连接_1	Bool	M 2.3	1	1 s
财大	连接_1	Bool	M 4.3	1	1 s
陈塘庄	连接_1	Bool	M 4.0	1	1 s
第1页	连接_1	Bool	M 6.0	1	1 s
二纬路	连接_1	Bool	M 3.1	1	1 s
翻到第3页	连接_1	Bool	M 5.3	1	1 s
翻页	连接_1	Bool	M 4.5	1	1 s
返回	连接_1	Bool	M 5.2	1	1 s
复兴门	连接_1	Bool	M 4.1	1	1 s
购买张数	连接_1	Int	VW 2	1	1 s
果酒厂	连接_1	Bool	M 2.2	1	1 s
海光寺	连接_1	Bool	M 3.2	1	1 s
洪湖里	连接_1	Bool	M 2.5	1	1 s
华山里	连接_1	Bool	M 4.2	1	1 s
刘园	连接_1	Bool	M 2.0	1	1 s
南楼	连接_1	Bool	M 3.6	1	1 s
您尚需投币	连接_1	Int	VW 16	1	1 s
您需投币	连接_1	Int	VW 4	1	1 s

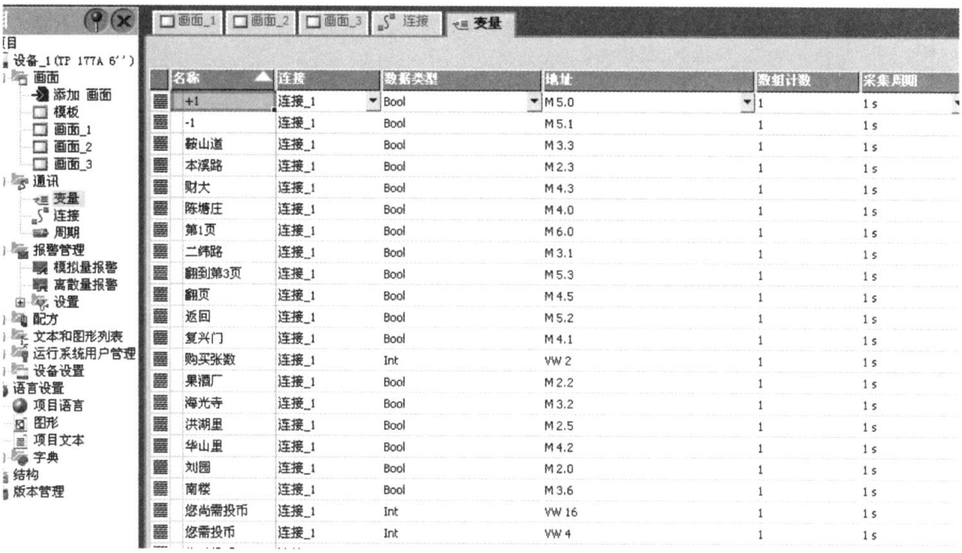

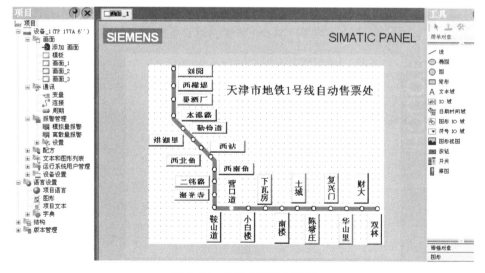

图6-75 变量设置

图6-76 地铁全线站点选择

在画面_1中“天津市地铁1号线自动售票处”不是动态的，用文本域设置，线路也不是动态的，直接用线段工具画成即可。除了本站点“营口道”，其他站点都用按钮并动画连接。方法是单击工具箱中的“按钮”，拖到适合位置定好大小然后进行字体大小、位置、颜色设置,如图6-77所示,在"事件"选项下有下拉式选项,在此设定与本按钮对应的变量名,按下后变量位是置位还是复位都需在此设定。另外还有"单击""释放"等功能,如果按下按钮需切换画面就在"单击"处设置画面激活功能,如图6-78所示。通常按钮都是按下"置位"、释放"复位"。

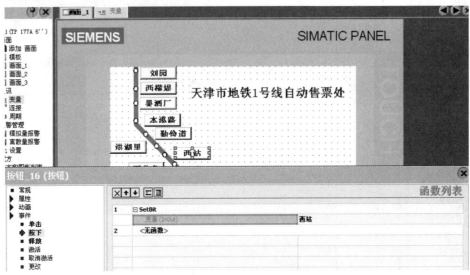

图6-77 按钮的功能设置

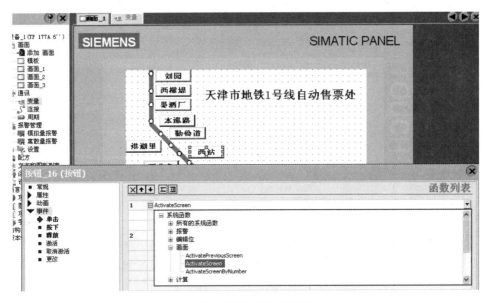

图6-78 设置画面激活功能

画面_2的功能如图6-79所示,动态设置有显示钱数与张数的整数变化量、"+1"及"-1"按钮、"确认"及"返回"按钮。从工具栏中的"IO域"设置整数变化量,如图6-80所示。单击"返回"按钮应返回到画面_1,设置步骤如图6-81所示。

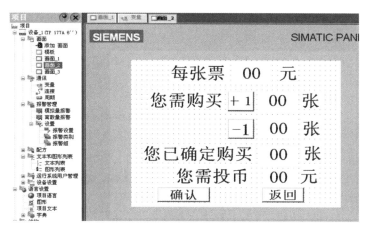

图6-79　画面_2设置内容

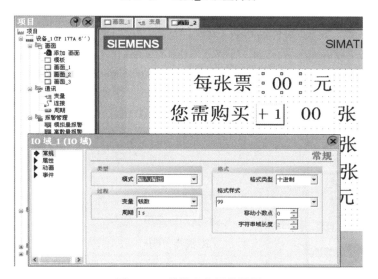

图6-80　整数变化量的设置

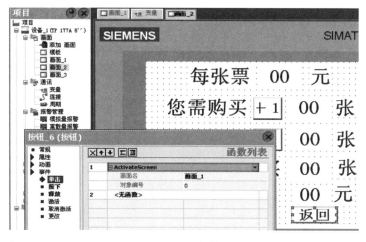

图6-81　画面切换设置

假设去西站，则在画面_1 中单击"西站"按钮后就会切换到画面_2，在画面切换的同时，PLC 程序会计算出西站与营口道两站间每张票需要多少钱，打算买几张，选定后单击画面_2 中的"确认"按钮，画面就会切换到画面_3，如图 6-82 所示。如果投币数达到要求，即可在托盘处取票，然后单击"返回"按钮或等待程序中设定的延迟时间就会回到画面_1。

（3）下载设置及通信设置

利用 WinCC flexible 软件完成画面制作后就要将制作内容发送到触摸屏中。依然使用 PPT 专用电缆，接好电缆给触摸屏通上电，触摸屏开始初始化，大约 10 s 后出现装载对话框，触按〈Transfer〉键，等待上位机（电脑）传送信息，在电脑的应用软件 WinCC flexible 中找到"下载"按钮，单击后出现如图 6-83 所示的对话框，设置通信端口、通信波特率、模式，单击"应用"按钮，再单击"传送"按钮，开始传送。如果软件中的设置不能传送到触摸屏中，则有可能是版本不匹配，要先进行版本的读取。PLC 与触摸屏间的通信需用专业网络电缆，两头都阳性，触摸屏这边插到 IF 1B 口，PLC 这边两个通信端口选其中之一，选好后即固定，因为两者通信波特率需一致，如图 6-84 所示，故在 STEP 7-Micro/WIN 编程软件中找到"系统块"，然后可进行端口设置。本题使用端口 0 与触摸屏通信，所以在"端口 0"的"波特率"处选择"187.5 Kbps"（实际的波特率单位常用 bit/s），因为触摸屏早已设置为 187.5 Kbit/s（187 500 bit/s），参见图 6-55，这时单击"确认"按钮后进行下载，即将端口 0 的波特率下载到 PLC 中，PLC 程序编写好后再下载，两者即可交换数据配合工作。

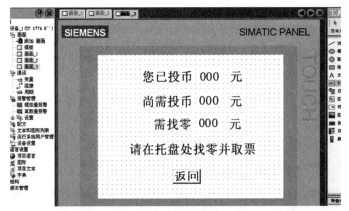

图 6-82　画面_3 功能

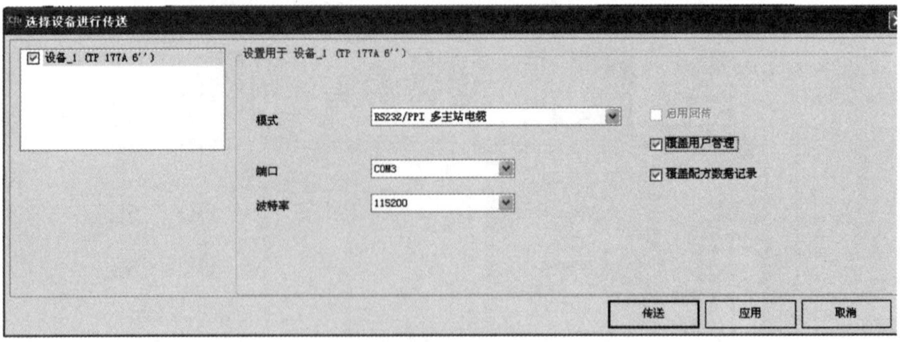

图 6-83　下载设置

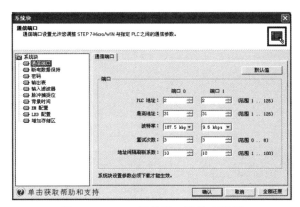

图 6-84　PLC 通信端口波特率设置

2）控制程序梯形图

触摸屏技术在地铁自动售票过程中的应用 PLC 控制程序梯形图如图 6-85 所示。

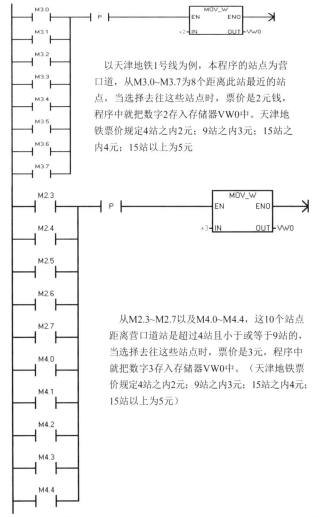

以天津地铁1号线为例，本程序的站点为营口道，从M3.0~M3.7为8个距离此站最近的站点，当选择去往这些站点时，票价是2元钱，程序中就把数字2存入存储器VW0中。天津地铁票价规定4站之内2元；9站之内3元；15站之内4元；15站以上为5元

从M2.3~M2.7以及M4.0~M4.4，这10个站点距离营口道站是超过4站且小于或等于9站的，当选择去往这些站点时，票价是3元，程序中就把数字3存入存储器VW0中。（天津地铁票价规定4站之内2元；9站之内3元；15站之内4元；15站以上为5元）

图 6-85　触摸屏技术在地铁自动售票过程中的应用控制程序梯形图

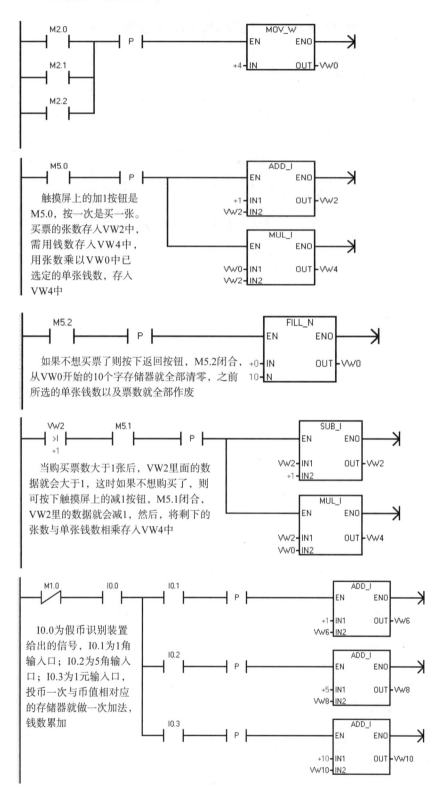

图 6-85　触摸屏技术在地铁自动售票过程中的应用控制程序梯形图（续）

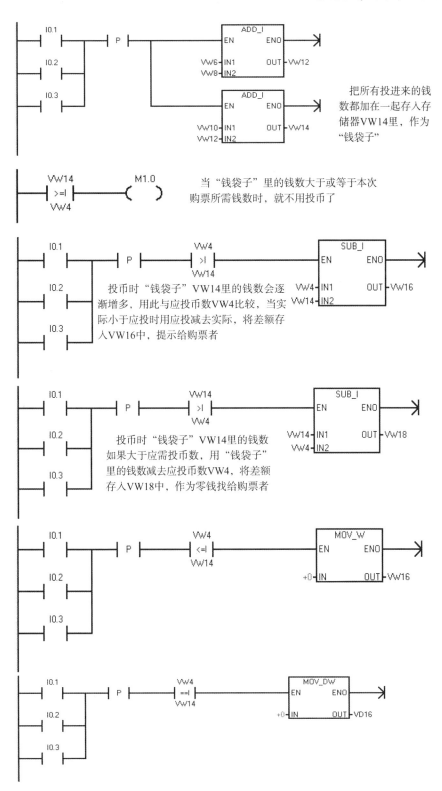

图 6-85　触摸屏技术在地铁自动售票过程中的应用控制程序梯形图（续）

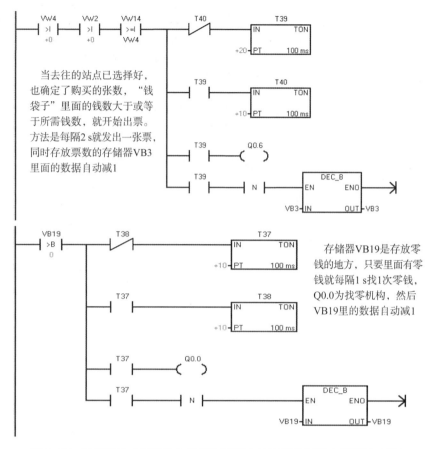

当去往的站点已选择好，也确定了购买的张数，"钱袋子"里面的钱数大于或等于所需钱数，就开始出票。方法是每隔2 s就发出一张票，同时存放票数的存储器VB3里面的数据自动减1

存储器VB19是存放零钱的地方，只要里面有零钱就每隔1 s找1次零钱，Q0.0为找零机构，然后VB19里的数据自动减1

图6-85　触摸屏技术在地铁自动售票过程中的应用控制程序梯形图（续）

3）触摸屏运行界面截屏

图6-86是触摸屏上电后的第一个画面，前面也说过如果重新下载设置，则必须在几秒钟之内触按最上面的〈Transfer〉键，进入下载界面，不然就会自动转为已设置好的工作界面。本例工作界面如图6-87～图6-89所示，分别为画面_1、画面_2、画面_3，依据操作结果3个画面间可相互转换。

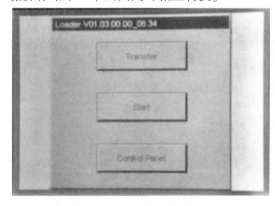

图6-86　触摸屏上电后第一个画面

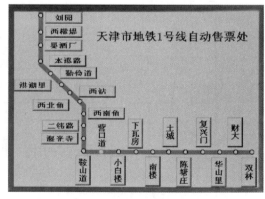

图6-87　触摸屏画面_1

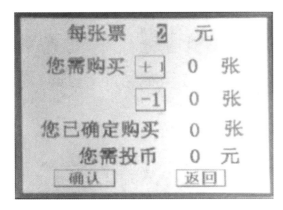

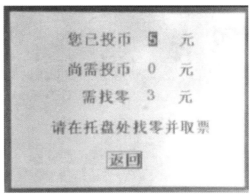

图 6-88　触摸屏画面_2　　　　　　　图 6-89　触摸屏画面_3

实例 13　S7-200 PLC 与 S7-300 PLC 实现通信

1. 控制要求

在 S7-200 PLC 与 S7-300 PLC 之间建立 MPI 通信连接，能够将 S7-200 PLC 的 VB0 ~ VB3 中的数据传送到 S7-300 PLC 的 MB0 ~ MB3 中；同时将 S7-300 PLC 中 MB4 ~ MB7 的数据传送到 S7-200 PLC 的 VB4 ~ VB7 中。

测试通信要求，当 S7-300 PLC 的输入端 I0.0 逻辑状态为"1"时，S7-200 PLC 的输出端 Q0.0 的逻辑状态为"1"；当 S7-200 PLC 的输入端 I0.0 逻辑状态为"1"时，S7-300 PLC 的输出端 Q0.0 的逻辑状态为"1"。

2. 程序设计

1）系统组成

CPU 314C-2 DP 型 S7-300 PLC 一台、CPU 226 型 S7-200 PLC 一台、MPI 网络线一根、西门子 MPI 电缆下载线一根。

2）MPI 网络通信简介

MPI（MultiPoint Interface）是多点通信接口的简称。在 SIMATIC S7/M7/C7 上都集成有 MPI 接口，MPI 接口的基本功能是 S7 系列的编程接口，可以进行 S7-300/400 PLC 之间、S7-300/400 PLC 与 S7-200 PLC 之间小数据量的通信，是一种应用广泛、经济、不用做连接组态的通信方式。

通过 MPI 可实现 S7 系列 PLC 之间 3 种通信方式：全局数据包通信、无组态连接通信和组态连接通信。S7-200 PLC 只支持无组态连接的 MPI 通信。

无组态连接的 MPI 通信需要调用系统功能块 SFC 65-SFC-69 来实现，它又分为单边编程通信方式和双边编程通信方式。无组态连接通信方式不能和全局数据包通信方式混合使用。本例通过单边编程通信方式实现任务目标。

单边编程通信方式只需在一方编写通信程序，也就是客户机与服务器的访问模式。编写通信程序一方为客户机，无须编写通信程序一方为服务器，客户机调用 SFC67（X_GET）和

SFC68（X_PUT）对服务器进行访问。SFC67（X_GET）用来读取服务器指定数据区中的数据并存入本地的数据区中，SFC68（X_PUT）用来将本地数据区中的数据写到服务器中指定的数据区。

这种通信方式适合 S7-300/400/200 PLC 之间的通信，S7-300/400 PLC 的 CPU 可以同时作为客户机和服务器，S7-200 PLC 只能作为服务器，也就是说在本例中不用为 S7-200 PLC 编写程序。

3）控制要求分析

根据控制要求，S7-200 PLC 与 S7-300 PLC 之间采用 MPI 通信方式时，S7-200 PLC 作服务器，不需要编写任何与通信有关的程序，只需要将要交换的数据整理到一个连续的 V 存储区当中即可，而 S7-300 PLC 作客户机，需要在主程序（OB1）当中调用系统功能 X_GET（SFC67）和 X_PUT（SFC68），实现 S7-300 PLC 与 S7-200 PLC 之间的通信。调用 SFC67 和 SFC68 时 VAR_ADDR 参数填写 S7-200 PLC 的数据地址区，由于 S7-200 PLC 的数据区为 V 区，这里需填写"P#DB1. xxx BYTE n"（或 DB1 内的变量名称），对应的就是 S7-200 PLC V 存储区中 VBxx ~ VB(xx+n) 的数据区。

4）S7-300 PLC 组态

（1）新建项目

在 STEP 7-Micro/WIN V5.5 中新建一个项目，项目名称是"S7-300 与 S7-200 的 MPI 通信"，操作如下：在"文件"菜单下单击"新建"，或者单击工具栏中的"▫"图标，在弹出的对话框中输入项目名称"S7-300 与 S7-200 的 MPI 通信"，单击"确定"按钮完成操作，如图 6-90 所示。

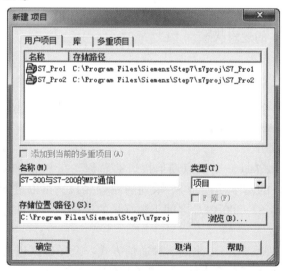

图 6-90　新建项目

（2）添加站点

在"S7-300 与 S7-200 的 MPI 通信"下拉菜单中执行"插入新对象"→"SIMATIC 300 站点"命令，如图 6-91 所示。选中"SIMATIC 300（1）"站，双击右侧的"硬件"，如图 6-92 所示。

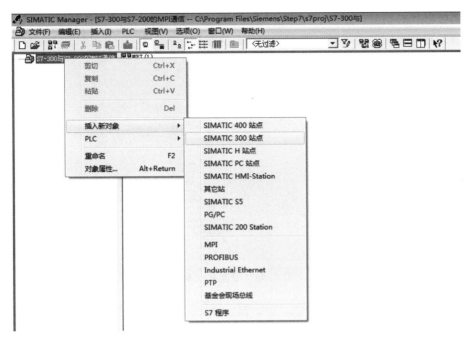

图 6-91　插入新站点

图 6-92　组态硬件

（3）添加 RACK

双击"硬件"后，在出现的对话框的左侧，打开资源图，选中"SIMATIC 300"，打开"RACK-300"，双击"Rail"，完成主机架的配置，如图 6-93 所示。在对 S7-300 PLC 进行硬件组态的时候，RACK 是第一个需要组态的硬件。

（4）添加电源与 CPU

在 1 号槽位置添加电源"PS 307 2A"（在 PS-300 资源库内），如图 6-94 所示。在 2 号槽位置添加 CPU，在"CPU-300"下选择"CPU 314C-2 DP"，双击"6ES7 314-6CF02-0AB0"，如图 6-95 所示。如果需要扩展机架，则应在 IM-300 目录下找到相应的接口模块，添加到 3 号槽。在此，无须扩展，所以，3 号槽留空。4～11 号槽中可添加信号模块、功能块、通信处理模块等，在此无须配置，所以均留空。

在配置的过程中，STEP 7-MicroWIN 可以自动检查配置的正确性。当一个待添加模块被选中时，机架中允许插入该模块的槽会变成绿色，而不允许插入该模块的槽的颜色无变化。双击待添加模块时，如果不能插入，则会出现一个对话框，提示不能插入的原因。

注意：在选择硬件型号时，以实际设备上的型号为准。

图 6-93　配置 RACK

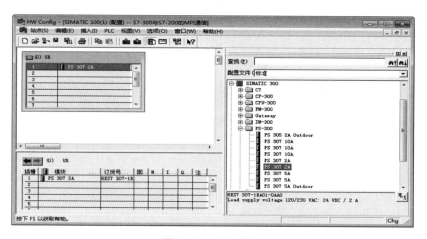

图 6-94　添加电源

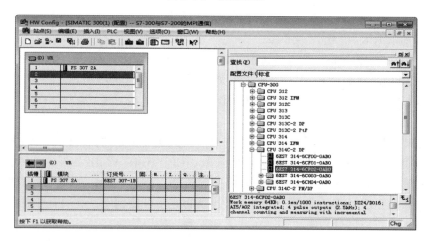

图 6-95　添加 CPU

（5）配置 CPU

正确添加 CPU 后双击"插槽2"，进行 CPU 配置，如图 6-96 所示，在出现的对话框中单击"属性"按钮，如图 6-97 所示。

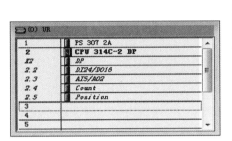

图 6-96　选择 CPU

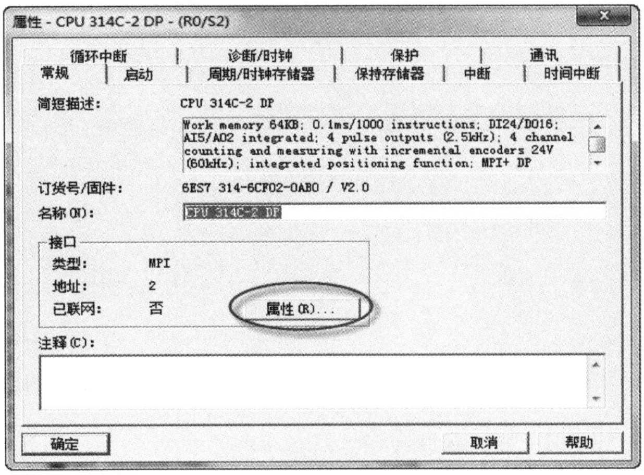

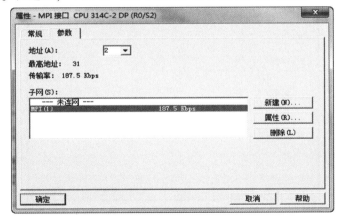

图 6-97　配置 CPU 画面

在出现的对话框中选择"MPI（1）"，"地址"选择"2"，如图 6-98 所示。单击"确定"按钮，完成 MPI 接口配置。此配置的含义是，S7-300 PLC 的 MPI 地址是 2，通信波特率是 187.5 Kbit/s。如果需对中断、时钟等进行设置，则选中图 6-97 中的相对应任务栏进行设置即可。在这里，不对 S7-300 PLC 的 CPU 进行其他设置。

图 6-98　MPI 网络参数

（6）输入/输出的地址设置

双击插槽2中的"　2.2　DI24/DO16　"，在出现的对话框中单击"地址"标签，切换到"地址"选项卡。取消"系统默认"前的"✓"，把"开始"后的"124"改为"0"，更改后的画面如图 6-99 所示。S7-300 PLC 系统默认的输入/输出地址均从 124 开始，这里均改为从 0 开始。

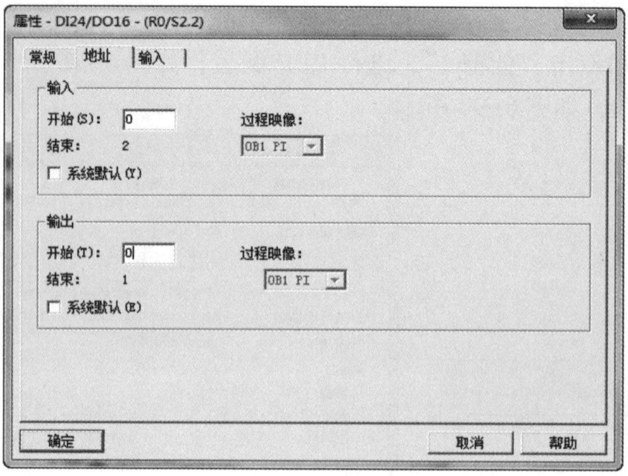

图 6-99　地址的设置

（7）下载硬件组态

选择编译并保存，即单击 按钮，将 S7-300 PLC 电源打开，单击下载图标 ，单击"视图"，选择出现的"网络节点"，如图 6-100 所示。按照提示，单击"确定"按钮，下载时出现的对话框如图 6-101 所示。

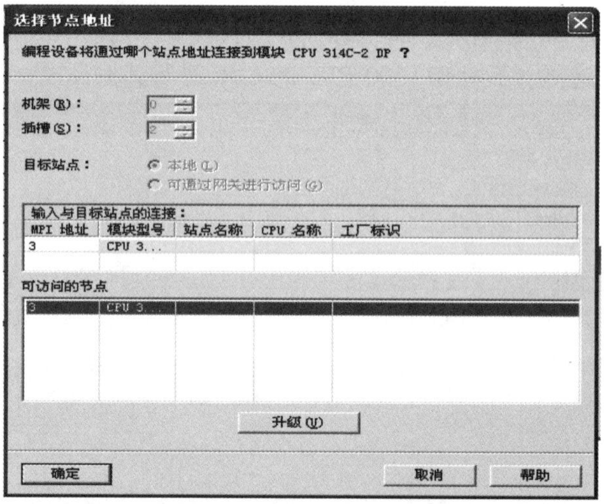

图 6-100　选中下载节点

图 6-101　下载硬件组态参数

5) S7-200 PLC 组态

打开 STEP 7-Micro/WIN 软件，单击"系统块"下的"通信端"，在出现的对话框里将端口 0 的 PLC 地址改为"3"，波特率改为"187.5 Kbps"，应与 S7-300 PLC 的波特率相同才能实现两者的通信。单击对话框下方"确认"按钮，如图 6-102 所示。

组态完毕后下载组态参数，如果使用 PC/PPI 电缆下载，请将电缆插在端口 1 上，如果使用 MPI 电缆下载，请在 PC/PG 接口里面选择 CP5611 PPI 形式。记住在 PLC 上电前插拔电缆。

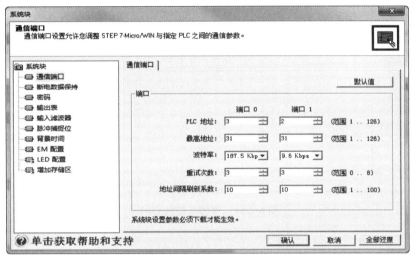

图 6-102　S7-200 PLC 组态界面

6) S7-300 PLC 程序编写

（1）建立数据块 DB1

由于 S7-300 中没有 V 存储区；S7-200 PLC 只有 V 存储区，没有数据块 DB。所以如果对 S7-200 PLC 的 V 存储区进行读写操作，则要在 S7-300 PLC 中用 DB1 定义，也就是说 S7-200 PLC 的 V 存储区对应 S7-300 PLC 的 DB1 存储区。因此，首先需要在 S7-300 PLC 中建立数据块 DB1。

在新建的项目"S7-300 与 S7-200 的 MPI 通信"左侧项目树中依次打开到"块"，在"块"中插入一个数据块 DB1，然后打开该数据块，并在该数据块中插入 2 个结构变量：RD_S7_200 和 WR_S7_200。DB1 的数据结构如图 6-103 所示。

地址	名称	类型	初始值	注释
0.0		STRUCT		
+0.0	RD_S7_200	ARRAY[0..3]		读S7-200PLC数据
*1.0		BYTE		
+4.0	WR_S7_200	ARRAY[0..3]		写S7-200PLC数据
*1.0		BYTE		
=8.0		END_STRUCT		

图 6-103　建立数据块 DB1

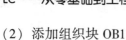

（2）添加组织块 OB1

在新建的项目"S7-300 与 S7-200 的 MPI 通信"左侧项目树中依次打开到"块"，双击右侧的"OB1"，如图 6-104 所示。在出现的对话框中将"创建语言"改为"LAD"，单击"OK"按钮，如图 6-105 所示。

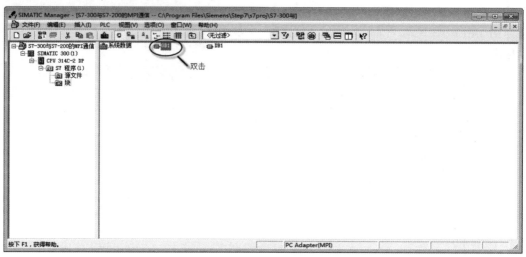

图 6-104　添加组织块 OB1

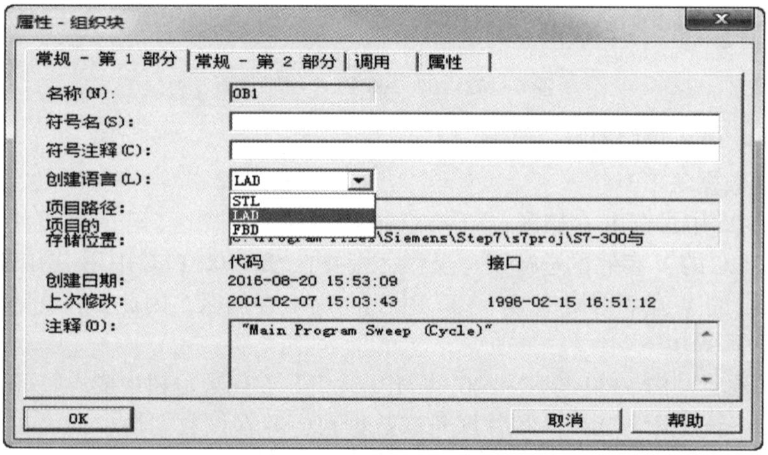

图 6-105　组织块 OB1 属性

（3）进入 OB1 主程序后，编写通信程序

在左侧指令树中找到"库"，依次打开到"System Function Blocks"，如图 6-106 所示，单击"System Function Blocks"左侧加号打开功能块，下拉右侧活动条找到 SFC67、SFC68 功能块，如图 6-107 所示，将"SFC67 X_GET COM_FUNC""SFC68 X_PUT COM_FUNC"用鼠标分别拖拽放到"程序段 1"和"程序段 2"，并正确填写功能块左、右两侧的参数，关于功能块两侧参数含义请参照西门子相关手册及软件帮助文件，完整程序如图6-108 ~ 图 6-110 所示。

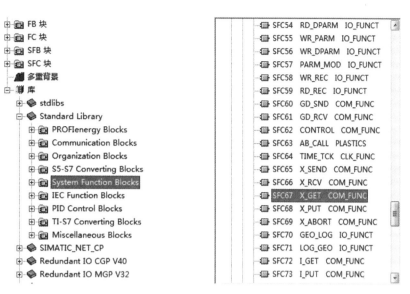

图 6-106　库列表　　　　　　　图 6-107　SFC 功能块列表

▱ **程序段 1：读操作**

将S7-200PLC的VB0-VB3数据读取到S7-300PLC的DB1.DBB0-DB1.DBB3

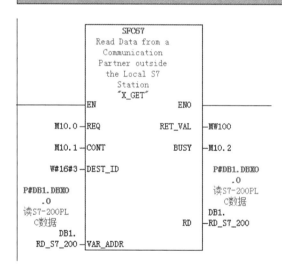

图 6-108　读操作程序

　　程序段 1 为读操作，表示当 "M10.0" 和 "M10.1" 为 "1" 时，将 S7-200 PLC 中 "VB0～VB3" 的数据读到 S7-300 PLC 中的 "DB1. RD_S7_200" 变量中来。这里说的 "DB1. RD_S7_200" 变量即 DB1. DBB0～DB1. DBB3。

　　程序段 2 为写操作，表示当 "M10.3" 和 "M10.4" 为 "1" 时，将 S7-300 PLC 中的 "DB1. WR_S7_200" 变量数据写到 S7-200 PLC 中的 "VB4～VB7" 中去。这里说的 "DB1. WR_S7_200" 变量即 DB1. DBB4～DB1. DBB7。

　　程序段 3 表示当 S7-300 PLC 中 "I0.0" 为 "1" 时，同时使 "M4.0" 接通，"M4.0"

的状态通过程序段 5 的"MOVE"移动指令传送给"DB1.DBX4.0",并通过网络使 S7-200 PLC 中的"V4.0"接通。

程序段 4 表示当 S7-200 PLC 中"V0.0"为"1"时,通过网络读操作将"V0.0"的状态读取到 S7-300 PLC 中的"DB1.DBX0.0"变量中,通过程序段 5 的"MOVE"移动指令传送给"M0.0","M0.0"接通后使"Q0.0"接通。

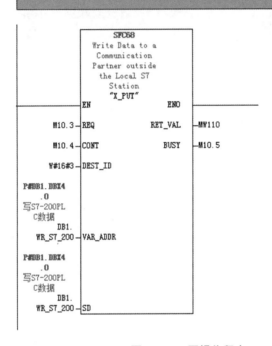

图 6-109 写操作程序

图 6-110 通信测试程序

7）S7-200 PLC 程序编写

打开 STEP 7-Micro/WIN 软件，在程序块界面中编写程序，本实验中 S7-200 PLC 程序如图 6-111 所示。

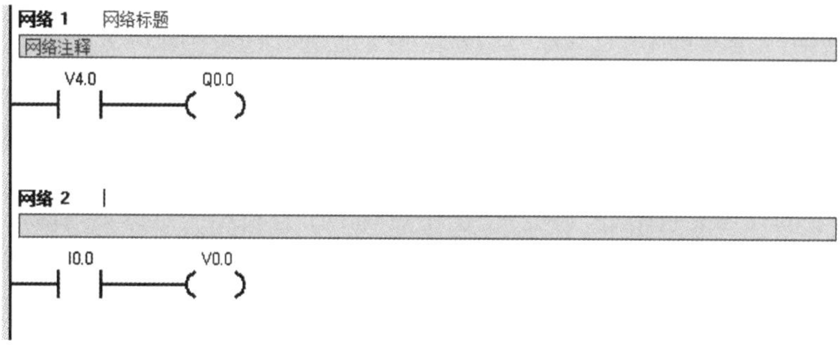

图 6-111　S7-200 PLC 程序

网络 1 表示当 S7-300 PLC 中变量"DB1. DBX4. 0"为"1"时，通过网络通信写入"V4. 0"，使 S7-200 PLC 的"Q0. 0"接通。

网络 2 表示当 S7-200 PLC 中"I0. 0"为"1"时，使变量"V0. 0"接通，S7-300 PLC 通过网络通信读操作，将"V0. 0"的状态读入变量"DB1. DBX0. 0"中，从而控制 S7-300 PLC 的 Q0. 0 接通。

8）调试

在进行 MPI 单边编程通信时，前面已经提到过要对 S7-200 PLC 进行通信设置。进行设备连线的时候，将 MPI 电缆一端连接到 S7-300 PLC 的 MPI 接口上，另一端连接到 S7-200 PLC 的 PORT0 或 PORT1 口上，本例中使用的是 PORT0 口。

本例在测试通信是否成功的步骤如下：

①将"M10. 0""M10. 1""M10. 3"和"M10. 4"分别置"1"，启用连续通信功能；
②将 S7-200 PLC 中"I0. 0"接通为"1"后，对应 S7-300 PLC 中"Q0. 0"接通；
③将 S7-300 PLC 中"I0. 0"接通为"1"后，对应 S7-200 PLC 中"Q0. 0"接通。

实例 14　S7-200 PLC 与现场总线通信

1. 控制要求

S7-200 PLC 通过 EM277 模块建立与 S7-300 PLC 之间的 PROFIBUS 现场总线通信连接，能够将 S7-200 PLC 的 IW0 中的状态信息传送到 S7-300 PLC 的 QW0；同时将 S7-300 PLC 的 IW0 中的状态信息传送到 S7-200 PLC 的 QW0。

当 S7-300 PLC 的输入端 I0. 0～I1. 7 的逻辑状态都为"1"时，S7-200 PLC 的输出端 Q0. 0～Q1. 7 的逻辑状态也随之对应改变为"1"，当 S7-200 PLC 的输入端 I0. 0～I1. 7 的逻辑状态都为"1"时，S7-300 PLC 的输出端 Q0. 0～Q1. 7 的逻辑状态也随之对应改变为"1"。

2. 程序设计

1）系统组成

S7-300（CPU 314C-2 DP）PLC 一台、S7-200（CPU 226）PLC 一台、EM277 通信模块一台、PROFIBUS-DP 网络线一根、西门子 MPI 电缆下载线一根。

2）PROFIBUS 现场总线简介

PROFIBUS 现场总线是一种国际性开放式现场总线，是国际上公认的标准，实现了数字和模拟 I/O 模块、智能信号装置和过程调节装置与 PLC 和 PC 的数据传输，把 I/O 通道分散到实际需要的现场设备附近，从而使整个系统的工程费用、维修费用减小到最少。

PROFIBUS 网络通信结构精简，传输速度很高且稳定，它按"主/从令牌通行"访问网络，只有主动节点才有接收访问网络的权利，通过从一个主站将令牌传输到下一个主站来访问网络。

PROFIBUS 提供 3 种通信协议类型：PROFIBUS-DP、PROFIBUS-FMS、PROFIBUS-PA。

①PROFIBUS-DP：适合 PLC 之间以及 PLC 与现场分散的 I/O 设备之间的通信。

②PROFIBUS-FMS：处理 PLC 和 PC 之间的数据通信。

③PROFIBUS-PA：使用扩展的 PROFIBUS-DP 协议进行数据传输，通过现场总线对现场设备供电。

PROFIBUS 总线符合 EIA RS-485 [8] 标准，PROFIBUS 使用两端均有终端的总线拓扑结构。保证在运行期间，接入和断开一个或多个站时，不会影响其他站的工作。

PROFIBUS RS-485 的传输程序是以半双工、异步、无间隙同步为基础，传输介质可以是屏蔽双绞线或光纤。RS-485 若采用屏蔽双绞线进行电气传输，不用中继器时，每个 RS-485 段最多连接 32 个站；用中继器时，可扩展到 127 个站，传输速度为 9.6 Kbit/s ~ 12 Mbit/s，电缆的长度为 100 ~ 1 200 m，总线长度与传输速率有关，传输速率越高，总线长度越短，越容易受到干扰。

3）EM277 从站模块介绍

EM277 是 S7-200 PLC 连接 PROFIBUS-DP 系统的 DP 从站模块，其外形结构前视图如图 6-112 所示。该模块是一种智能扩展模块，可与 CPU 222、CPU 224、CPU 224XP 及 CPU 226 连接。

EM277 可作为连接到其他 MPI 主站的通信接口，而不论该模块是否用作 PROFIBUS-DP 从站。该模块利用 S7-300/400 PLC 的 XGET/XPUT 功能，提供从 S7-300/400 PLC 到 S7-200 PLC 的连接。STEP 7-Micro/WIN 以及使用 MPI 或 PROFIBUS 参数集的网卡（如 CP5611），还有 OP 设备或者 TD 200 都可以通过 EM277 和 S7-200 PLC 进行通信。

当 EM277 用于 MPI 通信时，MPI 主站必须使用 EM277 模块的站地址向 S7-200 PLC 的 CPU 发送信息，发送给 EM277 的 MPI 信息将通过 EM277 传送给 S7-200 PLC 的 CPU。

EM277 是一种从站模块，不能用来通过 NETR 和 NETW 语句进行不同的 S7-200 PLC 之间的通信，不能用于自由端口的通信。

通过 EM 277 PROFIBUS-DP 扩展从站模块，可将 S7-200 CN 的 CPU 连接到 PROFIBUS-DP 网络。EM277 经过串行 I/O 总线连接到 S7-200 CN 的 CPU。PROFIBUS 网络经过其 DP 通信端口，连接到 EM 277 PROFIBUS-DP 模块。这个端口可运行于 9 600 bit/s ~ 12

Mbit/s 之间的任何 PROFIBUS 波特率。

作为 DP 从站，EM277 模块接受从主站来的多种不同的 I/O 配置，向主站发送和接收不同数量的数据。这种特性使用户能修改所传输的数据量，以满足实际应用的需要。

与许多 DP 站不同的是，EM277 模块不仅仅是传输 I/O 数据，EM277 还能读写 S7-200 CN 的 CPU 中定义的变量数据块。这样，使用户能与主站交换任何类型的数据。首先将数据移到 S7-200 CN 的 CPU 中的变量寄存器，就可将输入、计数值、定时器值或其他计算值传送到主站。类似地，从主站来的数据存储在 S7-200 CN 的 CPU 中的变量寄存器内，并可移到其他数据区。

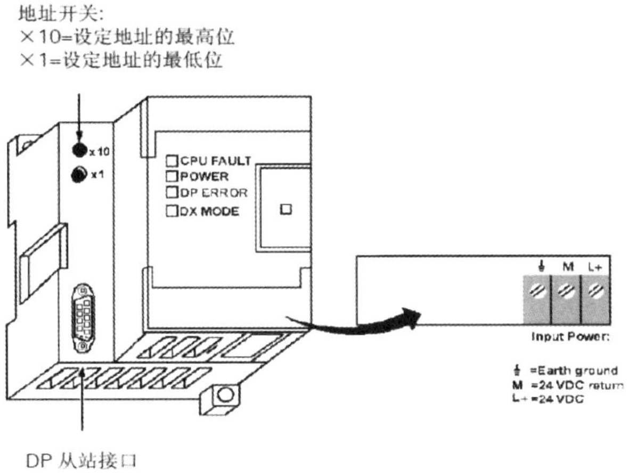

图 6-112　EM 277 PROFIBUS-DP 模块外形结构前视图

4）控制要求分析

根据控制要求，S7-200 PLC 与 S7-300 PLC 之间实现 PROFIBUS 现场总线通信，需要借助 EM277 模块来支持 S7-200 PLC 的 CPU 到 PROFIBUS-DP 系统的连接，将 S7-300（CPU 314C-2 DP）PLC 作为主站，S7-200（CPU 226）PLC 作为从站。

在使用第三方从站设备 EM277 模块连接到 PROFIBUS-DP 系统时，必须在 STEP 7-Micro/WIN 的硬件组态软件中安装 EM277 的硬件识别文件，也就是 GSD 文件。

S7-300 PLC 与 S7-200 PLC 通过 EM277 进行 PROFIBUS-DP 通信，需要在 STEP 7-Micro/WIN 中进行 S7-300 PLC 站组态。在 S7-200 PLC 系统中不需要对通信进行组态和编程，只需将要进行通信的数据整理存放到设置好的 V 存储区，与 S7-300 PLC 组态 EM277 从站时的硬件 I/O 地址相对应就可以了。

5）S7-300 PLC 组态

（1）新建项目

在 STEP 7-Micro/WIN V 5.5 中新建一个项目，项目名称是"PROFIBUS_ EM277 通信"，操作如下：在"文件"菜单下单击"新建"，或者单击工具栏上的"▢"图标，在弹出的对话框中输入项目名称"PROFIBUS_ EM277 通信"，单击"确定"按钮完成操作，如图 6-113 所示。

图 6-113　新建项目

（2）添加站点

右击"PROFIBUS_EM277 通信"，在其下面插入一个 S7-300 站点，如图 6-114 所示。选中"SIMATIC 300（1）"站，双击右侧"硬件"，如图 6-115 所示。

图 6-114　插入新站点

图 6-115　组态硬件

（3）添加 RACK

在出现的对话框的右侧，打开资源图，选中"SIMATIC 300"，打开"RACK-300"，双击"Rail"，完成主机架的配置，如图 6-116 所示。在对 S7-300 PLC 进行硬件组态的时候，RACK 是第一个需要组态的硬件。

（4）添加电源与 CPU

在 1 号槽位置添加电源"PS 307 2A"（在 PS-300 资源库内），如图 6-117 所示。在 2 号槽位置添加 CPU，在"CPU 300"处选择"CPU 314C-2 DP"，双击"6ES7 314-6CF02-0AB0"，如图 6-118 所示。如果需要扩展机架，则应在 IM-300 目录下找到相应的接口模块，添加到 3 号槽。在此，无须扩展，所以，3 号槽留空。4～11 号槽中可添加信号模块、功能块、通信处理模块等，在此无须配置，所以均留空。

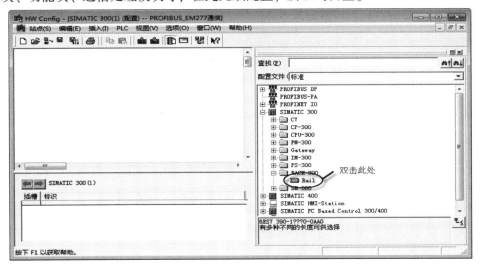

图 6-116　配置 RACK

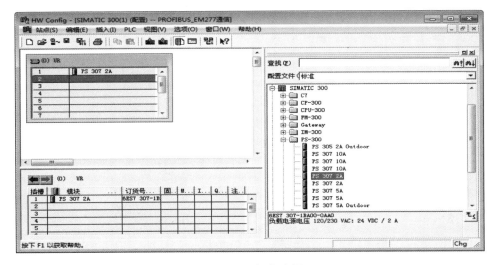

图 6-117　添加电源

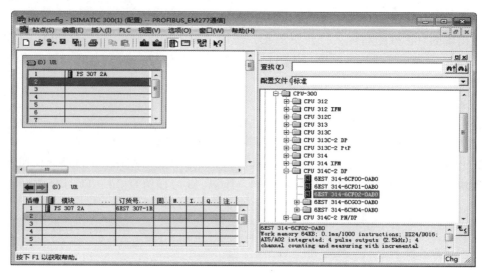

图 6-118 添加 CPU

在配置的过程中，STEP 7-Micro/WIN 可以自动检查配置的正确性。当一个待添加模块被选中时，机架中允许插入该模块的槽会变成绿色，而不允许插入该模块的槽颜色无变化。双击待添加模块时，如果不能插入，则会出现一个对话框，提示不能插入的原因。

注意：在选择硬件型号时，以实际设备上的型号为准。

（5）输入/输出的地址设置

在硬件配置界面中，双击插槽 2 中的 "2.2 DI24/DO16"，如图 6-119 所示。在出现的对话框中单击"地址"标签，切换至"地址"选项卡，取消"系统默认"前的 "☑"，把"开始"后的"124"改为"0"，更改后的画面如图 6-120 所示。S7-300 PLC 系统默认的输入/输出地址均从 124 开始，这里均改为从 0 开始。

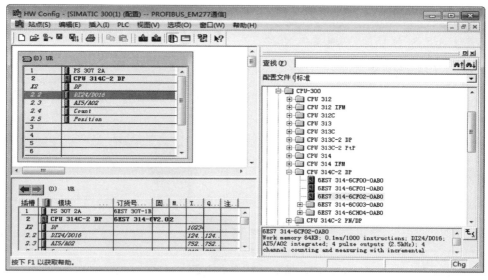

图 6-119 选择输入/输出配置

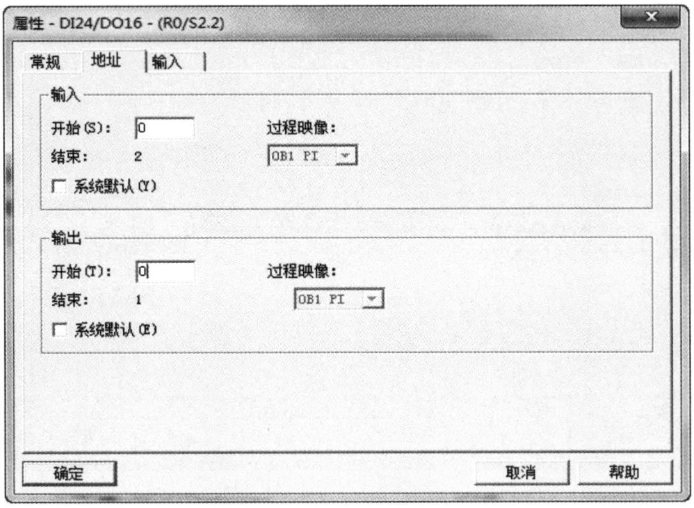

图 6-120　地址的设置

6）PROFIBUS 网络组态

（1）PROFIBUS 主站组态

在硬件配置界面中，双击插槽 2 中的"　　*X2*　　　　　*DP*　　　　　　"，如图 6-121 所示。弹出 PROFIBUS DP 属性对话框，如图 6-122 所示。单击对话框中"属性"按钮，弹出 PROFIBUS 接口属性对话框，将"地址"设置为"2"，如图 6-123 所示，在该对话框中单击"新建"按钮，弹出新建子网 PROFIBUS 属性对话框，在该对话框中单击"网络设置"标签，切换至"网络设置"选项卡，进行网络设置，将"传输率"设为"187.5 kbps"，"配置文件"设为"DP"，单击"确定"按钮，如图 6-124 所示。再依次单击图 6-123、图 6-122 中的"确定"按钮，得出组态完毕的主站，如图 6-125 所示。

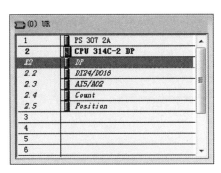

图 6-121　配置 DP 属性

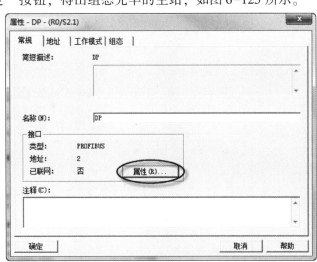

图 6-122　PROFIBUS DP 属性对话框

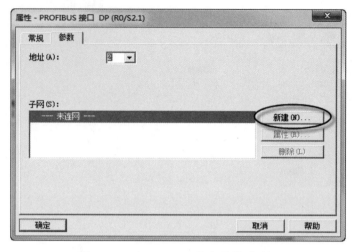

图 6-123　PROFIBUS 接口属性对话框

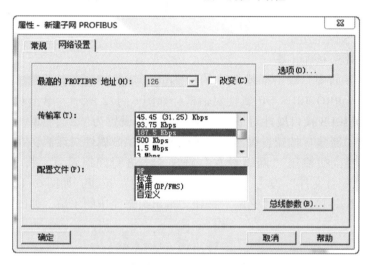

图 6-124　新建子网 PROFIBUS 属性对话框

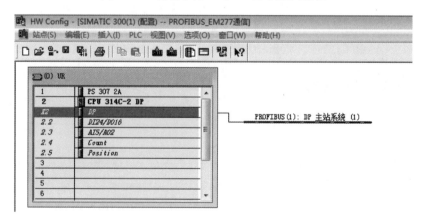

图 6-125　主站组态完毕

（2）安装 EM277 的 GSD 文件

通过安装 GSD 文件（支持 PROFIBUS-DP 协议的第三方设备都会有 GSD 文件）后，就可以组态第三方设备从站的通信接口。

在硬件组态界面中，退出所有应用程序，打开"选项"菜单，选择"安装 GSD 文件"选项，如图 6-126 所示（GSD 文件可以去西门子网站下载），弹出"安装 GSD 文件"对话框，如图 6-127 所示。

在"安装 GSD 文件"对话框中单击"浏览"按钮，找到并添加"EM277"文件夹，如图 6-128 所示然后选择"sime089d.gsd"并安装。

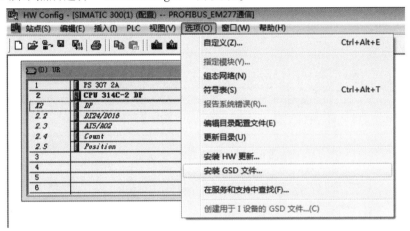

图 6-126　安装 GSD 文件向导

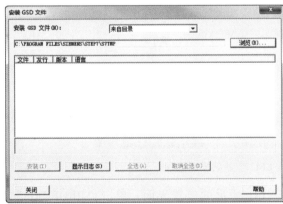

图 6-127　"安装 GSD 文件"对话框 　　　 图 6-128　选择 GSD 文件

（3）添加 EM277 模块

安装完成 EM277 的 GSD 文件后，选择"选项"菜单里面的"更新目录"选项，将"EM 277 PROFIBUS-DP"从站模块拖放到总线上，如图 6-129 所示。弹出设置 EM277 从站模块地址的对话框，将该从站模块地址设置为"3"，如图 6-130 所示。

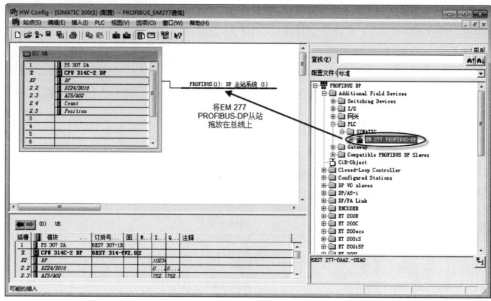

图 6-129　添加 EM277 从站

图 6-130　设置 EM277 从站模块地址

　　双击"EM277 从站"图标，出现图 6-131 所示的设置界面，单击"PROFIBUS"按钮，确认从站地址为"3"（若前面未做修改，则在这里可以修改为"3"），需要说明的是这个站号与 EM277 上的拨码开关要一致，选择传输速率为"187.5 kbps"，配置文件为"DP"，其设置要与主站系统的参数一致。

　　在图 6-131 所示界面中切换至"分配参数"选项卡，出现 6-132 所示组态界面，选中"I/O Offset in the V-memory"，在右视窗内可调整 V 存储区的偏移量。V 存储区的偏移量默认为"0"，在本例中修改为"100"，因此 S7-200 PLC 的接收区地址为 VW100，S7-200 PLC 的发送区地址为 VW102。单击"确定"按钮。

图6-131　DP从站属性设置窗口

图6-132　配置输入/输出数据区

在右侧项目栏双击"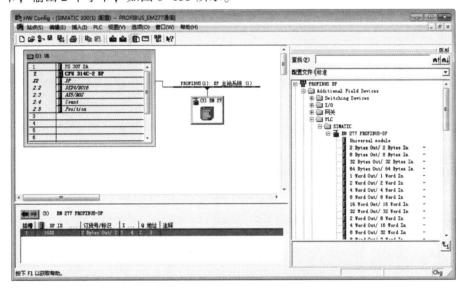 2 Bytes Out/ 2 Bytes In"图标，定义通信接口数据区为输入2个字节，输出2个字节，如图6-133所示。

图6-133　组态EM277发送区和接收区

图中对应的地址是主站的数据交换映射区地址，输入区为IW3共两个字节，输出区为QW2共两个字节，对应S7-200 PLC的V存储区域，占用4个字节。

S7-300 PLC主站与EM277从站在本例中的数据交换关系如表6-7所示。

表6-7　S7-300 PLC主站与EM277从站数据交换关系

S7-300 PLC 主站	EM277 从站	备注
IB3～IB4（接收区）	VB102～VB103（发送区）	主站的IB3～IB4接收来自从站VB102～VB103发送的数据
QB2～QB3（发送区）	VB100～VB101（接收区）	从站VB100～VB101接收来自主站QB2～QB3发送的数据

（4）下载硬件组态

此操作见图6-100和图6-101，此处不再赘述。

7）程序编写

（1）S7-300 PLC主站程序编写

在新建的项目"PROFIBUS_EM277通信"左侧项目树中依次打开到"块"，双击右侧的"OB1"，如图6-134所示。在出现的对话框中将"创建语言"改为"LAD"，单击"OK"按钮，如图6-135所示。

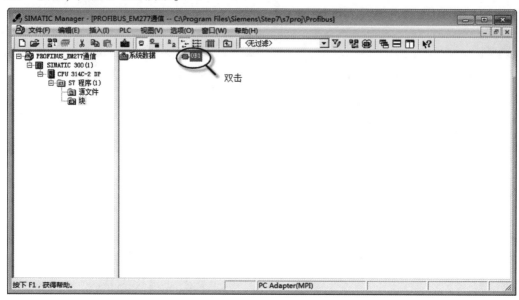

图6-134　添加组织块OB1

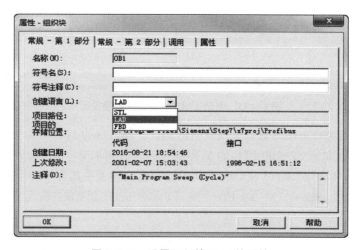

图6-135　设置组织块OB1的属性

进入OB1主程序后，编写通信系统调试程序，在左侧指令树中找到"MOVE"指令，依次用鼠标分别拖拽放置到"程序段1"和"程序段2"，并正确填写指令左、右两侧的参数，完整程序如图6-136所示。

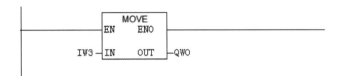

□ **程序段1**：将主站的IW0开关信号传送到数据发送区QW2

□ **程序段 2**：将由EM277从站发送来的数据从主站的接收区IW3中取出，然后传送到QW0

图 6-136　S7-300 PLC 主站完整程序

（2）S7-200 PLC 从站程序编写

打开 STEP 7-Micro/WIN 软件，在程序块界面中编写程序，本实验中 S7-200 PLC 从站程序如图 6-137 所示。

网络 1 表示将 EM277 从站"IW0"的外部开关信号传送到数据发送区"VW102"，该数据自动映射到主站 S7-300 PLC 的接收区"IW3"。

网络 2 表示当 S7-300 PLC 通过网络发送区"QW2"将数据发送到从站的接收区"VW100 后"，通过传送指令将从站接收区"VW100"数据取出传送到从站"QW0"。

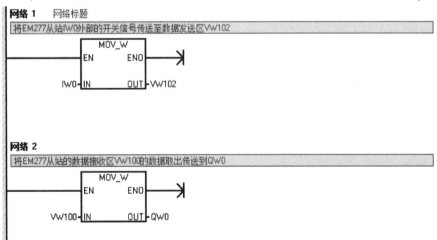

图 6-137　S7-200 PLC 从站程序

8）调试

在进行 PROFIBUS 通信调试时，需要注意 EM277 拨码开关的设置，硬件开关地址要与软件设置从站地址一致。进行设备连线时，将 PROFIBUS-DP 电缆一端连接到 S7-300 PLC 的 DP 接口，另一端连接到 EM277 模块上的 DP 从站接口。

然后将 S7-300 PLC 和 S7-200 PLC 的调试程序分别下载到各自的 CPU，打开 STEP 7-Micro/WIN 的变量表和状态表进行监控，然后操作主站和从站各自 IW0 外部的开关，观察通信伙伴方控制对象 QW0 的变化。

例如：

①将 S7-200 PLC 中"I0.0"接通为"1"后，对应 S7-300 PLC 中"Q0.0"接通。

②将 S7-300 PLC 中"I0.0"接通为"1"后，对应 S7-200 PLC 中"Q0.0"接通。

实例 15　触摸屏技术在变频器模拟量调速中的应用

1. 控制要求

用触摸屏作为变频调速实时曲线的监控以及数值显示，用松下 VF0 变频器拖动电动机变速运行。PLC 作为核心控制器件，触摸屏选择的是西门子 TP 177A，可通过 RS-485 接口与 PLC 进行通信，对应的组态软件是 WinCC flexible，调节器选用带速度反馈的运算放大器（即转速调节器 ASR）为 PLC 提供模拟量输入信号，PLC 的模拟量输出信号作为变频器的模拟量输入信号。变频器输出给电动机实现平滑变速，系统组成框图如图 6-138 所示。

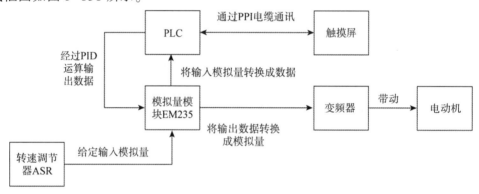

图 6-138　系统组成框图

2. 程序设计

1）主要硬件

（1）PLC

PLC 实物如图 6-139 所示，EM235 模拟量模块通过专用通信端口用专用电缆与主机连接，PLC 主机负责系统逻辑控制，EM235 负责接收来自转速调节器的模拟量信号，其模拟量输出信号接到变频器的模拟量输入端。

本例 EM235 模拟量输入信号接收的电压信号范围为 0 ~ 5 V，还需要为此进行一下设置，如图 6-140 所示，在图中右下角有一排小开关，称为 DIP，开关有两个状态选择，由开关状态决定输入信号的量程，如表 6-8 所示。

图 6-139　PLC 实物

图 6-140　EM235 模拟量模块

表 6-8　EM235 DIP 调节表

单极性						满量程输入	分辨率
SW1	SW2	SW3	SW4	SW5	SW6		
通	OFF	OFF	通	OFF	通	0 ~ 50 mV	12.5 μV
OFF	通	OFF	通	OFF	通	0 ~ 100 mV	25 μV
通	OFF	OFF	OFF	通	通	0 ~ 500 mV	12.5 μV
OFF	通	OFF	OFF	通	通	0 ~ 1 V	250 μV
通	OFF	OFF	OFF	OFF	通	0 ~ 5 V	1.25 mV
通	OFF	OFF	OFF	OFF	通	0 ~ 20 mV	5 μV
OFF	通	OFF	OFF	OFF	通	0 ~ 10 V	2.5 mV

（2）调节器

调节器的基本器件是运算放大器，自身的输入信号由可调直流电源提供，控制电路可形成比例放大器以及比例积分放大器，前者只将当前信号放大，放大倍数由电阻比值决定，与历史积累无关，后者可降低信号响应速度且与历史积累有关，积分效果由反馈回路中电容值决定。如果不需要放大或积分，则可将反馈回路短路，使输出信号与输入信号成为 1:1，即开环控制。调节器的输出信号送到 PLC 的模拟量输入端口。控制电路中还包括测速反馈环节，与给定信号共同作用到输入端，给定与反馈比较环节也称为封锁环节，当反馈大于给定时会使调节器的输出信号降为最低。

转速调节器 ASR 实物如图 6-141 所示；转速调节器 ASR 外部接线如图 6-142 所示；接线

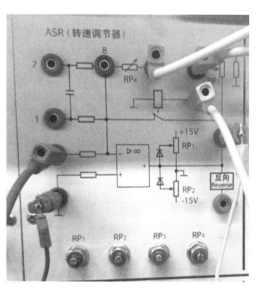

图 6-141　转速调节器 ASR 实物

端 3 与接地端作为模拟量模块 EM235 的输入端，1 端作为电压输入端。

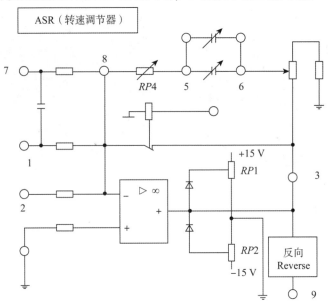

图 6-142　转速调节器 ASR 外部接线

（3）触摸屏

TP 177A 触摸屏实物如图 6-143 所示，这款 TP 177A 触摸屏在实例 10 与实例 12 中都有介绍，在此实物图中看见 DC 24 V 输入端，通信端口 IF 1B 已经插上通信电缆，需断电插拔通信电缆，先是用 PC/PPI 通信电缆与电脑的 USB 口连接，将电脑中用 WinCC flexible 专用软件制作好的设置传到触摸屏中。然后断电拔下此电缆再换成网络电缆将 PLC 与触摸屏连接，注意在 PLC 端一定要使用通信端口 1，并保证两者的通信波特率一致，这样，送电后两者即可配合工作。在触摸屏上的其他操作可参见前面的实例。

像日期、温度、速度等值在实际工程中总是变化的，本例的速度值也是在不断变化的，在触摸屏上显示这样的变量就要依靠 PLC 的数据变量寄存器 V，V 中的数据变化，触摸屏上显示的数据也跟着同步变化。显示的数据是动态的，电动机速度变化时这里会出现可变数据。单击工具栏中的"IO 域"，将光标拖到工作区的某个位置放下，然后双击此图标就会出现属性栏，字体大小、颜色、数据位数、进制等都可设置，需连接字型 V，如 VW10。

（4）变频器

变频器选用松下 VF0 型，其实物如图 6-144 所示，输入三相 380 V 电源，变频器的控制模式选模拟量控制，输入电压选 0～5 V，用导线将其 2、3 端分别接到 EM235 的 V0、M0 端。第 5 端是运行信号，可接到 PLC 的输出端，用程序控制，当此端有信号且 2—3 端间有电压时，变频器即有输出，输出接到电动机。

图 6-143　TP 177A 触摸屏实物

图 6-144　松下 VF0 型实物

2）系统 PLC 对外接线

系统 PLC 对外接线如图 6-145 所示。

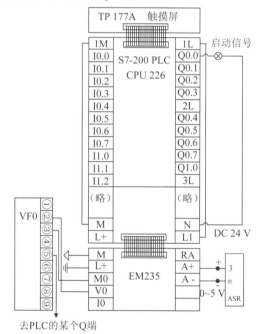

图 6-145　系统 PLC 对外接线

3）PLC 控制程序梯形图

触摸屏技术在变频器模拟量调速中的应用控制程序梯形图如图 6-146 所示。

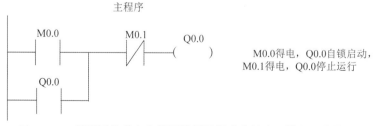

主程序

M0.0 得电，Q0.0 自锁启动，
M0.1 得电，Q0.0 停止运行

图 6-146　触摸屏技术在变频器模拟量调速中的应用控制程序梯形图

```
Q0.0                                    ┌─ SBR_0 ─┐
──┤├────┤P├────────────────────────────┤EN       │        Q0.0启动后立即激活频率
                                        └─────────┘        PID控制子程序


Q0.0    M0.2                            ┌─── T38 ───┐
──┤├─────┤/├───────────────────────────┤IN    TON  │        频率值采样周期为2 s
                                        │           │
                                    20 ─┤PT  100 ms │
                                        └───────────┘

        T38      M0.2
       ──┤├──────( )


Q0.0                                    ┌─ WXOR_DW ─┐
──┤├────┤P├───────┬─────────────────────┤EN     ENO├──▷
                  │                 AC0 ─┤IN1        │
                  │                 AC0 ─┤IN2    OUT├── AC0
                  │                      └───────────┘
                  │
                  │                      ┌─ MOV_W ──┐
                  ├─────────────────────┤EN     ENO├──▷
  当Q0.0得电时将VW200、              0 ─┤IN     OUT├── VW200
  AQW0与累加器AC0清零,准              └──────────┘
  备接收过程变量(模拟量)的
  数字信号                             ┌─ MOV_W ──┐
                  └─────────────────────┤EN     ENO├──▷
                                     0 ─┤IN     OUT├── AQW0
                                        └──────────┘


Q0.0    AIW0                            ┌─ MOV_W ──┐
──┤├──────┤==1├──────┤P├────────────────┤EN     ENO├──▷
           0                         0 ─┤IN     OUT├── VW200
                                        └──────────┘
  当AIW0中数值为0时,清零VW200


M0.1                                    ┌─ MOV_W ──┐
──┤├────────────────┬───────────────────┤EN     ENO├──▷
                    │                0 ─┤IN     OUT├── VW200
                    │                   └──────────┘
  当M0.1得电时,清                     ┌─ MOV_W ──┐
  零VW200与AQW0       └───────────────────┤EN     ENO├──▷
                                     0 ─┤IN     OUT├── AQW0
                                        └──────────┘


Q0.0    T38                            ┌─ MOV_W ──┐
──┤├─────┤├─────────┬───────────────────┤EN     ENO├──▷        将过程变量(模拟量)的数
                    │              AIW0 ─┤IN     OUT├── AC0     字信号送到累加器AC0中
                    │                   └──────────┘
                    │                   ┌─ DI_R ───┐
                    ├───────────────────┤EN     ENO├──▷        将送进来的整数转换为实数
                    │               AC0 ─┤IN     OUT├── AC0
                    │                   └──────────┘
                    │                   ┌─ DIV_R ──┐
                    └───────────────────┤EN     ENO├──▷        将已转换的实数被32 000除,
                                    AC0 ─┤IN1        │          即转为标准化值
                               32 000.0 ─┤IN2    OUT├── AC0
                                        └───────────┘
```

图6-146 触摸屏技术在变频器模拟量调速中的应用控制程序梯形图(续)

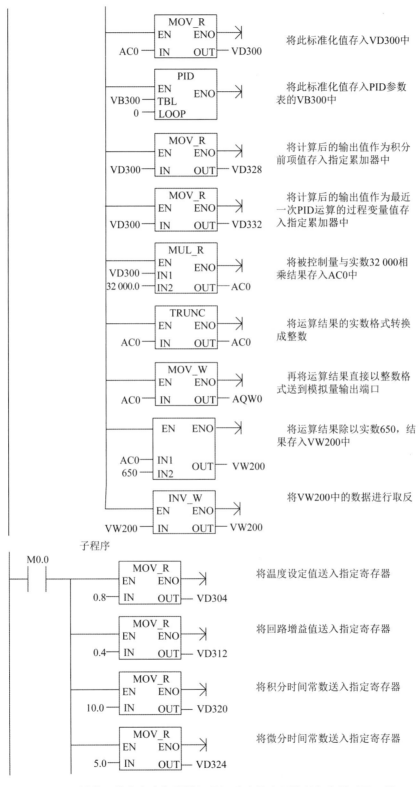

图6-146 触摸屏技术在变频器模拟量调速中的应用控制程序梯形图（续）

4）触摸屏棒图的制作

从工具栏中将"棒图"拖动到"画面_1"上双击，出现菜单栏，如图6-147所示。在属性中可以设置最高位、最低位、背景颜色等，其中PLC连接的变量最为重要，本例中过程值对应的变量为VW200。

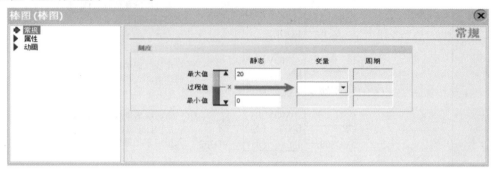

图6-147　棒状图设置界面

5）通信下载

触摸屏上电后出现对话框，触按〈Transfer〉键，使触摸屏处于等待传送模式。用PPI通信电缆，单击"传送"后相关设置就送到触摸屏中了，然后拔下PPI电缆换成网络电缆将触摸屏与PLC连接好，通上电两者就可进行信号往来实现控制了。

电脑端WinCC flexible软件上制作的成品界面如图6-148所示，最终触摸屏上的实际显示如图6-149所示。

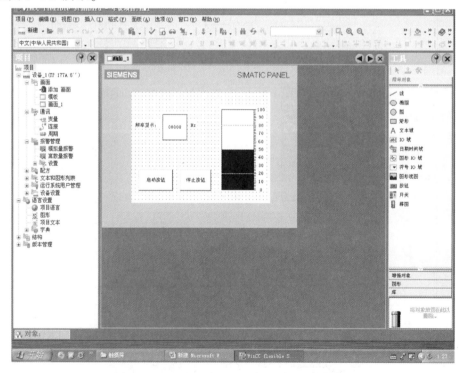

图6-148　WinCC flexible软件上制作的成品界面

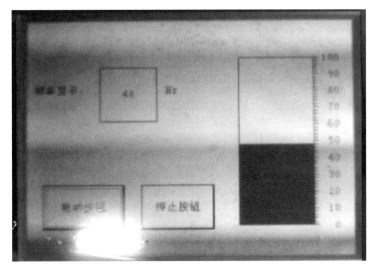

图 6-149　触摸屏上的实际显示

实例 16　基于 GPRS 的污水处理远程监控系统设计

1. 控制要求

在污水处理行业引用计算机进行操作不仅能够做到经济、高效，而且能够减少地下操作引发的事故，保障生产的安全性。PLC 工控技术已经非常成熟，结合 GPRS 通信技术以及组态王监控画面技术为工业污水检测打造高效化、网络化、安全性高的管理系统提供了良好的基础。

基于此，设计一个污水处理远程监控系统，对污水处理中各检测设备的状态稳定可靠地远程传输，并使其能够及时监控和反馈相关数据。设计中通过主控制器 PLC 采集各个传感器的数据信息并且存储、处理，使用 DTU 模块通过 GPRS 无线通信技术实现数据的远程传输，并结合组态王监控软件实现画面的监控。

整个控制系统分为上位机和下位机两部分。PLC 作为下位机主要与温度、pH 值、液位及溶解氧传感器连接，完成各模拟量的采集，通过程序进行调节运算，将运算结果输出给执行部件（鼓风机、水泵、加药泵）达到对被控量的调节控制效果；上位机通过组态王监控软件制作控制系统监控画面，并通过 GPRS 无线通信方式与下位机通信，实现远程实时监控。

控制系统结构如图 6-150 所示。

（1）上位机设计

系统中上位机通常采用工控机，其主要功能为对电动机、变频器及电磁阀等的运行状态进行控制，并实现故障报警、及时处理等功能；工控机通过组态监控软件显示工艺流程、溶解氧浓度、pH 值、温度等模拟量值，并绘制实时趋势曲线。

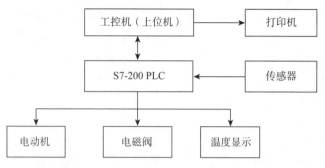

图 6-150　控制系统结构

（2）下位机设计

下位机采用西门子 S7-200 PLC，可直接控制电动机和电磁阀，同时通过模拟量扩展模块采集现场溶解氧浓度、pH 值、温度等值。根据工艺要求，PLC 上电自检无误后会自动根据外部传送的信号及程序的执行来控制电动机的启/停及变频器的转速等。

（3）无线通信

PLC 与上位机通过 GPRS DTU 设备实现数据的无线传输，监控主机通过定义的虚拟设备将数据传送到监控画面，完成数据的显示和监控。监控数据传输的流程框图如图 6-151 所示。

图 6-151　监控数据传输的流程框图

根据工业污水处理流程，确定一系列基础性的逻辑控制关系。生化池中的溶解氧浓度、pH 值、温度这 3 个重要参数是必须重点加以控制的对象，具体控制要求如下：

①变频器选用松下 VF0 型，采用外控模拟量输入方式；

②要求变频器的输出频率根据溶解氧浓度变化；

③用 PLC 程序控制变频器，并使用 EM235 模拟量模块输出模拟信号；

④变频器的工作方式需手动设置（参数），工作过程由 PLC 进行控制；

⑤需用组态王监控变频器的启/停，采用实时趋势曲线监测频率变化过程；

⑥PLC 和上位机之间的通信采用 DTU 设备，通过 GPRS 网络平台实现数据信息的无线传输。

2. 程序设计

1）GPRS 无线通信（ZHD780 DTU 模块）概述

GPRS 网络目前在国内已经日趋完善和稳定，已经成为远程传送数据的良好方式之一。GPRS 无线网络根据数据流量计算运行费用，运营成本低、不需要维护传输平台，而且具有数据传输速率高、永远在线和网络覆盖面广的特点。目前市面上已经有多种 GPRS 数据传输终端，具有 TCP/IP 转换功能，价格适中。此模块适用于所有带串口的设备，特别是与 PLC 连接，通过串口将 PLC 的实时运行数据传送给 DTU 设备，通过 GPRS 网络平台实现数据信息的无线传输，为不具备 TCP/IP 处理的监控设备提供 GPRS 数据传输能力。因此，GPRS 无线通信应用在对分散的污水处理远程监控系统上有着无可比拟的成本优势。

本例无线通信模块选用的是振鸿伟业研发的工业级 4G 全网通 DTU 产品 ZHD780 DTU

系列。该设备通过 4G 网络可轻松实现串口到网络的双向数据透明传输。ZHD780 DTU 系列采用灵活的 RS 232/485 端子接口或者 DB9 接口的接线方式与终端设备连接，从而实现客户终端设备与服务器间的通信。

ZHD780 DTU 系列采用工业级军工设计，具有无线数据通信及数据处理能力；具有低功耗、外形小巧、坚固耐用等优点；内嵌 TCP \ UDP \ PPP \ IP，实现了用户设备到数据中心的远程传输功能。

2）硬件接线图

PLC 系统配置的时候，每个模块的输入、输出点都要进行编址。主机提供的 I/O 点具有固定的 I/O 地址。扩展模块地址由 I/O 模块类型及模块在 I/O 链中的位置来决定。在编址的时候按模块的类型对各输出点（或输入点）顺序编址。数字量输入、输出映像区的逻辑空间是以 8 位（1 个字节）为递增的。在编址的时候，对数字量模块物理点的分配也是按 8 点来分配地址的。

本系统输入的模拟量有 4 个，主要为污水液位、pH 值、溶解氧浓度、温度；输出主要为控制进出水泵、加药泵和曝气机。

设计中数字量输入 15 点，地址分配为 I0.0 ~ I1.6；数字量输出 8 个点，地址分配为 Q0.0 ~ Q0.7。模拟量输入有 4 路，输出有 1 路，因此选用 EM235 模拟量模块，地址分配分别为 AIW0、AIW2、AIW4、AIW6、AQW0。数字量地址分配如表 6-9 所示，模拟量地址分配如表 6-10 所示。

表 6-9　数字量地址分配表

	名称	代码	PLC 地址	组态地址
输入信号	启动按钮	SB1	I0.0	M0.0
	停止按钮	SB2	I0.1	M0.1
	手动模式	SB3	I0.2	M0.2
	自动模式	SB4	I0.3	M0.3
	进水泵启动	SB5	I0.4	M0.4
	进水泵停止	SB6	I0.5	M0.5
	出水泵启动	SB7	I0.6	M0.6
	出水泵停止	SB8	I0.7	M0.7
	曝气机启动	SB9	I1.0	M1.0
	曝气机停止	SB10	I1.1	M1.1
	加药泵启动	SB11	I1.2	M1.2
	加药泵停止	SB12	I1.3	M1.3
	曝气频率增加	SB13	I1.4	M1.4
	曝气频率降低	SB14	I1.5	M1.5
	过载故障检测	FR1	I1.6	M1.6

续表

名称		代码	PLC 地址	组态地址
输入信号	启动指示灯	HL1	Q0.0	
	手动指示灯	HL2	Q0.1	
	自动指示灯	HL3	Q0.2	
	故障指示灯	HL4	Q0.3	
	进水泵	KM1	Q0.4	
	出水泵	KM2	Q0.5	
	曝气机	变频器端子5	Q0.6	
	加药泵	KM4	Q0.7	

表 6-10 模拟量地址分配表

名称		代码	地址编号
输入信号	温度测量	TT1	AIW0
	液位测量	LT1	AIW2
	pH 测量	PT1	AIW4
	溶解氧浓度测量	OT1	AIW6
输出信号	曝气频率		AQW0

3）PLC 编程思路

D06600 溶解氧传感器输出 4~20 mA 电流信号，该电流通过模拟量输入模块传送到 PLC 中，并在此处将模拟量信号转化为相应的数字量信号，数字量的范围是 0~32 000，其配合溶解氧浓度为 0~20 mg/L。模拟量模块的地址通道为 AIW6，采样数据由 PLC 存入变量寄存器 VW6 中。输出信号经数/模转化成 0~10 V 的电压信号，去调节变频器的频率从而控制鼓风机的转速。

根据地址分配及各硬件的选型设计，系统 PLC 对外接线如图 6-152 所示。

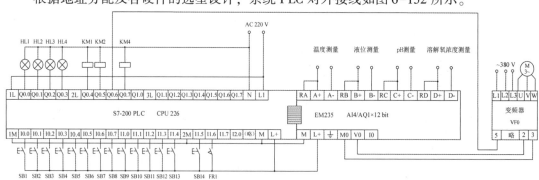

图 6-152 系统 PLC 对外接线

在处理废水之前,需将其在中和池里面进行中和。中和池内有专业的检测污水参数的仪器,通过这些仪器可以检测污水的液位和 pH 值等信息。根据液位的高度,对进水泵或出水泵的开启与关闭进行控制,以达到对液位的控制。同时 pH 检测仪可对处理池中的 pH 值进行检测,当 pH 值低于 6 时,将打开加药泵阀门,添加碱性试剂,从而加大 pH 值;反之,当 pH 值大于 9 时,则关闭加药泵阀门,停止加药。

采集程序中,由于变送器送出的是 4~20 mA 的标准电流信号,信号采集模块将采集到的电流转化成数字信号后,再通过一系列的数据类型的转换,使采集到的数据变成标准的数据信号,方便识别。实际的检测是要将采集值转化为 PLC 可识别的量,因此,将采集的模拟量由变送器输出,先由 16 位的整型转化为 32 位的双整型,再由双整型转化为实型,实型小数点后可有 6 位,精度较高。将处理后得到的值送入相应的变量寄存器中。

图 6-153 所示为液位、温度、溶解氧浓度以及 pH 值转换为百分比的程序。其中 pH 值采集量放到 AIW4 中,经转换后得到的实际值送到 VW4 中;溶解氧浓度百分比放到 VW6 中,采集量放到 AIW6 中;温度百分比放到 VW0 中,采集量放到 AIW0 中;液位百分比放到 VW2 中,采集量放到 AIW2 中。

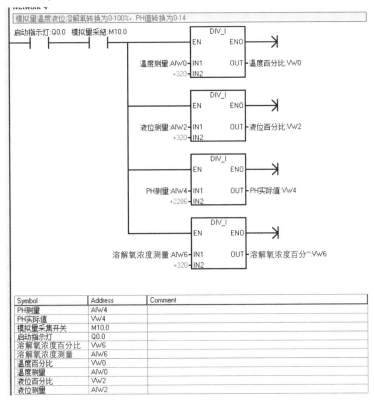

图 6-153 模拟量转换程序

程序中设计了模拟量量程转换程序,如图 6-154 所示为温度值的量程转换程序。将通过温度传感器采集的温度值转化为 0~10 V 电压值,对应 EM235 模拟量模块地址 AIW0 的量程 0~32 000,对应温度传感器的量程 10.0~80.0。通过量程转换子程序输出至 VD100,其他模拟量的转换过程同温度值。

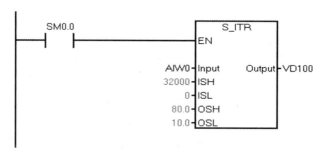

图 6-154　温度值的量程转换程序

4）GPRS（ZHD780 DTU）的设置、调试

本例考虑到了组网时是上位机和下位机的交互，规模较小并且还要考虑到之后应用在实际中的成本问题，所以设计选用了中心采用 ADSL 和 INTELNET 公网连接，采用公网固定 IP 或者公网动态 IP+DNS 解析服务的方案。

（1）硬件准备

ZHD780 DTU 需要用 RS 232/485 端子接口进行配置，请提前备好如下硬件：

①天线；

②电源（自备支持 5～24 V 宽电压，一般可用 12 V/1 A，支持原厂购买）；

③485 转 232 的 USB 线（自备）；

④连接端子带屏蔽引线（配置完成后与 DTU 所连设备时使用）；

⑤已开通流量且有余额的移动或者联通 SIM 卡（自备）；

⑥ZHD780 DTU 主机一台；

⑦电脑/笔记本（自备笔记本可用 USB 口/电脑用 DB9 口或者 USB）。

（2）DTU 参数配置

①打开 2G/3G/4G DTU 参数配置软件，如图 6-155 所示。

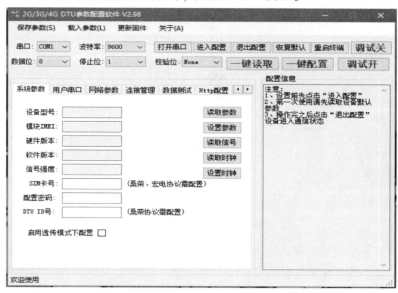

图 6-155　2G/3G/4G DTU 参数配置软件

②对"串口"参数的设置，则根据实际情况选择相应的串口号，本例选择的是 COM1 串口，波特率为"9600"，停止位为"1"，校验位为"None"，如图 6-156 所示。

图 6-156 串口调试

③单击"一键读取"按钮，读取 DTU 的配置信息和系统参数，如图 6-157 所示。

④此时 DTU 配置成功，关闭配置程序，避免程序之间造成冲突。

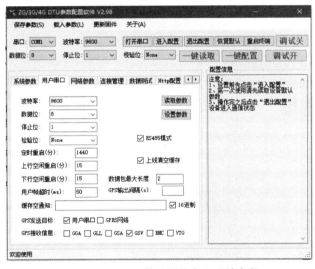

图 6-157 DTU 的配置信息和系统参数

（3）DTU 与服务器连接

①打开服务器软件，界面如图 6-158 所示。

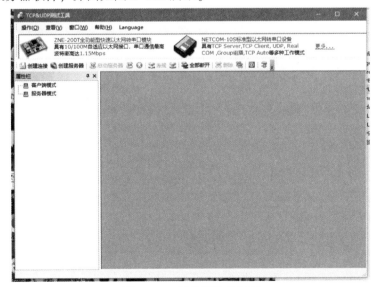

图 6-158 服务器软件界面

②单击"创建服务器"按钮，界面如图6-159所示，把"本机端口"设置为"2000"，将这里的"本机端口"和DTU处的"主数据中心端口"设置成一致。

③单击"启动服务器"按钮，等待上线，需要等待10~30 s的时间，上线成功的界面如图6-160所示，这时界面有数据串传输成功。

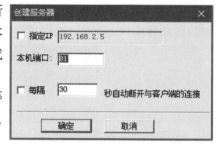

图6-159　创建服务器

5）组态王监控画面制作

组态王的设置与前面各实例一样，本节只针对采用GPRS网络通信时的不同之处进行讲解。

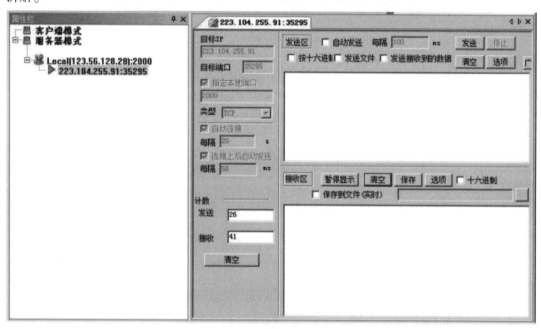

图6-160　DTU与服务器成功界面

（1）设置通信参数

①在本例中要把PLC和组态王关联起来就要用到组态王的串口设置。由于本例使用的是GPRS无线传输，所以不可以使用常规的PPI串口设置，并且4G DTU选用的控件为宏电TCP。本例组态王板卡的设置选择了莫迪康ModbusRTU来作为通信串口，保证了组态王和上位机的正常通信，如图6-161所示。

②本例组态王的板卡选择的是莫迪康ModbusRTU，保证了组态王和上位机的正常通讯。本例在莫迪康ModbusRTU板卡中新建了I/O通信设备，并且命名为CPU 226，同时虚拟设备选择了宏电TCP，如图6-162所示为组态王I/O通信设备的建立。

（2）数据词典

由于本例选用的是GPRS无线传输，故该传输支持Modbus协议，Modbus地址通常被写为包含数据类型和偏移量的5个字符的数值。第一个字符决定数据类型，最后4个字符在数据类型中选择适当的数值，然后 Modbus 主设备将地址映射，Modbus 从站指令支持下列地址：00001～00128 是映射至 Q0.0～Q15.7 的离散输出，10001～10128 是映射至 I0.0～I15.7 的离散输入，30001～30032 是映射至 AIW0～AIW62 的模拟输入寄存器，40001～4××××是映射至 V 存储器的保持寄存器。如果将组态王按键和 PLC 相关联，那么组态王中数据词典的设置是必不可少的。本例对 PLC 和组态王的关联遵循了 Modbus 协议，完成了组态王和 PLC 之间的远程控制，同时也关联了每个执行机构的状态，如图 6-163 所示。

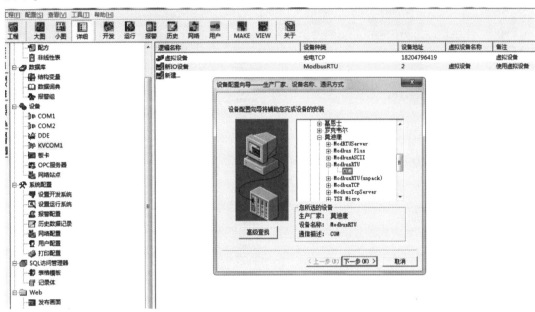

图 6-161　组态王串口设置

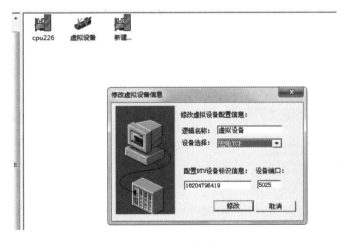

图 6-162　组态王 I/O 通信设备的建立

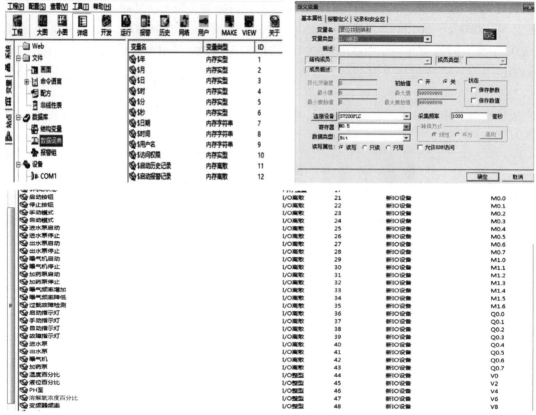

图6-163　组态王数据词典的设置

（3）命令语言的编写

组态王的命令语言中常用的是应用程序命令语言，本例将曝气机启/停、曝气频率增/减、加药泵启/停和进水泵启/停以及液位升/降等进行相应的编写，部分程序如图6-164所示。

图6-164　命令语言窗口

（4）监控画面的编辑制作

监控画面的设置同前面实例中的步骤一致，在图库中找到相应元件，制作好画面，图6-165 所示的画面为本例中全部图素制作完毕后所呈现出来的画面。

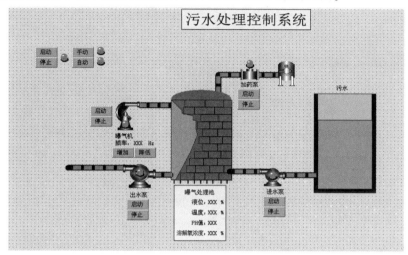

图6-165　全部图素制作完毕后的画面

（5）动画连接

完成各图素的画面制作后，需要对各元件进行动画连接，此步骤同前面实例所讲一致。在画面中相应元件处右击，弹出"按钮向导"对话框，应该在选取需要代表的变量时，单击旁边的"?"图标，在下拉菜单中，根据该设计需求选择数据库中该画面对应的变量即可实现连接，在其他图像项目的建立过程中均使用以上的操作过程。

（6）保存、切入运行（监控）画面

在项目定义和命名完成后要谨记进行保存处理，保存选项在文件项目的下拉菜单中可以找到，如果无特殊要求，则选择"全部存"选项，而后在下拉菜单中单击"文件"按钮，然后再单击"切换到 View"按钮。此时，系统将会进入到动画运行的模式。图6-166所示画面就是单击"切换到 View"按钮之后显示的画面。

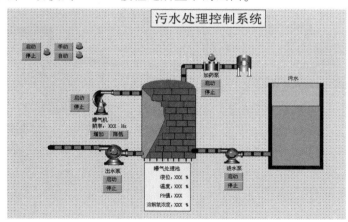

图6-166　保存制作的画面

（7）组态王画面测试

如图 6-167 所示，当液位低于 90% 时，开启进水泵，把污水从污水池抽入处理池进行处理，当处理池中的污水各项检测达到污水排放要求时再进行排放。

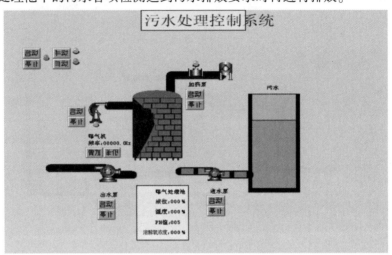

图 6-167　进水泵开始工作界面

如图 6-168 所示，当液位到达 90% 时，停止进水泵，开启曝气处理阶段，此界面为手动输入液位值。

如图 6-169 所示，此时处理池内液位已达到 90%。进水泵停止工作，开始进行曝气处理。

检测污水的 pH 值：当 pH 值小于 8 时，开启加药泵，加入碱性药剂；当 pH 值大于 8 时，停止加药。如图 6-170 所示，pH 值为 6，开启加药泵进行加药。

当溶解氧浓度低于 50% 时，曝气频率增加；高于 50% 时，曝气频率降低；等于 50% 时，曝气频率不变。如图 6-171 所示，溶解氧浓度为 60%，频率在降低。

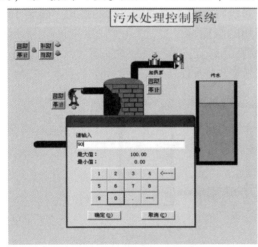

图 6-168　手动输入液位界面

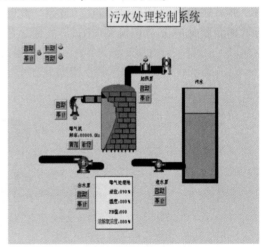

图 6-169　曝气机开始工作界面

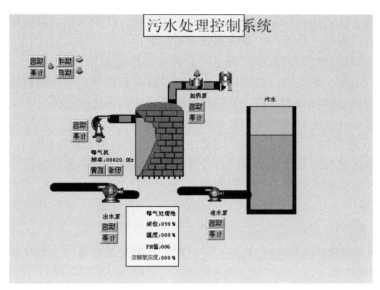

图 6-170　pH 值的监控界面

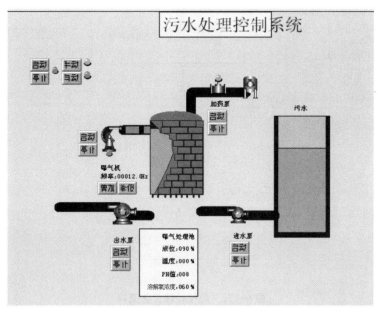

图 6-171　溶解氧浓度的监控界面

实例 17　燃气锅炉烟气处理系统设计

1. 控制要求

本例针对天津市某供热集团目前所服务小区地热采暖项目中燃气锅炉排放烟气，采用 PLC 和 MCGS 组态技术对燃气锅炉烟气进行处理、控制。系统可实现烟气温度及压缩机压力的实时监测，而且可根据给定值自动驱动热水泵、烟道风机及压缩机进行工作，准确调节温度、压力值，从而保证压缩机根据压力值正常启动，使烟气出口温度始终在设定的范围内，建立烟气消白的工作条件。系统控制要求如下：

①根据燃气锅炉烟气处理流程，确定一系列基础性的逻辑控制关系，烟气进口压力、一次侧热水出口温度、烟气出口温度这 3 个重要参数是必须重点加以控制的对象；

②变频器选用 ABB ACS510 型，采用外控模拟量输入方式；

③要求变频器的输出频率根据一次侧热水出口温度变化；

④用 PLC 程序控制变频器，并使用 EM235 模拟量模块输出模拟信号；

⑤需用 MCGS 软件对触摸屏画面进行设计，实时监测烟道各点位温度、压力值及下位机运行状态，并可实现参数值设定及报警功能。

2. 程序设计

1）方案设计

本例对燃气锅炉烟气余热进行利用，同时满足为烟气消白条件。烟气处理工艺流程如图 6-172 所示。

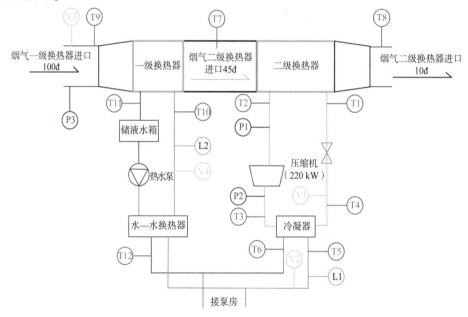

图 6-172　烟气处理工艺流程

在图 6-172 中，烟气余热经两级回收，最终从 100 ℃左右降至 10 ℃左右，在烟气冷却过程中，大量水蒸气被冷凝成液态，降低烟气含湿量，从而为消白建立条件。具体流程叙述如下。

①烟气经过第一级换热器，一级换热器为烟气—水换热器，烟气被冷却至 45 ℃左右，而水则被加热至 50 ℃左右进入供热二次管网。此时，烟气与水蒸气混合物变为饱和烟气。需要说明的是，45 ℃左右的饱和烟气直接排放仍会有水雾形成（白烟），所以需要进一步冷却。

此级换热过程中，由 PT100 检测一次侧热水出口温度 $T11$，当 $T11<55$ ℃（可设置）时，通过变频器调小热水泵频率（频率可设置），当 $T11>60$ ℃（可设置）时，调大频率直到工频，周期 30 s 可设置。

②45 ℃左右的烟气进入二级换热器，由压缩机将其制冷到出口温度至 10 ℃左右。

压缩机的控制程序如下。

控制 1：当烟气出口温度 $T8<5$ ℃（可设置）时，间隔时间 2 min（可设置），依次打开压缩机调容电磁阀（以下简称调容阀，3 个）；当烟气温度 $T8$ 大于上限温度（可设置）时，间隔时间 2 min（可设置），依次关闭调容阀（3 个）。

控制 2：当（冷凝压力 $P2$-蒸发压力 $P1$）>15bar（可调，1 bar＝10^5 Pa），热水泵进行减容（依次打开调容阀）直至停机并报送"压缩机超压保护"提示。当蒸发压力 $P1<3$ bar（可调）时，时长 30 min（可调），执行关机程序或不可开机，报警并显示"低压过低"。当冷凝压力 $P2>16$ bar（可调）时，执行关机程序并报警显示"高压过高"。

控制 3：检测水流开关（L1、L2）是否接通，如果接通，则可以启动压缩机；如果未接通，则压缩机不可启动并输出"请先启动热水泵"（控制的优先级为 3→2→1）。

控制 4：压缩机启动程序如图 6-173 所示：压缩机启动时，当 Y 向 △ 切换时，电磁接触器切换时间必须控制在 40 ms 以下，设定切换时须注意电磁接触器消弧能力。

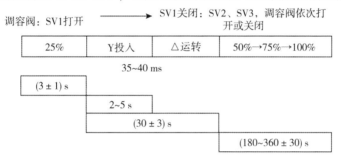

图 6-173　压缩机启动程序

③当烟气压力 $P3<50$ Pa（可调）时，通过变频器降低风机频率，当 $P3>130$ Pa（可调），时提高风机频率。

2）系统的结构设计

本系统需要监测烟道进口压力、压缩机冷凝压力、蒸发压力及烟道进出口等 9 个点位的温度值，并根据一次侧热水出口温度及烟气出口温度对热水泵及烟气风机进行控制。所设计的 PLC 控制系统结构如图 6-174 所示。

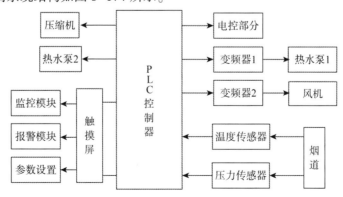

图 6-174　PLC 控制系统结构

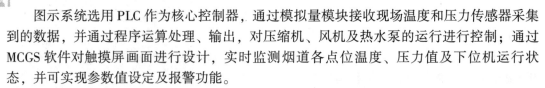

图示系统选用 PLC 作为核心控制器，通过模拟量模块接收现场温度和压力传感器采集到的数据，并通过程序运算处理、输出，对压缩机、风机及热水泵的运行进行控制；通过 MCGS 软件对触摸屏画面进行设计，实时监测烟道各点位温度、压力值及下位机运行状态，并可实现参数值设定及报警功能。

3）硬件接线

通过系统整体结构设计及硬件选型，对 PLC 进行接线设计，实现对烟气出口温度、压缩机压力的实时监测与控制，进而驱动输出机构动作。系统需要输入的信号有启动、停止、压力、温度等，输出信号控制的对象有热水泵电动机、风机电动机、压缩机等，对 PLC 进行 I/O 地址分配，如表 6-11 所示。

表 6-11 I/O 地址分配表

端子分配		备注	符号
输入信号	I0.0	手/自动切换选择	SA1
	I0.1	压缩机启动	SB1
	I0.2	压缩机停止	SB2
	I0.3	热水泵启动	SB3
	I0.4	热水泵停止	SB4
	I0.5	烟气风机启动	SB5
	I0.6	烟气风机停止	SB6
	I0.7	急停	SB7
	I1.0	压缩机调容阀 1	SA2
	I1.1	压缩机调容阀 2	SA3
	I1.2	压缩机调容阀 3	SA4
	I1.3	压缩机运行信号	
	I1.4	压缩机热继故障信号	
	I1.5	压缩机保护器故障信号	
	I1.6	报警复位	
	I1.7	热水泵运行信号	2K1
	I2.0	热水泵故障信号	2K2
	I2.1	烟气风机运行信号	K1
	I2.2	烟气风机故障信号	3K2
	I2.3	水流开关 L1	
	I2.4	水流开关 L2	
	I2.5	压缩机温度保护	
	I2.6	油位保护	

续表

端子分配		备注	符号
输出信号	Q0.0	压缩机启动	K1
	Q0.1	烟气风机启动	K2
	Q0.2	热水泵启动	K3
	Q0.3	压缩机调容阀1	K4
	Q0.4	压缩机调容阀2	K5
	Q0.5	压缩机调容阀3	K6
	Q0.6	综合报警	HZ

由于 PLC 的输出端带载能力低，PLC 输出点先控制继电器，继电器触点控制交流接触器，最后由交流接触器主触点控制电动机，从而实现 PLC 间接控制电动机负载，系统 PLC 对外接线如图 6-175 所示。

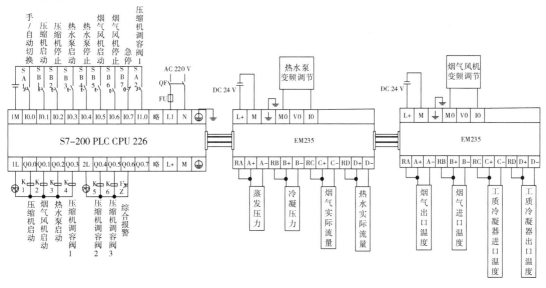

图 6-175　系统 PLC 对外接线

4）PLC 编程思路

此系统采用西门子 STEP 7-Micro/WIN V4.0 编程软件进行 PLC 控制程序梯形图编写。结合系统结构设计和软件功能要求，完成系统软件流程设计，系统流程图如图 6-176 所示。

启动系统，各功能模块完成初始化，进行手动、自动模式选择，以自动模式为例。PLC 从各传感器接收采集到的现场信号，并对数据进行分析、判断、处理，进而检测水流开关（L1、L2）的状态，如果未打开，则压缩机不可启动并发出报警提示"请打开热水泵"；如果 L1、L2 已打开，则开始判断压缩机的冷凝压力 $P2$、蒸发压力 $P1$ 以及 $P2$ 与 $P1$ 的差值是否在范围内，如果是则启动压缩机，否则调节压缩机调容阀进行减容（依次打开调容阀）直至停机并报送报警提示。压缩机启动后系统检测烟气出口温度 $T8$ 的值是否在范围内，如果在则系统正常运行，否则调节压缩机调容阀，当 $T8 < 5\ ℃$ 时，依次打开 3 个

调容阀，当 $T8>10$ ℃时，依次关闭调容阀对出口温度进行控制，直至该温度值稳定在范围之内，结束调节，系统正常运行直至结束工作。

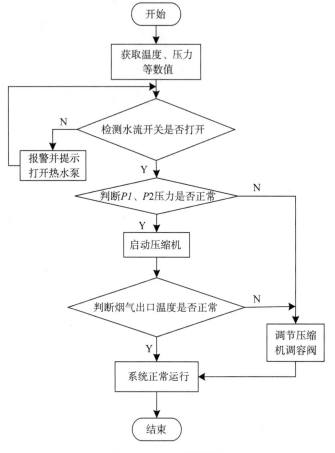

图 6-176　系统流程图

对压缩机压力的判定，其对应的变量地址如图 6-177 所示，部分参考程序如图 6-178 所示。

符号	地址
Always_On	SM0.0
冷凝实际压力	VD68
冷凝实际压力设定比较值	VD414
压力差值	VD418
压力差值设定比较值	VD422
压力差值异常延时停机	M5.0
压缩机超压保护	M3.4
压缩机压力过低标志位	M3.2
压缩机压力过高标志位	M3.3
蒸发实际压力	VD64
蒸发实际压力设定比较值	VD410

图 6-177　压缩机压力对应的变量地址

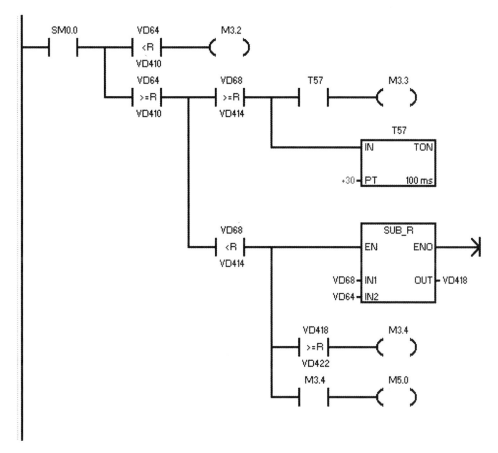

图 6-178　压缩机压力判定的部分参考程序

5）MCGS 监控画面制作

（1）工程建立

双击电脑桌面上已安装好的组态环境快捷方式图标，可打开嵌入版组态软件。

单击"文件"菜单中"新建工程"按钮，弹出"新建工程设置"对话框，"类型"选择"TPC7062TD"，单击"确定"按钮，如图 6-179 所示。

执行"文件"→"工程另存为"命令，弹出文件保存窗口。选择工程文件要保存的路径，在"文件名"文本框内输入"燃气锅炉烟处理系统"，单击"保存"按钮，工程创建完毕，如图 6-180 所示。

图 6-179　新建工程选择

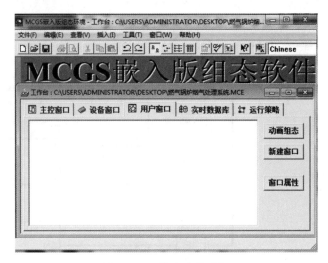

图6-180　保存文件路径

（2）软件的基本操作

①设备窗口的基本操作。

单击工作台上的"设备窗口"标签，打开设备窗口，在设备窗口出现的图标上双击可进入设备窗口编辑界面，如图6-181所示。

图6-181　设备窗口编辑界面

设备窗口编辑界面由设备组态画面和设备工具箱两部分组成。设备组态画面用于配置该工程需要通信的设备；设备工具箱里是常用的设备。

要添加或删除设备工具箱中的设备驱动时，可单击设备工具箱顶部的"设备管理"按钮，打开"设备管理"对话框，如图6-182所示。在"设备管理"对话框左侧的"可选设备"区域的树形目录中找到需要的设备，双击即可添加到"选定设备"区域，选中"选定设备"区域里的设备，单击左下方的"删除"按钮可以删除该设备。

MCGS软件中把设备分成两个层次：父设备和子设备。父设备与硬件接口相对应，子设备放在父设备下，用于与该父设备对应的接口所连接的设备进行通信。在设备组态画面双击父设备或子设备可以设置通信参数。

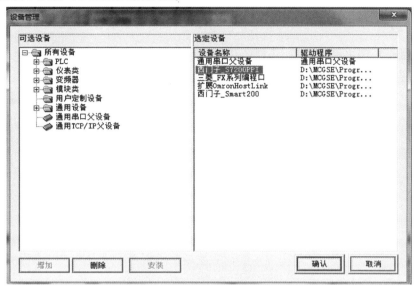

图6-182　选择硬件通信设备

　　父设备里可以设置串口号、波特率、数据位、停止位、校验方式。

　　子设备的设备编辑窗口分为3个区域：驱动信息区、设备属性区和通道连接区。驱动信息区里显示的是该设备驱动版本、路径等信息。设备属性区可设置采集周期、设备地址、通信等待时间等通信参数。通道连接区用于构建下位机寄存器与MCGS软件变量之间的映射，如图6-183所示。

图6-183　父、子设备编辑

②用户窗口的基本操作。

用户窗口主界面的右侧有 3 个按钮：每单击一次"新建窗口"按钮可以新建一个窗口。

"窗口属性"用于设置已选中窗口的属性，双击窗口图标或者选中窗口之后单击"动画组态"按钮可以进入该窗口的编辑界面，如图 6-184 所示。

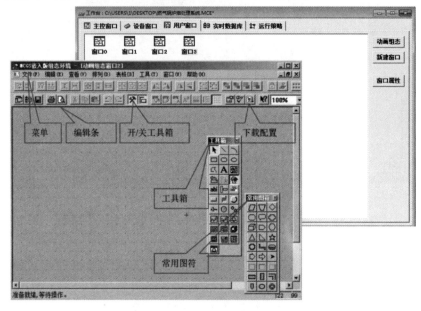

图 6-184　窗口编辑界面

窗口编辑界面的主要部分是工具箱和窗口编辑区域。工具箱有我们画面组态要使用的所有构件。窗口编辑区域用于绘制画面，运行时可以看到的所有画面都是在这里添加的。在工具箱里单击选中所需要的构件，然后在窗口编辑区域中按住鼠标左键拖动就可以把选中的构件添加到画面中。工具箱里的构件有很多，常用的构件有标签、输入框、标准按钮和动画显示，如图 6-185 所示。

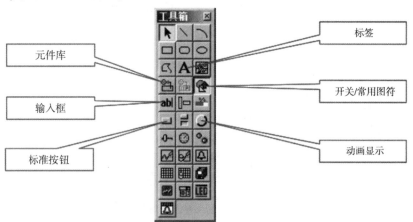

图 6-185　工具箱

将构件添加到窗口编辑区域之后，双击该构件就可以打开该构件的属性。因为构件的作用不同，所以属性设置界面有很大的差异。每个构件属性设置的详细说明，都可以通过单击属性设置界面右下角的"帮助"按钮查看，如图6-186所示。

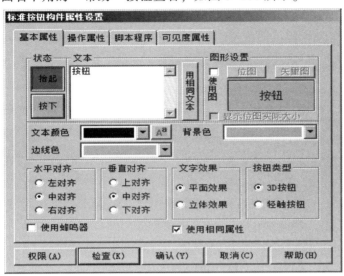

图6-186 属性设置界面

按以上步骤，本例触摸屏监控画面如图6-187所示。

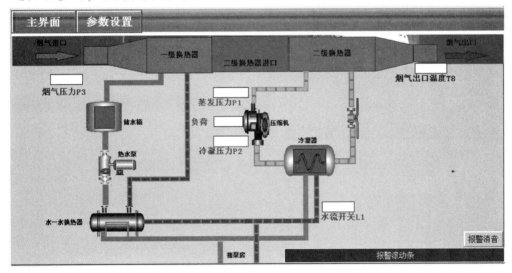

图6-187 触摸屏监控画面

（3）工程下载

工程完成之后，就可以下载到触摸屏里面运行，这里介绍使用U盘方式下载工程。

将U盘插到电脑上，单击工具栏中的"下载"按钮（或按〈F5〉键），打开"下载配置"对话框，单击"制作U盘综合功能包"按钮，如图6-188所示。

在弹出的"U盘功能包内容选择对话框"对话框中勾选"更新工程"复选按钮，单击"确定"按钮，在"下载配置"对话框下方的返回信息中可以看到相关信息，完成时会弹出如图6-188所示制作成功的提示窗口。

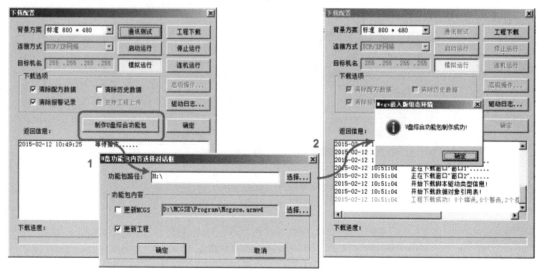

图6-188　制作U盘功能

在TPC上插入U盘，出现"正在初始化U盘……"后，稍等片刻便会弹出是否继续的对话框，单击"是"按钮，弹出功能选择界面，如图6-189所示。

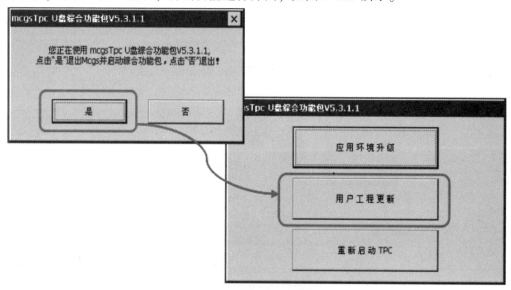

图6-189　U盘功能选择

进入U盘功能选择界面后，按照提示，选择"用户工程更新"→"开始"→"开始下载"，进行工程更新，下载完成拔出U盘，触摸屏会在10 s后自动重启，也可手动单击"重启TPC"按钮。重启之后，工程就成功更新到触摸屏中了，如图6-190所示。

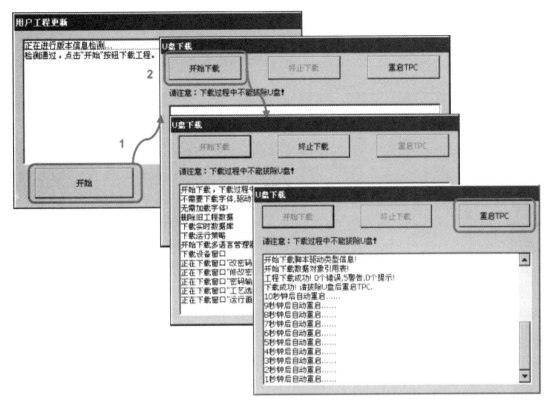

图 6-190 用户工程更新

（4）设备调试

在"设备调试"选项卡中可以在线调试"西门子 S7-200PPI"，如图 6-191 所示。

如果"通讯状态标志"为"0"，则表示通信正常，否则 MCGS 组态软件与西门子 S7-200 PLC 设备通信失败。如果通信失败，则按以下方法排除：

①检查 PLC 是否上电；

②检查 PPI 电缆是否正常；

③确认 PLC 的实际地址是否和设备构件基本属性页的地址一致，若不知道 PLC 的实际地址，则用编程软件的搜索工具检查，若有则会显示 PLC 的地址；

④检查对某一寄存器的操作是否超出范围。

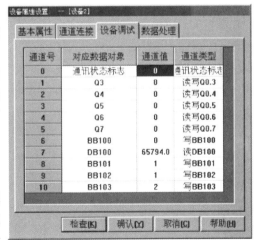

图 6-191 设备调试

附录　电气控制线路中常用的图形符号和文字符号

名称	图形符号	文字符号		说明
		新国标 （GB/T 5094.2—2018 GB/T 20939—2007）	旧国标 （GB/T 7159— 1987）	
1. 电能的发生和转换				
电动机	M 3~	MA	MA	三相鼠笼式异步电动机
	M		M	步进电动机
	MS 3~		MV	三相永磁同步交流电动机
双绕组 变压器	样式1	TA	T	双绕组变压器 画出铁芯
	样式2			双绕组变压器
整流器	~	TB	U	整流器
				桥式全波整流器
变频器	f_1/f_2	TF	—	变频器 频率由 f_1 变到 f_2，f_1 和 f_2 可用输入和输出频率数值代表
2. 触点				
触点		F	KA KM KT	动合（常开）触点 本符号也可用作开关的一般符号
			KI KV 等	动断（常闭）触点

续表

名称	图形符号	文字符号 新国标（GB/T 5094.2—2018 GB/T 20939—2007）	旧国标（GB/T 7159—1987）	说明
延时动作触点		KF	KT	当操作器件被吸合时，延时闭合的动合触点
				当操作器件被释放时，延时断开的动合触点
				当操作器件被吸合时，延时断开的动断触点
				当操作器件被释放时，延时闭合的动断触点
3. 开关及开关部件				
单极开关		F	S	手动操作开关一般符号
			SB	具有动合触点且自动复位的按钮
				具有动断触点且自动复位的按钮
			SA	具有动合触点但无自动复位的拉拨开关
				具有动合触点但无自动复位的旋转开关
				钥匙动合开关
				钥匙动断开关

名称	图形符号	文字符号		说明
		新国标 （GB/T 5094.2—2018 GB/T 20939—2007）	旧国标 （GB/T 7159— 1987）	
位置开关		BG	SQ	位置开关、动合触点
				位置开关、动断触点
电力开关器件		QA	KM	接触器的主动合触点 （在非动作位置触点断开）
				接触器的主动断触点 （在非动作位置触点闭合）
			QF	断路器
		QB	QS	隔离开关
				三极隔离开关
				负荷开关 负荷隔离开关
				具有由内装的量度继电器 或脱扣器触发的自动释放功 能的负荷开关
4. 检测传感器类开关				
开关及触点		BG	SQ	接近开关
			SL	液位开关

续表

名称	图形符号	文字符号		说明
		新国标（GB/T 5094.2—2018 GB/T 20939—2007）	旧国标（GB/T 7159—1987）	
开关及触点	n	BS	KS	速度继电器触点
		BB	FR	热继电器动断触点
		BT	ST	热敏自动开关（如双金属片）
	θ<			温度控制开关（当温度低于给定值时动作），把符号"<"改为">"后，温度高于给定值时动作
	P>	BP	SP	压力控制开关（当压力大于给定值时动作）
	K	KF	SSR	固态继电器触点
	K		SP	光电开关
5. 继电器操作				
线圈		QA MB	KM YA K	接触器线圈 电磁铁线圈 电磁继电器线圈一般符号
		KF	KT	延时释放继电器的线圈
				延时吸合继电器的线圈
	U<		KV	欠电压继电器线圈，把符号"<"改为">"表示过电压继电器线圈

名称	图形符号	文字符号		说明
		新国标 （GB/T 5094.2—2018 GB/T 20939—2007）	旧国标 （GB/T 7159— 1987）	
线圈	I >	KF	KI	过电流继电器线圈，把符号">"改为"<"表示欠电流继电器线圈
	⊣⊀		SSR	固态继电器驱动器件
		BB	FR	热继电器驱动器件
	⊠	MB	YV	电磁阀
			YB	电磁制动器（处于未开动状态）
6. 熔断器和熔断器式开关				
熔断器		FA	FU	熔断器一般符号
熔断器式开关		QA	QKF	熔断器式开关
				熔断器式隔离开关
7. 指示仪表				
指示仪表	V	PG	PV	电压表
	↑		PA	检流计
8. 灯和信号器件				
灯、信号器件	⊗	EA 照明灯 PG 指示灯	EL HL	灯一般符号 信号灯一般符号

续表

名称	图形符号	文字符号		说明
		新国标 （GB/T 5094. 2—2018 GB/T 20939—2007）	旧国标 （GB/T 7159— 1987）	
灯、信号 器件		PG	HL	闪光信号灯
			HA	电铃
			HZ	蜂鸣器

参 考 文 献

[1] 王永华. 现代电气控制及 PLC 应用技术 [M]. 北京：北京航空航天大学出版社，2017.

[2] 胡学林. 可编程控制器教程（基础篇）[M]. 北京：电子工业出版社，2014.

[3] 廖常初. PLC 编程及应用 [M]. 北京：机械工业出版社，2014.

[4] 肖宝兴. 西门子 S7 - 200 PLC 的使用经验与技巧 [M]. 北京：机械工业出版社，2014.

[5] 罗宇航. 流行 PLC 实用程序及设计 [M]. 西安：西安电子科技大学出版社，2006.

[6] 廖常初. 西门子人机界面（触摸屏）组态与应用技术 [M]. 北京：机械工业出版社，2008.

[7] 李辉. S7 - 200 PLC 编程原理与工程实训 [M]. 北京：北京航空航天大学出版社，2008.

[8] 肖宝兴. 西门子 S7 - 200 PLC 应用实验与工程实例 [M]. 北京：机械工业出版社，2018.

[9] 袁秀英. 计算机监控系统的设计与调试 [M]. 北京：电子工业出版社，2017.